四川省社会科学研究“十四五”规划 2021 年度项目
《成都公园城市生态绿隔区乡村社区转型发展研究》（编号：SC21B109）
四川音乐学院 2023 年度科研成果出版资助项目（资助编号：CYKYCBZC202401）

公园城市
乡村社区转型研究与典型案例

范 颖 著

中国建筑工业出版社

图书在版编目（CIP）数据

公园城市乡村社区转型研究与典型案例 / 范颖著
. —北京：中国建筑工业出版社，2024.7
ISBN 978-7-112-29889-1

Ⅰ. ①公… Ⅱ. ①范… Ⅲ. ①乡村规划—研究—中国
Ⅳ. ①TU982.29

中国国家版本馆 CIP 数据核字（2023）第 103878 号

责任编辑：毕凤鸣
文字编辑：王艺彬
责任校对：张惠雯

公园城市乡村社区转型研究与典型案例
范　颖　著
*
中国建筑工业出版社出版、发行（北京海淀三里河路 9 号）
各地新华书店、建筑书店经销
华之逸品书装设计制版
建工社（河北）印刷有限公司印刷
*
开本：787 毫米 ×1092 毫米　1/16　印张：22¾　字数：465 千字
2024 年 7 月第一版　　2024 年 7 月第一次印刷
定价：**86.00** 元
ISBN 978-7-112-29889-1
（43062）

如有内容及印装质量问题，请与本社读者服务中心联系
电话：（010）58337283　QQ：2885381756
（地址：北京海淀三里河路 9 号中国建筑工业出版社 604 室　邮政编码：100037）

成都是公园城市的首提地，本书主题紧密围绕2018年2月习近平总书记来川视察重要指示精神:“要突出公园城市特点，把生态价值考虑进去，努力打造新的增长极，建设内陆开放经济高地”和2023年7月习近平总书记在四川考察时强调:“把乡村振兴摆在治蜀兴川的突出位置”，为成都公园城市广大的乡村社区转型发展探寻理论支撑、规划设计、实践与实施后评估。

前 言

自有城市建设史以来，“城”与“乡”一直是并行的概念；然而，早在19世纪40年代，马克思、恩格斯基于共产主义理论的城乡融合发展思想[①]认为，走向城乡融合是指社会生产力发展到一定高度之后，城市和乡村之间的对立逐渐消失，城乡关系走向融合，城乡成为“把城市和农村生活方式的优点结合起来，避免二者的片面性和缺点”的系统的社会综合体[②]。芒福德也指出：“城与乡，不能截然分开；城与乡，同等重要；城与乡，应该有机地结合起来。”时间的指针走得很快，瞬间进入21世纪初叶，城市规模越来越大，集聚发展成为大都市区、城市带和城市群，乡村在城市现代文明面前显得越来越式微。

作为一群深刻关注我国城乡发展的专业人士，时而忧、时而喜，在宏大的发展蓝图面前，知识是显得有些力量的，但力量又显得较为薄弱。

站在历史学与城乡规划学角度来看，乡村必然产生其演变的趋势，无论是城郊融合型、集聚提升型、产业主导型、特色保护型、搬迁拆并型乡村，都脱离不了历史发展前行的车轮轨迹与趋势。

站在人类文化学角度来看，生于斯、长于斯的村民对乡村是具有割舍不掉的情怀，“他者”与“自我”视角需要在乡村转型发展的人文关怀中得到全面的关注，焦点是对“人”与“地”的关怀。

站在艺术设计学的角度来看，以艺术的思维、创意性设计的呈现改变乡村的物质空间面貌，进而影响到乡村的精神空间和社会空间，是设计师孜孜不倦的追求……

越来越多不同领域的专家、学者加入到乡村建设发展研究中，呈现出火热的研究热度，本课题研究希冀以整体设计观与系统集成观为核心理论基础的研究呈现。

总之，乡村是流变性的，是需要向前发展的。发展是一个过程，是充满时间要素和

① 马克思，恩格斯.马克思恩格斯文集：第1卷[M].北京：人民出版社，2009：686.

② 李红玉.马克思恩格斯城乡融合发展理论研究[J].中国社会科学院研究生院学报，2020(5)：36-45.

事件要素的过程，那么发展的目标、方向与实质是什么呢？发展的过程实质是一个蜕变的过程，是一个转型与转向才能完成的蜕变过程。何谓转型？转型的动力何来？转型的内容是什么？转型的路径何在？转型转向何方？乡村资源在转型发展中起到什么作用和优势呢？以资源、政策等为依托的转型发展路径如何建构呢？……转型是指事物结构、性质的根本转变（化），即事物从一种结构、性质转向另一种结构、性质。对于乡村这一类具有悠久历史，承载着人类繁衍生息的生产生活聚落乡村社会而言，是一个复杂的人居环境巨系统，转型的内涵和外延极其丰富。对于上述问题人们并无统一的说法，都需要进一步探讨，也尚需更精准地概括。从“转型”的内容上讲，包括发展理念更新、发展主线调整、发展动力转换、发展方式转变、经济结构优化、社会秩序协调等，以上是本次课题思考并希望得到答案的核心问题，带着上述问题，作者开始了政策研究、文献资料研究、理论框架建构、实证案例研究等工作。

或许，成都市域范围内的乡村社区在面临公园城市建设的宏大背景下，转型发展的状态显现是在较为漫长的时间段内才能有所呈现的。所幸的是，我们一直在注目。在面临成都公园城市建设和乡村振兴战略深入推进的重大机遇面前，以外生式动力为初动力，从物质空间层面、社会空间、文化空间等层面，将会推动乡村社会产生内生式动力觉醒与发力，乡村社会转型的影响将会极其深远并长久，从转型的内涵和外延上，我们认为乡村社会转型发展可以从如下方面展开探寻：

乡村物质空间层面：乡村聚落格局及民居建筑新发展、农业生产空间现代化与主题化发展、乡村基础设施及公共服务设施人本化现代化发展……

乡村社会空间层面：乡村村民及常住民结构变化、乡村文化多元化及丰度趋势、乡村经济收入及构成来源方式变化、乡村治理方式优化发展……

乡村文化空间层面：乡村文化传统化、现代化等多元变化，独特主题化趋势，乡村产品文化化趋势……

…………

以上有关成都公园城市建设背景下的乡村社区转型发展趋势的研判与预测，不一而足，我们相信，乡村社会作为一个自主体，自我变迁中遵循社会变迁的内在规律，有其符合社会发展客观规律的基本方向；重大历史机遇的出现，会成为外生式动力，推动中国乡村社会变迁的自我革新、自我发展历程与加快速度，这就决定了我们所研究的乡村转型发展只能是越来越“中国化”与“现代化”。

摘 要

在践行新型城镇化战略和乡村振兴战略等国家战略方面，成都历来走在我国地方实践的前沿，并获得了重大的政策支持与发展机遇。2007 年 6 月，成都市获国务院批准为全国统筹城乡综合配套改革试验区，标志着成都市在统筹城乡经济社会发展、推进城乡一体化方面取得了较好的前期成果，并进入了一个新的发展阶段；2018 年 2 月，习近平总书记来川视察，在天府新区调研时提出公园城市理念，把生态价值考虑进去，成都成为公园城市首提地；2021 年 2 月，国家发展改革委印发《国家发展改革委办公厅关于国家城乡融合发展试验区实施方案的复函》，确定成都西部片区（含温江区等 18 区县、试验面积约 7672 平方公里）为国家城乡融合发展试验区，提出到 2025 年将试验区建设为长江经济带生态价值转化先行区、美丽宜居公园城市典范区、农商文旅体融合发展示范区、城乡融合发展改革系统集成区的发展目标。

宏大的政策指引将作为强大的外力驱动成都市重新建构新型的城乡关系，公园城市建设背景下的乡村社区是迎接挑战、主动转型发展，还是被动适应性转型发展，本书从成都公园城市建设的宏大背景出发，分析都市近郊乡村社区存在的普遍性和典型性问题，面临的机遇和挑战，提出本书的研究目的、内容、意义。通过对理论基础研究，厘清研究的理论指导：对公园城市及城乡融合发展理念研究，明确成都公园城市生态绿隔区乡村社区的城乡融合发展路径；对艺术介入理论研究，明确艺术介入乡村的基本原理、路径与措施；通过对新（后）乡土中国理论研究，明确乡村社区的本质特征与转型发展趋势，在此基础上，建立本书的研究框架（图 1）。通过对实证案例分析，以崇州道明竹艺村为典型案例，对艺术介入乡村文旅的背景、路径与措施、影响与评价进行详细研究；以川音艺谷为例，对高校介入乡村社区的背景、路径与措施、影响与评价进行详细研究；以文化坚守与发展为主题：传统村落保护发展与转型，以蒲江县仙阁村国家级传统村落为典型案例；以中江农业园区乡村为例，对强农战略与产业复合背景下的乡村农业升级更新对乡村社区的背景、路径与措施、影响与评价进行详细研究；以郫都区花牌村养老基地建设为例，对都市近郊乡村生产价值的产业转化进行案例实证研究。通过上述理论与实践的结合，阐述了目前公园城市背景下乡村社区转型发展的典型路径与范式，为公园城市背景下大量的乡村社区转型发展提供理论与实践的参考与支撑。

在研究内容及结构上，本课题共分为两篇共计12章：总体采用“以问题为导向、以目标为牵引”的研究技术路线、“提出问题—分析问题—解决问题”的研究逻辑结构。第一篇：理论研究。包括研究背景、理论基础、相关理念与动力机制。主要内容是发现问题、提出问题与研究综述，分析问题与理论构建。第1章，问题的提出，是课题的基础部分。提出本书选题的缘起，从问题导向与目标导向的角度描述了选题背景与选题的研究意义，界定了本书的研究对象、研究方法、研究框架与内容、研究创新目标，对研究对象——成都大都市郊区乡村社区人居环境的普遍性与共同性特征概述为实证研究对象的基本描述。第2章，国内外相关研究进展及实践探索。通过文献及资料分析，掌握国内外都市郊区型乡村社区的研究历程与研究动态，为本书的研究提供全球技术视野。第3章，乡村认知：乡土中国与乡村变革。以新乡土中国理论视角，提出新乡土中国背景下的常态流动性、开发性与公共性发展等趋势。第4章，动力机制：外源激活与内生发展。外生式乡村建设的特征是将外部科技、知识、资本导入乡村地区；内生式发展的特征是依托本地固有的自然资源和自然环境，立足于本土传统文化的发展。第5章，路径探索：艺术介入。对艺术介入乡村的理论与对象、对象与关联因素、策略与机制等。第6章，全新的城乡关系：公园城市与城乡融合。基于上述理论基础，形成了公园城市乡村社区转型研究及实践指导的理论框架。第二篇：实证案例研究。包括第7章、第8章、第9章、第10章、第11章、第12章，是文章的实践案例部分。第7章，艺术乡建：道明镇竹艺村网红之路。以崇州道明竹艺村为典型案例，对艺术介入乡村文旅的背景、路径与措施、影响与评价进行详细研究。第8章，内生与外引、高校赋能：川音艺谷破茧。以川音艺谷为例，对高校介入乡村社区的背景、路径与措施、影响与评价进行详细研究。第9章，乡土坚守：仙阁村传统村落的保护与永续发展。第10章，强农战略与产业复合：中江农业园区乡村发展；以中江县生猪粮油产业园区为例，对园区现代化农业生产主体及园区范围内乡村人居环境、农房风貌改造等进行详细案例研究。第11章，生态价值的产业转化：郫都区花牌村养老基地。以郫都区生态价值的产业转化：郫都区花牌村某养老基地项目建设为例。第12章，研究结论与相关建议。指出公园城市乡村社区转型发展的行为实质；过程/内容实质，是践行“一个核心、两源驱动、三化治理、四大路径”的乡村转型发展核心关键。

关键词：公园城市；成都；乡村社区；转型发展

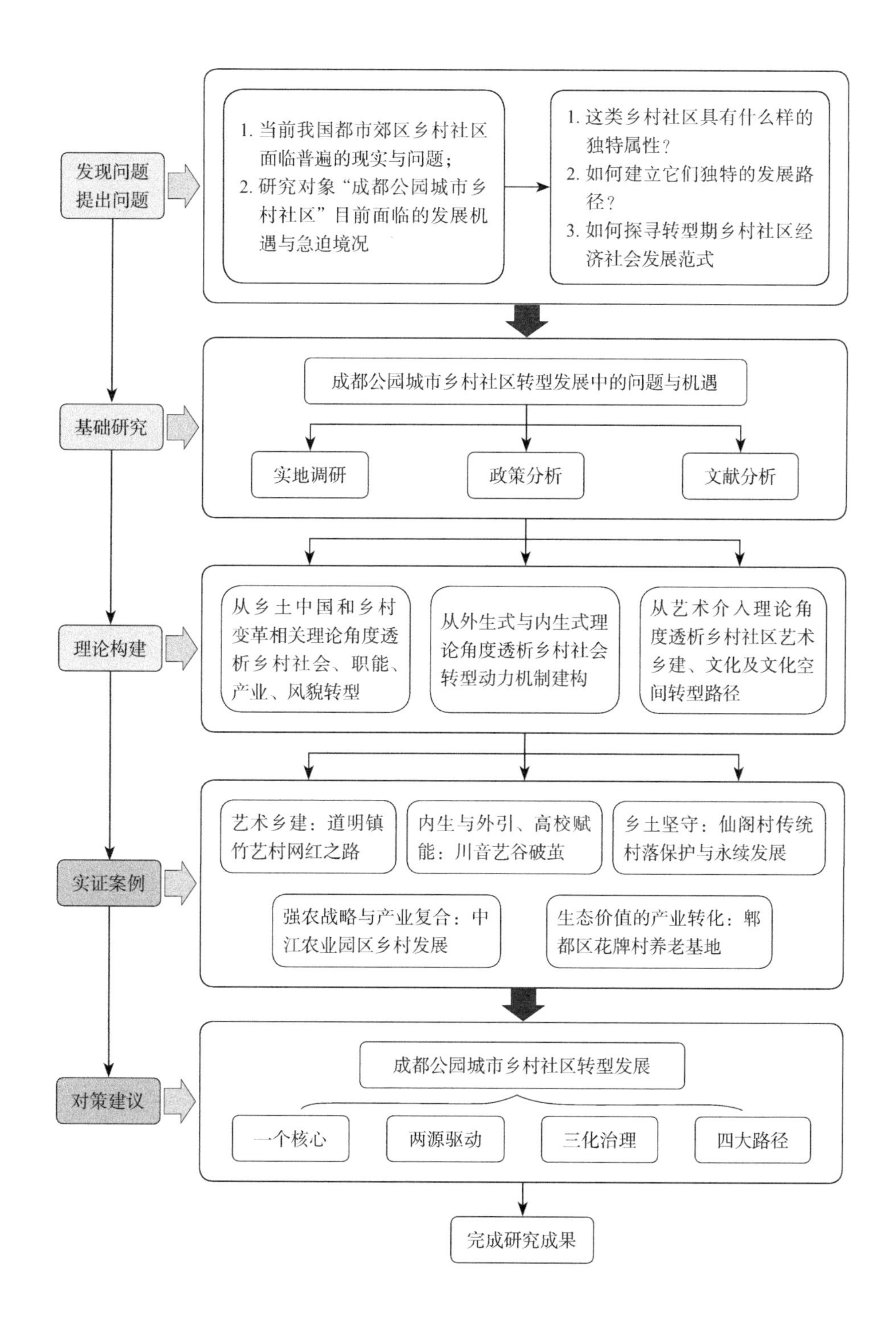
发现问题
提出问题
1. 当前我国都市郊区乡村社区面临普遍的现实与问题；
2. 研究对象“成都公园城市乡村社区”目前面临的发展机遇与急迫境况
1. 这类乡村社区具有什么样的独特属性？
2. 如何建立它们独特的发展路径？
3. 如何探寻转型期乡村社区经济社会发展范式
基础研究
成都公园城市乡村社区转型发展中的问题与机遇
实地调研
政策分析
文献分析
理论构建
从乡土中国和乡村变革相关理论角度透析乡村社会、职能、产业、风貌转型
从外生式与内生式理论角度透析乡村社会转型动力机制建构
从艺术介入理论角度透析乡村社区艺术乡建、文化及文化空间转型路径
实证案例
艺术乡建：道明镇竹艺村网红之路
内生与外引、高校赋能：川音艺谷破茧
乡土坚守：仙阁村传统村落保护与永续发展
强农战略与产业复合：中江农业园区乡村发展
生态价值的产业转化：郫都区花牌村养老基地
对策建议
成都公园城市乡村社区转型发展
一个核心
两源驱动
三化治理
四大路径
完成研究成果

图 1　研究框架

目 录

第二篇 实证案例

第一篇

理论研究

城乡发展不平衡、不充分，是我国现代化进程中城乡发展长期面临的重大问题。改革开放以来，我国经历了快速城镇化阶段，人口、资金、资源等要素从乡村向城市单向流动，进而加剧了城乡“二元化”的状态。近20年来，成都都市建设呈现飞速发展的态势，城市用地规模呈倍数增长，在快速城市化进程中，大都市郊区乡村还未来得及转身就投向滚滚洪流的城市化进程中。大都市郊区乡村地处都市向乡村的过渡地带，一方面，大都市郊区乡村具有明显的交通区位优势，更容易受到大城市功能辐射扩散的影响，聚集较大规模的创新人才、高消费者等人群，在城乡一体化进程中，具有率先实现乡村现代化转型发展的能力；另一方面，大都市郊区乡村“灯下黑”的现象普遍，大都市具有较强的吸引力，大都市郊区乡村发展呈现较为明显的“虹吸效应”，资金、人才、资源、信息等要素快速从乡村向城市流动，造成乡村劳动力流失、产业凋敝等问题。具体问题体现为：优越的区位条件同时带来了都市强引力与“灯下黑”效应；除原居民之外的外来人员选择在此类接近于城乡接合部的乡村社区租住形成了数量较为庞杂的人口构成聚落；现代产业发展受到生态环境保护等诸多条件制约，产业类型选择面较窄；传统的村民自治体制未引起对乡村人居环境改善的充分关注；传统宗族社会治理与社区化治理萌芽并存等状态。

在课题研究中，理论基础及理论工具是课题研究的基础工作，理论工具指的不仅仅是理论，而是直接参与实践的理论。理论工具比较抽象的理论更加实用与科学。只有奠定坚实的研究基础，科学研究的大树才能枝繁叶茂。本课题研究采用的理论基础及理论工具包括：乡土中国与乡村变革、乡村外生式发展与内生式发展理论、艺术介入理论、公园城市与城乡融合发展相关理论等。

第 1 章　问题的提出

1.1 成都大都市郊区乡村面临的普遍性问题

1.1.1 区位：伴城伴乡的都市强引力与“灯下黑”效应

都市郊区乡村是距离城市最近的乡村区域，是城乡关系最紧密的两个地理空间。城市规划先驱霍华德认为，人口向城市集中的原因可以归纳为“引力”。如果想要有效、自然、健康地重新分布人口，就需要构成引力大于现有城市的磁铁，建立“新引力”。单看城市和乡村，都有其优点，但存在的缺点也足以降低这些优点的价值。而“城市—乡村”磁铁关系模型结合了城市和乡村的部分优点，同时避免了两者的缺点，显得更富有弹性和活力。

都市是一个强大的磁场，吸引周围更多的人、财、物。从一般意义上来说，城市引力场的形成和作用过程，就是人们通常所说的城市化过程，即乡村人口不断地转化为城市人口以及乡村社会转化为城市社会的过程。城市化的过程就是城市引力场形成和不断扩大的过程，而城市引力场形成和不断扩大的过程就是城市聚变引力定律、乡村裂变推力定律和城市文明普及率加速定律共同发生作用的过程。城市与乡村之间人、财、物的流动，是城市引力的结果，城市引力场的存在，可由“力”的存在而证明。

都市郊区乡村是城市与自然郊野环境的重要过渡带，其发展受到城市与农村的双重影响，随着城乡两者的收缩与更替，产业功能与社会结构具有较大的不稳定性，但由于其所属地区的边缘性与自身发展的多变性等原因，在这一带状领域的相关研究未受到城乡规划等各领域学者的大量关注与重视，多呈现外来人口多，居住密度大，环卫设施配套不足等特点。

国内对于城市近郊区尚未形成明确学术定义，城市发展的过程即由中心不断向外不断延伸，部分产业开始从城市核心区向土地租金较为低廉的近郊区蔓延，以农业为主导的城市近郊地区转变为汇聚一二三产业的城乡混杂地区。大城市近郊区是城乡体制混合的微观社会组织单元，人口构成复杂，空间形态多样。文中论述的成都公园城市生态绿隔区乡村范围指与中心城区具有密切联系，且可达性高，是城市发展的外延地区，并且文中论述对象仅为中国大陆大城市近郊乡村。

近年来国家对于乡村越发重视，自党的十九大“乡村振兴战略”提出，兴起了美丽乡村建设热潮。纵观这一阶段所完成的乡村建设，整体环境风貌有所提升，但建设水平参差不齐，发展不全面，部分乡村未达到乡村振兴预期效果。在这种背景下，有必要建立一种集合评估、反馈、指导功能评估模型，对现有乡村建设进行相对客观的实效评估，对后期乡村建设有限资源的合理配置提供指导价值，满足社会需求，提高乡村建设的有效性。大城市近郊乡村受到城市空间蔓延、功能外溢的影响，原有农村社会结构遭到破坏，“生产—生活—生态”空间不断重构，导致了一系列社会问题。

1. 城市发展中的“灯下黑”效应

“灯下黑”一词来源于文学领域，是指由于物体的遮挡，在灯光下面产生阴暗的区域，近年来，也有学者将其用于区域发展的描述[①]。“灯下黑”是大城市迅速扩张时期的一种普遍现象，中心城市集聚与扩散效应是“灯下黑地区”形成与发展的重要原因，特殊的区位与功能定位使其发展具有特殊性。

“灯下黑地区”是指由于大城市（或中心城区）对资本、劳动力及技术等资源具有强烈的集聚效应，使周边弱势地区丧失了应有的发展机遇，社会经济发展缓慢甚至衰退，从而形成了一个类似“灯下黑”的发展弱势地区，其形成机制与大城市的“阴影区”相似[②]。城市规模迅速扩大，劳动力、资本在规模经济和集聚经济的作用下，从“灯下黑地区”向城市单向流动，“灯下黑地区”发展机会被剥夺。在这一时期，“灯下黑地区”主要为中心城市供应蔬菜、副食品及原材料等低附加值产品，在土地利用、基础设施和城市职能等方面表现出明显的“城乡二元”特点。如果没有外部动力、机遇的介入，“灯下黑地区”很难摆脱对大城市的绝对依附（图 1.1.1）。

21世纪以来，随着我国郊区化[③]、城乡统筹[④]和区域城市[⑤]等研究的进一步深入，以大城市为核心的“地方空间”在区域发展中发挥越来越重要的作用[⑥]，实现“地方空间”的整体协调发展成为当前研究与实践的重要任务。“灯下黑地区”作为“地方空间”

① 党鹏．成渝经济区须防“灯下黑”效应 [N]. 中国经营报，2011-05-16.

② 张京祥，庄林德．大都市阴影区演化机理及对策研究 [J]. 南京大学学报：自然科学版，2000（6）：687-692.

③ 宋杨．城市郊区化的理论分析与作用机制探讨 [D]. 南京：南京航空航天大学，2005.

④ 仇保兴．城乡统筹规划的原则、方法和途径—在城乡统筹规划高层论坛上的讲话 [J]. 城市规划，2005（10）：9-13.

⑤ 甄峰，朱传耿，穆安宏．全球化、信息化背景下的新区域城市现象 [J]. 现代城市研究，2002（2）：56-60.

⑥ 孙施文．后现代城市状况及其规划 [J]. 城市规划汇刊，2001（4）：76-78.

中最为敏感、特殊、发展潜力最大的边缘地区，对构建空间与经济整合发展的一体化共生区域提出了新的挑战：一方面，大城市功能外扩衍生的大型基础设施、居住组团和产业园区相继在这一区域集中开发建设，“灯下黑地区”逐渐成为中心城市缓解人口、产业和交通压力的首选空间[①]；另一方面，资源的“中心—外围”分布使“灯下黑地区”的发展更加无序和混杂[②]，甚至成为区域一体化发展、城市功能结构转型、城市与区域治理最为复杂的区域，直接影响区域整体发展水平及竞争地位的提升。在此背景下，“灯下黑地区”已成为城市地理学、城市规划学和土地利用学等研究的重点，关于“灯下黑地区”的规划、管理等方面的研究对于我国区域发展不仅具有重要的理论价值，还具有十分重要的实践借鉴意义。

“大都市的灯下遮蔽区域”：在当前如火如荼的公园城市示范区建设、成都中心城市建设、高质量城镇化建设进程中，处于都市区外环的生态绿隔区乡村往往处于“灯下黑”的境况中，未能及时受到政府部门、专家学者的足够关注。打开百度地图热力图，选择“成都市”为热力区域，利用获取的手机基站定位该区域的用户数量，通过用户数量渲染地图颜色。其原理是主要显示一个城市的某个地方人员比较集中甚至拥挤程度，颜色越深表示人员越多，颜色浅代表人比较少，可以看到，成都市的热力图不仅红色区域集中程度特别高，蓝色区域分布较为广泛，绿色区域镶嵌在蓝色和红色区域的板块中，显示了成都市城市区域极强的人员集聚度（图 1.1.2）。

图 1.1.1　灯下黑效应示意

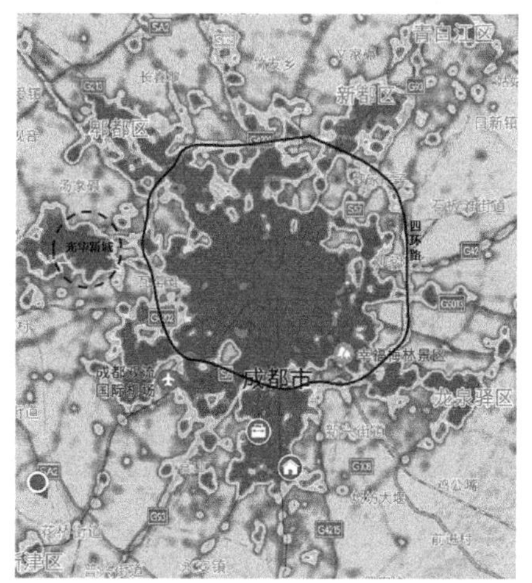

图 1.1.2　成都市区热力分布图

① 吴一洲，陈前虎，邵波，等.大都市成长区空间特征及其城镇发展模式研究——以杭州市余杭区为例 [J]. 城市规划，2010（10）：36-42.

② 高宏宇.社会学视角下的城市空间研究 [J]. 城市规划学刊，2007（1）：44-48.

由于我国城乡土地长期以来实行的是二元公有制，即城镇的土地属国有，农村的土地属集体所有。而传统城市规划的关注对象是被划入城市规划区范围的区域，城市规划区范围之外的乡村地区则往往被忽视，造成乡村发展建设缺乏有效指导。大城市郊区是一个介于城市和乡村之间错综复杂的区域，城乡接合部即是对这类区域的通俗称谓。正是由于乡村发展建设的薄弱，导致城乡接合部成为二元公有制矛盾最为突出的地方，往往给人留下难以管理、城乡环境面貌"脏乱差"等印象。从城乡规划角度，大城市近郊乡村普遍存在着景观资源丰富、自然资源敏感；交通结构差、交通秩序混乱；建筑风貌良莠不齐，空间布局混乱；基础设施不完善，缺乏规范管理问题。按朱宽樊等[①]学者的划分，大都市的郊区乡村发展需要经历"灯下黑阶段"—"过渡阶段"—"灯下亮阶段"—"区域一体化阶段"，其中，劳动力、资源、资本是促进发展与转化的主要作用要素（图 1.1.3）。

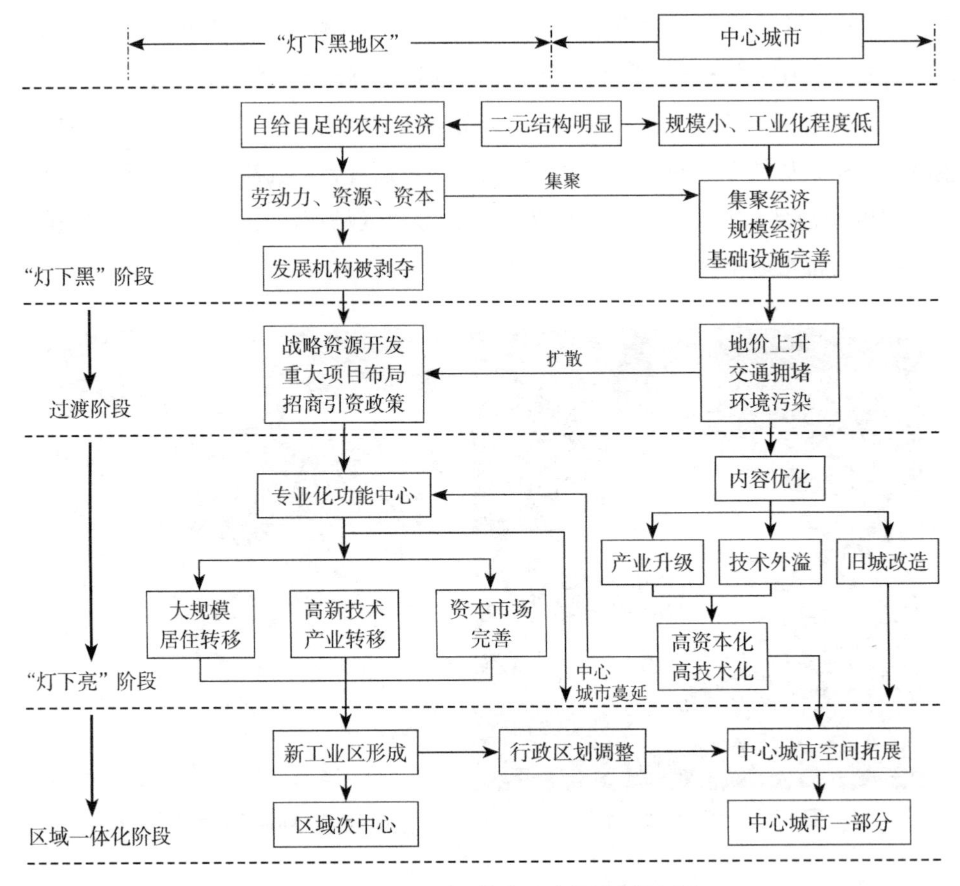

图 1.1.3 "灯下黑地区"发展阶段划分框架图

① 朱宽樊，杨永春，沈鑫，等．大城市"灯下黑地区"发展模式与规划应对 [J]. 规划师，2014，30（6）：99-105.

作为超大城市（根据国务院发布《关于调整城市规模划分标准的通知》，城区常住人口 1000 万以上的城市为超大城市），据成都市统计局、国家统计局成都调查队《2022 年成都市国民经济和社会发展统计公报》数据显示，2022 年末成都市常住人口 2126.8 万人，其中，城镇常住人口 1699.1 万人，常住人口城镇化率已达到 79.9%，具有了较高的集聚度，城乡人口集聚明显。乡村地区存在现状建设用地使用低效粗放、耕地及生态用地等非建设用地被蚕食；基础设施和公共服务设施配套不齐全、环境污染严重等问题。

作为成都超大城市的郊区乡村，聚居点（农村新型社区）建设是最显著的建设行为。近三十年来，成都市郊区农村新型社区建设点多量大，建设速度不断攀升。据统计，全域已建或在建的农村新型社区总共约为 2101 个，平均规模约 700 人（250 户）；从建设速度来看，农村新型社区建设经历了三个阶段：一是城乡统筹改革初期（2003—2008 年），农村新型社区建设量少且平稳；二是灾后重建期（2009—2010 年），新型社区建设速度快速增加；三是快速增长期（2011 年至今），新型社区建设量剧增。

2. 环城绿化带的管控区域

《成都市城市总体规划（2011—2020 年）》首次划定环城生态区，探索城乡接合部空间治理方法。在此技术管理文件的基础上，2012 年 10 月，成都市第十五届人民代表大会常务委员会第三十五次会议通过《成都市环城生态区保护条例》，首次将城乡接合部村镇集体建设用地的规模、用途、形态要求等事项纳入总规统一管理，严格环城生态区内的生态用地与村镇集体建设用地界限，保护 198 平方公里的生态用地，被称为“198 环城绿化带”；2013 年，《成都市环城生态区保护条例》颁布实施，为环城生态区空间利用、管控与建设提供空间依据，奠定坚实基础；随后，依据该条例，成都市编制完成《成都市环城生态区总体规划（2012—2020）》，通过推动建设用地减量，规划形成由农用地和园林绿地构成的 133.11 平方公里生态空间；2018 年起，成都市通过修编环城生态区总体规划及相关专项规划，理顺了农业生产和生态修复的关系，持续推动生态空间内的建设用地减量，进一步明确农田整治区、生态修复区的空间位置、空间范围、占地规模①（图 1.1.4）；《成都市城市总体规划（2020—2035）》文件，生态绿隔区指城市建设用地范围外的地区，总面积约 940 平方公里。其间，共计有乡村社区数量约为 500 个，体量巨大。可见，生态绿隔区主体功能是生态功能，在城乡空间规划管控中是介于城镇开发边界与生态保护红线之间的区域，在城乡规划管控中处于未被严格关注的区域。

在新的国土空间规划背景下，《成都都市圈国土空间规划（2021—2035 年）》（征求意见稿）规划范围为成都都市圈全域，包括成都、德阳、眉山、资阳 4 市共 17 区、18

① https://baijiahao.baidu.com/s?id=1765131326180213518&wfr=spider&for=pc.

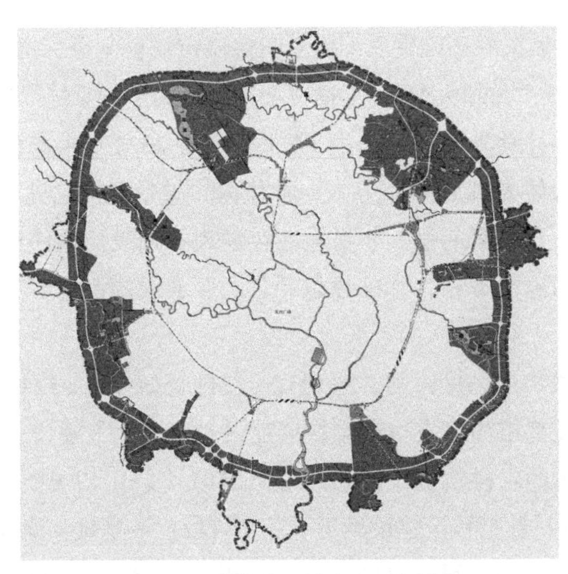

图 1.1.4 成都市环城生态区布局图

县（市），总面积 3.31 万平方公里。

1.1.2 人口：数量庞大的复杂人类聚落

成都市是典型的大城市带大农村格局，未来成都大都市圈的良性发展重点在乡村，难点在乡村，基础也在乡村。根据成都市第六次全国人口普查公报（2011 年 6 月），全市行政村数量为 1955 个，乡村人口为 551.65 万人，乡村人口占全市总人口的比重为 36.49%；根据成都市第七次全国人口普查公报（2021 年 6 月），全市行政村数量为 1311 个，居住在乡村的人口为 444.48 万人，乡村人口占全市总人口比重的 21.23%。纵向对比十年间成都市行政村数量及人口变化可知，近 10 年来，成都市域范围内行政村数量减少约为 644 个，乡村人口数量减少约为 107.17 万人，乡村人口占总人口比重减少 15.26%（表 1.1.1）。

近 10 年来成都乡村社区变化数量对比[①] 表 1.1.1

对象 / 时间	乡村社区（或行政村）数量（个）	乡村社区人口数（万人）	乡村社区人口占总人口比重
2010 年	1955	551.65	36.49%
2022 年	1311	444.48	21.23%

① 成都市统计局，国家统计局成都调查队．成都统计年鉴 2021[M]. 北京：中国统计出版社，2021：55.

人口分布状况与自然、经济、社会、政治等多种因素有关，是多种因素共同作用的结果。而对于一个区域来说，影响其人口分布格局变动的主要原因则可以归结为三个方面，即经济因素、人口因素和城市化因素。

1. 经济因素

在工业化时代，区域人口分布格局变动最关键的影响因素来自经济方面，主要表现为投资重心变动牵引人口空间分布格局重构。已有的研究表明，区域投资与收入的变化同人口规模和人口密度等表征人口空间变化的指标具有高度的相关性。原因在于，随着区域的资本集聚与投资行为的增强，必然催生新的就业机会，使产业工人的数量增加，而劳动力在一定地域空间的集聚，不仅为资本的进一步集聚提供了重要的人口环境，而且随着集聚企业数量的增加，服务于第二产业的第三产业从业人员也将逐渐增多。因此，某些投资强度大的区域由于能够吸引更多的人口而使其人口规模不断膨胀，而另一些投资较少的区域则会由于吸引力不足而成为人口净迁出区，导致区域人口规模逐步萎缩。成都作为我国西部省份人口首位度最高的城市，对四川省及周边省份人口具有极强的吸引力，成都市近郊乡村则承担了大部分省内进城人员的第一空间选择，远郊乡村则以投亲靠友、婚嫁、生意经营等形式接纳了部分进城人员。

以日本为例，“二战”后大量投资涌向太平洋沿岸的东南部地区，全国的产业分布格局发生了较大变化，与此相对应的是，人口特别是乡村人口不断向太平洋沿岸的东南部大都市地区聚集，极大地改变了日本的人口分布格局。20 世纪 70 年代以后美国的经济发展重心逐步转向西南部的“阳光地带”，带动了美国人口重心由东向西转移。国内同样如此。改革开放以来，东南沿海地区吸引了全国绝大多数的投资，与此相对应的是，东南沿海地区的人口吸引力不断增强，区域人口规模不断扩大，使我国人口分布格局发生变化。此外，地域空间的收入差异也会产生同样的效果，但这种作用滞后于投资变动所产生的效果。

2. 人口因素

除了经济因素之外，人口自身变动也会影响人口分布格局的变化，即出生和死亡对人口地域分布变动的影响。一般来说，不同地区的出生率、死亡率并不一致，总是有所差异，这就导致不同地区之间的人口自然增长量并不一致。对于一个封闭地域的人口而言，其内部不同地理单元之间的出生率和死亡率呈现不同的变化态势，必然会影响内部人口分布格局的变化。如部分地理单元的人口出生率较高，死亡率较低，则它的人口自然增长率必然要高一些，人口增长的速度也会快于其他地区，区域人口规模将呈现上升态势；反之，另一些地理单元如果出生率较低，死亡率较高，它的人口自然增长率肯定要低一些，人口增长的速度要慢一些，区域人口规模可能呈现下降态势；此外，还有一些地理单元的人口出生率和死亡率可能基本保持不变，区域人口规模保持不变。这样，由于出生与死亡的差异，导致区域内不同地理单元的人口总量和人口密度呈现不同的变化态势和不同的变化方向，这实际上就是反映了这个地域系统内部人口分布格局的变化。

3. 城市化因素

城市化过程也会影响区域人口的空间分布格局，这种影响主要表现在以下几个方面：一是城市化将改变区域内城乡人口分布格局。现代意义的城市化过程一旦启动，总是伴随着大量乡村人口向城镇地区的迁移，居住在城市的人口将占区域人口的绝大多数，这将使城乡人口的分布格局发生彻底转变。二是由于部分具有区位优势的城市优先增长，在特定的地理空间将形成多个人口密集地区。以大城市为核心的多个都市区将相继出现，此外，区域内一些交通区位优越的城市如门户城市、港口城市等也将获得诸多发展机会。

城镇化和人口迁移的一般规律表明，市域城镇人口因迁入而增长，而农村人口因迁出而减少，且年均增长率大致随着聚落等级的提高而逐步上升：城市处于人口迁入状态，城镇处于相对流失状态，村庄、集镇处于人口绝对流失状态。需要注意的是，虽然在城镇化统计上城、镇无差别，但是，城市和镇表现出巨大的人口空间变化差异，镇对人口的吸引力远弱于城市。尽管我国城镇化路径仍存在较大争议，但在实际政策导向上明显地倾向于就地城镇化——倾向于小城镇和新型农村社区而非大城市。然而，聚落类型人口增长存在的巨大差异表明，居民“用脚投票的行动”胜于思辨的应然性理论分析。首先，作为城镇化载体的城市和镇存在显著差异，人口增长主要集中于城市，镇在吸引人口迁入方面乏善可陈。其次，尽管新农村建设中强调中心村建设，但实际上以集镇为代表的中心村和一般村庄相比并无优势，整个市域范围内远离中心城区的地区表现为普遍衰落。由此面临两种选择，一是像世界上其他国家一样以资源富集的城市作为人口空间再分配的主要载体；二是即使就地城镇化是可行的，其发展关键在于采取相应的制度创新提升城镇、村庄等低等级聚落在财力、资源支配方面的权限，以提高其对居民的吸引能力。根据《2021年成都市城镇化民意调查》显示，农村居民就地城镇化的意愿强烈，85%的镇村居民倾向于在本区（市）县居住，82.5%的镇村居民倾向于在本区（市）县就业；有搬迁意向的农村散居居民中，超过6成选择在本镇镇区/农村新型社区居住（图1.1.5）。

1.1.3　产业：大都市边缘区乡村产业发展困境

《成都都市圈发展规划》（2021）明确提出：大都市边缘区乡村虽然在地理空间上邻近大都市，但在实际发展过程中缺乏与大都市在交通、产业、信息等方面的联系，孤岛效应凸显；另一方面，过往的乡村规划“重空间而轻产业”，导致乡村内部发展动力

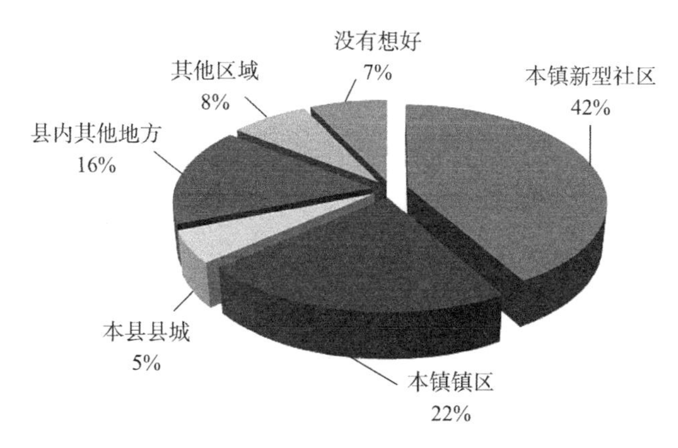

图 1.1.5 农村居民搬迁意向选择倾向于就地城镇化

匮乏，加剧城乡发展不平衡问题。据《2022 年成都市国民经济和社会发展统计公报》，2022 年全年实现地区生产总值（GDP）20817.5 亿元，三次产业对经济增长的贡献率分别为 4.9%、59.6%、35.5%，三次产业结构为 2.8∶30.8∶66.4，第一产业占比为 2.8%，占比过低，这与成都平原天府粮仓的历史地位不相符合，反映了产业结构中存在的明显问题，将对我国的粮食安全造成不利影响（表 1.1.2）。

2022 年成都地区生产总值及其增长速度 **表 1.1.2**

指标	2022 年（亿元）	比上年增长（%）
地区生产总值	20817.5	2.8
第一产业	588.4	3.8
第二产业	6404.1	5.5
第三产业	13825.0	1.5

数据来源：成都市统计局 国家统计局成都调查队《2022 年成都市国民经济和社会发展统计公报》.2023.03.25

1. 外部链接能力弱

1）区域交通联系弱，孤岛效应凸显

近年来，随着城镇化的快速发展，以及撤县设区政策的实施，城市规模快速扩大，大都市已具有较为庞大的城市规模。在此发展背景下，大都市边缘区是城市地区和乡村地区的过渡地带，由于城市建设与乡村建设在用地管控、建设密度与强度、业态布局和空间布局等方面的典型区别，也使都市郊区乡村成为基础设施建设（尤其是交通设施等）的薄弱地带，大都市边缘区乡村地区与城市地区交通链接薄弱，特别是公共交通衔接薄弱，乡村地区显现出明显的“空间孤岛”现象（图 1.1.6），对此，早有学者以“空间分异”从城市土地价值差异、人群职业差异等方面对城市空间分异的现象及内在影响因素进行过深入研究[①]。

图 1.1.6　成都市郊，一路之隔的城村空间形态差异

2）区域产业关联弱，对外合作不足

在快速城镇化进程中，乡村更多扮演了城市“菜篮子”和“劳动力培养基地”的角色，这种简单、低层次的产业合作模式，让乡村产业发展缺乏持续动力。同时，分布散、规模小是乡村普遍面临的困境，乡村之间的联系往往被忽视，乡村易陷入封闭发展的困境，各乡村之间联系较弱，同类产业的乡村之间未形成规模效应，不同类型产业的乡村之间未构建上下游产业链，乡村在区域间的产业合作十分薄弱。

2. 内部活力不足

1）重空间而轻产业，发展动力不足

乡村规划是城乡规划学科中一项重要的议题，规划界对乡村发展实施过很多工程，多“重空间而轻产业”，相关规划重点关注国家政策项目资金的落实引导下的乡村基础设施建设、乡村民居建筑风貌整治、人居环境提升等内容，而较少对吃力不讨好的乡村产业和经济发展乃至乡村文化事业方面进行谋划和引导。长此以往，造成乡村内部发展动力不足。因此，以产业培育为核心的乡村发展模式，是乡村振兴的关键性环节。

2）城市吸引力突出，要素单向流失严重

城乡一体化发展是未来发展趋势，但现阶段而言，城镇与乡村的发展多表现为城市对乡村的单向吸引力，即劳动力、技术等各类要素从乡村向城镇单向流失。大都市

① 傅婷婷，行鸣，吴次芳．“社会—空间”关系视角下的国际居住空间分异研究[J].城市问题，2023（5）：75-81.

拥有较强的吸引力，在就业机会、公共服务设施、休闲娱乐等方面较乡村拥有更好的服务，在此吸引力下，大都市边缘区乡村年轻精英为谋求更好的生活、工作机会或是考虑子女更好教育机会，会选择从乡村迁移至城镇，进而导致乡村大量年轻精英的外流，而乡村对城市的吸引力较弱，乡村人口净流失严重，在产业发展、组织管理等方面缺乏人才支持。

3. 乡村经济加速提质升档，但远郊乡村产业造血功能总体不足

不可否认，作为大都市郊区乡村，面临着比其他地区乡村有更多的发展机遇，成都郊区的乡村经济不断提质升档。一方面，从郊区农业向都市农业加速转型。反映在农产品绿色认证提高、农业科技创新能力和装备水平不断提升、农业设施装备技术水平显著提升，主要农作物综合机械化率达到90%以上；另一方面，一二三产业融合加速推进。农产品加工流通促进产加销一体化，延长农业产业链条，较为典型的是郫都区“郫县豆瓣”的代表品牌“丹丹豆瓣”，2021年销售收入为7亿余元，产量达到6万余吨。据不完全统计，目前整个郫县豆瓣年销售额在5亿元以上的企业有20家以上。第三方面，都市近郊乡村休闲旅游业快速发展，培育出乡村新型服务业，农业产前产后社会化服务市场快速发展。作为全国乡村旅游的首创地，以三圣花乡“五朵金花”为先导，成都市域内的乡村从20世纪80年代就具有发展乡村旅游的基础，以乡村周末休闲游的第三产业蓬勃兴起，并占据了乡村居民和集体经济收入的较大比重。

以上现象，较多地产生于成都都市圈所定位的“一圈层、二圈层”空间范围内，在距离成都市稍远的“三圈层”，乃至区位更为偏远的、第二绕城高速附近的乡村社区，经济社会发展总体显得均衡性不足。主要问题反映在：第一，产业定位不够清晰的现象在部分地区依然存在，产业融合层次相对较低，服务农民增收的造血机制依然缺乏；第二，农业产业的种植结构和组织形式仍然相对粗放，大面积大棚蔬菜、具有品牌的农产品较少，特色农产品销售网络不健全；第三，一二三产业融合层次较低，具有吸引力的乡村旅游与市民的需求还有较大差距，高品质、多元化、特色化不足；第四，农产品销售“互联网+”新业态、新模式还较少，新经济与新兴产业在乡村的落地生根土壤环境薄弱，与科技创新、现代制造和服务业相关的合作与自我培育尚未发力，农民增收渠道狭窄。

1.1.4 人居环境：都市近郊乡村的人居环境问题

近年来，随着我国现代化建设速度的加快，我国都市郊区农村经济社会取得了快速的发展，但是在这个发展过程中，乡村人居环境问题如乡村生产生活基础设施建设、乡村民居特色风貌，尤其是乡村的环境污染等问题也较为突出。

1. 都市郊区乡村环境污染问题

目前近郊农村的环境污染来源大体可以归纳为两种渠道，一是农业自身生产活动中的环境污染。在农业生产活动中，农药、化肥和除草剂在农业生产上的使用，农业废弃物的任意排放，是农村环境污染的主要污染源点，造成水质变坏、土壤污染、大气浑浊恶臭，直接影响农业产品的品质，危害农业生产，且易传染疾病，影响居民健康；另一种是外界对农村的环境污染。近年来，随着城市环境的日益改善，一些污染性工业开始向城市近郊农村地区转移，再加之农村养殖业的迅速发展，使得农村的环境污染问题日益严重。究其原因，有以下三个方面的因素：

1）观念较为落后，环保意识较为淡薄

解决近郊农村环境污染问题，关键在于观念的更新，环保意识的增强。但是我国农村农民环保意识普遍淡薄，传统的小农意识重视私有，缺乏共享意识，重视现实，缺乏未来意识。

2）环境保护管理体制的不完善，缺少专门的农业环保管理机构

随着现代人民生活水平的提高，人们对环境的要求越来越高，但是由于目前在农村基层环保监管体系不健全、农村基层环保部门队伍薄弱，管理人员素质有待提高。目前环保部门还没有健全农业环境监测的专门机构、专职人员素质低、监测仪器和业务经费短缺，对农业环境还没有常规监测。

3）关于农村环境保护的法律体系尚不健全

综观我国目前的环境保护法律体系，主要是以城市污染和工业防治污染为目标而建立起来的。这些环境法虽然或多或少地有关于对农业环境的保护，但是这一法律法规体系并不能完全适应农村经济发展的需要。环境保护专项资金投入不足。我国目前的环境保护资金大部分用于治理工业和大城市的环境污染。但是伴随着城市环境的改善，一些城市环境污染开始向农村转移，而农村从财政渠道却几乎得不到污染治理和环境管理能力建设资金，也难以申请到用于专项治理的排污费。这些都使得我国农村环境保护事业举步维艰。

2. 违建较多，村民自建行为难以规范和约束

在尚未进行新村聚居点建设的成都近郊部分乡村，居住点布局分散，没有形成集中布局的态势，在拆迁补偿等潜在机遇的诱惑下，村民往往根据自己的喜好，自行分散无序建设，往往是呈“线性扩张”，村内道路修到哪里，新房就建到哪里，沿路临街随意搭建生产性、经营性用房现象比较突出。虽然近年来政府部门加大了农村宅基地和农村建房的管理力度，违章搭建、擅自加层等现象仍然突出。建房资金短缺引发诸多问题：对于城郊一般乡村居民户而言，用于建房资金并不充足，所采用的现浇混凝土、砂石等建筑材料并非能全部达到建筑质量安全要求，缺乏相关的技术指导，广大农村自建住宅

大部分是低层建筑，建设年代多为20世纪八九十年代，建筑结构多为砖混结构，没有施工图纸，缺少规范性设计的指导为房屋埋下了安全隐患；施工人员专业素养低，民居住宅施工人员组成基本上以当地村民为主，个体施工人员量大、分散、稳定性差，没有统一、规范的管理，施工质量尤其是建筑安全得不到保障（图1.1.7、图1.1.8）。

图1.1.7 成都远郊某传统院落违建现象

图1.1.8 违建严重的成都近郊某乡村院落

3. 城乡发展格局加速融合，但乡村基础设施短板依然显著

一方面，成都从中心城区发展向都市圈发展格局演化，交通联系日益紧密，郊区新城加速发力，重大功能区加大布局，城乡关系经历了一种从宽松到紧密的历史变迁。一是乡村交通已融入城市交通网络，实现村村通公路，镇村公交基本实现全覆盖，轨道交通服务不断向郊区城镇延伸；二是乡村面貌持续改善。

另一方面，相对于城市地区，郊区乡村建设相对滞后，农村房屋、道路、市政基础设施和环境面貌有待改善。一是乡村整体风貌依然相对零乱，未形成成都乡村的风貌特色。农村农房建筑风格杂乱，大多数乡村缺失江南水乡特色。农民居住分散问题较为突出，保留村、保护村和撤并村等认定标准和细则缺乏，农村集中居住工作推进难度较大。二是基础设施短板依然突出。道路整体品质较差，部分路面尤其是村管道路破损严重，轨道交通对郊区发展的引领作用仍显薄弱；河道两侧脏乱差现象较为严重，生活污水直排河道问题仍然突出，“断头河”问题依然存在；垃圾分类和处置设施较为短缺，垃圾收储力量和资金支持仍显不足。

1.1.5 治理：传统宗族社会与社区化萌芽并行

1. 乡村治理呈现社区化与家族治理并行

都市近郊的乡村因其根子上属于聚族而居的聚居类型，血缘关系、亲缘关系、地缘关系仍然是人际关系的主要纽带，传统宗族治理仍然占据乡村治理的主导。在成都市近郊乡村中分布的乡村或林盘，从其命名上可以看出，大量存在着诸如王家老院子、叶家院子、余家碥林盘等以宗族姓氏命名的乡村社区聚落，其命名既体现了一姓或多姓宗族聚族而居的特征，也带有地形地貌特征的元素。传统宗族社会治理方式有一定的优势，由于国人注重尊老敬老、一脉相承、源远流长等优良文化传统，使得社区具有极强的凝聚力，在积极正向的思想引导下能够统一思想、集中力量完成诸多事项；不利之处体现在“熟人社会”的圈子思想具有一定的封闭性和排外性，外姓或外来人口很难进入，不利于乡村社区治理的开放性建设。

乡村是国家治理的基石。乡村治理的好坏不仅关系着乡村社会的发展与稳定，更是关系到党的执政基础与国家治理现代化建设。党的十九大报告提出“健全自治、法治、德治相结合的乡村治理体系”，在乡村治理方面提出了新要求。乡村社区治理是国家基层社会治理的重要组成部分，也一直受到学术界的高度重视。当前，乡村社区治理研究表明我国都市近郊的乡村治理主流范式具有“二元性”并行特征。学术界对于乡村治理的观点差异较为明显，其中，观点一认为在新的形势下，乡村治理结构应建构正式与非正式的制度环境，建立多元化的治理主体及关系网络的协同治理，形成家族、市场和国家三个途径的乡村公共产品提供[①][②]；观点二认为城乡一体化背景下的乡村治理不是将传统推倒重来，而是要利用好传统治理要素推进乡村治理创新[③]；观点三认为因地制宜地回应不同区域的问题，尤其应重视中西部乡村在治理创新方面的主体性，探索乡村治理现代化的多元路径[④]。辩证地看待，家族式治理方式在我国乡村有悠久的历史，有其值得弘扬的一面，但在乡村走向现代性方面，其弊端也非常明显。

2. 成都乡村治理探索

近年来，成都市乡村治理逐步纳入乡村振兴重点任务和创新社会治理加强基层建设工作要点，形成了具有大都市特色的乡村治理制度框架和政策体系，乡村公共服务水平持续提升，精细化治理成效显现。一是乡村公共服务向城市看齐，《成都市基本公共服务标准（2021年版）》将基本公共服务设施分为9大类25小类，共104项，以体现城乡普惠和均衡为特征；二是村级治理架构普遍建立，构建完善“一核三治、共建共治共享”（即是以党建引领治理为核心，法治、智治、共治“三治”融合）新型基层治理体系。农村基层党组织带头人和党员干部队伍建设进一步加强；三是城市网格化管理延伸到乡村。逐步实现包括乡村在内的全覆盖城市综合管理，网格化管理、社会化参与平台

① 朱宝丽．论城乡一体化进程中的乡村治理问题[J]．山东社会科学，2012（10）：153-157.

② 亓慧坤，徐俪珊．乡村多元主体协同治理的优化路径研究[J]．智慧农业导刊，2023，3（24）：88-91.

③ 徐勇．城乡一体化进程中的乡村治理创新[J]．中国农村经济，2016（10）：23-26.

④ 杜鹏．中国乡村治理创新的区域差异[J]．华南农业大学学报（社会科学版），2023，22（4）：130-140.

拓展到农村地区；另一方面，郊区乡村基层治理工作推进机制还不健全，各方积极性调动不够充分。一是基层缺乏自主权。乡村工作缺乏工作自主权，呈现出基层“权力无限小，责任无限大”“掌握实际，但无权实施”，而上级部门“有权但无从下手”的困难局面。二是横向部门分工机制有待优化。以乡村建设领域为例，长期以来，规划、住房、道路、风貌、环境等领域分属不同部门，缺少相对明确的一体化规划、建设和运行维护管理部门。三是参与主体较为单一，缺乏多元化参与机制。尽管已有不少村镇尝试通过引入国有企业、民营资本参与乡村建设与管理，但建设和管理机制还不完善。

在试点政策的鼓励和支持下，成都市各区县选择进行了乡村治理的试点工作，形成了较有成效的经验，其中大邑、彭州、新都等区县卓有成效。

1）村民议事会制度

成都在近年的乡村治理探索中，各区县依据自身特征形成了各具特色的乡村社区治理模式，如大邑县建立党组织引领、网格化管理、多元参与的社区治理机制；创设村（居）民议事会制度，村（居）民议事会成员由村民推选，一般不少于21人，都是有威望的人。经村民大会授权，议事会行使村（居）务决策权。议事会的设置既弥补了村民大会难召集的问题，也扩大了代表的代表面，为基层治理注入了新的活力。同时，专门成立村监事会，主要对村务管理工作开展全面监督。形成了村党组织领导、议事会作决策、村委会负责执行、村务监督委员会进行监督的权力运行机制。

彭州市积极试点探索建设自治、法治、德治“三治”融合共同体，以创新议事协商方式为抓手，在党建引领的基础上，不断筑牢社区治理细胞——家庭根基，建实院落（自然村）、村民小组和行政村三级议事协商平台（图1.1.9）。

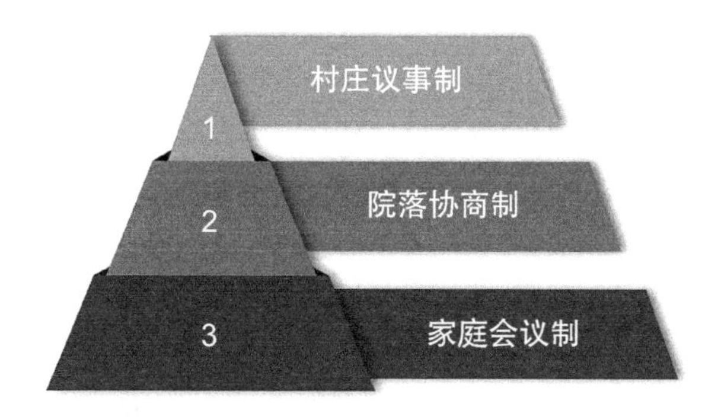

图1.1.9　彭州市三制融合乡村治理创举

2）家庭议会制，激发融合“细胞”活力

家庭是社会的细胞。井堰村强调“端蒙养、重家教”，把家德培育、家庭教化、家风营造、家业兴建四个方面摆在“家”治理的重要位置，建立家庭议会制度，通过起草家庭会议制度草案、明确家庭会议形式、确定家庭会议内容，切切实实增强“家庭”的凝聚力，成功激活了“三治融合”的细胞。

3）院落协商制，构造融合“器官”结构

院落是乡村治理的基础单元。井堰村通过创立院落党小组、“自管委”、微网格“三员合一”机制，搭建形式多样、功能设施齐全的院落协商平台，组建宣讲小组，围绕家规家训、典型事例、文明新风等内容展开宣传，为推进“三治融合”打造完整器官。

4）村庄议事制，畅通融合“肌体”经络

为有效汇聚整个村庄治理合力，井堰村不断践行“协商求同、议以成事”理念，紧扣村民群众普遍关心的“油盐柴米酱醋茶”“医学行居地产景”等事情，通过修订完善村规民约、建立村民“说事、提案、建议”“了事”即获“井堰粮票”等制度，组建宣讲团及易发多发矛盾纠纷“1+1+23+N”（1 名法律顾问、1 名公安民警、23 名法律明白人和村民公推道德模范）引导团，推动融合“肌体”治理健康发展。

1.2 成都近郊乡村的机遇与挑战

1.2.1 宏大的历史机遇：乡村振兴战略引领

1. 乡村振兴战略“五个振兴”内涵解读

2018 年 9 月，中共中央、国务院《乡村振兴战略规划（2018—2022 年）》明确了乡村振兴的五大主题内容与路径：产业振兴、人才振兴、文化振兴、生态振兴、组织振兴。结合乡村的属性及乡村发展的目标导向，笔者通过剖析其内涵及逻辑关系后认为，五大路径可以解析为“一个目标、一个内核、三大保障”：一个目标是以实现乡村产业振兴为目标，通过产业振兴促进乡村经济全面发展，乡村经济发展将推动乡村社会发展；一个内核是指以乡村文化振兴为内核。乡村文化底蕴悠久且独特、文化生态基础良好，是地域性、乡村性得以可持续发展的最重要内涵，通过乡村文化空间生产，发展乡村文化产业、旅游产业，使乡村具有持久的生命力和生产力；三大保障是指人才振兴是乡村可持续发展的人力资源与技术保障，生态振兴是乡村的自然生态环境保障，组织振兴是制度保障。

文化振兴是软实力、精神层面的建设活动，产业振兴是物质层面的建设活动，两者互相影响，互为促进；通过文化振兴营造良好的乡村精神环境，对乡村人才的培养与吸引、生态环境的认识与保育、组织机构的完善健全起到重要的推动作用（图 1.2.1）。因此，对于乡村振兴而言，注重乡村的文化振兴和文化建设，以乡村文化空间生产促进文化振兴为切入点，推动产业振兴，建立人才保障、生态保障、组织保障是行之有效的实施路径。

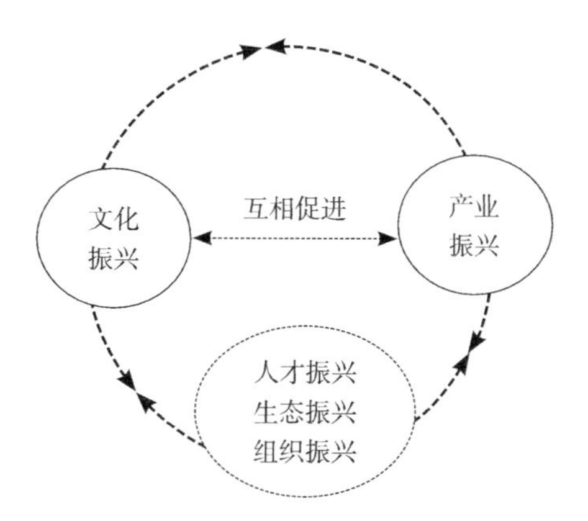

图 1.2.1　乡村振兴战略五大路径内涵解析

2. 成都市“十大重点工程”助力乡村振兴

《成都市实施乡村振兴战略若干政策措施（试行）》，从创新财政支持方式、促进城乡空间形态重塑、促进现代农业创新链建设、促进现代农业供应链建设、促进现代农业价值链建设、促进现代农业产业链建设、促进生态宜居美丽乡村建设、促进乡村文明新风建设、促进乡村共治共建以及促进农民持续增收十大方面（简称十大重点工程）推进乡村振兴，为建设美丽宜居公园城市作出贡献[①]。

统筹城乡发展、促进城乡融合，建设践行新发展理念的公园城市乡村示范区，加快农业农村现代化，是成都“十四五”时期高质量发展的“筑基工程”。作为在全省乡村建设起到带头和示范作用的成都市，在探索实践中前行，主要示范的是：释放活力，深化城乡融合发展试验区建设；农商文旅体融合推动农业农村发展动能转换；探索创新为全省农业农村发展提供借鉴。其中，释放乡村活力与探索乡村发展动能转换是最关键的两个环节，集中体现了近年来国内外在乡村发展理论与实践方面对“外源式”“内生式”两种发展模式研究成果的应用。

1.2.2 公园城市建设与城乡融合高质量发展

1. 政策演进：从城乡统筹到城乡融合高质量发展

2002 年，党的十六大确立了“全面建设小康社会”的奋斗目标，并提出了“统筹城乡经济社会发展”的方针。城乡关系由城市优先发展转向城乡并重统筹发展，改革的重点强调城市与农村在经济、社会领域的协调发展，城乡关系进入“以工补农、以城带乡”的统筹发展阶段。

---

① 成都市十大方面政策措施推进乡村振兴战略 [N]. 人民日报，2018-04-12.

2007年6月，国家发展和改革委员会通过批准成都市设立国家级综合配套改革试验区——全国统筹城乡综合配套改革试验区[①]。重点在统筹城乡规划、建立城乡统一的行政管理体制、建立覆盖城乡的基础设施建设及其管理体制、建立城乡均等化的公共服务保障体制、建立覆盖城乡居民的社会保障体系、建立城乡统一的户籍制度、健全基层自治组织、统筹城乡产业发展等重点领域和关键环节率先突破，通过改革探索，加快经济社会快速健康协调发展。

2009年5月，国务院批复《成都市统筹城乡综合配套改革试验总体方案》，允许成都市在九大方面先行先试：建立三次产业互动的发展机制；构建新型城乡形态；创新统筹城乡的管理体制；探索耕地保护和土地节约集约利用的新机制；探索农民向城镇转移的办法和途径；健全城乡金融服务体系；健全城乡一体化的就业和社会保障体系；实现城乡基本公共服务均等化；建立促进城乡生态文明建设的体制机制等[②]。

一直以来，成都城乡规划不断探索和创新，先后经历了城乡分割、城乡统筹到城乡融合三个阶段，乡村规划理念持续提升，从过去的"三个集中""四性原则""小组微生""成片连线"，转向了现在的"城乡融合单元"。通过优化城乡空间关系，构建产业联系、要素互通的城乡融合发展单元，以交通互联实现空间优化；乡村地区按照公园场景营造方法通过"特色镇+"田园乡村公园提升、"特色资源+"田园公园打造、城市轴线和绿道串联，打破行政边界，最终形成高质量的乡村网络化空间结构。以空间结构为引领，构建建设用地、水系、农用地等空间自然要素的综合整治体系，实现绿色、高效发展。

2018年2月，习近平总书记来川视察，重点强调要着力实施乡村振兴战略，要求成都在推动城乡融合发展上继续走在前列，指明了新时代治蜀兴川的重中之重，明确了四川"三农"发展目标任务、方法路径和着力重点。习近平总书记视察天府新区时提出了公园城市理念以来，成都市对公园城市的构建进行了大量的研究和实践工作，以促进"人、城、境、业"高度和谐统一[③]。

为落实中央、四川省对乡村振兴的战略部署，特别是习近平总书记2018年春节前夕视察成都时提出的乡村振兴"走在前列、当好示范"和"要突出公园城市特点，把生态价值考虑进去"的嘱托，成都以"十大重点工程、五项重点改革、七大共享平台"为抓手，大力实施乡村振兴战略。在全域乡村规划提升方面，坚持"先策划、后规划、无设计、不建设"原则，结合城市总体规划、土地利用总体规划、产业发展规划和生态环

---

① 国家发展改革委下发《关于批准重庆市和成都市设立全国统筹城乡综合配套改革试验区的通知》（发改经体〔2007〕1248号）[Z]. 2007.06.07.

② https：//www.gov.cn/jrzg/2009-05/21/content_1321579.htm.

③ 打造高品质生活宜居地 [EB/OL]. 人民网，2021-07-24. https：//baijiahao.baidu.com/s?id=1706116566708992526&wfr=spider&for=pc.

境建设规划，对全域乡村进行全面规划、系统设计，完善乡村规划师制度。同时，强调了要解决好顶层设计和实践创新、乡村振兴和新型城镇化等关系。强化规划引领作用，做好顶层设计，重塑城乡空间布局和经济地理，是乡村振兴落实落地的重要前提，必须更加注重顺应城乡融合发展要求完善现代城乡规划体系。

2. 公园城市理念：助推乡村振兴全新发展

“急剧变革中的高质量生态转化区域”：对生态绿隔区的管控不仅要从保护生态功能角度提出限制建设的刚性管控要求，还要充分考虑生态绿隔区亦是一种自然资源，从促进其生态价值转化的角度提出发展建设指引，实现高质量发展。

乡村地区具有天然的自然环境优势，以公园城市理念解决“三农问题”，促进“人、村、境、业”高度和谐发展是乡村振兴的全新探索。以公园场景的营造手法塑造乡村增长极，强化镇区对乡村地区的服务和辐射作用，打造一批具有乡村特色的公园场景，是实现乡村振兴的新思路和成都创新。

以公园城市理念为发展新思路，促进乡村地区的提档升级发展。空间上，以城乡融合系统和“点—轴”理论为基础，融合公园城市理论和公园场景营造手法，构建城乡发展空间新体系，形成乡村网络化结构。从空间要素来看，按照城乡融合系统理论，构建城乡融合体，促进城乡功能融合；以“点—轴”理论为核心，塑造乡村增长极，并通过线性空间要素串联，实现空间的均衡发展。以此结合成都的城乡发展实践，以城乡融合发展单元为核心空间载体，形成主导产业明确、镇村分工合理、资源要素统筹分配、基础设施共建共享、管理机制创新开放，城乡充分融合发展的农业产业功能区。以特色镇、田园公园场景为核心，以城市轴线和绿道进行串联，促进分散资源要素合理集中和高效利用，形成网络化空间结构。

在上述目标的引领下，成都市在公园城市营建中创新地将“公园城市”拆解为六大场景营造。由于其点多面广，聚焦于成都公园城市生态绿隔区的乡村社区，重点探究成都“公园城市”的乡村表达（图 1.2.2）。

1）场景一：建设绿意盎然的山水生态公园场景

以山体、峡谷、森林、雪地和溪流等特色资源为载体，按照“生态保护区＋特色镇＋服务节点”的模式建设，通过绿道串联，植入旅游服务、休憩娱乐、文化展示等功能，打造绿意盎然的山水生态公园场景。

2）场景二：建设贯联成网的天府绿道公园场景

以区域级绿道为骨架，城市级绿道和社区级绿道相互衔接，构建天府绿道体系，串联城乡公共开敞空间、丰富居民健康绿色活动、提升公园城市整体形象。植入生态保护、健康休闲、文化博览、经济发展、慢行交通、农业景观、海绵城市、应急避难等功能，营造多元场景，增强经济文化扩散效应（图 1.2.3）。

场景一：建设绿意盎然的山水 生态公园场景

以山体、峡谷、森林、雪地和溪流等特色资源为载体，按照“生态保护区+特色镇+服务节点”的模式建设，通过绿道串联，植入旅游服务、休憩娱乐、文化展示等功能，打造绿意盎然的山水生态公园场景

场景二：建设贯联成网的天府绿道公园场景

以区域级绿道为骨架，城市级绿道和社区级绿道相互衔接，构建天府绿道体系，串联城乡公共开敞空间、丰富居民健康绿色活动、提升公园城市整体形象。植入生态保护、健康休闲、文化博览、经济发展、慢行交通、农业景观、海绵城市、应急避难等功能，营造多元场景，增强经济文化扩散效应

场景三：建设美丽休闲的乡村田园公园场景

以特色镇为中心，以林盘聚落为节点，以绿道串联，植入创新、文化、旅游、商贸等城市功能和产业功能，通过“整田、护林、理水、改院”重塑川西田园风光，打造美丽休闲的乡村田园公园场景。在各个林盘聚落植入商务会议、文化博览、民宿度假、创客基地等多样功能，实现农商文旅体融合发展，让人们在感知乡村田园美景的同时，还能参与和体验丰富的活动

场景四：建设亲切宜人的城市街区公园场景

围绕绿化空间，织补绿道网络，按照“公园+”布局模式，形成公园式的人居环境、优质共享的公共服务、健康舒适的工作场所，植入新功能新业态，凸显社区文化主题，构建绿色化出行体系，打造亲切宜人的城市街区公园场景。面向街区内不同人群需求，营造多种生活化街区场景，让市民在生态中享受生活、在公园中享有服务，促进人情味、归属感和街坊感的本质回归

场景五：建设特色鲜明的天府人文公园场景

传承保护历史遗存，创新现代文化，结合公共开敞空间和“三城三都”城市品牌，打造特色鲜明的天府人文公园场景。从人的感受出发，强化天府传统文化的传承与现代文化要素的彰显，构建面向不同群体的多元文化场景，形成意象鲜明、丰富多彩的人文体验

场景六：建设创新引领的产业社区公园场景

结合公园、绿地等开敞空间，以绿道串联时尚活力的产业核心与居住社区，植入产业、文创、居住、公共服务、商业、游憩等多元功能，满足各类人群的多元需求，打造创新引领的产业社区公园场景

图 1.2.2 成都市建设公园城市的六大场景

至 2023 年 6 月，成都天府绿道总里程达到 6500 公里，串起了城市郊区周边的众多特色小镇、特色园区、和美乡村，成为成都市的绿色网格①。

图 1.2.3 绕城绿道，链接城乡

① 成都大力建设天府绿道体系——铺绿色网格 畅经济动脉 [EB/OL]. 中国政府网，https://www.gov.cn/xinwen/2017-12/26/content_5250343.htm.

3）场景三：建设美丽休闲的乡村田园公园场景

以特色镇为中心，以林盘聚落为节点，以绿道串联，植入创新、文化、旅游、商贸等城市功能和产业功能，通过“整田、护林、理水、改院”重塑川西田园风光，打造美丽休闲的乡村田园公园场景。在各个林盘聚落植入商务会议、文化博览、民宿度假、创客基地等多样功能，实现农商文旅体融合发展，让人们在感知乡村田园美景的同时，还能参与和体验丰富的活动（图 1.2.4、图 1.2.5）。

图 1.2.4 战旗村——国家 AAAA 景区

图 1.2.5 斑竹园镇足球音乐小镇乡村公园

4）场景四：建设亲切宜人的城市街区公园场景

围绕绿化空间，织补绿道网络，按照“公园 +”布局模式，形成公园式的人居环境、优质共享的公共服务、健康舒适的工作场所，植入新功能新业态，凸显社区文化主题，构建绿色化出行体系，打造亲切宜人的城市街区公园场景。面向街区内不同人群需求，营造多种生活化街区场景，让市民在生态中享受生活、在公园中享有服务，促进人情味、归属感和街坊感的本质回归。

5）场景五：建设特色鲜明的天府人文公园场景

传承保护历史遗存，创新现代文化，结合公共开敞空间和“三城三都”城市品牌，打造特色鲜明的天府人文公园场景。从人的感受出发，强化天府传统文化的传承与现代文化要素的彰显，构建面向不同群体的多元文化场景，形成意象鲜明、丰富多彩的人文体验。

6）场景六：建设创新引领的产业社区公园场景

结合公园、绿地等开敞空间，以绿道串联时尚活力的产业核心与居住社区，植入产业、文创、居住、公共服务、商业、游憩等多元功能，满足各类人群的多元需求，打造创新引领的产业社区公园场景（图 1.2.6）。

3. 城乡融合高质量发展特征

城乡融合高质量发展是一个以发展为目的解决乡村发展困境，并以乡村为着力点，解决城乡发展不平衡，促进乡村振兴，实现农业农村现代化，解决乡村发展不够充分的

图 1.2.6　大川巷艺术街区场景

问题。城市与乡村融合高质量发展可以表现出多方面内涵与外延，包括全域性的城乡空间融合、系统性的城乡居民心理融合、多领域的城乡产业发展融合、整合性的城乡生产要素融合等方面，其中将城乡作为一体进行整体融合性思考是城乡融合高质量发展的首要前提（图 1.2.7）。

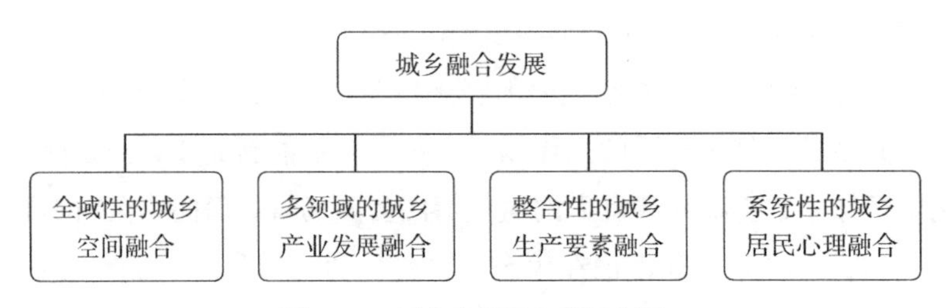

图 1.2.7　城乡空间融合发展内涵

1）全域性的城乡空间交互融合

城市与乡村存在最为显著的便是空间位置上的不同，从而导致了资源要素流动趋向的不同，产生了城市和乡村的差别。在由若干个村庄村民的中心活动区域组成的乡村社区，与城镇社区之间的空间融合来看，存在如下空间演变可能：从地理空间看城中是否可以有村的存在，村中可否有城的要素表现？市民能否下乡生产，农民能否进城生活？乡村可否建立新的产业？这些都将在城乡空间融合中表现出来（图 1.2.8）。

（1）地理空间融合是城乡融合的显著标志

一定区域内的乡土气息要成为融合的重要考量因素。当城乡之间分离，其最显著的表现便是城市与乡村之间空间的隔离。城市生活居住条件较好，基础设施配套相对齐全，社会保障基础好，教育体系成熟等，而乡村则与之相反。同时，由于地理区划的不同，城乡之间地理空间融合是城乡融合的首要标识。城乡之间没有天然的鸿沟和壁垒，

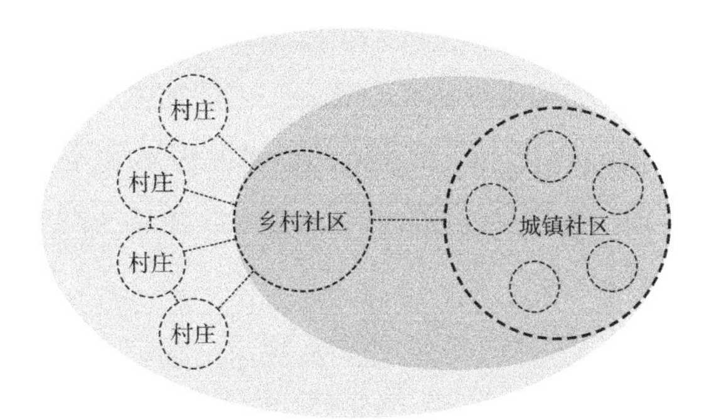

图 1.2.8　全域性的城乡空间交互融合

城市应该连接有乡村最质朴的乡土气息，乡村也应该有城市的现代风格。彼此之间往来交流没有障碍。在中国，东西部地区因发展程度不同城乡融合虽然有差别，融合的标准不一，但最终都表现为城乡间无差别的一体化，表现为城乡之间地理空间的广度融合，田园城市与现代乡镇并存，城市中有乡村，乡村中也有强烈的城市因子，城乡间相对均衡发展。

（2）生活空间融合是城乡融合的重要特征

一直以来，都将生活在城市群体视为市民，而生活在乡村的便是农民。而今随着城市与乡村之间各自优势的不断呈现，出现了市民下乡购地从事农业生产与乡村居民生活在一个村庄，农民进城购房务工或依然按季节返乡从事农业生产而与市民生活在一个社区。特别是通过撤村并乡，加大城中村改造力度等，城乡居民彼此的生活空间出现了交互甚至是反向。农民进城向往城市优势，市民下乡追求价值实现，农民市民化与市民乡居化交叉存在。这种各自宜居适度的交流互动，是城乡融合最活跃的因子，也是城乡融合诸多表现形式中最乐见的现象，真正实现了无差别的自然生活与工作的状态，拉近了市民与农民的距离，弥合了市民与农民的差距，为城乡间关系的良性发展创造了条件。

（3）生态空间融合是城乡融合的理想愿景

城市化因工业化而得到强化，而工业化的负面效应便是带来了严重的环境问题，影响了人类的生活质量。当城市的发展使人从生存需求迈向生活需要时，自然生态和城市建设成为对立的现实更需破解，毕竟城市的核心还是人。如何实现人与自然和谐共生便成了理想愿景，看得见蓝天，听得到水流不是奢侈的向往。破解因城市就业焦虑、生活成本高、工作压力大的一个有效办法是让城市更加自然化，有研究表明当林冠绿视率达到 40% 时，压力舒缓率可达到 90%[①]，但是由于城市空间在城市发展过程中空间挤压，城市自然生态空间有限，过分强调景观建设的城市绿化使用意义又不高且绿化也是一个

① 潘晓诚．论城乡关系：从分离到融合的历史与现实 [M]. 北京：人民日报出版社，2019：212.

缓慢的过程。如何才能更好地满足人们对绿的需求，现有的“可食用景观”和“生产性景观”为代表的自然生态空间唯有乡村才能满足。因此加强城乡建设，特别是城乡之间的城郊使之成为城市发展的后花园。而乡村的山水林田湖泽等是吸引城市人口流动下乡的潜在资源和宝贵财富，这些乡村资源在城乡融合发展的实践中需要依据整体发展规划，才能发挥更大的作用。

（4）生产空间融合是城乡融合的基本前提

长久以来，乡村一直是农业生产的聚集地，随着手工业从农业中慢慢剥离出来的社会大分工，城市变成了非农产业集中地，从而城市和乡村在空间上因所从事生产劳动的不同而形成了隔离。生产的发展引发了社会分工，而社会分工又导致了城乡关系的变化，并出现了城乡二元状况。随着农业生产需要进一步地进行农产品深加工、农业人口转移、农民增收等，乡村产业向着多元化发展是必然。曾经的城市工业因城市土地成本、劳动力需求、环境要求等也将远离城市中心地带。这样就出现了乡村因发展需要产业更新，城市因产业升级，特别是制造业发展需要更广阔的空间，城乡之间因生产发展而进一步使得原有城乡间生产空间的泾渭分明现象将弱化。乡村中的工业工厂和农业生产将在空间上出现并存，城市也因技术优势而将成为乡村产业延伸发展的高地。

2）系统性的城乡居民心理融合

城市与乡村融合核心还在人的适应问题，农民进城不意味着农民身份的改变，市民下乡不代表转变为农民。从事产业的影响、生活习惯的适应、文化背景的不同都是城乡融合发展在人这个环节最直接的问题。

（1）城乡居民生活习惯的心理定式逐渐改变

工业化、城市化一直都是一把双刃剑。在带来了社会财富高度集聚的同时，也造成了环境、生态等一系列问题。城市中激烈的竞争、高速的节奏、拥挤的空间、喧嚣的空气，与乡村中辽阔的田野、清新的空气、清幽的环境、怡人的自然相比较，使得乡村成为市民疏解紧张节奏最理想的去处。追求诗和远方疲惫城居者渴望着乡居化的生活氛围。而农民心理则是向往城市居住条件的优越、社会保障的健全、求学就医的便利等。农民城市化的心理诉求是十分强烈的，渴望生活方式更加城市化，生活理念更加现代化。这就在心理渴望上拉近了城市与乡村、市民与农民之间曾经疏远的距离。然而世代乡居的农民，特别是乡村中老人对因“进城”而改变已有的乡居环境、乡里亲情等会倍感不适，出现渴望与不适的矛盾心理在促进城乡融合发展中并存也是城乡关系递进的必然现象。

（2）城乡居民生产习惯的心理暗示渐次消弭

生产是生活的保障，生产的发展出现了城乡生产习惯的形成并进而产生了强烈的心理暗示。乡村农民长久从事农业生产活动，习惯了与土地打交道，并形成了千百年不变的乡土情结，秉持“手中有粮，心中不慌”的生产理念。特别是近年来土地承包政策、惠农政策的实施、生产机械化程度的提升等，使得生产所得有了保障。同时农民对新事物接受能力和应激反应的敏捷性差，离开乡村所能从事的生产劳动少。对于城市市民而言，对乡村的向往源于对城市忙碌生活的厌倦和对记忆的回思，而乡村能否找到理想生产活动并能保证其生活的有序也是巨大的考验，投资乡村农业或其他产业能否得到相应保障等都是一个心理上未知的巨大暗示。城乡间居民因生产不适而产生的心理暗示恰是城乡融合过程，也是产业融合对劳动者提出新要求的过程。这就使得生产习惯的心理暗示随着城乡融合发展而不断淡化。

（3）城乡居民文化背景的心理落差慢慢弭平

中国长期的城市偏好导致在文化认知上出现了巨大偏差。城市的发达映衬着乡村是“落后”的，城市是便捷而乡村的各方面是不便利的，城市发展的快节奏折射着乡村是“散漫”的，城市的市场经济追逐利益回报映射着乡村人情社会是“迂腐”的，乡土的人情社会是市场经济的障碍，等等。加之长期的城乡制度不同形成的城乡社会保障等的不一致，特别是由于生产方式不同形成的收入差距，乡村投资回报将是一个缓慢的过程，生活方式不同形成的习惯差异，以及教育投入偏向城市而导致的代际文化教育心理失衡，从而便形成了文化心理感官的巨大落差。在城乡融合发展的背景下，繁忙高节奏的城市市民开始向往舒适悠闲的乡居生活，市民渴望的乡居化更多呈现是生活而非生产，出现了部分人追逐工作于城市，生活于乡村的折中方式。随着城镇化政策保障和农民经济实力的提升，加速了城市化的进程，原有的文化背景所形成的心理落差也在发生着改变。

3）多领域的城乡产业发展融合

破解发展难题，尤其“三农问题”解决是一个立体工程，其中产业发展是根本途径。产业发展需要要素资源以及在其基础上的政策体系，以利于政府与农民，政府与市场之间的良性互动。城乡融合发展要结合传统乡村所赋予的自然与文化资源，立足乡村为城市提供优质的物质生活资料，提升市民对乡村的认可度。

（1）一产不断加强是城乡产业融合的目标之一

国家提出通过城乡融合发展实现乡村振兴，乡村振兴的核心又是产业兴旺。正是由于乡村产业不发达，才出现了乡村衰落和不断的出现农民“逃离”现象。农业是乡村产业的重中之重，是我国最基础的产业，是支撑国家经济建设和发展的前提，是人类的衣食之本、生存之基，关系着国家安全的根本，其他乡村产业也是在围绕农业进行完善和提高，只有乡村中的农业做强做大才能保证其他产业的安全。然而，现阶段的乡村出现了农业成为许多农民的附属产业[①]。通过城乡融合发展，坚持农业优先发展地位，发挥农民特长，调动农民主动性、积极性，培育现代新型农业经营主体，使工业的现代生产能力、科技的实力支撑起农业的现代化产业化、规模化发展，并不断的扩大农业产业链与附加值延伸，改变单一的农业种植模式。使得依托农业的农民收入才能不断提高，围绕农业的乡村面貌能得到改善，体现了尊重农民意愿，保护农民权益，也是促进乡村振兴的最好方式。

（2）二产坚持发展是城乡产业融合发展的动力

农业的发展离不开机械化的规模经营，更离不开现代科技创新的巨大推动。正是基于以机械化为代表的现代大农业的规模生产和现代科技的有力支撑，才能改变一家一户原有乡土中国的生产状态，才能有效地做好土地流转，适应国家战略发展大局。乡村农业发展离不开工业的反哺和支撑，同样农业产业产出也是基于工业发展的需要。历史证明，以制造业为核心的工业化是现代化最为重要的核心标志，工业的发展不仅提高了第一产业的附加值，更保证了一产的换代升级。通过工业的不断发展，不断提升现代大农业的设备和技术保障，进而保障乡村农业机械化、科技化、信息化、标准化的生产发展。实现产业融合发展，相互交融。特别是乡村作为潜在的庞大消费市场和庞大的劳动力市场也是工业发展的重要出口。同时，伴随着环保等的需要，工业也需要进行有效的疏解，乡村也就成为二产的必然去向。无论是主动或是被动，一二产的融合发展已经是新时代的必然。

（3）三产持续提高是城乡产业融合活跃乡村的必备条件

乡村的衰落的表象就是农业产业发展相对滞后，农民收入改善幅度低于城镇，出现农民离土离乡等现象。只有乡村活跃起来，乡村发展才有希望。其中，解决农民在乡村的充分就业，提高收入是主要途径，而不是完全的将农民转化为进城务工人员向大城市进行疏解。在国家城镇化“三个一亿”[②]目标中，通过解决就业实现就地城镇化是其中之一。当下解决就业主要途径在三产，尤其是随着社会分工专业化程度更高而不断涌现的新兴产业。如今，通过依托乡村生态、文化等形成的乡村游、乡村体验等正成为市民追求和向往的生活方式。但是，乡村缺少应有的现代气息又是其弱点，现代的宣传媒介、物流产业等还没能完全延伸至乡村。因此，通过城乡融合发展，立足乡村资源禀赋，使城市发达的电商、物流、理念等优势延伸至乡村，与其生态环境、绿色产业、人文等资源融合，带动乡村旅游、餐饮、住宿等服务产业发展，活跃乡村社会，不断增加

① 潘晓诚．论城乡关系：从分离到融合的历史与现实[M]. 北京：人民日报出版社，2019：212.

② 2014年全国两会上的政府工作报告提出促进一亿农业转移人口落户城镇，改造约一亿人居住的城镇棚户区和城中村，引导约一亿人在中西部地区就近城镇化。

市民与农民的有效融合交流，促进农业增效，农村增彩，农民增收。

4）整合性的城乡生产要素融合

生产发展的不断增长在于生产要素的合理搭配，使人的因素与物的因素达到最佳结合。城市拥有资金、人才、科技等要素优势，乡村拥有土地、资源、劳动力等要素基础。为改变城市增长极的“虹吸效应”所带来的发展不平衡现状，破解资源要素单向度向城市集中的负面效应。要发挥以工促农、以城带乡的城市辐射扩散效应，实现城乡融合发展，推动乡村振兴，推进城市要素与乡村要素自由流动，实现城市资本、人才、技术等下乡。

（1）城市资金下乡是推动城乡融合发展的首要前提

近代城市发展正是基于大量的资本集中，以及城市为资本集中创造的便利条件——交通运输、邮电通信、工厂商场等。这些便利条件带来了资本的高速回报，也必然使得有限的社会资本进一步从乡村剥离出去。实现乡村振兴，推进城乡融合发展首先要解决钱的问题。彻底改变长期以来城市从乡村“抽血式”发展，实现城市为乡村“输血式”发展的反哺之路。在市场经济环境下提升社会资本服务于乡村发展的能力。在经济社会的发展过程中，资本具有较强的逐利性，利益回报高的地方就是资本集中的地方。由于乡村产业模式与地缘因素等，投资乡村回报时限较长，从而制约着社会资本投入乡村的实现。同时由于社会资本追求更高的回报率，必然对乡村发展回报产生挤压。因此，在解决钱来源问题的同时，更要解决钱最终流向何处去的问题。也就是通过城市资本投资乡村发展，最终还要将资本收益的主要部分留在乡村。基于此，资金下乡并最终服务于乡村还是更多地依靠政府政策调控，鼓励社会资本投资乡村建设发展。更要以政府掌握的金融业务直接服务于乡村发展，这也更加彰显社会主义优越性及社会主义的本质属性。

（2）人才回流乡村是推进城乡融合发展的关键因子

人是生产要素中最活跃的因子。随着改革的进行，特别是高等教育走向大众化，使得一部分乡村青年通过读书留在城市成为市民，一部分农民通过进城务工人员身份工作于城市并逐步定居在城市，并由此带动全家集体迁移出乡村。特别是各地户籍政策的改变，人才大战的持续发酵，以及“推进农业转移人口市民化”政策的鼓励，使得城镇的门槛逐渐放低，也就进一步加速了人口大量步入城市。从1996—2018年的22年间，我国城镇人口增长了4.6亿①。这是城镇化发展人口流动的必然现象，然而乡村人口特别是乡村青年大量离开乡村成为乡村持续“衰落”的最急需解决的现实问题。新时代现代乡村生产发展更加急需专业技术人才和管理人才。推动进城务工人员返乡创业带动乡

① 叶兴庆，金三林，韩杨．走城乡融合发展之路[M]. 北京：中国发展出版社，2019：120.

村农民就业，鼓励知识分子下乡推动农业现代化和乡村新兴产业发展提供就业。从而为乡村发展留住必要的人口基础。并由此形成城乡人口的双向流动，让农民进城市民化享有同等的发展成果，市民乡居化为乡村发展提供新理念增加新力量。特别是人才下乡带来的不仅是技术，更是为青年服务国家和社会发展提供了一种新的选择。

（3）现代科技融入乡村是推进城乡融合的重要条件

科技是第一生产力，科技发达意味着发展质量较高。当前，乡村产业兴旺特别是现代大农业和新兴产业的发展离不开技术支撑，尤其是“互联网+”为主要形式的新业态正成为乡村发展新亮点。优美宜居的乡村少不了科技支撑下的现代基础设施和构建优美环境的现代技术处理手段。文明的乡风需要现代科技下的医疗、教育体系不断发展以及传播文明乡风新媒体。现代的乡村治理手段离不开新科技媒介的广泛应用，富裕的乡村生活不断创收不能缺少现代科技设备利用。当前，以城市为主体的消费端其科技支撑手段越发高端，倒逼乡村供给端不断提高技术手段以应对。城市是科技集中且发达的区域，乡村发展又是急需技术支持的板块，加强城市技术与乡村平台结合，促进技术落地生根，才能有力地推动乡村振兴，加速城乡融合发展。乡村土地资源的合理开发，环境资源有效保护，文化资源的赓续传承需要现代科技的助力支撑。现代的乡村没有现代的科技因素便无法有效实现乡村与城市的有机融合，只有利用好城市的科技实力，不断推动乡村发展，才能更加有效的开辟城乡融合发展的新境界。城乡融合作为一个目标追求其表象形式因地域差别、历史文化、发展现状等会有更多的特征表现形式。作为促进乡村振兴的手段措施，要通过要素流动促进生产发展打破城乡壁垒，实现既有发展的硬核呈现，也有心理意愿的软核表现。

第 2 章　国内外相关研究进展及实践探索

在全球化时代，无论是城市化进程还是城乡关系的进展研究都不是简单意义上的一个国家或一个地区的问题。成功的实践与失败的教训同样都具有全球性的借鉴意义。现代性城市起于欧美，其城市与乡村关系更是历经多重实践，诸多城乡间融合发展案例理应成为中国发展参考的有益经验。研究我国及西方发达国家城市与乡村的关系演变，分析并利用现代以来西方乡村社会发展的积极经验。

2.1 国内都市郊区乡村发展相关研究及实践

2.1.1 国内都市郊区乡村研究动态

我国一直重视乡村发展的相关研究，对乡村的研究最早起源于对“三农问题”，即“农业、农村、农民”相关问题的对策研究。中华人民共和国成立后至改革开放前，侧重点在农业的生产经营方式与相关政策体制方面；改革开放后至 2006 年（以农业税的取消为标志性阶段），侧重点在农民的生产条件与生计改善方面；2006 年至今，侧重点在以人居环境改善与提高的乡村全面发展研究。通过文献梳理，可以将近年来对都市近郊乡村研究按研究内容分为如下方面：

1. 关于都市郊区乡村的研究起源于对城乡关系的研究

许经勇[①]将我国自 20 世纪 50 年代至今的城乡关系分为三个阶段：城乡二元结构——统筹城乡发展——城乡一体化与城乡融合发展，认为三者既有区别又是紧密联系，是阶段性与持续性的统一，认为要实现城乡一体化与城乡融合发展，需要把有效的市场和有为的政府有机结合起来。王平等[②]分析了海南省城乡关系演化特征及驱动机

① 许经勇 . 我国城乡关系演变的阶段性与持续性 [J]. 山西师范大学学报（社会科学版），2022，49（3）：45-50.

② 王平，陈妍，程叶青，等 . 海南省城乡关系演化及驱动机制研究 [J]. 世界地理研究，2022，31（4）：849-861.

制，提出制度创新、对外合作、产业优化、城镇建设和乡村振兴是推进城乡融合发展的重要路径。刘景华等[①]通过对欧洲城乡关系演变历史梳理，认为现代欧洲已成为城市社会，在城市带动下已达到了城乡一体化和城乡融合发展的理想目标。

2. 在都市郊区乡村社区性质、功能研究方面

李义龙等[②]在研究渝北区都市近郊乡村性空间特征及差异的基础上，进一步结合区域发展方向和相关政策、规划，提炼出 3 个渝北区都市近郊乡村发展类型：现代农业导向型、三产融合发展型、城乡空间邻近型（表 2.1.1）。卢凯等[③]提出，坐落于都市近郊区的传统村落面临着自身保护发展与都市人文、经济等辐射影响之间的博弈，将“共生”理念引入，探讨城乡“共生”下传统村落保护发展路径，从历史文化“共扬”、人居环境“共宜”、公服设施“共享”和产业经济“共兴”四个方面，提出城乡“共生”下都市近郊型历史古村落保护发展路径；顾吾浩[④]指出都市乡村与中心城市具有天然的互补性、协调性和融合性，是农村工业化、城镇化和现代化的先行地区。

基于乡村性评价的村域类型划分 **表 2.1.1**

乡村发展类型	乡村性主要特征	划分理由	涉及村域
现代农业导向型（44 个）	乡村性强，产业结构、土地利用指数高	远离中心城区，为城市提供农产品及其附属加工品，剩余劳动力流向城市，发展水平相对较低。	大湾镇水口等 19 村、大盛镇三新等 13 村、统景镇合理等 5 村、茨竹镇华蓥等 6 村、洛碛镇水溶洞村
三产融合发展型（60 个）	乡村性较强，人口、土地、产业指数中等偏下	主要位于生态环境优美、具有一定产业基础和旅游休闲服务基础的区域，非农产业从业人员较多。	洛碛镇大天池等 12 村、统景镇中和等 16 村、茨竹镇放牛坪等 10 村、石船镇共和等 9 村、兴隆镇保胜寺等 6 村、古路镇兴盛等 3 村、大湾镇金安等 2 村、大盛镇天险洞等 2 村
城乡空间邻近型（34 个）	乡村性弱，城乡融合与土地利用指数低	主要位于都市周边，交通便利，传统乡村特征不明显，受城市发展影响大，城乡功能联系密切。	古路镇乌牛等 11 村、木耳镇石鞋等 10 村、玉峰山镇龙门等 7 村、洛碛镇箭沱等 4 村、石船镇石河村等 2 村

3. 在都市郊区乡村转型发展研究方面

徐珺[⑤]提出新时代上海郊区乡村因地制宜推进“四域”转型发展思路：承载功能、

① 刘景华，王美玲 . 略论欧洲城乡关系的历史演变 [J]. 湘潭大学学报（哲学社会科学），2022，46（4）：171-176.

② 李义龙，廖和平，李涛，等 . 都市近郊区乡村性评价及精准脱贫模式研究——以重庆市渝北区 138 个行政村为例 [J]. 西南大学学报（自然科学版），2018，40（8）：56-66.

③ 卢凯，程堂明，付百东 .“共生”理念下都市近郊型传统村落保护发展路径探析——以合肥市六家畈村为例 [J]. 小城镇建设，2019，37（12）：61-66+83.

④ 顾吾浩 . 都市乡村振兴与城乡融合发展之路 [J]. 上海农村经济，2019（8）：9-13.

⑤ 徐珺 . 上海大都市郊区乡村转型发展思路探讨 [J]. 科学发展，2022（4）：62-71.

空间结构、建管体系、治理模式的转型，成为大都市核心功能的战略承载地、大都市圈层发展的重要链接地、大都市稀缺资源的特色供给地、大都市共生治理的创新示范地；蔡蓓蕾等[①]提出都市近郊区旅游型乡村宅院功能演化与转变是乡村功能转型的显性表达；张川等[②]归纳了南京市以特色田园乡村建设引领带动美丽乡村示范村、宜居村、田园综合体、民宿村建设“五村”共建，以点带面、串点成线，以特色田园乡村建设总揽美丽乡村建设全局的路径；生延超[③]从人地关系演变角度将都市近郊传统村落的乡村旅游嬗变分为3个阶段：原真性阶段、变异性阶段和创意融合阶段；杨忍等[④]以乡村主导功能为划分原则，将广州市都市边缘区乡村划分为经济发展功能主导型、社会保障功能主导型、农业生产功能主导型、生态保育功能主导型、均衡发展型和综合发展型等6种类型；张如林等[⑤]提出了都市近郊“通道共建+服务共享”的乡村振兴模式、“五位一体”的乡村综合发展路径、全域整治精明增效的空间策略、注重实施导向的制度设计等规划举措。苏晓丽等[⑥]基于社会视角以武汉遮湖岗村为例，提出“体系完善助产业融合、空间整合促邻里活力、单元营建协功能提升”的乡村社区更新策略；谢卫[⑦]以成都市为例，从满足都市居民多元化休闲体育旅游需求角度提出了成都环都市乡村休闲体育旅游产品多元升级发展的实现路径及对策，构建互为依存的绿色化环都市体育旅游圈层格局；任国平等[⑧]探讨了都市郊区乡村聚落景观格局特征及影响因素，提出社会投入和基础设施建设、乡村工业化和农村居民收入、农村剩余劳动力转移等社会经济因素加剧了乡村聚落景观空间的异质化、空心化和破碎化，深刻改变了乡村聚落景观空间格局的

---

① 蔡蓓蕾，王茂军.都市近郊区旅游型乡村宅院功能演化特征及影响因素——以北京市怀柔区莲花池村为例[J].地理科学进展，2022，41(6)：1012-1027.

② 张川，陈佩弦，鲍沁雨.都市田园乡村引领的南京乡村振兴路径探索[J].江苏农村经济，2021(3)：31-33.

③ 生延超，刘晴.都市近郊传统村落乡村旅游嬗变过程中人地关系的演化——以浔龙河村为例[J].旅游学刊，2021，36(3)：95-108.

④ 杨忍，张菁，陈燕纯.基于功能视角的广州都市边缘区乡村发展类型分化及其动力机制[J].地理科学，2021，41(2)：232-242.

⑤ 张如林，余建忠，蔡健，等.都市近郊区乡村振兴规划探索——全域土地综合整治背景下桐庐乡村振兴规划实践[J].城市规划，2020，44(S1)：57-66.

⑥ 苏晓丽，秦仁强，周欣.基于社会视角的都市乡村环境更新规划研究——以武汉东西湖区群力大队遮湖岗组为例[J].小城镇建设，2018，36(9)：100-107+117.

⑦ 谢卫.环都市乡村休闲体育旅游产品多元升级发展研究——以成都市为例[J].成都体育学院学报，2017，43(4)：46-50.

⑧ 任国平，刘黎明，付永虎，等.都市郊区乡村聚落景观格局特征及影响因素分析[J].农业工程学报，2016，32(2)：220-229.

内在本质。

4. 在都市郊区乡村产业研究方面

主要研究内容是以都市近郊乡村旅游、都市现代农业产业两种产业类型为主。李开宇等[①]提出，大都市近郊乡村旅游景区及其所依托的乡村旅游社区，可以理解为城、乡两种文明融合而共同催生的、城乡文明进化中形成的“文化遗产”，根据亚文化类型与空间场所特征，将城郊乡村旅游分为：主题农园与农庄模式、乡村主题文化博物馆模式、乡村民俗与村落主题体验模式、乡村俱乐部模式、乡村公园模式、农业产业化与产业庄园模式、区域景观整体与乡村意境体验模式（图2.1.1）；邹开敏[②]提出基于文化创意产业的都市郊区型乡村旅游转型升级的模式，建议发展特色乡村旅游聚集区；张欣然[③]以成都花香果居景区为例，通过社区居民对都市近郊乡村旅游影响的感知与态度的实证研究，提出优化利益分配机制、增强居民的地方感、提升居民自身技能、旅游发展要与环境保护并行等建议；张亚芳[④]、李晓东[⑤]、刘在强[⑥]、张欣然[⑦]等分别从都市农业、乡村旅游等产业发展角度进行了都市近郊乡村产业转型发展的产业方向、产品类型建构等研究。于秋阳等[⑧]提出双循环发展格局下，乡村逐渐成为国内消费的主战场，都市型乡村旅游进一步成为促进乡村振兴、实现共同富裕的有效途径。提出加强都市型乡村消费规范化管理、完善都市型乡村交通设施建设、挖掘都市型乡村在地文化、优化消费口碑的网络环境等都市型乡村旅游发展促进措施。何杰等[⑨]系统论述了都市畜牧业发展策略：制定科学完善的畜牧业发展规划，提出加强畜禽养殖废弃物资源化利用、培育壮

① 李开宇，刘沛 .“耐住城市化寂寞”——大都市近郊乡村旅游景区建设与规划研究 [J]. 旅游规划与设计，2013（2）：86-93.

② 邹开敏 . 基于文化创意视角的都市郊区型乡村旅游转型升级模式及途径研究 [J]. 南方论刊，2018（11）：25-28.

③ 张欣然 . 社区居民对都市近郊乡村旅游影响的感知与态度的实证研究——以成都花香果居景区为例 [J]. 中国农业资源与区划，2016，37（12）：243-248.

④ 张亚芳，董青 . 都市近郊乡村度假旅游产品研究 [J]. 中小企业管理与科技（上旬刊），2014（9）：165-166.

⑤ 李晓东 . 都市近郊休闲农业旅游产业发展战略探析 [J]. 湖北农业科学，2015，54（12）：3041-3044.

⑥ 刘在强 . 都市近郊休闲农业发展潜力分析 [J]. 福建农业，2015（7）：118.

⑦ 张欣然 . 社区居民对都市近郊乡村旅游影响的感知与态度的实证研究——以成都花香果居景区为例 [J]. 中国农业资源与区划，2016，37（12）：243-248.

⑧ 于秋阳，王倩 . 网络情境下都市型乡村旅游消费感知价值与选择偏好研究 [J]. 上海经济，2022（3）：16-32.

⑨ 何杰，曹平，宁小敏，等 . 基于乡村振兴战略视角下的都市畜牧业发展策略探讨 [J]. 畜牧兽医杂志，2022，41（3）：60-64.

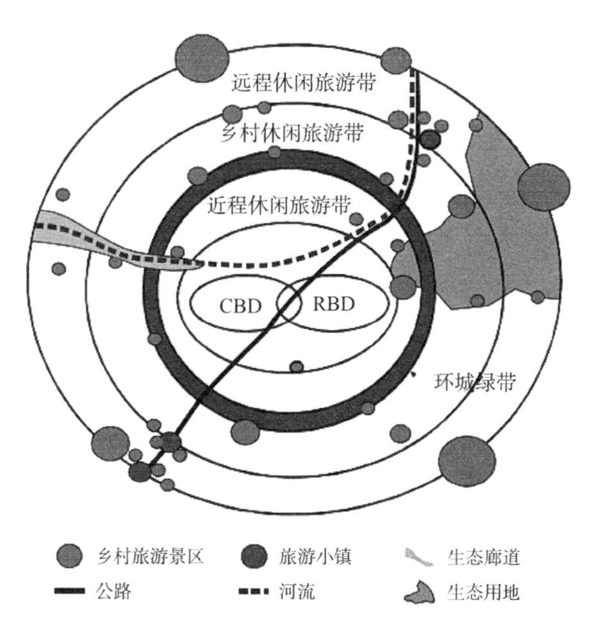

图 2.1.1 大都市近郊乡村旅游空间布局模式图

大经营主体、健全畜牧业支持体系。在都市农业产业发展方面，佟宇竞[①]提出发展枢纽型都市农业，实现从小农业向大农业、分散向集约化规模化、粗放型向精细化特色化农业、传统大众化产品向品牌农产品等转变，拓展农业全产业链，培育"高精尖""名特优"绿色农产品，发展休闲农业和乡村旅游，着力建设现代都市农业产业园的策略；此外，马洁峰[②]、张玉芬等[③]、王群[④]、杨其长[⑤]、王祥峰等[⑥]论述了都市农业的重要性，提出都市近郊乡村现代农业的发展路径。

5. 在都市郊区乡村治理研究方面

吴雷等[⑦]以西安都市城郊乡村地区为例，提出了"互利共生"城乡关系模式与"多

① 佟宇竞．基于国内先进城市比较视角的都市农业经济发展战略思路与路径——以广州为例 [J]. 广东农业科学，2022，49（1）：167-176.

② 马洁峰．"链"接都市现代农业　引领乡村产业振兴 [J]. 江苏农村经济，2022（5）：32-33.

③ 张玉芬，吴红．乡村振兴战略下都市农业土地利用策略分析 [J]. 现代农业研究，2022，28（4）：33-35.

④ 王群．乡村振兴背景下都市农业发展研究 [J]. 新农村，2022（3）：10-12.

⑤ 杨其长．以都市农业为载体，推动城乡融合发展 [J]. 中国科学院院，2022，37（2）：246-255.

⑥ 王祥峰，戴纯，王介勇，等．都市农业助推乡村振兴的机制与路径研究 [J]. 山东农业科学，2019，51（12）：152-155.

⑦ 吴雷，雷振东，马琰，等．西安都市区城乡要素流动与城郊乡村地区空间治理路径研究 [J]. 规划师，2022，38（6）：57-63.

维生态位”治理技术、多元主体共治治理关系、多体系协同治理体系的都市城郊乡村地区空间治理路径；郝晋伟[①]探讨了都市乡村社区的公共性营建策略：人群多元化与社会网络重构、公共活动组织、公共空间营建；才让东知[②]以昌都市某村的田野调查为例，提出村庄内部社会结构、市场和公权力三个维度是共同构成影响村庄公共精神的内在逻辑；骆东平等[③]以湖北省宜都市农村网格化管理为例，形成了“组织网格化、自治规范化、服务网格化，电子村务、电子学务、电子商务、电子服务”的“三化四务”经验，乡村治理模式从“乡政村治”到“乡村共治”的转变，乡村治理理念从“能人治村”到“多元共治”的转变，乡村治理理念从“管控”到“服务”的转变。

2.1.2 国内都市近郊乡村发展实践

20 世纪 80 年代，从改革开放和农村经济体制改革开始，大量的农村劳动力进入城市务工，尤其是大量农村劳动力进入珠三角地区城市、长三角地区城市及乡村就近的大城市，城乡社会分化，城乡二元化的壁垒开始松动。此后很长一段时间，城市近郊乡村以享受城市化快速扩张的红利为主。党的十八大后，国家启动城乡统筹改革示范区试点，成都和重庆取得了较好的示范性效应，涌现出了成都三圣花乡、郫都区战旗村等典型成功案例，都市近郊乡村旅游发力，探索出了集体资产股份化改革、农户自愿有偿腾退宅基地、土地经营权抵押融资、承包地三权分置等改革经验。党的十九大后，城乡融合发展重点转向对产业、要素、社会、生态等方面进行探索，新一轮的国土空间规划体制改革，城镇开发边界的划定确定了城市的空间增长极限，城市近郊乡村在城乡融合发展的倡导下走上了城乡要素双向流动下的内涵式发展道路。

2.2 国外都市郊区乡村发展实践

2.2.1 西方国家城乡关系从对立走向一体治理

以欧美为代表的西方发达国家经历了城乡分离与城乡对立，并因此而带来发展困境的同时，也开始探索城乡和谐发展的关系。其中以英美为代表，因其城市化进程较早实现，随之而来的是重视城乡关系演变发展，探索发挥乡村的价值及各自的城乡关系实现模式。

---

① 郝晋伟 . 都市乡村社区的公共性营建策略：以上海岑卜村为例 [J]. 公共艺术，2021（5）：58-67.

② 才让东知 . 困境与出路：社会转型背景下西藏乡村公共精神形塑——基于昌都市 Q 村的田野调查 [J]. 西藏发展论坛，2021（3）：48-54.

③ 骆东平，汪燕，韩庆阔 . 转型社会中的乡村治理方式变革问题研究——以湖北省宜都市农村网格化管理为例 [J]. 特区经济，2016（5）：82-84.

1. 英国为代表的欧洲国家城乡关系变革

从英国自身的历史特征与文化传统而言，英国人至今仍偏爱乡村与其社会内部结构和历史有着很重要的联系。村庄是英格兰基层社会的组织单元，最早由自由民自然聚居而形成。至9世纪时，分封制实施，庄园取代了村庄在基层管理体系中的位置，土地属于居住于城堡中的各个“王”，这些“王”即领主，居住于城堡之中，并出让一小块土地给农民使用，农民则以耕种领主其余自用地作为交换，领主拥有作物收获权（图2.2.1）。为了维护其土地收益及利益，庄园中的城堡与庄园（即村庄）之间保持了较紧密的空间关系。这样“领主＋农民＝庄园”（独立社会）形成，领主掌握着武装，英国国王反而对土地没有实际统治权[①]。

图 2.2.1　汉普郡海克利尔城堡城乡空间关系

近代欧洲因早期商贸而崛起了现代城市，其生产和商贸的聚集效应不断增强，人口随着就业实现了同步迁移，特别是工业化与城市化发展在时空上具有基本的一致性。工业化促使城市人口高度集中，在向城市转移就业人口的过程中，城市实质主导了乡村经济社会的发展，同样也促成了乡村土地不变而人口减少，适于规模经营现状的出现。

到19世纪末，英国出现了10个人9个住在城里，基本消灭了小农经济，但过快的人口聚集到城市，凸显了城市建设滞后于工业化，导致了城市交通、居住、环境等一系列“城市病”。面对着工业的发展城市扩张的现实，限制城市规模，疏解城市功能而建设新的城镇成为新趋势。

① 潘玥．风土建筑挑战和身份认知方式：英国乡村保护的价值认知与保护制度初探[J]．中国名城，2020（4）：34-44.

1）进行新区建设探索与尝试

20世纪初，英国出现了埃比尼泽·霍华德等组建城市公司购买乡村土地，进而建设城乡高度融合为一体化的"田园城市"莱奇沃斯新城和韦林小镇，这一主动探索城乡新型关系发展的实践成为英国20世纪中叶以后新城镇运动思想的源头，对促进规划城乡、实现城乡一体化发展等方面的深入思考等产生了极大的深远影响。

2）提升乡村地位加强治理能力

随着大城市人口规模趋于稳定，城市的配套设施建设等也相对完善，城市进入到功能影响郊区阶段。部分城市的功能开始向郊区疏解，从而出现中小城市的卫星城规模和比重加速。1972年颁布的《地方政府法案》进一步改善城乡关系，乡村地方自治得到进一步加强，以城市为代表的人口集中区就是基层政府，人口分散的乡村设立的教区就是基层政府。这就使得乡村区与城市区一样取得自主治理的权利和法律地位①。从此，以英国为代表的欧洲主要以发展中小城市为策略得到进一步加强。

3）城市功能向郊区和乡村疏解

到20世纪下半叶，欧洲乡村环境普遍得到整治，出现了景观怡人；农村城市化速度也不断加快，其内涵更多地表现为乡村生活方式逐渐城市化；城乡一体化格局基本形成，城市带动乡村成为普遍运营管理模式。大中城市的郊区农村区域因城市摊大饼式的扩张而变为新的城区，大城市卫星城也开始在农村建设，很多城市公司纷纷移向村庄办公，远郊乡村则出现了新的工业聚落，即使是较为边远地区的乡村生活也基本与城市无异，并成为城市人乐于栖息的后花园。如今，到乡村旅游观光、休闲度假日益成为欧洲城市居民以及外来游客的时尚。更有英法等国家都出现了人口从大城市开始向周边小城镇或者乡村流动的"逆城市化"的现象。在这一过程中，大城市人才保障、理念模式等也随之向下一级城市或乡村转移，融入乡村发展理念之中，加速了城市之间、城乡之间的有效融合互动。2016年英国和法国的农业就业人口占本国人口比例仅为1.12%和2.87%，而居住在乡村的人口则为17.16%和20.25%。乡村人口不再减少，乡村也不再是工业化、城市化的牺牲品，乡村的"第二住宅"生活价值等作用在不断地体现。

4）将乡村视为民族特征和身份的象征

著名作家林语堂曾说："世界大同的理想生活，就是住在英国的乡村。"20世纪前半叶，通过地域特征和其独特性让英国国民想象中以国家性的行为被建构起来，文化共同体的建构使得英国的地域主义成了一种有力的神话，在此背景下，乡村、乡村风景、乡村文化遗产、乡村建筑遗产、乡村风土建筑等成了物质性载体，被萌发保护热情、上升

① 戴孝悌，陈红英. 美国农业产业发展经验及其启示——基于产业链视角[J]. 生产力研究，2010（12）：208.

到民族身份的自我确认，精英阶层对乡村自然景观营造和保护的社会传统性、浪漫主义者将包含风土建筑在内的英国风景建构为英格兰的民族身份认知物等因素促成了对乡村价值的认知提升（图 2.2.2）。此举极大地提升了乡村居民的文化自信和乡村价值感。

图 2.2.2　英国最美乡村科茨沃尔德 Cotswolds

综合来看，以英国为代表的欧洲发达国家逆城市化、乡村建设现象并不是单纯的城市人口的乡村化过程，也不是城市文明向乡村文明的转变过程，这是在城乡关系发展过程中被动应对城市突出问题的应变之策，乡村扮演着第三空间的角色。

2. 美国经济高速度发展下城乡关系表现

美国是后起的工业化国家，其工业化与城市化的速度都迅速快捷。从 1870 年美国工业革命开启到 1920 年，50 年间美国城市人口从不到 20% 增至 51.4%。农业生产上蒸汽机和畜力基本被取代①，农业生产效率的提高使得乡村劳动力不断地转移到城市，农业从业人口进一步减少。在此过程中，美国的城市化过程逐渐突出了城市功能属性，如工业城市底特律、商业和金融城市纽约、政治中心华盛顿等。这就比较好地突出了城市主业，加速了城市化进程。这样高度发达的城市吸引了大量的移民，进而稳定了城市劳动力人口。以此通过工业化的发展和城市化的推进成功地去扶植乡村。从而使得城乡通过工业机械和生物技术等的下移，促进了城乡之间的关系发展。与此同时，美国的城乡关系发展特征同样鲜明。

1）城市工业化支持乡村农业机械化

工业化支撑城市化发展的过程中，很好地将工业融入农业的发展之中，特别是大机

① 白永秀．城乡二元结构的中国视角：形成、拓展、路径 [J]. 学术月刊，2012（5）：68.

器的使用，加速了美国农业的发展，进而也就为城市发展提供了最基本的劳动力转移保障。如今以较少的农业人口不仅养活了 3 亿多本国人口，而且也是世界上主要农产品出口国。

美国农业依据自然条件实行“地区专门化”经营，产品区域优势十分明显。可以说城市的技术支撑了发达的农业生产，而农业的发展又进一步促进了城市的发展。特别是在这样的融合发展之中，市民与农民的收入和生活品质没有明显的差距。1997—2007 年 10 年间，有 4 年时间里是乡村居民收入略高于城市居民收入，但收入差距均在 10% 以下[①]。这样，就保证了城市发展的同时，不必担心农民大量离开土地使得乡村走向衰落。

2）高度发达的交通设施加强了城乡联通

融合发展离不开联通与互动。从最早的东部水运到太平洋铁路的修建，以及公路的发展，进一步推进高度发达的汽车业，促使城市与乡村能紧密地联系在一起，增强了两者互动的概率，提高了增进城乡融合的机会。这样就形成了白天繁忙于城市之中，而工作之外则生活在山水田园的乡村。美国铁路总里程在 22 万公里以上，高速公路里程在 7 万公里以上。这极大地便利了城乡之间的往来，特别是方便了资源运输，促进了城乡经济的有机联通。与之相比较，中国人均铁路和公路里程都与美国有一定的差距，这也直接影响着城乡融合互动发展。

3）农民既是生产者也是有效参与市场活动的经营者

美国以农业立国，建国之初大部分地区是乡村。美国最早的南方富人都是庄园主而不是工厂主。他们不仅组织生产更是商业的主体，市场需要销售什么和能销售什么以及以什么样的价格去销售，取决于农业生产自身，也就是卖方市场占据主体。这就保证了乡村农民自主地位。直到后来逐渐被城市的新型商人所取代。也就是霍夫斯塔特所言的“美国出生在乡村，只是后来搬到了城市。”因此，美国农业部门口的牌子上写着“农业：加工、制造业的基础”[②]。并且，逐步建立起了以农户家庭经营为基础的农业产业体系，使资源向优势农户集中，提升了专业化、集约化和规模化生产。在此基础上，加工占比 33%，销售占比 42%，而直接的农业生产只占 25%[③]。虽然美国乡村的机械化和商业化特质浓厚，生产能力强规避市场风险有保障。但是，在后工业化时代使得单一的工业城市容易衰落，而城市的衰落则意味着这一地区走向下滑。美国从 1970 年后出现

---

① 潘晓成，论城乡关系：从分离到融合的历史与现实[M].北京：人民日报出版社，2019（1）：168.

②③ 丁力.培育有竞争力的农业产业体系——关于美国农业的观察与思考[J].中国农村经济，2001（8）：72-80.

逆城市化现象，到1990年，美国城市化水平也仅为76%[①]。因此，这就涉及城市的转型问题，应引起我们的重视。同时，大家一直强调美国农业人口占美国人口总数少，甚至平均每个农场只有1.4人，但是从事农业相关产业的人口却在200万以上，农忙季节还要雇用300万左右的临时工。不要轻易动辄以减少农业人口来改变我国乡村发展[②]。

4）美国乡村的空间构成模式：小城镇＋居民点＋农牧场

美国乡村地区的小城镇作为乡村人口聚集区，兼有城市的便捷和乡村的田园环境，是城乡融合的集中体现[③]。美国的乡村地区是由小城镇、农村居民点及农（牧）场共同构成的关系网络（图2.2.3）。美国的农村大多不是独立的自治团体，而是地理统计的概念。按照美国国家统计局的分类方式，人口密度小于193人/平方公里则归为乡村地区。私有农（牧）场是农业生产空间的主要形式，农场中会形成人口规模较小的居民点，农场周边人口在2万人以下的小城镇十分常见。居住地和农地之间并没有固定的对应关系，农场主和雇工完全出于生活便利和经营需要自由选择在乡村居民点或者周边小城镇生活。

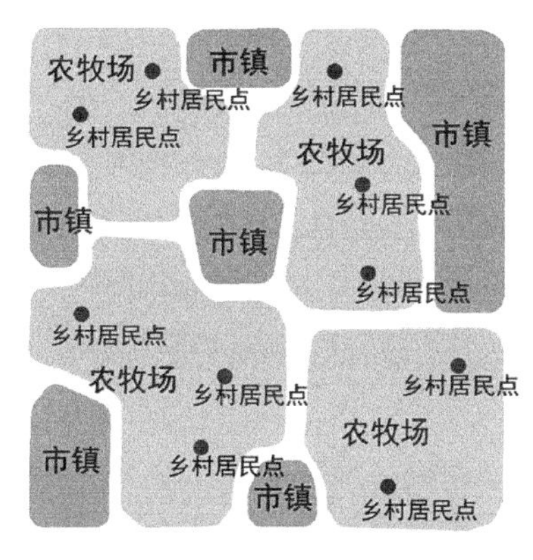

图2.2.3 美国乡村地区的空间模式

资料来源：郭志刚等绘制

尽管美国的行政体制与区划体系和我国存在较大的差异，但美国对乡村农业产业规模化、效益化的产业政策支持，对乡村土地政策、乡村空间利用与生态环境保护，对乡村交通设施的支持等值得我国参考和借鉴。

---

① 潘晓成，论城乡关系：从分离到融合的历史与现实[M].北京：人民日报出版社，2019（1）：172.

② 戴孝悌，陈红英.美国农业产业发展经验及其启示——基于产业链视角[J].生产力研究，2010（12）：208-210+259.

③ 郭志刚，刘伟.城乡融合视角下的美国乡村发展借鉴研究——克莱姆森地区城乡体系引介[J].上海城市规划，2020（5）：117-123.

2.2.2 亚洲主要发达国家城乡关系向融合快速演变

日本与韩国同属于东亚文化圈，都是新崛起的现代化国家。随着东亚影响力的不断攀升，日韩城市与乡村发展模式受到越来越多的关注，“二战”后建国的以色列在现代化城乡关系的发展中更是建立起了其独特的模式。这些处理城乡关系的模式值得学习和借鉴。

1. 日本：以大规模惠农政策拉动乡村促进城乡融合

自 1868 年明治维新后，经过一个多世纪的发展，日本经历了工业化与城市化的起步、初始、加速和成熟四个阶段，拥有了与欧美国家相媲美的城市化水平，其城乡关系的发展也基本遵循了发达国家从初始的城乡二元结构关系发展为城乡统筹再向城乡一体化发展的常态化演变历程；城乡发展实现了“二元”到“一元”的成功转型，也完成了乡村从传统到现代化发展的蜕变[①]（图 2.2.4）。日本在第二次世界大战后，在工业化和

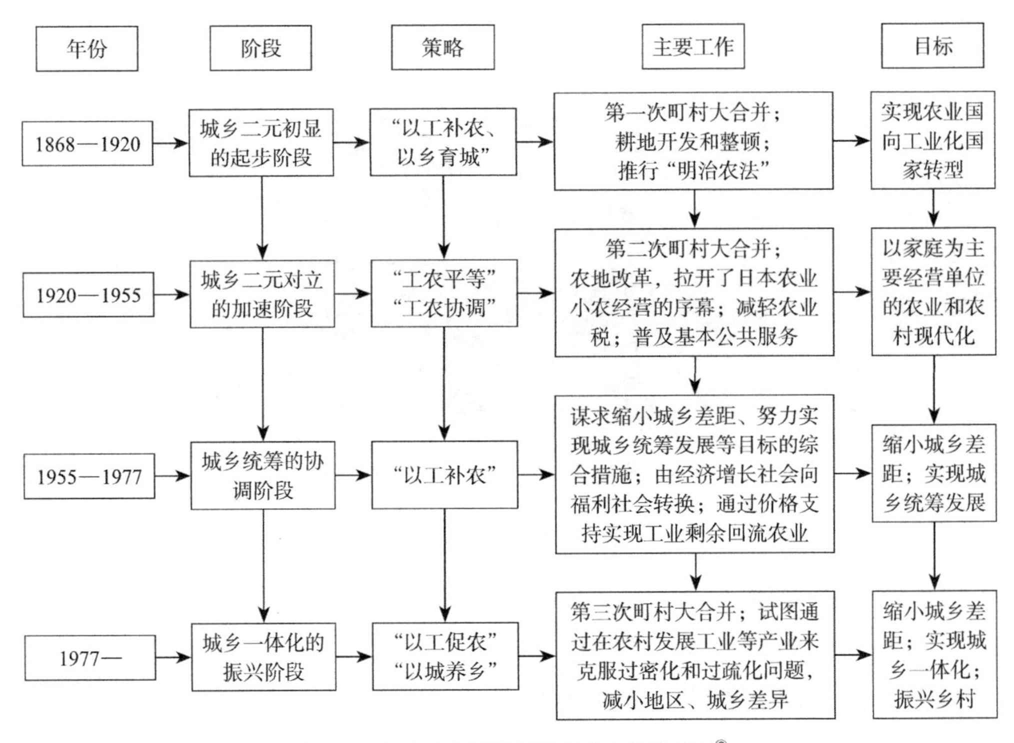

图 2.2.4 日本乡村演进阶段划分与结构关系[②]

① 吴梦笛，陈晨，赵民．城乡关系演进与治理策略的东亚经验及借鉴 [J]. 现代城市研究，2017，32（1）：6-17.

② 兰雪峰，袁中金．以日本、韩国为例探讨城乡关系演进视角下的乡村振兴 [J]. 浙江农业科学，2021，62（1）：182-188.

城市化的推动下，大量农民涌入城，导致了农村人口减少，城市人口加剧。城市人口比例从1950年的37%上升1975年的76%[①]。日本几乎用了30年的时间走完了欧美上百年的城市化过程。农业人口转移出来为城市发展提供了劳动力资源，但是这一时期乡村经济则日渐凋敝。城市又逐渐形成了以东京、大阪、名古屋为中心的三大都市区，带动形成了世界上湾区经济的代表。这样就使得这些大城市成为金融、科技、商贸、服务等为代表的现代化模式。到1996年日本城市人口达到78%，城市人口饱和，到2014年城镇化率更是达到了惊人的94%[②]。而2015年农业人口已经降至176.8万，平均年龄则增至67.1岁[③]。如何解决城乡平衡问题，日本从20世纪70年代开始加强对乡村的关注，并制定了一系列政策保障。

1）制定利于乡村发展的特别政策，保障乡村地位

为保障农民权益先后出台了《生活保障法》《国民健康保险法》《国民年金法》《农业基本法》《山区振兴法》《向农业地区引进工业促进法》等明确的乡村发展政策，十分注重政策在城乡之间的一致性，平等性。诸如通过教育均一化，保障农村教育设施、教师待遇与城市一样。加强乡村基础设施建设、生活保障与城市没有差别。甚至农民收入高于公务员、程序员等许多职业。对工作在城市的农民因“终身雇用制”而避免失业。通过此类政策保障达到了城乡统一，使得乡村发展得到了保障，并且鼓励了城市要素在乡村得以自由流通。特别是通过政府出资的政策性金融机构、农协组织的互助性金融机构、商业金融机构保障了乡村的发展。这一系列的对乡村的扶植政策，使得农民在生活质量上与市民没有差别，农民也被称为“住在农村的市民”。

2）农业农村农民权益保障规范化，增强乡村吸引力

日本由于土地资源紧张，耕种面积少。因此，不允许私自改变土地用途，严格保护耕地。从而保障了像大米这样的粮食自给率达到100%，这既能保证粮食安全，又能激发农业技术创新，形成了稻米立国的传统。农业保险覆盖面高，其中在日本损害评估员就有约15万人[④]。农协组织在乡村发展中作用大。乡村农协组织既是生产者又是经营者，从而从生产到销售，从议价到定价，农民始终把自我利益攥在自我手中，包括乡村发展贷款等均由农协组织办理，是最为成功的农民经济合作组织[④]。农民收益覆盖范围不断拓宽。注重保护农民的不动产，维护农民的收入权益。20世纪90年代日本乡村中不

① 李林杰，中波．日本城市化发展的经验借鉴与启示[J]. 日本问题研究，2007（3）：7-11+17.

② 白雪秋，聂志红，黄俊立，等，乡村振兴与中国特色城乡融合发展[M]. 北京：国家行政学院出版社，2018：82.

③ 日本农民：住在农村的市民[EB/OL]. 新华网，http：//www.xinhuanet.com/world/2016-02/25/c_128752657.html.

④ 叶兴庆，金三林，韩杨，等．走城乡融合发展之路[M]. 北京：中国发展出版社，2019：265.

动产收入所占比重越来越高，平均达到69.3%，部分地区高达83.5%[①]。乡村的新引力使得许多在城市毕业后而回到乡村工作的并不在少数，人口也开始出现从大都市区向外迁移的趋向。

3）重视都市圈与中小城市同步，带动乡村发展

大城市的带动和辐射作用是现代城市价值重要内容之一，日本以大湾区城市群为代表的城市其产值之高，影响力之大，吸纳就业能力之广，创新之强，是日本现代发展的重要标志。同时日本也十分注重规划3万～10万人口的市及町[②]。按照经济、生态和社会功能等的优势，规划出了不同的区，并得到协调发展。通过轨道交通将大都市与中小城市有效衔接起来，这就避免了因大城市高物价、高房价和高消费带来的贫民窟现象。同时日本还将工业布局向乡村延伸，如今日本的工业在乡村也十分普遍。虽然日本的农业技术发达，但即便是农业大县其农业也只占国内生产总值的10%以下，因此工业的下移不仅对推动农业现代化意义重大，在促进乡村就业，推动实现产业融合都具有积极意义。

农业生产得以保证有赖于城市经济技术的繁荣。但是城市不断扩张，地价不断上扬，导致了严重的城市房地产泡沫，进而导致经济发展步履维艰。同时严重的农业人口老龄化且后继无人，土地荒芜现象加剧，使得粮食自给率最大化也只有86.4%[③]。这些都值得警觉。

2. 韩国：通过“新村运动”改善乡村推进城乡融合

韩国20世纪60年代作为出口导向型国家，短时间内形成了快速发展，被称为“汉江奇迹”，经济发展速度达到了10%左右，而此时的乡村发展只有3.7%[④]。以制造业为主要支柱的结果是城市快速发展，收入加速提高，吸引大量乡村人口向城市转移，首尔曾在20世纪90年代集中韩国人口的一半，其城市与乡村关系及其处理模式使超大城市形成绝对的影响力。大量人口短时间内迅速转移，导致出现了乡村中的“空巢”现象，使得本就耕地面积和产出在工业和农业发展差距拉大的同时进一步萎缩了，城乡严重失衡，农业发展特别是粮食自给率不断下降，由1961年的93%下降到1969年的75%[⑤]，需要大规模的进口粮食以保障安全。为此，韩国从20世纪70年代开始掀起了一场由政府提供一定的水泥和钢材等，由农民自主修缮和改建居住环境，提升生活品质，重在实

---

① 方志权．日本都市农业的特征、功能、问题以及对策[J]. 中国农村经济，1998（3）：73-78.

② 李林杰，中波．日本城市化发展的经验借鉴与启示[J]. 日本问题研究，2007（3）：7-11+17.

③ 叶兴庆，金三林，韩杨，等．走城乡融合发展之路[M]. 北京：中国发展出版社，2019：268.

④ 石磊．寻求“另类”发展的范式——韩国新村运动与中国乡村建设[J]. 社会学研究，2004（4）：39-49.

⑤ 韩立民．韩国的“新村运动”及其启示[J]. 中国农村观察，1996（4）：63-65.

践为特征的城市反哺乡村的“新村运动”(图 2.2.5)。

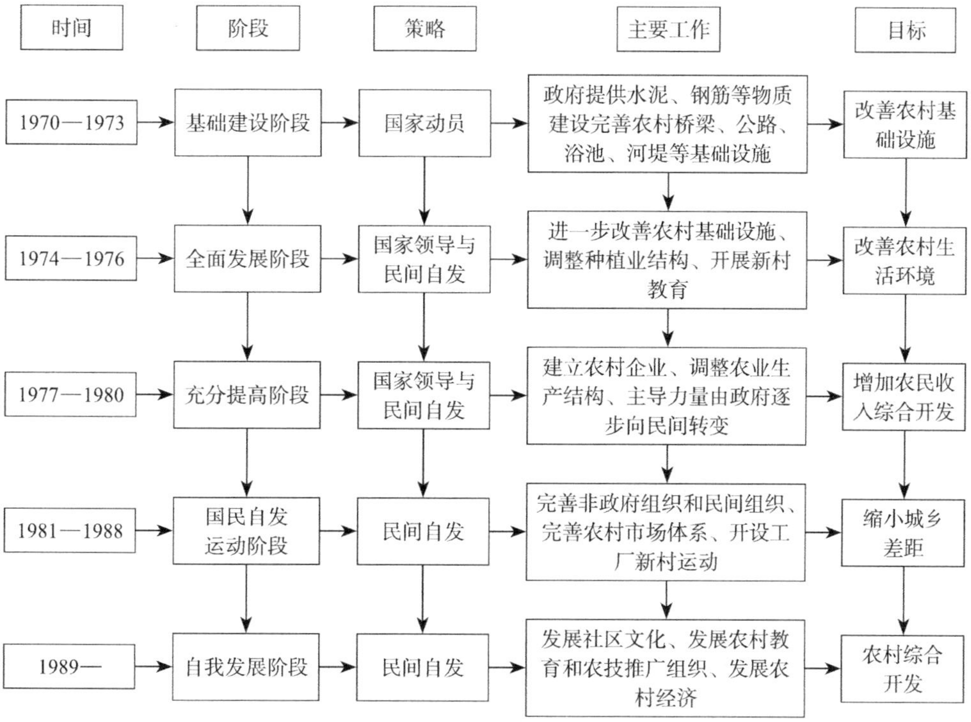

时间	阶段	策略	主要工作	目标
1970—1973	基础建设阶段	国家动员	政府提供水泥、钢筋等物质建设完善农村桥梁、公路、浴池、河堤等基础设施	改善农村基础设施
1974—1976	全面发展阶段	国家领导与民间自发	进一步改善农村基础设施、调整种植业结构、开展新村教育	改善农村生活环境
1977—1980	充分提高阶段	国家领导与民间自发	建立农村企业、调整农业生产结构、主导力量由政府逐步向民间转变	增加农民收入综合开发
1981—1988	国民自发运动阶段	民间自发	完善非政府组织和民间组织、完善农村市场体系、开设工厂新村运动	缩小城乡差距
1989—	自我发展阶段	民间自发	发展社区文化、发展农村教育和农技推广组织、发展农村经济	农村综合开发

图 2.2.5 韩国新村运动演进历程与结构关系[①]

1)振奋农民精神,鼓励农民在乡村建设中主体地位和作用的发挥

以农民为主体,充分发挥农民的自主性。采取了“奖勤罚懒”和“样板示范”的政策,推动和鼓励勤劳、自立、协作的农民得到更高肯定和认可。逐渐形成了农民的自觉自愿自发的运动,在乡村建设过程中彼此帮助,使得乡村内生动力得到发掘和释放,出现并建立全国性的村民组织。更是在文化教育上重视乡村组织以及人才培养,强调“勤勉、自助、协作”精神来发展“新村运动”,并使其上升为国家层面的精神运动。随着农民自愿互助不断推进,农民逐渐在乡村建设中自治能力得到不断提高,意愿也更加强烈,政府逐渐在政策和技术上成为引导者。随着乡村居住、交通、设施的不断改善以及提升生活质量的同时开始了绿化荒山改善生态,农民也成为乡村发展实实在在的受益者。到70年代城市居民收入年均提高只有4.6%时,乡村则达到了9.5%[②],从而也极大地提升了乡村的吸引力。

① 兰雪峰,袁中金.以日本、韩国为例探讨城乡关系演进视角下的乡村振兴[J].浙江农业科学,2021,62(1):182-188.

② 韩立民.韩国的“新村运动”及其启示[J].中国农村观察,1996(4):63-65.

2）加强顶层设计，政府有计划分阶段地在政策导向上推进乡村发展

新村运动是一场由政府主导和组织的乡村发展计划，同时政府也是主要出资者，政府投资一般在 20% 以上，最高年份达到 59.2%[①]。这就有效地保证了政策连贯性和主要项目的持续进行。乡村人口减少成为必然的同时，恰恰为乡村农业的机械化、规模化生产提供了条件。因此，推行工业反哺农业的措施，在农业生产上推行“农业机械化五年计划”推进农业机械化水平，机械化逐步取代传统农业生产方式，提升乡村建设的现代化水平。同时，积极改变传统的乡村产业结构模式，在生态、乡村游上探索新出路，在城乡产业上形成互补。政府鼓励乡村以电气化逐步整顿和解决火田民，在乡村市场机制不健全，农民自治组织发展不完善的背景下，政府的计划主导与政策推进就尤为重要。在此期间特别注重鼓励志愿者走入乡村关注关心乡村，在沟通和交流中促进城市市民与乡村农民的情感构建，在人员流动上促进城乡融合。发展乡村金融业，也逐步出现了中青年“归农归村”现象。

本质上来讲，韩国的新村运动是一场从脱贫致富走向环境综合整治的乡村振兴运动，经过“乡村运动”作为韩国特色的乡村发展实践，使得韩国的农业现代化、工业化、城市化得以同步推进。

3. 以色列：高度城镇化与乡村集体化走进城乡融合

以色列是一个人口仅 800 多万，土地面积 2.5 万平方公里，其中一半以上为沙漠的国家。然而，却能够在自然条件差，周边安全不稳定的环境下实现高速发展。成为世界著名的农业科技发达的国度和知名的节水型森林城市国家，高度的城镇化使 90% 以上的人口生活在全国 100 多个大小城镇中。城市包括保存完好的老城区风貌，也有新城区的高度现代化；同时，城市在现代因素的作用下并不缺少乡村的自然环境以及人与人之间的和谐，在紧凑的国土空间范围内真正地实现了城乡融合一体。无论是乡村社区还是城市中乡村因素，都实现了高度的融合。

1）通过城市社区花园共同劳动，使城市融入乡村因子促进不同人群融合

通过注重建设兼具生产性功能和景观美学的城市社区花园，在城市中建立了城市市区观光农业。中心城市外围城镇实现了社区公园的全覆盖，参与社区公园建设的居民占到 1/10 左右，只有 80 万人口的耶路撒冷有 200 多个社区公园[②]。社区公园为生活差的家庭解决部分拮据生活，高收入的人尝试绿色有机生产等具有积极意义。通过围绕社区公园进行共同生产与休闲相结合的劳动，促进了不同人群的有机融合。这就使得城市中

① 韩立民．韩国的“新村运动”及其启示 [J]. 中国农村观察，1996（4）：63-65.

② 方田红，李培，杨嘉妍，等．以色列社区花园发展及其对中国的启示 [J]. 北方园艺，2019（1）：190-194.

的农业生产性功能，进行劳动生产锻炼等乡村才有的生产生活方式在城市中不断呈现。尤其重要的是对不断地促进城市内部不同人群的融合发挥了重要作用。

2）通过乡村集体农庄的社区建设实现村社合一，推进小城镇建设

以色列十分重视城乡融合发展，其乡村中的具有“人民公社”式的社会组织基布兹，以不到5%的农业人口创造着45%的农业产值，而农业人口中从事农业生产的为15%左右，80%从事的是其他产业。基于“合作原则”的莫沙夫乡村坚持以农业生产互助为主，社区建设上坚持以原有自然乡村风貌为主的开放用地包围后天形成的人工建成空间，从而形成的乡村无论在公共设施、医疗保障等与城市区别不大，从而将乡村发展为小城镇模式。无论是在城市还是乡村以色列十分重视教育，其教育的投入达到GDP的8%以上，还不包括社会投资办学，在校人口占全国人口1/3①。其中为基布兹建设成立专门培育教师的基布兹教育学院，系统培育幼儿园和中小学教师，从而支撑起城市人才基础。这种基础教育又十分重视德育、劳动教育等。

3）乡村组织自治作用的发挥是实现乡村发展的内核动力

虽然以色列城市规模小，地域面积有限且多为旱地沙漠等诸多的现实难题，但是能充分挖掘内部各种要素。特别是围绕乡村中的基层基布兹组织，团结和凝聚了松散的乡村，使得乡村中的城乡教育扁平组织自治效能得到充分发挥并形成了优良传统。同时城乡均衡一体化培育了大量人才，而人才又促进了农业的高度现代化，乡村治理也表现得极其有效。以色列的乡村教育、科技支撑，促使城乡高度融合，在促进国家均衡发展和社会稳定上发挥了重要作用。对以“基布兹”为代表的以色列乡村组织一直是学者研究的热点和关注的焦点，甚至被称为“现存的共产主义社区”。然而在促进城乡关系良性发展的过程中，一定因国情的不同而采取适合自身的模式，不能削足适履。以色列不具备建立超大城市的地理环境和社会环境，因此在促进城乡关系发展中，中小城市更容易与乡村对接。

① 林建.资本主义中的“社会主义细胞”——以色列“基布兹”的组织形式、发展原因及其启示[J].科学社会主义，2006（5）：121-124.

第3章　乡村认知：乡土中国与乡村变革

在中华文明的发展史上，乡村具有极其重要的地位。追溯到考古发现的北京周口店人、金牛山人、马坝人、兴隆洞人和山顶洞人，以及辽宁、贵州、广州、湖北、江西等全国各地发现的穴居遗址，都说明洞居或穴居是人类最初的“家”。这个“家”虽然只解决了早期人类对生存的最低需求，但却使人类在长期的群居生活形成了基于血缘的聚族性特点。正是这一特点的出现，我们认为，聚族群体性和血缘延续性作为村落形成的一个基本要素，人类的群居行为便具有了发生学的意义[①]。在自古以农立国的中国，乡村依托农业生产的重要地位，始终受到历朝历代统治者与领导者阶层的重视与高度关注，形成了独特的中国乡村风景体系、乡村文化体系、乡村生产体系、乡村治理体系。

在浩如烟海的文献中，费孝通先生所著的《乡土中国》是研究我国乡村社会的杰出著作之一，给我们打开了认识中国传统社会，尤其是乡村社会的一扇大门。该书对我国传统乡村社会的本质特征、运行机制、村落结构、文化内涵等方面做了深刻、全面、细致的研究，是我们认识和理解中国传统农村社会的最为重要的视角之一[②]、是对我国传统乡村及文化根基的认知与评价[③]；在某种意义上《乡土中国》是体现我国传统文化的符号[④]。费孝通先生描述了我国传统的乡村图景现实，同时也展现了对乡村的关怀与期盼：乡土本色与乡愁人文两个方面。

如今，“乡土中国”已经出现大转型的发展趋势，我国乡村社会正在发生千年未有之巨变，为了更好地理解转型中的乡村社会以及乡村社会的转型，我们需要从不同角度开展的乡村社会认知研究。地理学侧重从乡村社会空间系统的演变，探究乡村土地利用与聚落社区；经济学侧重从乡村社会发展推力的转变，探究乡村产业模式；社会学侧

---

① 胡彬彬，邓昶．中国村落的起源与早期发展 [J]. 求索，2019（1）：151-160.

② 陆益龙．乡土中国的转型与后乡土性特征的形成 [J]. 人文杂志，2010（5）：161-168.

③ 徐新建．“乡土中国”的文化困境——关于“乡土传统”的百年论说 [J]. 中南民族大学学报（人文社会科学版），2006（4）.

④ 徐榕．乡土中国与新乡土中国之比较 [J]. 宁夏师范学院学报（社会科学），2008（29）：158-160.

重从乡村社会成员结构的流变，探究乡村社会分层与人口流动；法学、管理学则侧重从乡村社会调控手段的改变，探究乡村制度、秩序与公共服务[①]。与之对应的研究成果，“新乡土”“后乡土”等概念纷纷被提出（图 3.1.1）。

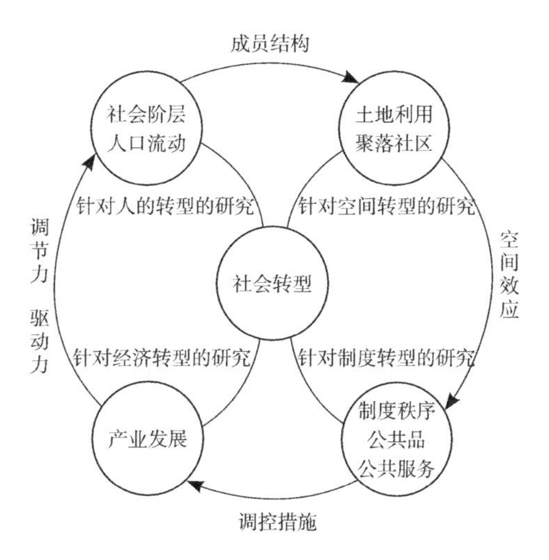

图 3.1.1 乡村社会转型主要研究领域

3.1 乡村文化本底关怀：乡土本色与乡愁人文

20 世纪 40 年代，费孝通先生在西南联大和云南大学讲授“乡村社会学”，1948 年出版《乡土中国》一书，包括乡土本色、文字下乡、差序格局、维系着私人的道德、家族、男女有别、礼治秩序、无讼、无为政治、长老统治、血缘和地缘、名实的分离、从欲望到需要等乡村社会现象描述与分析研究，开创了我国乡村社会学研究的先河，正式提出了“乡土中国”这样一个认识中国的著名概念。费孝通先生开篇即指出：“从基层上看去，中国社会是乡土性的。”[②] 解析“乡土”一词：“乡”可以衍生为“乡村、家乡、故乡、乡下”等词，是一个具有地理空间含义的词语；“土”可以衍生为“泥土、黄土、土地、土壤、土里土气”等词，是一个社会学概念的词语，兼有身份意义与形象意义。对国人而言，“乡土”一词总是让人唤起遥远的思绪，超越时空的记忆，触及一份踏实、厚重与安稳的情愫。

费孝通先生对中国乡村的理解可以体现为两个方面：一方面对乡村乡土本色的认

① 孟思聪，马晓冬 . 我国乡村社会转型研究评述 [J]. 地域研究与开发，2016，35（6）：109-114+160.

② 费孝通 . 乡土中国 [M]. 北京：北京大学出版社，1998.

知与人文关怀；另一方面对乡村人乡愁的阐述。乡土性最为凸显的特征之一是人们在较长的时间段内均以安守故土的生活方式来维持的乡土本色，是“原乡”产生的根本原因。从空间构成上看，乡村聚落之间的点轴化构成是乡村文化相对独立性的重要原因。

3.1.1 乡土本色的人文关怀

1. 文字下乡中的文化隐忧

乡村中的交流方式是基于熟人社会的交流方式，是“面对面的交流”，基于彼此熟悉、长期信任、村规民俗等约束框架，因此，村民之间的交流采用的是特殊语言方式：非文字性的，可以用来传情达意的语言，如表情、肢体语言、行话等，是乡村文化的独特体现。然而，文字是现代性的工具，乡村文化的代际传承与乡村文化遗产的保护手段毕竟不能依靠口传心授，文字下乡仅仅是乡村走向现代文明的第一步。

以乡村非物质文化遗产保护为例，绝大部分非物质文化遗产传承是缺少“白纸黑字”的文字描述的，是个非常危险的现象。一旦文化传承人离世或老去，“非遗”的代际传承就断绝了。

2. 熟人制度与差序格局下的文化表征机制

费孝通先生认为：“乡土社会是因为在一起生长而发生的社会”，是“有机的团结”。村民们彼此都是熟人，为了生活被土地所囿住，成了像植物在泥土中生根发芽一样依赖于泥土的生活，生活在乡村中的人们，从容地熟悉着基于经验的乡土社会运转模式。这就是“土”气的一种特色。

在这样有机的、基于经验的乡土社会环境中培育的乡村文化遗产自然也就附着了“有机”与“经验”的意识形态，乡村事务的决策往往是在熟人制度、差序格局的影响下完成（图 3.1.2）。在经年的乡村社会事务决策中，由乡村行政组织（当然，组织的首脑比如村长等也是本地村民精英组成）、长老及望族力量、乡村精英及村民公共决策形成，往往前三方是决策的主导力量。乡村社会空间、乡村物质空间及乡村文化空间的生成与营造就长期以来在这样的格局下逐步形成、发展。

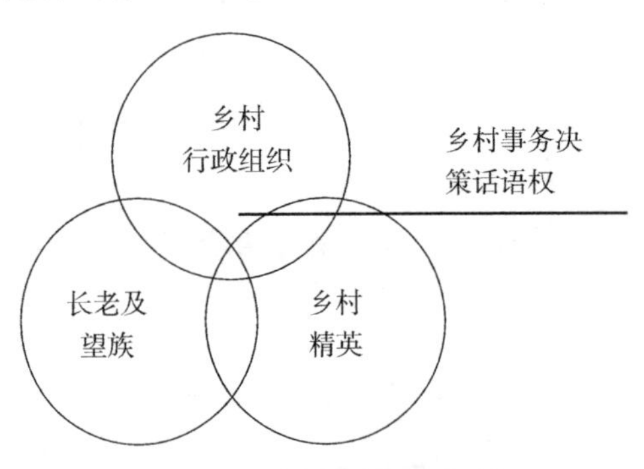

图 3.1.2 乡村事务表征机制

伴随着乡村文明进程加快，乡村力量重组，其决策机制将随之改变，在这样的冲突过程中，乡村社会组织也将发生明显的变化。

3. 乡村空间点轴分隔化、碎片化

传统农耕社会中，生产力水平低下，农业经济是乡村的主要经济支柱。乡村的规模较小，乡村之间以及乡村内部的聚落之间以点状分布为主，乡村空间结构为“核心—外围”的空间结构。村民的活动范围围绕着土地展开，有地域上的限制。在区域间接触少，生产、生活相对隔离，村与村之间保持着相对孤立的社会圈子。在经年的较为封闭的生活模式中，乡村形成了以土地为核心、以乡道为链接通道、以周边集镇为活动半径的社会经济模式“点—轴”式空间结构逐步形成（图3.1.3）[①]，完成生产、消费、交换等日常活动。因此，其文化的影响半径较小，村与村之间的文化也表现为具有明显的碎片化特征，呈现出“十里不同风、百里不同俗”的文化现象。

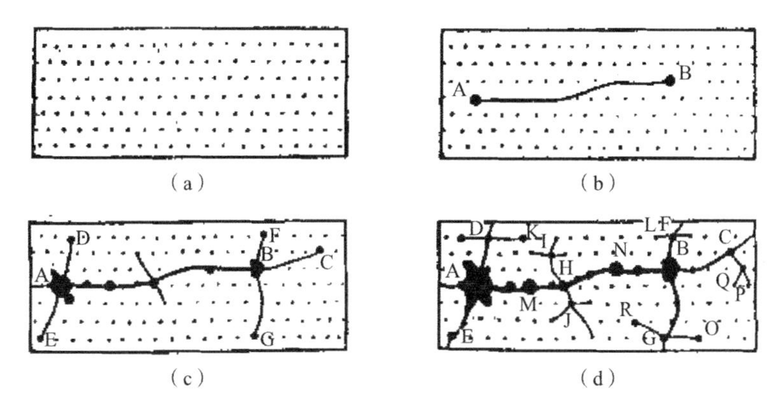

图 3.1.3 “点—轴”空间结构系统的形成过程

在以交通为联系纽带的发展过程中，村社及乡镇之间的经济活动联系逐步加强，信息通道逐步得到丰富并强化，乡村社会的“点—轴”关系逐步稳固，然而，作为该系统末梢的村民小组组织成为末梢终端的地位始终未能得到改变。因此，依托乡村交通系统的构建和完善，并联乡村交通网、信息网的工作仍然是较为重要。

3.1.2 乡愁的空间情感寄托

费孝通先生以中国人在异乡根深蒂固的行为方式形象地界定了表达乡愁的特殊方式：

“直接靠农业来谋生的人是粘着在土地上的，乡土社会是一个生活很安定的社会”；

① 陆大道. 区域发展及其空间结构 [M]. 北京：科学出版社，1995.

“土字的基本意义是指泥土。远在西伯利亚，中国人住下来，不管天气如何，还是要下些种子，试试看能不能种地。——我们的民族确是和泥土分不开了”[①]。

这是国人一致的行为习惯，国人的骨子里是不喜欢流动性的，即使是流动或迁徙的情况发生，也是带着原来的乡村文化一起流动，它既是一种文化行为，更是一种社会学行为。当代诗人余光中在诗歌《乡愁》中这样阐述着对祖国、故乡的眷恋之情：

小时候，乡愁是一枚小小的邮票，
我在这头，母亲在那头。
长大后，乡愁是一张窄窄的船票，
我在这头，新娘在那头。
后来啊，乡愁是一方矮矮的坟墓，
我在外头，母亲在里头。
而现在，乡愁是一湾浅浅的海峡，
我在这头，大陆在那头。

如今，“乡愁”已不仅仅是少部分异乡游子的情感表达，在我国从农业社会进入工业化社会、信息化社会的建设进程中，“乡愁”已经作为一种国家及民族文化情感的根基、一个敏感动人的时代热词，进入政府工作报告、大众话题、学术研究范畴[②]。李蕾蕾（2015）[③]提出，乡愁构成的四大要素为：故乡地理、童年历史、公共生活和情感记忆等（图 3.1.4）。从文化空间的角度理解，乡愁是包括了时间、空

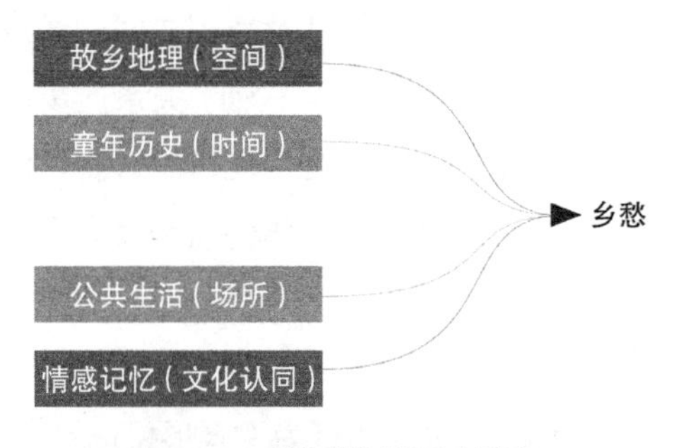

图 3.1.4 “乡愁”的四大要素

① 费孝通．乡土中国 [M]. 北京：北京大学出版社，1998.

② 2013 年 12 月，《中央城镇化工作会议》明确提出：望得见山、看得见水、记得住乡愁。

③ 李蕾蕾．“乡愁”的理论化与乡土中国和城市中国的文化遗产保护 [J]. 北京联合大学学报（人文社会科学版），2015，13（4）：51-57.

间、场所与文化认同的一种后现代文化地理学概念。

1. 乡愁与故乡地理（空间）

乡愁的思念对象是有明确的地理空间界定的，具有“地方性”的特征，乡愁的情感根基也必须落脚在具体的事物上，如对故乡空间的想象、一山一水、一草一木、一房一院、一人一狗等，是极其细腻的情感特征。从大卫·哈维等关于希望的空间的描述中，可以得出，乡愁的文化空间实际上属于一种差异化的空间，这种文化空间不能被其他的政治化、资本化的空间所取代，有其独特的空间场所及文化环境。

2. 乡愁与历史（时间）

从乡愁产生的主体与客体分析，乡愁产生的主体往往是年纪较大的人群，而产生情感的对象也通常是其生活过的场所，曾经的光阴流逝引起了对过往的怀念之情。因此，乡愁具有了时间的跨度，本质上是某种不可倒流的绝对时间意义上的地理历史。在这个意义上，通过对历史地理的恢复、对“传统的发明”① 重现，可以唤起历史地理空间意义上的乡愁。

3. 乡愁与公共生活（场所空间）

人是社会性的动物，群体记忆是社会性的体现。公共空间承载了乡村的群体活动场景，赋予了曾经的情感与经历，包括了对人与事的记忆，公共生活空间也就具有了情感空间的含义。以清代的“湖广填四川”运动（1671 年）进入四川成都周边龙泉驿区、青白江区等地的客家人为例，他们选择了山区丘陵地带绵延生息达三百余年，形成了典型的客家移民文化、耕读文化、村域文化与山地文化，至今仍保留着客家的方言、饮食习惯和独特的民居建筑风格等，形成了独特的移民文化和土著文化结合的乡村文化遗产。

4. 乡愁与情感记忆（文化认同）

费孝通先生认为：“文化是依赖象征体系和个人的记忆而维护着的社会共同经验”，乡村文化的建构首先依托于个体对族群文化（含历史文化、民族文化、乡土文化等）的认同与遵守、延续并传承，是一种社会共同经验。依附了“有机”与“经验”的乡村社会环境造就了一群人的乡愁，成为一代人的思想情感。因此，乡愁与文化认同是紧密联系在一起的。

传统村落格局、民居是乡村文化认同的物质体现，在世代居所的修建过程中，传统民居及聚落历经数辈的选址、修建、增补、扩建，形成了具有族群认同的居住环境。始建于宋元时期的浙江省兰溪市诸葛村为例，是诸葛亮后裔一族的家族聚居地。乡村整体格局仿“八阵图”形态，聚落中有大量的历史建筑，是诸葛亮后裔一族对该地历经数代文化认同的集体建构（图 3.1.5、图 3.1.6）。

---

① Hobsbawm T. 传统的发明 [M]. 顾杭、庞冠群，译 . 南京：译林出版社，2004：1-17.

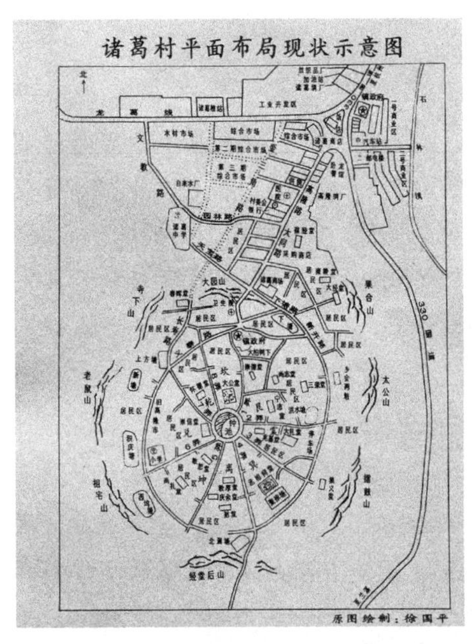

图 3.1.5　浙江省兰溪市诸葛村平面格局

图 3.1.6　浙江省兰溪市诸葛村整体鸟瞰

3.2 近代以来我国乡村变革的标志性阶段

3.2.1 乡村建设历程：由乡村经济建设到全面振兴

自 20 世纪 20 年代至 30 年代始，我国共经历了三次乡村建设的高潮[①]（表 3.2.1）：第一次是 20 世纪 20 年代至 30 年代，以晏阳初、梁漱溟等知识精英发起的起源于“乡村教育”走向以“教育民众、复兴经济”为主题的乡村建设实验运动，发起人希望通过启迪民众智慧，引进先进技术及文化思潮，改变农民的生存状态。第二次是 20 世纪 80 年代，改革开放初期，以发展农村经济为核心，由政府推动实行家庭联产承包责任制。

近百年来我国乡村建设历程　　表 3.2.1

发展阶段	主题	主导方	参与方
20 世纪 20 年代至 30 年代	教育民众 复兴经济	晏阳初 、梁漱溟等知识精英推动	知识分子 农民
20 世纪 80 年代	发展农村经济	政府实行家庭联产承包责任制	政府 农民
当前	乡村振兴 （产业振兴、人才振兴、文化振兴、生态振兴、组织振兴）	政府牵头，政府、企业、村民共同主导	多方参与

① 刘奇 . 掀起中国乡村建设的第三次高潮 [J]. 中国农村经济，2005（11）：10-17.

农民成为土地的使用者，充分调动了农民的劳动积极性，提高了农业生产水平。因此，第一次、第二次乡村建设运动实质上主要目标指向是乡村经济建设。

第三次是当前我国以统筹城乡一体化、全面建成小康社会为目的的乡村振兴（从实质上看，其跨度涵盖了新农村建设、田园综合体建设、幸福美丽新村建设、传统村落保护、乡村旅游开发等内容）[①②]。我国政府通过落实"工业反哺农业、城市支持农村"政策、实施一系列利于乡村经济社会发展的政策措施，如"两减免三补贴"、财政支农、农村土地流转及确权制度等。乡村土地及物质空间的权属正在发生着深刻的改变，政策及资本在乡村建设中发挥了主导作用，乡村经济社会发展处于重要的转型期[③]。

3.2.2 乡村振兴：五大振兴的辩证逻辑

2018年9月，中共中央、国务院《乡村振兴战略规划（2018—2022年）》明确了乡村振兴的五大路径：产业振兴、文化振兴、人才振兴、生态振兴、组织振兴。剖析其内涵，产业振兴五大路径可以解析为"一个目标、一个内核、三大保障"：一个目标是以乡村产业振兴为目标，通过产业振兴促进乡村经济全面发展，乡村经济发展将推动乡村社会发展；一个内核是指以乡村文化振兴为内核，文化具有持久的生命力，乡村文化是乡村性得以可持续发展的最重要内涵；三大保障是指人才振兴是乡村可持续发展的技术保障，生态是乡村的环境保障，组织振兴是制度保障。文化振兴是软实力，是精神层面的建设活动，产业振兴是物质层面的建设活动，两者互相影响，互为促进（图3.2.1）。

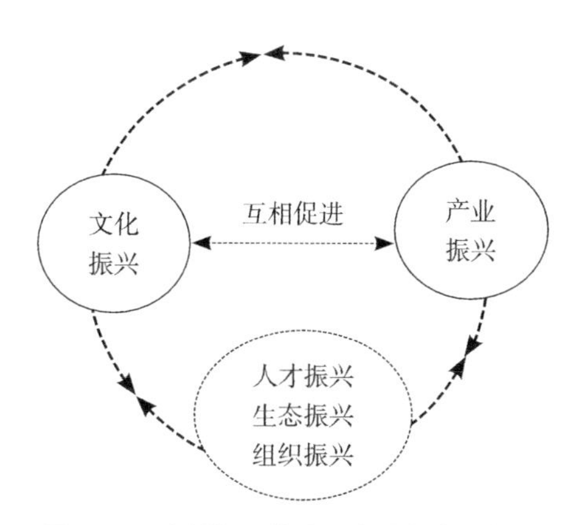

图3.2.1　乡村振兴战略五大路径内涵解析

① 刘奇．掀起中国乡村建设的第三次高潮[J]. 中国农村经济，2005（11）：10-17.

② 王景新．乡村建设的历史类型、现实模式和未来发展[J]. 中国农村观察，2006（3）：46-53.

③ 中华人民共和国中央人民政府．2016年四川省农村土地确权创新"多权同确"[EB/OL]. 2016-09-18. http：//www.tuliu.com/read-42297.html.

对我国众多乡村而言，其历史文化底蕴悠久且独特、生态基础良好，但往往产业基础、人才力量、组织制度等较为薄弱，以文化振兴为切入点，通过文化振兴推动产业振兴，建立人才保障、生态保障、组织保障是行之有效且长效可持续的实施路径。

3.2.3 未来乡村：乡村振兴战略深入实施的目标探索

乡村建设的走向和着力点一直是社会各界思索的问题，理论探讨与实践一直在并行。继巩固乡村脱贫攻坚成果、深入实施乡村振兴战略之后，基本解决了生产生活问题的乡村，面临着新的建设与发展方向指引。浙江省作为我国社会经济最发达的省份和区域，是我国乡村建设与改革开放的前沿与高地，又是“两山理论”的发源地，新时代扎实推进乡村振兴战略的示范性与重要性不言而喻。面对发展新格局，“未来乡村”作为将来乡村振兴工作的重点应运而生。2021 年 6 月，中共中央、国务院出台《关于支持浙江高质量发展建设共同富裕示范区的意见》[①]，浙江作为全国率先启动“未来乡村”建设试点的省份，践行“未来乡村”理念逐渐成为浙江省未来一阶段乡村振兴工作的一大重心。

据《浙江省人民政府办公厅关于开展未来乡村建设的指导意见》文件[②]，未来乡村建设的指导思想是：深入实施乡村振兴战略，以党建为统领，以人本化、生态化、数字化为建设方向，以原乡人、归乡人、新乡人为建设主体，以造场景、造邻里、造产业为建设途径，以有人来、有活干、有钱赚为建设定位，以乡土味、乡亲味、乡愁味为建设特色，本着缺什么补什么、需要什么建什么的原则，打造未来产业、风貌、文化、邻里、健康、低碳、交通、智慧、治理等场景，集成“美丽乡村 + 数字乡村 + 共富乡村 + 人文乡村 + 善治乡村”建设，着力构建引领数字生活体验、呈现未来元素、彰显江南韵味的乡村新社区（图 3.2.2）。浙江省的未来乡村探索行动全方位、系统化地描述了一幅理想中的美好乡村魅力图景，活脱脱地展现了以“原乡人、归乡人、新乡人”为未来乡村主体建设美好家园的场景，为我国其他地区乡村建设着力提供了美好的蓝本。

3.3 乡村变革理论：新（后）乡土中国

20 世纪 90 年代，伴随着改革开放和市场经济体制的推进，我国的乡村迈入了快速

① 中共中央 国务院关于支持浙江高质量发展建设共同富裕示范区的意见 [EB/OL]. 新华社，2021-06-10. https://www.gov.cn/zhengce/2021-06/10/content_5616833.htm.

② 浙江省人民政府办公厅 . 浙江省人民政府办公厅关于开展未来乡村建设的指导意见 . 浙政办发〔2022〕4 号 [EB/OL]. 2022-01-21. https://www.zj.gov.cn/art/2022/2/7/art_1229019365_2392197.html.

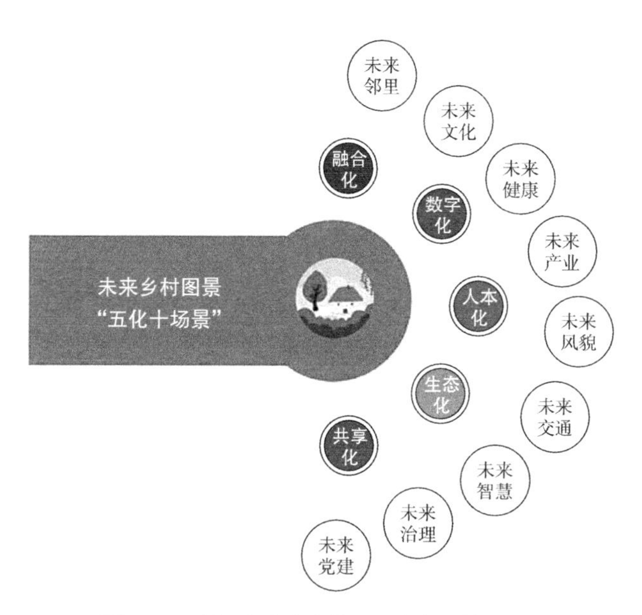

图 3.2.2　浙江省未来乡村"五化十场景"图景

的转型期。乡村的变化引起了以苏力、贺雪峰、徐杰舜、陆益龙等学者为代表的广泛关注[①-⑥]。如贺雪峰教授在《新乡土中国》著作中深入探讨乡村生活的细节——诸如半熟人社会、农民的合作能力、村庄精英的谱系、农民负担机理等作深入透视中国乡村经验与乡村常识，开篇指出中国的乡土社会已经演变为"半熟人社会"的村治格局；延展了我们对于村庄空间从地理空间到社会空间、文化空间的认知维度，提出村庄共同体由三种边界构成：一是自然边界；二是社会边界；三是文化边界等新创新见解。2014 年，我国政府提出"城乡统筹、城乡一体"的新型城镇化战略，一系列政策措施的出台推动了乡村在空间模式、经济结构、社会治理、文化价值观念和村民社会心理等方面的历史性转型（图 3.3.1）[⑦]。我国的乡村成为常态流动性的乡村、走向公共与开放性的乡村。

---

① 苏力 . 新乡土中国：序言 [M]. 北京：北京大学出版社，2013.

② 贺雪峰 . 新乡土中国 [M]. 北京：北京大学出版社，2013.

③ 陆益龙 . 后乡土中国的基本问题及其出路 [J]. 社会科学研究，2015（1）：116-123.

④ 赵旭东，张文潇 . 乡土中国与转型社会——中国基层的社会结构及其变迁 [J]. 武汉科技大学学报（社会科学版），2017，19（1）：26-37+2.

⑤ 谢丽旋 . 解读人际关系理性化——读贺雪峰《新乡土中国》[J]. 社会科学论坛，2010（9）：196-203.

⑥ 杨柳，刘小峰 . 乡村社会巨变与农村研究进路——以《乡土中国》与《新乡土中国》为范例的比较研究 [J]. 内蒙古社会科学（汉文版），2016，37（5）：153-158.

⑦ 王小章 ."乡土中国"及其终结：费孝通"乡土中国"理论再认识——兼谈整体社会形态视野下的新型城镇化 [J]. 山东社会科学，2015（2）：5-12.

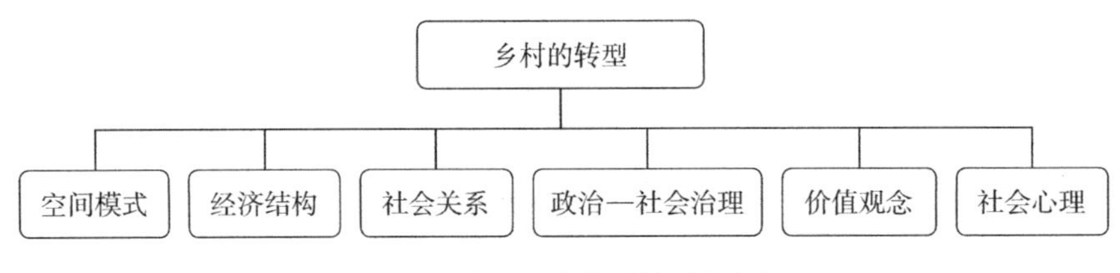

图 3.3.1 乡村深度转型的影响内容

我国学者采用“后乡土中国”来概括当前乡村社会的基本性质，主要是借鉴了美国社会学者丹尼尔·贝尔的“后工业社会”概念[①]，贝尔提出美国的后工业社会已来临，并非指美国已不再是工业社会，而是为了说明工业社会在经历发展与变迁之后将呈现一些新的社会形态。陆益龙[②]在《后乡土中国》一书中强调农村社会的特质，即乡土性依然在变迁和转型中部分维续着，与此同时，也不能无视现代化进程中乡土社会所发生的变化。因此，采用“后乡土”来描述我国当前乡村在转型发展中呈现的状态，既是认可我国的乡村社会在较长一段时间内仍然会持续体现传统乡村社会的生产生活状态，包括乡村人际关系、乡村生活方式、乡村生产方式、乡村文化传承等，同时，在较多的乡村因为生产方式的转型，也会体现为现代乡村生活方式的转化，包括处理发生在乡村空间的事项与人际关系的变化、生活方式的变化与生产方式的变化等，是一种对未来状态的承认与默许。

3.3.1 乡村总体状态：常态流动性的乡村

在传统乡土社会，乡村稳定性是常态；在后乡土社会，乡村流动性成为常态。城市的引力、农村的斥力是城乡规划界公认的城市化进程中的动力机制。在后乡土社会，人口流动机制既有外向性因素，也有内生性因素。在新型城镇化战略的指引下，城乡统筹一体化发展取消了城乡之间的户籍等政策，乡村人口大规模向大城市、周边城镇聚集；农村土地确权及土地流转、交易政策的实施，将农村宅基地、集体土地变成了可以交易的资源，为资本进入乡村提供了政策支持；乡村旅游的蓬勃开展主体既有外来资本进入乡村进行乡村旅游开发，回乡创业又占了一定的比例，乡村旅游服务业吸引了部分当地农民就业；有机生态农业规模化、产业化发展成为趋势与热潮，其中一部分村民就地就业；同时，由于乡村劳动力需求受到社会生产力发展趋势的挤压，乡村剩余劳动力将流向广大的城镇。

以四川省统计局发布的《四川统计年鉴 2016》数据分析，从 2005 年到 2015 年间，

① 贝尔．后工业社会的来临：对社会预测的一项探索 [M]. 高铦等，译．北京：新华出版社，1997.

② 陆益龙．后乡土中国 [M]. 北京：商务印书馆，2017.

四川省乡村就业人员总数减少约为 192 万人。从该数据可以粗略得出，十年间，四川省内消失了多少个自然村、行政村，原有的流动的乡土社会正在变成流动频繁的后乡土时代（图 3.3.2）。

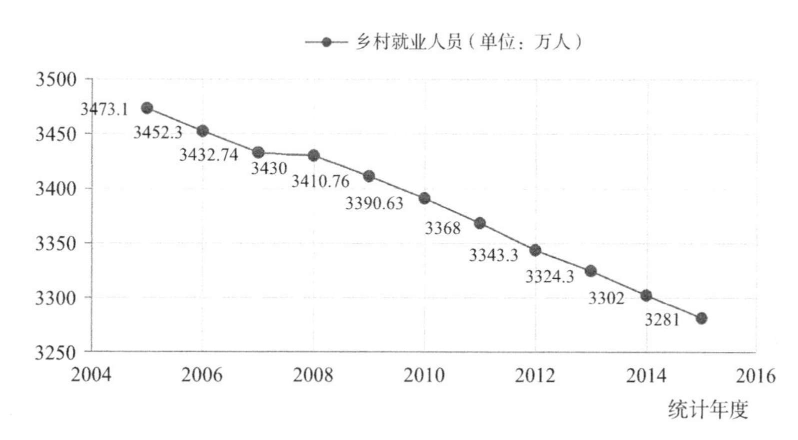

图 3.3.2 四川省近 10 年来乡村就业人员变动趋势统计分析

资料来源：根据《四川统计年鉴 2016》数据制作

乡村人口的大量流动对乡村农业生产与乡村文化的守护带来了负面的影响。大多数村民不愿意守旧而居，部分村落出现了空心化的现象。一方面是乡村农业生产劳动力的空心，在人口外流的乡村甚至出现了只有少量的老弱病残的村民留守的情况，壮劳力的不足导致数量不多的良田被薄种的情况；另一方面，乡村文化上的空心。新村化与农业规模化产业化在空间的需求上与乡村文化遗产的空间形成了冲突和矛盾，在乡村文化遗产的避让中，乡村文化遗产的空间受到了严重的挤压；此外，由于乡村旅游的发展，大多数地方意识到乡村文化遗产的开发价值，在保护与开发的平衡之间，受伤的往往是乡村文化遗产。

与人口的常态流动就会产生相应的常态化资金流动、信息流动、物质流动等。就像一池春水中掷如石块一样，当乡村中泛起各种思潮的涟漪，并不断扩大影响的时候，乡村就会呈现出多元化的发展态势，从人口的常态流动就会产生诸多的正向积极影响。

3.3.2 社会属性演变：走向开放性与公共性的乡村

1. 从乡村人口职业分化与构成来看

传统的以农业生产（包括农林牧副渔大农业生产概念）为主的农民群体已经逐步分化成为农民、农民企业家、外出务工人员、农村流动人口等，职业的分化将他们的阶层也划分开来，有的村民成为私人企业主、个体工商户、自雇用者和各行各业的劳动从业者，职业范围拓展到了从事农业、手工业、制造业、服务业等社会各行各业（图 3.3.3）[①]。

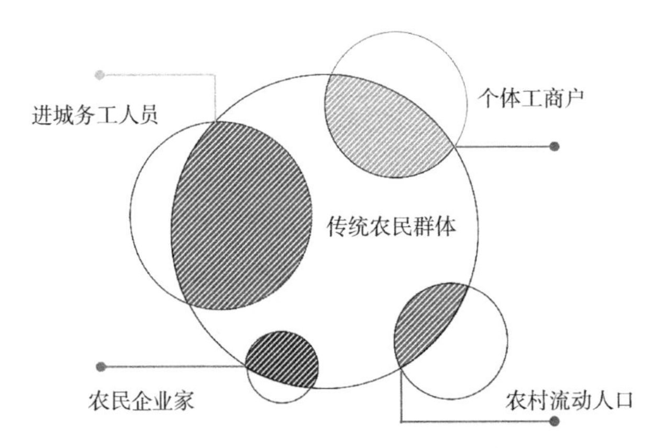

图 3.3.3　传统的农民群体分化

2. 从乡村社会治理角度来看

伴随着农业产业化进程的推进、民族乡村旅游的开发、农村土地确权及流转政策的落实以及相关乡村建设措施深入推进，公共权力和社会资源将逐步进入乡村。乡村将成为公共权力和社会资本的舞台，其乡土社会空间的地方性将被逐渐弱化。多方力量的介入乡村空间，将改变乡村空间的传统社会治理制度，权力和资本、村民将共同组成乡村社会治理的主体。

3. 从乡村经济产业转型发展来看

自 20 世纪 80 年代开始，伴随着我国经济良好的发展态势，城乡居民生产、生活条件均达到极大的提高，生活状态变得丰富多彩，旅游成为人们日常生活中最重要的一项活动，旅游业得到迅速发展。乡村旅游蓬勃开展，满足了人们回归自然，返回原野的旅游心理、环境需求，在旅游业和农业的结合下应运而生且蓬勃开展，以乡村旅游为带动的产业转型为乡村经济社会转型提供了充足的发展动力。

3.3.3 主体属性演变：走向多元与自主选择的乡村

乡村发展研究中的后发展主义强调，在“后发展时代”，需要有多元模型的共存和混杂模型，而不只是一种单一化的模型[②]。这为乡村的发展道路和乡村发展方向指出了应具有多样化的发展道路和多元化的发展方向。而要找到那些对乡村发展的有效途径和方法，需要强调的是乡村应具有自主选择路径的权利。

---

① 陆益龙 . 乡土中国的转型与后乡土性特征的形成 [J]. 人文杂志，2010（5）：161-168.

② 叶敬忠 . 发展的故事——幻象的形成与破灭 [M]. 北京：社会科学文献出版社，2015.

地理学从空间研究方面，李玉恒等[①]从乡村人口、就业、粮食产量、公共服务角度系统解析了半个多世纪以来世界乡村转型发展的历程，提出要积极推进村镇化，形成村镇化与城市化“双轮驱动”的城乡地域发展格局；要制定科学的规划来指导乡村转型与可持续发展，有序实施易地搬迁，鼓励和引导民众“自下而上”的主观能动性，构建乡村发展与农户的利益联结机制；要科学把控乡村转型发展过程，识别并培育打造乡村振兴极，不断提升乡村地域系统应对外界发展、环境变化与挑战的弹性。

社会学研究方面，吴越菲[②]提出，乡村性作为农村社会工作的知识起点，全球乡村转型的复杂性迫切要求展开新的理论话语来重新理解乡村，进而在过程视角、解构主义视角以及“去城市中心主义”视角下重新界定乡村性，这也为当代农村社会工作实践注入新的理论要素。

人类学研究方面，赵旭东等[③]提出乡村文化是乡村秩序的潜在基石，构造出一种社会生活秩序与理想世界的版图，在从传统向现代的演变中，乡村文化的传承变成了一个动态的过程，“乡村文化自觉”能够更好地推动乡村文化的传承与创造性再生。

3.3.4 空间属性演变导向：从边缘性到空间融入

随着我国都市现代综合交通运输体系建设深入推进、大幅度提高，乡村缩短了与中心城市及现代文明的时空距离。绕城高速、城际快速公路、城际高铁、地铁等综合立体、快速交通出行方式缩短了出行时间、便利了出行方式，迅速拉近了都市与近郊城市及乡村的出行距离。

从空间区位分析，大都市圈的构建，使得较大空间范围内的城乡融入，大都市郊区乡村的空间属性逐步由地理区位偏远导致的边缘性走向与中心城市、现代文明的空间融入。在成都的传统话语中有“从成都到华阳，县过县”的说法，如今，华阳镇已然成为成都市的主城区范围。

信息化程度拉近了时空距离。信息化的时效性和快速传播，让居民增强了信息的场所感受，无形中降低了空间距离感，似乎信息传递事件就熟悉地发生在身边。

---

① 李玉恒，阎佳玉，武文豪等．世界乡村转型历程与可持续发展展望 [J]. 地理科学进展，2018，37（5）：627-635.

② 吴越菲．重思以乡村性为基点的农村社会工作：概念嬗变与实践转型 [J]. 西北民族研究，2021（3）：188-199. DOI：10.16486/j.cnki.62-1035/d.20210805.003.

③ 赵旭东，孙笑非．中国乡村文化的再生产——基于一种文化转型观念的再思考 [J]. 南京农业大学学报（社会科学版），2017，17（1）：119-127+148.

3.3.5 文化属性演变导向：从自组织到再生产

从产生的根基上看，都市郊区乡村文化具有历史性、地域性、民族性、乡土性等综合特质；从发展演变的机制上看，都市郊区乡村乡土文化具有自组织性、不平衡性、自主性；从空间特征上看，乡村文化具有地域性、边缘性特征。在漫长的农耕社会制度下、乡村经济社会发展过程中，乡村文化形成了一个自组织的综合系统，是一种乡村社会文化基本的秩序建构方式，建立在村民及村民群体“自主性”主导发展基础之上的文化系统[①]，具有文化性和空间性两方面的显性特征。

在全球化趋势面前，外来的文化、资本涌入乡村，促进了乡村文化空间的涌现性发展，原有的乡村文化系统有其“自组织”式的缓慢发展演变特征，在文化的交融与碰撞、冲击面前，乡村文化也将通过“文化的再生产”的方式实现乡村文化的发展变迁。

① 闪兰靖 . 民族村落的文化传统与礼仪重建 [C]// 中国社会学年会西部民族地区社会建设理论创新与政策设计，2012.

第 4 章　动力机制：外源激活与内生发展

乡村社会作为人类经历漫长岁月建构起来的一个有其独特结构和功能的复杂系统整体，具有自适应、自协调、自组织的能力。乡村社会的发展与稳定，是基于其内在的驱动力和整合力。对于乡村社会发展的动力源头与动力机制，只能从乡村社会自身中去寻找。可以形成定论的是，乡村经济社会发展的驱动力是综合的、多维度的，而不是单一的、平面的。探究乡村经济社会发展的动力机制，是破译乡村经济社会转型发展之谜的重要任务。

历史学家罗荣渠先生认为，一种是由社会自身力量产生内部创新的内源现代化（modernization from within）；另一种则为，在国际环境影响下，社会受外部冲击而引起内部的思想和政治变革并进而推动经济变革的外源现代化（modernization from without），两种进程的差异主要取决于启动社会变迁的决定性因素是内在的还是外在的。作用到乡村建设，两种不同的发展模式对应表现为地方内部和外部对乡村发展过程控制的差异（Philip Lowe，1995），也即对应形成了外生式发展（exogenous development）和内生式发展（endogenous development）两种主流模式。两种发展模式塑造了世界各国乡村发展的长期历史，也成为乡村发展模式中的经典理论[①]。因此，从动力机制的角度，立足乡村资源为根本，对理论界当前普遍认可的、从来源的不同，分为乡村发展的内生式发展理论与外生式发展理论进行理论梳理，并与我国乡村发展的政策驱动、资金驱动、技术驱动和内生发力等行动结合起来。

---

① 李雯骐 . 乡村发展理论的国际研究综述与展望 [C]// 中国城市规划学会，成都市人民政府 . 面向高质量发展的空间治理——2020 中国城市规划年会论文集（11 城乡治理与政策研究）. 上海同济城市规划设计研究院有限公司，2021：14.

4.1 外生式乡村发展理论与实践

4.1.1 总体特征

外生式乡村建设的特征是将来自外部的科技、知识、资本导入乡村地区，以提升农业生产技术和农村经济水平，实现途径主要通过国家政策引导及外部力量介入等形式支持乡村发展，具体方式有：

（1）国家财政补贴进行乡村物质环境建设，包括基础设施改善、公共设施供给等；

（2）引入外部产业与投资，包括乡村工业、产业园区建设等，刺激地方经济活动并提供就业机会；

（3）自上而下调整乡村土地和社会结构，包括土地改革、农地重划等，通过对土地产权进行重分配以稳定农村社会阶层和提高土地生产力；

（4）引进新的生产技术与方法，包括农业机械化、农业新品种的应用等；

（5）建立粮政制度加强对农业资本的转移，包括农业税收、余粮低价收购等。

外生式发展模式的优点可总结为：

（1）资源配置空间大，迅速增加就业与要素利用率；

（2）有利于提高劳动生产率和技术发展水平；

（3）有助于欠发达地区实现追赶型跨越式目标。

4.1.2 外生式发展理论主导下的乡村实践

1. 欧洲乡村发展：城市工业化带动农村工业化

“二战”后欧洲乃至西方国家的乡村研究中，欧洲乡村学者们普遍认为政府通过政策干预加速发展要素（包括技术、资本和劳动力）由城市向乡村的空间扩散，可实现乡村农业、经济、社会和基础设施的现代化，从而达到消除贫困和阻止人口流失的目的[①]。此时，外生式动力占据主导地位。20世纪60年代末，持续的农业工业化造成乡村区域发展失衡、生态严重退化以及传统文化丧失等问题，外生模式下的乡村发展也由此被反思：①高度依赖性的发展（dependent development），农业的发展与农民的增收依赖于国家持续的补贴和企业的支配，地区发展的主体性丧失，且利润的分配权掌握在外部利益主体手中；②扭曲的发展（distorted development），只关注单一经济产业而忽视了农村发展中的非经济部分，尤其在乡村风貌、生态环境和文化特征等方面带来不可持

① 张晨，肖大威．从“外源动力”到“内源动力”——“二战”后欧洲乡村发展动力的研究、实践及启示[J]. 国际城市规划，2020，35（6）：45-51.

续的破坏；③破坏性的发展（destructive development），消除了乡村之间文化和环境的异质性；④主导式的发展（dictated development），由外部专家和规划师们进行设计和决策使得农村社区丧失发展主动权，扼杀了自身造血能力，因而乡村在面对变化时是高度脆弱的；⑤不可持续的发展（unsustainable development），“技术—现代化”理念下的行为只会带来少量的短期物质收益和大量的长期成本，并且在实践中已呈现出效益递减的趋势（Frank Vanclay，2011；Ward et al.，2005；Philip Lowe，1995）。

20 世纪 70 年代，欧洲乡村发展的现实困境和部分乡村区域发展的成功实践促使乡村研究者不得不对乡村发展的动力来源和要素构成进行重新认识和理解[①]，比如乡村的粮食生产过剩、环境退化以及空间不平等等问题产生[②]，促使乡村区域的持续发展，发展目标更符合当地人的利益，发展的收益更多保留在本地进行资本积累和再循环等诉求的出现，使得学者们重新审视外生式动力的长效机制问题[③]。

迄今为止，外源驱动仍然是欧洲国家（主要是欧盟成员国）对农村的重要动力，主要体现在政策和资金资助方面。宗义湘等[④]从政策目标、运行机制、资金预算、政策体系 4 个维度总结分析了欧盟农村发展政策体系的演进逻辑及特点，并将 2000—2027 年间欧盟农村发展政策支持体系分为四个阶段（表 4.1.1），当前阶段的主要任务是注重对农业农村发展、农业创新研发和生态环境保护等三方面的政策与资金支持，具体为：①保障农民收入；②增强农产品竞争力、提升农产品质量；③提升中小型农场在价值

欧盟农村发展政策目标 **表 4.1.1**

所处阶段	政策目标
第一阶段：2000—2006 年	农业产业结构调整、提高农村竞争力；提高农村地区竞争力；保护农村生态环境、保护欧洲农村遗产
第二阶段：2007—2013 年	提高农业和林业竞争力；改善农村环境；提高农村生活质量，促进农村经济多元化发展
第三阶段：2014—2020 年	提高农村竞争力、促进就业；促进自然资源可持续管理；促进社会包容、减贫、实现农村经济均衡发展
第四阶段：2021—2027 年	食品安全，提升食品质量；改善环境和气候；农业可持续发展；促进农村地区发展活力

① VAN DER PLOEG J D，RENTING H，BRUNORI G，et al. Rural development：from practices and policies towards theory[J]. Sociologia ruralis，2000，40（4）：391-408.

② WOODS M. Rural[M]. London：Routledge，2011.

③ RAY C. Towards a theory of the dialectic of local rural development within the European Union[J]. Sociologia ruralis，1997，37（3）：345-362.

④ 宗义湘，宋洋，向华，等 . 欧盟农村发展政策体系演变及对中国乡村振兴的经验借鉴 [J]. 农业展望，2019，15（4）：80-85+97.

链中的地位；④制定应对气候变化的行动方案；⑤加强环境保护；⑥保护农村自然景观多样性；⑦促进农场代际更新，培养青年农场主；⑧促进乡村振兴。

2. 东亚乡村发展：乡村社会共同体视角

以村落为单位的乡村共同体社会特征。在东亚国家从传统到现代过渡的过程中，小农社会得到不断的强化。以日本为例，日本的村落社会是一种团结紧密的集体，体现出鲜明的共同体特质[①]。相比于欧美国家市场化程度更高的情形，东亚国家和地区的乡村发展受到“国家引导和控制”（McGee，2008）的特征则更为明显，反映出更强烈的政府意志。从时间上看，20世纪50年代以来日本乡村振兴政策的发展依次经历了《农业基本法》颁布和乡村工业化（1961—1979年）、一村一品（实质意义上的“内生性发展”模式）、第六次产业（1979—1999年）、《食品、农业、农村基本法》（1999年至今）三个阶段。新农业法《食品、农业、农村基本法》，将其主题确立为“食品、农业、农村”，即把食品、农业、农村看作一个整体，认为农村发展不仅仅是作为一个生产和产业领域的问题而提出的，更是作为包含了农村经济、社会、文化的总体性对象而存在。日韩两国在乡村建设初级阶段以硬件反哺为主。日本的乡村规划与欧洲基本上同步开展，但日本形式是将欧洲经验习得不断本土化的过程（李京生，2016）。在20世纪50至80年代日本基本实现机械化种植，其间“农村工业化”思想（也有学者提出机械工业下乡的大工业向农村分散政策）成为乡村建设主流，国家工业化政策导向和农村贫困的双重动力使得农村工业化大步前进（张立，2016）。

韩国政府于20世纪五六十年代在乡村地区开展力图改善农村面貌的基础设施建设和扶持工作，即社区发展运动，但收效甚微；有所不同的是，随后韩国在经济和城镇化发展较低的阶段（20世纪70年代城市化率≤50%）就开始了政府主导自上而下与村庄参与自下而上相结合的社会运动“新村运动”，通过改善农业生产设施、改善人居生活环境来提升农民的福利和农村的吸引力（赵民，李仁熙，2018）。政府的援助从改善农村人居环境、改变人们精神面貌的角度来说是成功的，但也存在着“哺农缺口过大、政府和社会负担较重，以及资金分散、总体水平偏低”等问题（赵民，陈晨，等，2016）。

3. 我国外生式乡村发展历程：国家政策主体行动

中华人民共和国成立至今，在较长的时间段内，自上而下的政策指引和资金投入同样是我国解决乡村发展问题的主流模式。在政策指引方面，从2004年以来，党和政府的中央一号文件均是围绕“三农”为主题。

从乡村建设的政策演变历程来看，中华人民共和国成立后围绕变革土地制度和实施

① 田毅鹏.东亚乡村振兴的社会政策路向——以战后日本乡村振兴政策为例[J].学习与探索，2021，（2）：23-33+174.

经济建设举措两方面展开革命性乡村建设实验，提高了农民主体的生产积极性，极大地改变了农村的生产方式、经济增长和社会组织的方式；1953 年起，乡村社会主义改造以合作社形式组织农民，通过集体化生产有效地提高了农村生产力；1958 年后的农民公社时期，实施“以农养工”和“用农民集体力量建设农田水利基础设施”策略，实现了依靠农业积累建立城市的工业化基础；20 世纪 80 年代至今，“家庭联产承包制”的推广深刻地变革了农村生产分配关系，虽然最大限度地赋予了农民生产积极性，然而，实质意义上的以家庭为单位的小农生产基本格局在农业规模化经营、土地流转、农业生产投入等方面也造成了一定程度的劣势影响；20 世纪 90 年代开始，国家层面自上而下推行新农村建设、幸福美丽新村建设、田园综合体建设、脱贫攻坚战略行动、乡村振兴战略行动、和美新村建设等乡村建设行动，对改善农村人居环境、提高农民生产生活环境质量起到了重要的作用。与之并行的是，新型城镇化的快速发展，城乡之间的资源争夺拉锯似乎愈演愈烈。

4.2 内生式乡村发展理论与实践

4.2.1 总体特征

1975 年，瑞典 Dag Hammar skjêld 财团在联合国总会发表的“关于世界的未来”报告中正式地提出了这一概念，提出“如果发展是指个人的解放和人类的全面发展，那么这一结果只能从社会的内部来推动、实现”，强调了自力更生的重要性[①]；1989 年，日本学者鹤见和子[②]根据地域的发展情况将其分为“外生式发展”和“内生式发展”两种模式。内生式发展强调从内部自主地进行发展，其中人是内生长式发展的主体，人们应适应本地固有的自然资源和自然环境，立足于本土传统文化，在此基础上结合外来的知识、技能、制度等促进自身发展[③]。归纳而言，内生式乡村发展理论的三要素为资源内生、文化认同与民众参与（图 4.2.1）。

1. 资源内生

城市化的加速发展，乡村人口外流，乡村产业滞后，只能靠传统的农业支撑乡村发展。在发展过程中，过度重于乡村经济发展，导致乡村自然景观遭到一定程度的破坏；而乡村文化景观主要由于乡村人口外流与乡村传统文化难以跟随现代发展，导致乡村文

① 张环宙，黄超超，周永广．内生式发展模式研究综述 [J]. 浙江大学学报（人文社会科学版），2007（2）：61-68.

② 鶴见和子．内発的発展論 [M]. 东京：東京大学出版会，1989.

③ 鹤见和子，胡天民．“内发型发展”的理论与实践 [J]. 江苏社联通讯，1989（3）：9-15.

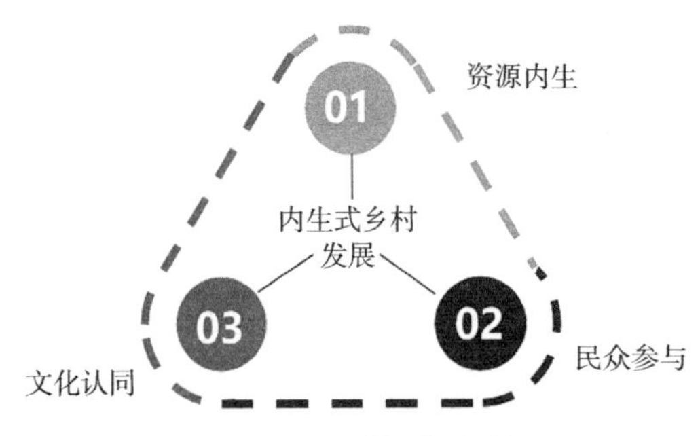

图 4.2.1 乡村内生长式发展

化景观逐渐流失，无人继承。传统的开发模式与发展理念已经严重影响了乡村的发展，乡村需要依靠外界的推动进行乡村发展。对乡村而言，外界的力量始终有限，并且从长远角度来看，乡村内生式发展显得尤为重要。乡村内生长式发展首先应该对乡村生态环境、文化进行保护，保持乡村地区的独特性。

2. 文化认同

"人"作为主体，这里的"人"主要指乡村本地人。在乡村发展时，以乡村本地人为主体，保证了本地人的利益，有效发挥本地人的能动性，才能从内部解决乡村发展问题。最后，达到以上两点的正常实现，才能对乡村内部组织实行进行考虑。乡村是自上而下的组织方式，上层领导缺乏对于乡村的了解，对于乡村发展易于流于形式。在乡村，通过实行自下而上的模式，以当地人为领导，赋予权力对该地区进行干涉，通过基层人联合外界推动乡村发展，实现乡村内生长式发展。内生式发展的模式是以区域内的社会文明、产业资源、地域文化为原动力，促进区域内的经济、文化、社会、生态全面发展的内生模式。

3. 民众参与

艺术介入乡村的过程中，应积极地调动村民的能动性，发挥村民积极参与到乡村建设之中，提升村民对于乡村的自我认同感。通过艺术的熏陶，提高村民的审美以及对于乡村资源的管理与利用，学习传承乡村文化，并与现代发展结合。积极鼓励村民共同参与到乡村建设之中，为乡村"内生长式发展"做好铺垫，同时通过对乡村文化的保护与发展，将乡村文化与艺术形式结合，对表演性质的文化进行再创作，将乡村文化与时代审美结合，发展乡村文化产业，有效促进乡村可持续发展。

基于以人为本发展观的确立和对外生模式的反思，与之相对的内生式发展作为一种进步的路径被提出。其理论起源于 20 世纪 60 年代末社会学领域，发展初期关注重点集中在与外生式的差异，强调对于地区生态本底和文化本源的保护，并开始注重发展过程中"人"作为主体性地位的作用；20 世纪 80 年代内生式理论研究进入一个多学科发展的时期（王志刚，2009），渐次在社会学、民俗学、环境和区域经济学等多领域议题中得到丰富和发展，至20世纪90年代逐步成型。通过对早期主要研究学者及其观点进行梳理归纳（表4.2.1），拟将内生式发展理论内涵总结为4个方面：

以内生性为特点的各国乡村建设政策　　表4.2.1

国家	时期	政策内容	突出方向
英国	1968	英格兰和威尔士农村保护法：保护自然美丽景色和地区舒适，将农村地区的娱乐休闲作用作为乡村发展和保护政策的主要考虑因素	注重乡村环境景观与历史文化保护
德国	1975	乡村更新计划：保护乡村景观和历史文化遗产	
	1984	乡村更新：村庄内部的物质性建设和重视乡村更新规划过程的形式和程序，推动本地居民对乡村更新规划的参与程度	
欧盟	1991—1999	LEADER Ⅰ、LEADER Ⅱ：以地方发展行动联合探索乡村建设新路径	跨学科理论基础、跨部门合作方式、地方内部共同行动
	1996	考克宣言：整合性的可持续乡村发展计划，充分发挥不同领域的管理行动，发掘区域网络的相互作用，推动农业发展在区域范围内的结构性调整	
日本	1979	造村运动（一村一品）：居民主导政府支持的乡村振兴运动，依托地域文化特色打造地区特色的龙头产业带动发展，居民教育、人力资源和创新精神培养	挖掘地方资源和反应地方诉求的地域性、自下而上的参与途径、重视民众文化自觉培养
	1987	四全综：提出了“交流网络构想”，以定居圈为基本单元，发挥地域特色，创造性地推进区域整备，促进更大区域的城乡交流的形成	
		五全综：多轴型国土开发，强调高质量的生活和就业，充分发挥各地区特有的历史、自然和文化积累的作用	
韩国	1970—1980	新村运动：农村基础设施建设，培育乡村领导者，农民价值观念塑造；调整生产结构、发展农产品加工业；鼓励村庄自我积累资金机制；成立村庄非正式组织	
	2004	新活力业："软环境型"地域开发概念，强调挖掘当地的特色与资源，通过开发地区人力资源，共同参与	

（1）出发点：关注人的全面发展，开发人的潜力；

（2）产业：以本地资源为发展原动力，充分利用本土资源（技术、文化、人力等），并在经济自立发展的基础上注重区域间的产业关联与合作；

（3）方式：充分重视地方参与及地方人群的主体性地位，通过制度和社区组织形式保障自治权利；强调劳动者才能的高度发展是历史前进的推动力，指明文化教育在内生式发展中的重要作用；

（4）目标：综合能力的提升与永续发展，保护乡村文化的多样性与生态的可持续性，并以培养内部的生长能力为最终目标。

然而，在对内生式乡村的发展实践中，学者们发现，内生式发展模式较为理想，本质上是一种“自我导向式”的发展[①]，具有较强的选择性。在对内生式乡村发展模式的修正过程中，Ray[②] 认为仅仅依靠乡村自身内源性力量实现“纯粹”的内生发展，这只能是一种理想。

4.2.2 内生式发展理论主导下的乡村发展实践

1. 政策引导下的欧洲乡村发展内生动力激活

欧洲乡村政策转型初期主要关注乡村特色景观和乡村历史文化保护，代表性政策如英国《英格兰和威尔士农村保护法》、德国的乡村更新计划等，并开始积极推动乡村居民参与家园美化运动；逐步渗透到地方政策与计划的理念中。1988 年欧盟发布《The Future of Rural Society》确立在“地域性”（territorial）和“内生性”（endogenous）原则下的乡村发展路径：乡村发展政策必须遵循辅助性的原则（principle of subsidiarity，即中央权力机关只应控制地方上无法操控的事务），同时在理念上跨学科、在实践上跨部门……重点必须放在地方参与和自下而上的路径以增强农村社区的创造力和团结性（Commission，1996）；成熟阶段形成契约型文件，在更大范围内推行系列性计划作为实验探索，在农村社区不断培育和发酵内生性力量。

1991 年，欧盟开展“地方发展行动联合”LEADER（Links Between Actions for Development of the Rural Economy），针对人口 1 万到 10 万之间的乡村地区，鼓励建立地方行动团体（LAG，Local Action Group）或者叫作地方行动小组，代表公共、社会、经济三个部门的关系，在五项基本原则（即：地方行动团体、地区行动计划、跨部门的和系统性的联动实施路径、共同资金、乡村地区网络）基础上，因地制宜地制定并实施本地区的乡村发展规划（图 4.2.2）。

在政策资金的投向和使用方式上，经由欧盟审核批准后得到欧盟及本国的配套资金，继而由地方行动团体负责具体发展项目的实施管理（闫丽娟，2010）。LEADER 系列计划经过“实验试行—总结优化—巩固统一”三期的发展（表 4.2.2），收效显著，并于 2007 年之后进一步扩大实施范围，同时受到欧洲农村农业发展基金（EAFRD）直接补助（Robert Hoffmann，2018），逐步成为欧盟农村发展的整体指导计划，表现出自下而上的社会动员、扁平化的组织架构、创新的网络合作机制和小规模的引导性开发对激发内生力量投入乡村建设的重要作用。

---

① Slee B.Theoretical Aspects of the Study of Endogenous Development[M]. van Der Ploeg JD，Long A.Bornfrom Within：Practiceand Perspectives of Endogenous Rural Development Assen. Amsterdam：van Gorcum，1994：327-344.

② Ray C.Culture，Intellectual Property and Territorial Rural Development[J]. Sociological Ruralis，1998（1）：320.

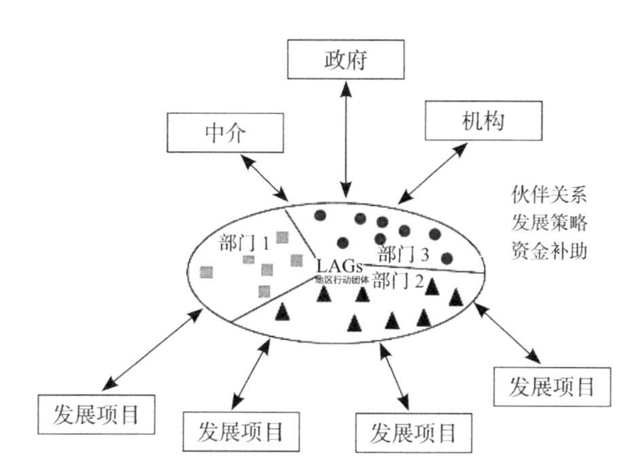

图 4.2.2　LEADER 计划的执行方式模型

图片来源：译自 Robert Hoffmann，Natalia Hoffman，2018

LEADER 计划三阶段特征　　**表 4.2.2**

计划阶段	LEADER Ⅰ	LEADER Ⅱ	LEADER+
阶段任务	试验阶段	巩固阶段	普及阶段
阶段期程	1991—1994	1994—1999	2000—2006
辅助地方团体	217 个	906 个	893 个
目标地区	贫困落后地区	贫困落后地区创新合作	所有乡村地区
关注议题	伙伴关系、建立区域网络	创新合作	先导性策略，统一化议题
实施效果	尝试新的农村发展模式、加强地方参与和投入、重建农村社区自信、促进乡村经济的多样化发展	理念推广，在超过 50% 的乡村地区建立网络联系、加强公共行政机关投入、整合农村发展活动	促进以地区为基础的发展措施，发展地域性合作，提高欧盟农村竞争力
投入资金	4.17 亿欧元	17.55 亿欧元	21.05 亿欧元

资料来源：根据文献（闫丽娟，2010;European Communities，2003）整理

2. 东亚乡村发展

20 世纪 80 年代起，以日本为代表的东亚国家率先以计划或运动式的方式，对内生发展如何适用于乡村建设进行了积极的探索。其共性特点是：①强调乡村建设主体的多元性，国家权力不断下放；②加强乡村建设内涵的综合性，以整合性发展提升为目标；③强调地方参与乡村建设的全过程。

作为内生式乡村发展理念的起源地和重要实践地，日本在 20 世纪 70 年代后的乡村建设过程中通过“造町运动”“社区营造”等行动政策的深入，将理论与实践互为验证。其中对“地域性”的重视，渗透于国家历次政策中。1977 年三全综《第三次全国综合开发计划》重点提出“关注地域”和“地方产业振兴”，掀起地域振兴热潮（王丽娟，2017）；到1987年四全综以“地域交流”为突破口，提出以农村内部之间的交流合作和城市与乡村间的“连携发展”，并与“一村一品”“乡村产业振兴”运动相对接，明确以村落为基地的“网络化交流合作”对实践内生式发展理念起到重要作用（潘梦琳，2018）。此外，学者从价值观层面进一步剖析日本当代乡村振兴战略，指出从环境保护到价值观的守护，日本乡村振兴运动的重心转移体现出其相关法制、政治、经济基础的夯实完善，以及一种可激发民众文化的自觉性、促进民众文化意志实现的良好社会环境的形成（杨希，2016）。

韩国乡村发展中内生模式的成功随着20世纪80年代新村运动的结束而转向式微。经过长期的政策调整于2000年后进入反思转型，2002年开启新活力事业，其重要突破点在于更加强调挖掘当地的特色与资源，将地区特色纳入发展计划，要求居民参与协商会，与专家团体、政府工作人员以及从业者群体共同为地区振兴规划，实现共同参与（王丽娟，2017）。

在我国，内生力量的重要性在历史上的乡村建设实践中得以显现与验证，并不断得到研究学者和乡村工作者的认同呼吁。早在20世纪30年代民国时期，由知识分子梁漱溟、晏阳初等发起的“乡村建设运动”已从哲学思辨的社会改良层面开启了本土探索；1978年12月，安徽凤阳县小岗村18位村民签订的“秘密协议”，既解决了本村村民的温饱，同时也促成了我国农村的改革，或许是一项满怀壮烈的内生事件；自21世纪起，涌现出以社会团体和个人层面介入参与乡村建设的热潮，亦有学者称其为“新乡村建设运动”或“乡村建设实验”，此类民间实验形态的乡村建设活动具有不可替代的激发乡村农民参与热情、培育农民合作精神、传授农民新技术以及引入社会力量参与的作用。

4.3 新的视角：外源激活与内生发展

近年来，内生式发展模式已在国内外，尤其是西方乡村发展政策中产生了广泛影响并收到推崇，其理论内涵已逐步泛化为“以地方为基础的发展”或“本地化的发展”，从外生到内生的政策风格的转变也被描述为“从管理到治理的转变”，政府层面也将原来的“行政管理”一词较多地改换成为“行政治理”。然而在肯定之余，亦有学者指出内生式发展理论中所存在的理论基础模糊性问题、地方行动者的利益分歧问题、内源发展的动力学问题等（方劲，2018），将内生理论作为一种具体性的实践方法的可操作性受到质疑。

针对内 / 外生发展模式的讨论很大程度上具有地理边界性（geographical boundaries）的色彩，以及二元论（dichotomy）的思维无法满足乡村发展仍应是城乡互动下的产物的现实需求，二十世纪末不少学者致力于研究将两者结合形成一种新的理论范式。代表性研究观点包括“第三条路径”（third way）（Amin & Thrift，1995）、“网络化分析”（Network Analysis）（Philip Lowel，等，1995）、乡村网（rural web）（Ploeg，等，2008）以及“新内生”（neo-endogenous）乡村发展模式（Christopher Ray，等，2006）。

1.“第三条路径”与“网络化分析”

该理论的着力点在于强调乡村社区“地方内”（local）与“地方外”（extra-local）的连接与平衡，乡村发展应朝向连接地方场所与外在全球区域来进行。在此基础上，我国台湾学者李承嘉将实现乡村内外的联系方式总结为：其一是地方生产、外地消费（Ray，1998），将地方外的人力或资源结合地方状况及文化认同进行调整，最终运用到地方发展上（Lowel，1995）；其二是革新，由地方本身经由共识主动吸收外部引进的知识与技术，表现为地方主动参与革新的过程（Murdoch，2000）。

西方学者进一步引用行动者网络理论（Actor Network Theory，ANT）分析乡村发展过程中，内外行动者如何建立互动与联结。由此，“第三”旨意内外兼容与互动，在乡村发展所涉及的地域层次上进行拓展，启发了对内、外生力量如何作用于乡村发展的研究。

乡村网理论将乡村视作“内部和外部产生的相互关系的复合体”——由农村地域内的行动者、资源（社会、经济、政治或文化的）活动、部门及场所之间的相互关系和相互作用所构成（Ploeg，2008）。“网”强化了集体行动的意识，而外部与内部持续的互动关系则可以为提出具有地方特征的行动方案提供支撑。基于“合成”（synthesis）概念的“乡村网”为理解内、外生混合下乡村成长的过程提供了新的理论视角（Flaminia Ventura，2008）。

2. 新内生乡村发展

新内生发展理论是一个内外发展动力相结合的综合发展理念[①]，文化认同是新内生式发展的核心价值理念，是建立地方自信和实现地区发展的基础；内生发展并不是要将地方社区发展机遇与外部世界及来自外部的发展机遇隔离开，而是人们在不断从外部获取知识和资源，以有利于维护本地的文化观和世界观，并利用内生潜力、发展社会资本和促进地方参与作为三大支柱，将内部系统和外部网络相融合，进而激发当地的发展潜力[②]；在文化认同内生式自下而上发展的理念上，强调地方参与，将“内生式”概念从地域界限中解放出来，认为地方发展的关键在于构建地方的制度能力，既要调动内部资源，同时又能应对作用于区域的外部力量。理论强调以参与式作为补充，伙伴作用也即

① Ray C. Neo-endogenous rural development in the EU[J]. Handbook of rural studies，2006（1）：278-291.

② Rai，A. Rural sociology and development[M]. Kathmandu：Kasthamandap Pustak Ghar，2014.

公、私和志愿团队之间的合作安排被用作解释新内生发展模式的机制。

3. 对我国现阶段乡村转型发展的启示

据《中国统计年鉴（2022）》显示，2021 年末我国农村人口数量为 4.983 亿人，行政村数量为 691510 个，这是任何一个国家无法比拟的规模，乡村发展的动力机制也就因地域环境、区域背景、发展机遇、资源禀赋的差异具有了非常复杂的因素。解决乡村发展面临的现实问题是我们研究和实践的出发点和目的；建立乡村长期可持续、高质量发展机制和路径是理想和期待，亟待理论站位高、针对性强、落地性强的众多学术研究成果助益。

（1）新内生式发展理念中“文化经济”理念应成为我国乡村发展中可供借鉴的着力点之一[①]。其目标在于建立乡村文化自信，包括以村民为主体的乡村主客群体对乡村自然资源和人文资源的热爱和自信，并且将乡村文化振兴与经济振兴、社会发展联动。首先，将乡村所属的历史文化、地域文化资源通过政府行政扶持、技术支持手段，将政府力量注入乡村，将农副产品生产包装直接转化为经济增长产品，即区域文化的商品化，如乡村文化旅游开发、地方特色的农业产品品牌包装、民俗产品以及传统技艺等非物质文化遗产保护传承与艺术化弘扬；其次，将文化身份予以品牌化，形成“乡村文化形象”，投射到乡村外部，即将文化资源纳入乡村企业身份，以促进乡村企业形象，在更广泛的贸易推广和政策环境中建立和提高其知名度；再次，加强文化振兴的内部宣传，提高当地人民的文化自信，产生文化上的地区认同感与增强民众自豪感，使其对自身所具备的发展能力建立信心，成为地区社会经济发展的心理基础。最后，通过文化资源的弘扬与壮大培养形成乡村地区主导发展的能力（图 4.3.1）。

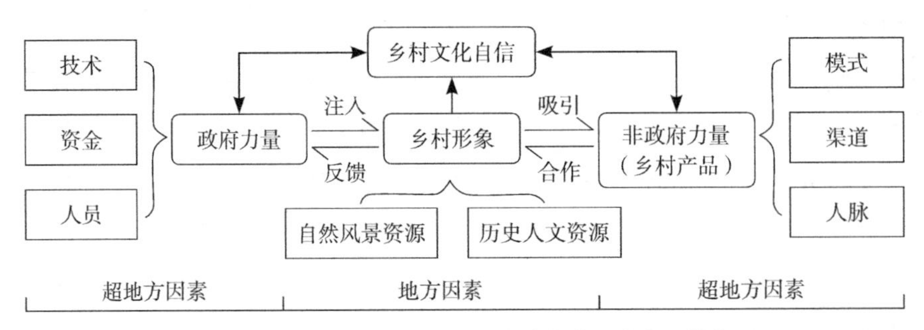

图 4.3.1　以乡村文化自信为线索的新内生式发展模式

（2）城乡融合发展既是政策战略行为，也是城乡市场需求行为，是基于我国城乡关系发展进入到历史性新阶段的理论指导，其实质行动将有力推动乡村社会发展，是外源

① 闫宇，汪江华，张玉坤．新内生式发展理论对我国乡村振兴的启示与拓展研究[J]. 城市发展研究，2021，28（7）：19-23.

性动力对内生式动力觉醒的呼唤，符合当前我国乡村发展的趋势。较多的乡村现状调研情况表明，单纯的行政支持模式，即通俗的政府“输血式发展”并不能有效解决乡村可持续发展问题；与之对应的是，单纯地依靠乡村群体苦苦挣扎的自力更生式发展更是拉长了乡村变革的时间跨度。总体上，我国乡村普遍面临着人口老龄化、人口空心化的状况，且乡村在税费时代经过长期去组织化的制度安排[①]，政府主导下、较长时期的城市化进程背景下的乡村社会发展管理已经在乡村社区形成了历史（至少是当代）的路径依赖等诸多现实困境。因此，大多数乡村内生力量的薄弱成为实现内生式乡村发展的最大短板。乡村内生力的形成是需要较长时间的组织制度建设与内部共识的培养。因此，在宏观尺度上把握城乡发展关系，以城乡融合发展推动乡村发展是有效的路径之一，更重要的是深入乡村内部，观察和思考乡村发展的内在逻辑，进而转化为能够引导和强化乡村内生力发展的具体行动策略。

闫宇等[②]强调，新内生式理论与当前我国城乡融合发展的实践路径具有较强的结合度。针对我国城乡融合发展的理论框架中，融入提升城市的供给能力和乡村的接纳能力的相关理论内容，即优化外生动力方向，以缓解城市压力，减轻资源消耗为原则，将城市冗余的市场、生产、服务及行政等职能下放乡村；同时有针对性地提高乡村内生水平以消化相关城市职能，并结合本地优势将其转化为发展动力，从而形成协调的发展内外动力、强化要素和能力互补。通过城乡互补，实现城乡共同繁荣（图 4.3.2）。

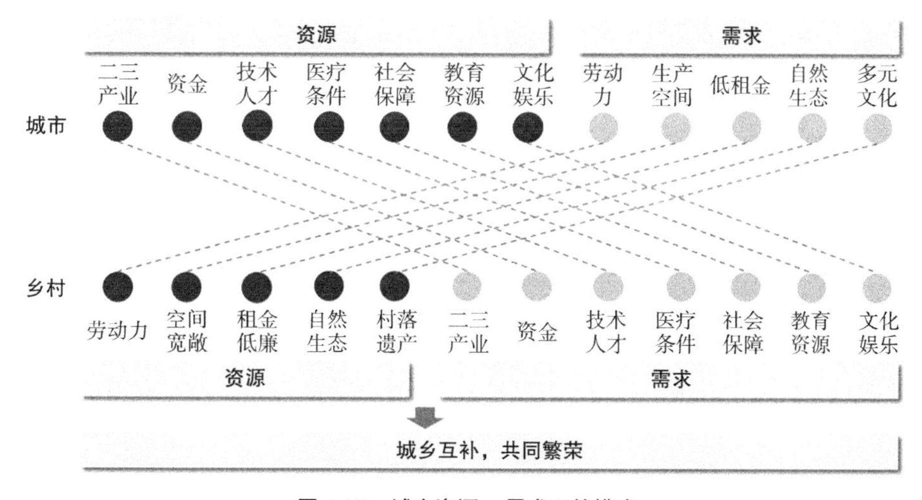

图 4.3.2 城乡资源—需求互补模式

① 杨帅，温铁军. 农民组织化的困境与破解——后农业税时代的乡村治理与农村发展 [J]. 人民论坛，2011（29）：44-45.

② 闫宇，汪江华，张玉坤. 新内生式发展理论对我国乡村振兴的启示与拓展研究 [J]. 城市发展研究，2021，28（7）：19-23.

（3）探索符合我国乡村发展特征的“内外结合”模式，为新时期的乡村发展规划方法提供范式支撑。我国不同发达程度区域的乡村发展差距仍然巨大，无法遵循同一种理论范式来指导乡村的发展，必须因地制宜地根据乡村发展的现实阶段来提出科学的理论指导体系。因此，需要加强对我国乡村发展特征的系统性总结，包括对不同地域的乡村资源禀赋、乡村社会结构、乡村治理模式、乡村经济建设和社会秩序的改变等进行理论归纳，在充分认识乡村发展规律和特征的基础上提出我国乡村发展的理论指导框架。

张玉强等[①]认为，乡村发展是由内源力量和外源力量相互编织的网络，在这个网络中，乡村发展是由乡村内外部力量综合作用的，从而实现乡村发展。并提出乡村振兴内源式发展三个基本要素，即资源内生、组织动员、身份认同，同时明确了政府、非政府组织等超地方力量的促进者和服务者的角色定位，构建出乡村发展动力“内外结合”模式框架（图 4.3.3）。以优势产业发展实现资源内生是乡村内源式发展的基础，完善乡村治理体系，以乡村自组织实现组织动员是核心也是关键，激发地方居民的乡土记忆，实现身份认同是重要保障。

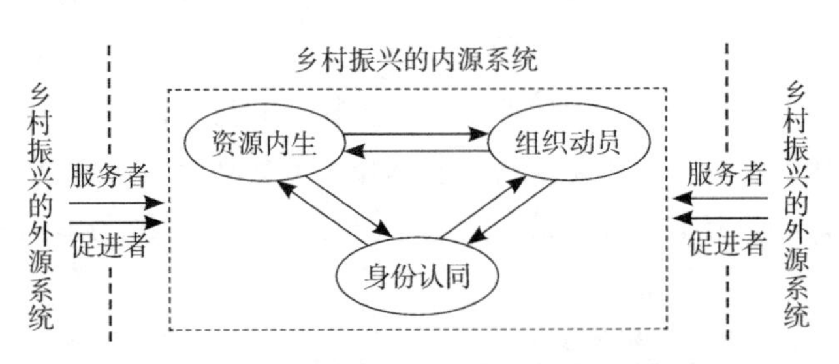

图 4.3.3 乡村发展动力“内外结合”模式框架

① 张玉强，张雷 . 乡村振兴内源式发展的动力机制研究——基于上海市 Y 村的案例考察 [J]. 东北大学学报（社会科学版），2019，21（5）.

第5章 路径探索：艺术介入

5.1 相关概念及理论研究

5.1.1 艺术介入理论研究动态

艺术介入理论主要包含艺术介入空间和艺术介入社会。法国艺术史教授卡特琳·格鲁教授著作的书籍《艺术介入空间——都会里的艺术创作》中，从多学科交叉的角度探讨了西方公共艺术介入到城市公共空间的方式，主要对艺术作品介入城市空间的案例进行阐述，分析艺术介入对空间的影响以及作用等。介入空间的艺术除了能够传播美，还具有能对周围环境产生影响，营造氛围并能引发公众参与的可能性的作用。在现代城市的发展中，科技的发展对于人们之间的交流提供了便捷，可以依赖于科学技术便能足不出户地进行交流，但同时在传统空间的营造上，公共空间并不能满足公众沟通、交流的氛围需求。艺术的介入，可以促使人们相互交流以及营造可供交流的舒适空间，具有激活空间的作用。艺术对于空间的介入，能够表现出艺术的人文精神，让人心情愉悦，使空间环境氛围更易于让人沉浸下来。

艺术介入社会起源于历史前卫运动，艺术介入社会主要通过艺术作品对社会相关问题进行表达，引发人们的思考。在西方20世纪，前卫艺术家一直在探索艺术在社会的批判方面。阿多诺在《论介入》中，认为社会是带有政治色彩的，是严肃的语境，而艺术赋予浪漫色彩，艺术介入社会不但不会让社会问题得到改善，反而会让社会问题变得更糟糕。在这里，阿多诺对艺术介入社会的看法带有批判性。在20世纪30年代，鲁迅在《绘画杂论》的演讲中，号召艺术家应该要关注社会现状。艺术介入社会理论主要是倾向于通过艺术的表达反映出社会问题，引起人们对于社会问题的关注。在我国新宣传画运动中，李公明教授通过进入乡村，通过墙绘的形式表现乡村问题，引发人们对于乡村问题的关注。

列斐伏尔认为，空间是人类历史生产的产物，带着政治意图和目的，“（社会）空间是（社会的）产物和生产过程”①。空间具有了社会学的意义，同时也承载了社会生产关系、生产模式，并在特定的生产关系中生产出自身的独特的空间。因此，在艺术介入空间的过程中，通过对物质空间的改变，影响到社会文化、社会团体，实际上艺术也起到了艺术介入社会的功能与意义，是一种无形的“波纹式”影响扩散进程（图 5.1.1）。

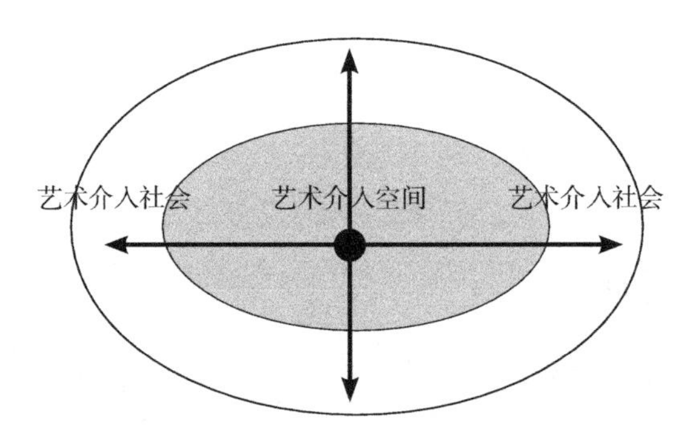

图 5.1.1　艺术介入空间与社会的波纹式样模式

1. 国外研究动态

艺术乡建，即艺术参与乡村建设。在国外，如英国的乡村建设，保留了原始的乡村，让乡村成为国家标签和文化标志。在日本通过非营利性组织举办各种艺术活动、祭典等来带动乡村发展。

结论国外研究发文量呈上升趋势，内容以艺术实践的研究居多，研究热点词经历了从抽象到具体的过程，同时被引文献中排名前四的均提到“创造力”对农村的影响，为后来的文献研究者提供了新的思路，而艺术与文化、艺术与社区的主题是近几年研究的热点，研究领域上还有很大对拓展空间。

国外有关艺术和乡村建设的研究内容可分为以下几类：

（1）乡村主体性以及权力：ParkH 等（2020）关注韩国 Ihwa 村艺术旅游中壁画村，农村被媒体重新定义，最终导致过度旅游而激起与村民之间的矛盾。Melissa Marshall（2020）讨论了村民为属于自己的地方遗产的所有权而斗争，得到专家的持续支持的非殖民化进程正在为所有相关人员打造一条振兴和共享的道路。BlappM（2018）拓展了农村地区创意旅游的认知，提到创意旅游可以解决困扰社区旅游的问题，而主客体之间的权利关系可以重新定位为师生关系来达到平衡。

（2）艺术乡建的效益：如经济效益，如 BangoSP 等（2018）探讨了农村手工艺品商人的动机和经历，确定文化能赋予企业一定的经济价值，而 CrismanJA（2021）分析了

① Lefebvre，H：The Production of Space[M]. Translated by Donald Nicholson Smith. Oxford UK：Blackwell Ltd，1991.

美国国家艺术基金会 NEA 自主的 ourtown 项目，指出项目成果除了能发展经济以外，还可以加强社会资本参与和改善文化设施。其次是社会效益，早期研究者以结合实践为主，对地方当地进行研究，BetiangL（2010）表明社区戏剧的宣传方式可以团结居民，增加了农村人民的沟通和行动能力。Daskonsupa/Supsup*/SupC 等（2012）提出发展需要把文化资产纳入工作范围，把文化支持与经济和社会支持同等看待。后来，研究者以艺术家为研究主体进行研究，GhoshM 等（2019）对艺术村的城市化的影响进行了调查，得出艺术家虽然因村庄城市化增加了收益，但对村庄的归属感却减少了。MarieMahon 等（2018）强调了艺术家生计在农村环境下更具不稳定性，艺术家在农村的主体性需要规范的文化经济环境的支持。近几年，研究主体转移到了基层群众上，SitasR（2020）调查了乡村小镇中嘻哈主导的涂鸦项目，该项目对创意城市和文化主导的话语权发出挑战，以自主参与式的艺术实践代替了自上而下式的规范。SoewarlanS（2019）村民们希望如何将他们的生活、土地和文化呈现给游客。当地社区给研究团队带来新的艺术形式的理解，它们的身份可凝聚村庄。

（3）艺术乡建的模式：第一种是艺术旅游，如 BlappM 等（2018）和 ChoiYJ 等（2018）都表明了艺术旅游可重构乡村的资源，是一种有效的手段，而 BakasFE 等（2019）将农村和小城市的工匠、中介与旅游业联系起来，中介们组织和提供创意旅游体验，帮助工匠企业家们达到他们的目标，起着至关重要的作用。而 QuM 等（2020）对日本濑户三年展艺术旅游活动进行研究，表明在企业支持下的艺术旅游让岛屿有了一定程度的发展，并强调资源是艺术旅游成败的决定因素。第二种是艺术活动本身，如 MahonM（2019）中提到的 Boyle Arts Festival，MairJ（2020）的 Dungog Film Festival 都给当地社区的经济带来一定的提高。还有 Jurrins（2019）研究得出在社交媒体中展示艺术节里城市与乡村的碰撞，会加强当地的消费文化。而 ArikanY（2019）表明以艺术为主导的活动可以带动旅游、消费为各自的地方和社区发展作贡献，而且艺术节的活动会带动当地整体的文化水平氛围，促进后续的艺术乡建的发展，能够获得民众的支持。第三种是艺术教育，在城镇或农村设立艺术相关的课程，调动学生的积极性，提高他们的审美，改造农村。CornettC（2017）关注了以农村为主的数字艺术课程，几年间学生设计制作出了各种社区便捷服务设施，得到社区创意项目的认可。Mih ă ilescu（2017）研究表明数字资源和与艺术、文化遗产有关的活动对提高农村地区学校吸引力存在潜在影响。

（4）从热点词来看，2001–2021 年中热点词强度前三的为 culture，tourism，entrepreneurship，研究热点经历了从抽象到具体的过程，从宏观地研究乡村发展到具体的地方文化发展和政策，而该领域下的有关企业家、企业家精神方面的研究值得研究者们重点关注。艺术乡建的展开形式目前对于该地区的企业家、企业家精神的艺术展开并没有受到太多的重视，因此对于该领域企业家、企业家精神的相关具体研究，可以从不同的角度开展更多的研究，以此来丰富艺术乡建下的内涵及其多样性。从研究主题来看，主要集中在艺术与文化、艺术与社区的主题上，具体包括研究艺术与乡村社区建设主体性、效益和艺术乡建的模式，研究视角多元化。

2. 国内研究动态

如今国内艺术乡建的模式逐渐多样化，包括帮助村民开展艺术创作、以艺术的方式改善村容村貌、以文化创意推动农村特色走出大山，但在理论研究上，该领域的文献较少，文献的主题关键词出现最多的是“乡村振兴”“乡村建设”和“主体性”，可见艺术乡建仍然处于探索发展阶段，学术研究上存在明显不足，进一步梳理乡村公共艺术研究主题的变迁和深度的扩展，将乡村公共艺术研究划分为三个阶段：

（1）研究萌芽阶段—乡村艺术实践先于乡村公共艺术研究（2009 年之前）。自 20 世纪 90 年代，“公共艺术”这一概念正式在中国被提出并开始运用，国内学者对城市公共艺术领域的关注和相关理论研究也在这一时期逐渐开始增多，如公共艺术的核心诉求、公共艺术介入到城市空间的相关研究等，但以公共艺术的形式带动乡村发展的研究尚未引起重视。2020 年，日本越后妻有大地艺术祭的成功举办带动了文化热度及经济活力，国内也开始出现如丽江工作室发起的“壁画项目”（图 5.1.2）以及渠岩发起的“山西和顺许村计划”（图 5.1.3）等乡村艺术实践项目，吸引了众多研究学者的目光。2004 年，在丽江西部约 20 公里处的拉市海吉祥村，一个典型的纳西族村庄，有一位叫正杰的美国小伙与朋友在此盖了个艺术工作室，并为世界各地的艺术家提供免费食宿在此创作。正杰认为，只有在远离“艺术界”的农村，才有纯粹的现实，纯粹的思考和创作环境。2008 年，“新农村实验室”之“壁画项目”正式启动，多位艺术家走进当地村民家中进行壁画创作，一次当代艺术接地气的下乡运动就这样产生了。当代艺术在乡村遭遇的碰撞与交融，为艺术家们提供了一个重要的思考角度。其中，在这里诞生了艺术家吴

图 5.1.2　艺术家吴俊勇在丽江村民和贵真家的壁画《拔河》

图 5.1.3 许村国际艺术公社

俊勇在村民和贵真家的壁画《拔河》、艺术家吕朝晖与黄羡在村民和卫林家所绘的丽江美食涂鸦、艺术家段建宇与当地农民画师和志勤，在村民木占胜家合作绘成一共 21 匹马的壁画、艺术家刘斌在村民和四梅家画的壁画《拉市海上空的运输机》、艺术家那颖禹和胡嘉岷与当地纳西族画师木文章，在村民木占云家合作创作的一幅虚拟的“和亲”题材壁画。在国家政策方面，2005 年党的十六届五中全会提出“社会主义新农村建设”的战略，2008 年浙江省提出美丽乡村建设行动计划，新农村和美丽乡村建设逐步扩展至全国。在国家政策与相关实践的合力作用下，共同推动了乡村公共艺术的发展。

（2）研究探索阶段—乡村公共艺术与乡村建设实践相结合（2009—2016 年）。2009 年开始了乡村公共艺术与乡村建设实践的相关理论探索。学者们先是明确了公共艺术在乡村地区的扩展研究，在国家政策背景下，提出了公共艺术为新农村和美丽乡村建设提供新的可能性，公共艺术能够激发地方活力并推动经济发展。以浙江省为代表出现了很多公共艺术介入到乡村建设的实践，进而开始讨论公共艺术介入乡村地区应注意的问题，从宏观地关注农村文化性、历史性、地域性、可持续性发展到微观的设计中选材、造型、形式的原生态等多个方面进行研究。

（3）研究深化阶段—乡村公共艺术实践与理论研究更加深刻（2017 年至今）。

2017 年党的十九大中提出了“乡村振兴战略”，文化振兴是五大振兴任务之一，公共艺术是文化振兴的重要载体和表征，研究相比前期更加全面，更加深刻。乡村公共艺术研究开始与“乡村振兴战略”涉及的生产、生活、生态、乡风、治理等内容全面对接与融合，大量的研究表明公共艺术在乡土文化重建与复兴中的重要作用，同时也面临一定的问题。

综合来看，萌芽阶段以国家和地方政策及实践为主，乡村公共艺术研究数量较少；

探索阶段乡村公共艺术研究与乡村建设实践开始有了较好的结合，研究文献开始增长，主要针对乡村公共艺术的相关实践进行研究，分析艺术实践中考虑的几点问题，一定程度上促进了乡村建设的多维度发展；深化阶段乡村公共艺术实践与理论研究结合更加紧密，多是针对在政策背景下乡村公共艺术的发展，以及乡村公共艺术实践中主体性、公共性探讨，在地性缺失、可持续发展不足等问题的相关研究，对公共艺术实践模式、存在问题及解决对策均有较为深入的探讨，研究文献快速增长。然而系统性理论研究相对不足，有待在多学科平台体系下进一步探讨。同时，在“乡村振兴战略”“文旅融合”的政策推动下以及当代文化语境和技术条件下，创新产业与乡村发展密切相关，需进一步更新乡村公共艺术的传播和利用方式，发掘其新价值，并收集使用主体的信息反馈，以期更进一步。

5.1.2 国内外艺术介入乡村实践

在乡村景观的设计中，通过艺术介入乡村空间，可以促使村民之间交流，激活乡村空间的活力，营造出惬意的乡村氛围。同时通过艺术的多种表达方式，对乡村社会体系进行重塑，重新凝聚乡村的集体意识，实现乡村内部的持续发展。在乡村景观的营造中，深度挖掘乡村内在精神，表达乡村文化、经济、社会、环境等综合方面的思想，呼吁外界对乡村的关注。

艺术介入乡村是一种参与性行动艺术或社会性艺术的介入，其艺术是基于田野调研，从乡村特有的地域文化中提炼而成的，更加强调艺术行动的介入性以及乡村地域文化的营造。艺术介入乡村设计是以艺术形态为触媒对乡村价值进行重估、修复，对人与自然、祖先进行关系重构，其核心要素是修复乡村的生产生活、生态系统以及乡村社会秩序和伦理关系，促进乡村新产业新平台的萌生和发展。

1. 意大利农民工厂主题乐园：打造农业版“迪士尼”

农业旅游是意大利旅游产业的主力军，早在 1865 年，意大利就成立了“农业与旅游全国协会”，引导城市居民到农村去体验自然野趣，与农民同吃住、同劳作。在欧盟所有成员中，意大利是首个将农业旅游纳入法律体系的国家，旅游农场需通过严格的资质认证方能取得许可。

2017 年，意大利新零售企业投资超过 1 亿欧元，在博洛尼亚建立占地超 10 万平方米的“意大利农民工厂”美食主题乐园，这个美食主题乐园将体验式农业、特色加工工坊、场景式新零售和餐饮娱乐等业态进行有机融合，并在此基础上设计体验性、植入科普和教育培训的内容，进而构建出一个具有强大场景氛围的主题乐园综合体，因此也被誉为“农业界的迪士尼”。

意大利农民工厂美食主题乐园致力于将“食物从田间到餐桌”的全过程和意大利的

特色美食与农业文化进行真实、有趣的展现，为此，该乐园精心设计了6个体验板块，包含农场参观、农产品加工参观和体验、美食享受、场景式购物、景点打卡游玩以及科普研学。

乐园为游客制定了两条游玩路线，以消费为主的线路连接所有的商品摊位与餐厅；以农业参观为主的路线则主要以农场与建筑之间的廊道为主要线路，游客可以通过此线路进行采摘、喂养等农事体验活动。每个商店、摊位与餐厅与农场相连，游客也可以随时切换路线消费、就餐。

2. 西班牙胡斯卡小镇：影视IP带火乡村旅游

胡斯卡小镇位于西班牙南部安达卢西亚大区马拉加省龙达山区，小镇被山谷环绕、相对闭塞，曾经很长一段时间里全镇人口不到250人，居民都靠种地维持生活。因为夏季足够的阳光日照，当地居民习惯性地把房屋刷成白色，以反射太阳光。

2011年，小镇迎来了转变的机遇。这一年，索尼影业推出3D动画片《蓝精灵》，为了推广和宣传的需要，索尼影业选择西班牙胡斯卡作为电影《蓝精灵》的宣传基地。其中一个原因是蓝精灵生活在蘑菇房子里，而胡斯卡就以盛产蘑菇而闻名。

为配合电影宣传，索尼影业用4000升蓝色油漆把整个小镇175座雪白的房屋外墙全部涂成蓝色。粉刷前，索尼影业与镇上居民达成协议，在宣传季过后，将把房子重新刷成白色，恢复村庄原有的模样。然而，在电影上映后，胡斯卡小镇受到前所未有的关注，每年游客量从300人次增长至8万人次，经小镇居民投票决定将蓝色保留了下来（图5.1.4）。当胡斯卡变成蓝色，获得新的身份后，当地政府第一时间重新设计了蓝精灵元素主题标志，在小镇外建立了巨大的蓝精灵雕像以欢迎游客，推出蓝精灵主题特色民宿，还利用蘑菇开发出许多农业旅游产品。此外，当地政府还推出了“蓝精灵花车游行”“蓝精灵嘉年华”等主题庆祝活动，丰富了游客的旅游体验（图5.1.5）。

图5.1.4 “蓝精灵的故乡”——西班牙胡斯卡小镇

图5.1.5 蓝精灵雕塑艺术小品

如今，这里成为名副其实的“蓝精灵的故乡”，让这个原本清冷、闭塞的农业小镇成为全世界最受孩子喜爱的旅游胜地之一。

3. 日本越后妻有大地艺术节：当代艺术点亮乡村

越后妻有位于将日本本州岛分割成东西两边的日本大裂谷的新潟县南端。自20世纪中叶开始，日本经济迅速发展，然而，日本农村却面临着人、土地和村落的“空洞化”问题，空心村、耕地荒废等问题越发严重。越后妻有位于日本本州岛的新潟县，由十日町市、津南町毗邻的两大区块组成，下辖200多个村落。这里交通较为闭塞，冬季的雪期较长，但作为日本重要的“粮仓”长久以来保留着传统的农耕生活方式。随着近几十年来城市化进程的加剧和日本经济的衰退，当地人为寻得更多更好的就业、福利、教育等机遇大量转向了更为发达的城市。因为青壮年人群的离乡，当地人口过疏化、老龄化的问题凸显，这使得越后妻有丧失了农耕时代的动力与生机。同时，众多民宅、校舍等设施的空置废弃，给留守居民的生产生活造成了影响，原本宜人的山村风景也成为衰败的象征。

在越后妻有不断衰败的过程中，艺术的出现成为其命运的转折点。2000年，越后妻有大地艺术节正式诞生。艺术节由政府主办，知名策展人北川富朗发起并担任艺术总监，每3年举办一届。艺术节以“自然拥抱人类”为理念，以“地方重建”为目标，以艺术为桥梁，以农田为舞台，连接人与自然，试图探讨地域文化的传承与发展，挖掘地方蕴含的价值，发挥地方潜在的魅力，重振在现代化过程中日益衰颓老化的农业地区。

现在，“大地艺术节”展览的作品被永久放在乡间及民宅中，成为当地社区景观的一部分，越后妻有成为一个“没有围墙的自然美术馆”。大地就是美术馆，游客在越后妻有地区一处处寻访艺术作品，在感受大地乡土气息的同时，通过与当地人的接触，开始思考人与自然、与土地环境的种种关系。2022越后妻有大地艺术节更是吸引了38个国家和地区的263组艺术家参与。

艺术作品《梯田》，由俄罗斯艺术家伊利亚与艾米莉亚·卡巴科夫夫妇有感于苏联的农耕记忆，将诗歌搬进梯田，作品结合了稻田风景和雕塑，文字表达的是对当地勤劳农耕人们的歌颂。梯田的主人福岛爷爷受到鼓舞，重新开始了耕作。

艺术作品《为了许多失去了的窗户》，由日本艺术家内海昭子创作，在广阔的田野间竖立起一个窗框，似乎提示着从乡村家园离开，去他乡的人们，对故乡原风景的眺望（图5.1.6）。

艺术作品《龙尾》，由韩国艺术家李承奎创作，由青色筒瓦组成的凸起地景，像是日本传统建筑的屋脊，也像是一排有序的竹篱，形似一条藏身于林海的青龙脊背。这个与日本枯山水中组石的摆排有着异曲同工之妙的现代作品，将传统与现代、自然与人工，以一种敬畏的心传递给游人（图5.1.7）。

图 5.1.6 艺术作品《为了许多失去了的窗户》

图 5.1.7 《龙尾》

游客观赏这些艺术作品时，会思考“为什么会在这个地方设置作品”“这首诗的意思是什么”“为什么雕刻被分为两种颜色”等问题，也会按照自己的理解来解释作品的含义。通过这样的过程，以现代艺术为媒介的梯田和农作风景，超越了越后妻有地域资源的意义，成为通过观赏者主观感受到的特别感知，并将其带入场景。23 年来，在艺术节的带动下，当地的政治、经济、文化以艺术方式复苏，散发出巨大的向心力，越来越多的人重返越后妻有，进一步助力乡村重焕生机；从世界各地来参观的游客也越来越多，更带动了当地酒店、餐饮、旅游纪念品业的大幅发展，大量增加了当地的就业人口。

近年来，欧美地区的乡村旅游越来越受到关注。农业旅游是将农业、乡村和旅游相结合的一种新型旅游形式，它融合了大自然、农业文化、乡村生活和旅游体验，成为欧美地区农业和旅游发展的新亮点。

近些年，国内农文旅融合实践创新屡见不鲜，迎来发展的黄金时期，浙江杭州、金华等地通过农文旅融合为实施乡村振兴赋能，取得了一定成效并积累了可参考经验；福建宁德等地创新发展“生态 + 文化”“农庄 + 游购”“景区 + 农户”等模式，农文旅融合快速发展。

5.2 实施原则、作用与价值

5.2.1 作用与价值

1. 乡村文化保护传承与艺术新文化创造

艺术介入乡村文化保护传承主要体现在挖掘历史文脉，传承优秀的乡村文化积淀，如河南甘泉村在村落公共环境的艺术设计上，提取村落非遗文化特征，以“融入景观”的姿态呈现“石之碾”等艺术作品，彰显了甘泉村强烈的场所感和独特的场所精神，同时调动了当地村民参与艺术实践和观赏的积极性，实现了村落遗产保护与文化传承的有机结合，塑造了文化气息浓郁的新艺术乡村形象。

2. 乡村公共生活恢复

目前，乡村面临严重的空心化现象，乡村公共生活渐渐衰落。艺术家为振兴乡村公共空间，发起了一系列艺术实践活动。例如，日本越后妻有村的大地艺术节、甘肃“石节子美术馆”的艺术作品展、公共艺术活动、电影节。这些艺术文化仪式推动了乡村凝聚力和认同感的增强，对培育具有参与意识的当代村民具有重要意义。

3. 乡村文化产业化

艺术家充分发挥其专业技能，与当地手工艺人合作，使乡村的传统器物、工艺、文化和资源能够转化为文化创意产品，推动传统文化与乡村经济的可持续发展。

5.2.2 实施原则

1. 整体性原则

艺术介入乡村建设，首先要有一个宏观意识，优先从整体出发，考虑到乡村旅游业发展和乡村整体环境规划，避免因小失大，让艺术介入乡村建设形成一个体系。

2. 民主化原则

以人为本设计、参与式设计、协同设计都是以人的生理和心理需求为基础，以调动人的积极性、主动性和参与性、创造性为目标的民主化设计。村民是乡村的主人和主体，设计者要尊重村民的需求意愿，发挥他们的主体性和创造性，让村民自己构想未来并参与设计，确保村民熟知并参与村庄建设规划各个环节，提高村民的认可度和满意度。中国台南市土沟村的社区营造以建立“社区共同体”为宗旨、以艺术设计为媒介促进民众参与互动，强化成员对社区事务的参与意识，构建社群的文化认同，取得了村落建设多方面、多环节的成功。日本濑户川村庄建设由村民自主决定当地风貌大事，政府虽牵头组织但只是充当服务角色。例如，政府在当地修建国道时，即采纳了居民提出的在道路沿线种植榉树营造绿色道路的建言。

3. 内生化原则

日本佐藤滋教授认为，日本造村运动的成功在于对地方资源的挖掘利用。日本宫崎清教授认为，日本乡村社区营造是“人”“文”“地”“产”“景”五大类的结合。湖南大学主导的“新通道”艺术设计与社会创新项目注重挖掘乡村生活方式和文化资源，完成了100多项非遗传承人的访谈和田野考察以及300多项“非遗再造”产品设计，延续了乡村文化价值体系，形成了多元化发展文化生态。日本造村运动的经验和湖南大学的非遗保护实践充分证明，乡村特有的文化和自然资源是乡村发展的关键和内生动力。艺术设计应尊重乡村所在地特点，关注本土特色资源，明确乡村的独特身份与价值所在，顺应、保护和发扬乡村的多样性与差异性，提高乡村建设的质量，找到一条能够形成价值回归、社会认同、自身造血、走向繁荣的乡村复兴之路。

4. 开放化原则

英国艺术设计委员会的智囊团 RED 在《设计转型》中提倡艺术设计的跨学科合作，面对复杂的问题，艺术设计应创造一个公共的空间，组建跨学科团队，突破单一视角，从多角度看待问题并协同工作。介入乡村建设过程，艺术设计面临各种复杂问题，设计转型和跨领域合作是极其必要的，应该多样化打造、多功能开发、多路径建设，加强建筑学、城乡规划、风景园林、环境设计、工业设计、产品设计、包装工程、公共艺术、数字媒体艺术、文化产业管理及社会学、文化人类学等学科专业协同，组建共同开展乡村建设的开放性艺术设计团体，赋予乡村新的生产动能、生活方式和生态模式。

5. 多元性原则

艺术介入乡村建设的形式多种多样，不局限于涂鸦、摄影等纯粹的艺术创作，还能将艺术创作和乡村文旅产业结合，提升乡村景观环境和农产品包装，优化乡村对外形象塑造，加强乡村本土文化氛围营造。

6. 生态保护性原则

在乡村建设规划中，应遵循生态保护性原则，避免无限制地破坏乡村生态而求发展，应该结合生态走绿色发展道路。如在进行乡村建筑设计时，就地取材，用当地的材料进行房屋建造，既节省经济成本，又不造成资源浪费。

7. 新旧共生性原则

“新”与“旧”是相对的概念，“新”是对于“旧”而言，“旧”并不代表过时的，而是指事物经过时间的累积，具有历史感、年代感韵味。共生是指新事物与旧事物能够达到和谐、协调，两种对立的事物能够融合，两者的差异性削弱，创造两者的融合性。建筑风格却能代表当时的年代感，具有地方特色。现代村民生活水平提升后，对于房屋居住需要重新建造，建筑样式容易受“洋房”等外来舶来品影响，新建房屋样式脱离原始乡村风貌，与周围老房子显得格格不入，使乡村风貌大打折扣，甚至不伦不类。艺术介入乡村景观时，应遵循新旧共生性原则，引新于旧或者是涵旧于新。新旧共生原则对于乡村风貌进行把控，既不丢失本真原色，在建筑功能上又能满足现代村民生活需要。

5.3 对象与关联因素

5.3.1 创作对象

自然是乡村拥有的天然资源，是一切村民生产生活的基础，人们通过对自然的改造形成适合人们居住、生活的场所。俗话说：“靠山吃山，靠水吃水”便是人们对于自然的依赖显现。自然景观是由乡村山、水、植物等多种要素组合作用形成的景观，具有美学和生态价值。乡村中自然要素主要有气候、地形地貌、植物等多种天然的物质，人们通过利用这些物质按照人的意愿进行改造，转变成人们有益的物质，从而产生聚落，形成文化。艺术介入乡村景观，艺术家或设计师通过对于自然要素的特性、肌理等方面进行设计，营造出影响我们审美的不同特色的景观作品。

1. 气候天象

我国领土辽阔，不同的区域产生了不同的气候条件，比如南方的夏季炎热多雨，冬无严寒，而北方的夏季酷热，冬季严寒。不同的气候条件下的乡村造就了多样的乡村景观，比如春季的绿意盎然之景；夏季的万木葱茏之景；秋季的春华秋实之景；冬季的白雪皑皑、银装素裹之景。不同的气候条件形成了不同的乡村生活方式，在乡村景观的营造中，艺术家或设计师通过对气候条件的考虑，结合气候进行创作，形成具有地域特征的作品。比如南方地区的多雨，可以从雨水方面进行乡村景观的塑造，东北的严寒，便产生了冰雕的艺术形式，这些都是对于气候条件的运用（图 5.3.1、图 5.3.2）。

图 5.3.1 烟雨柳江自然风景

图 5.3.2 雪乡风景

2. 山水地形

自然山水是乡村自然景观的重要组成部分，是自然长年累月积淀的产物。水是乡村生活、生产的基本要素，同时也是艺术家或设计师天然的景观营造素材，通过对水动态性的设计运用，比如溪水的跌水处理、亲水平台的设置，可以很好地增加乡村景观观赏性与趣味性。生活地形地貌是自然因素作用下的外在显现，比如丘陵、平原、高原等地形地貌。乡村依据地形地貌进行生产活动，建筑依水而建。在乡村景观中，地形地貌决定着乡村景观的大环境，在山区地形中，人们依据地形进行建造，整个乡村肌理与周围地形地貌融合，并逐渐成为景观的重要部分。在地形地貌的作用下，乡村产生了与之关联的景观特色，比如平原的一望无际、山川的险峻壮阔、河流的连绵不绝等景观特征。艺术通过对于地形地貌的微介入，营造出人们与之产生关联的作品形式（图 5.3.3）。

图 5.3.3　广西龙胜梯田风景

3. 动植物

乡村拥有丰富的动植物资源，是乡村宝贵的财富。乡村动物种类的丰富侧面地反映了乡村的生态环境的优劣，乡村动物是乡村的特色内容之一，艺术家或设计师通过对乡村动物进行符号提取，并运用于文创之中，凸显乡村特色。乡村植物是乡村自然中最主要的景观，植物随气候的变化形成不同的植物景观，主要通过色彩、形态等方面进行表达，比如夏季的茂盛、秋季的萧瑟、冬季的苍白等。植物具有良好的观赏性质，在通过对乡村景观的营造中，植物扮演着重要的角色，通过对于乡村植物的配置、设计，进行景观表达，可以营造出人意料的景观效果。同样地，对于乡村植物的设计，也可对场景的气氛渲染起到重要的作用（图 5.3.4）。

图 5.3.4　四川汉源县梨花与乡村风景

4. 乡村农业生产景观

乡村农业是乡村经济、生活的基本来源，我国是农业大国，乡村农业的内容也多样，南方的稻田、北方的小麦。随着种植技术的提升，农业的内容也多样，比如果林、茶园、鱼塘等。乡村农业除了实用性，满足人的生活需求，同时还具有观赏性，比如婺源的油菜花。艺术对于乡村农业景观的表达，可以形成旅游景点，从而带动乡村经济的发展。

农田景观属于乡村传统农业生产景观，以生产性为主。农田景观是农民在农田上种植农作物而形成的景观，农田景观随着季节的变化而变化，主要以色彩表达为主，比如稻田景观，夏季的稻田绿意盎然，秋季的稻田满目金色。农田景观受农作物与地形影响，通过种植不同的农作物形成不同的农田景观，比如南北方的稻田与小麦田，两者的农业景观就截然不同；同时地形的差异也会造成农业景观的不同，比如梯田景观与平坦的农田景观，尽管都是种植水稻，但两者的景观效果也具有差异性。艺术对于农田景观的介入，可以利用其景观性与生产性，进行艺术写生或开展农业体验活动。

5. 特色农业景观

在乡村的发展中，为了发展乡村旅游资源，带动乡村经济发展，乡村采用打造特色农业景观来吸引游客，进而发展乡村旅游产业。特色农业景观与传统农田景观相比更侧重景观性，通过种植大片的农作物，对其进行艺术设计形成图案或色彩表达，在形式上更丰富，在视觉上更具有冲击力。特色农业景观主要根据农作物的色彩、层次以及肌理等方面进行景观设计，比如常见的稻田地景艺术，通过对稻田进行艺术设计，实现景观主题性的表达；婺源的油菜花特色农业景观，通过在乡村大面积地种植油菜花，在色彩上形成视觉冲击力，成为婺源吸引游客观光旅游的一个特色景观（图 5.3.5）。乡村特色

图 5.3.5 江西婺源油菜花

农业景观的设计，丰富了乡村景观内容，从而推动乡村旅游发展。

6. 农耕设施景观

农耕设施是村民在日常耕种、劳作的过程中，使用的农耕用具，体现了当时乡村生产的水平，具有乡村年代感。在乡村景观的营造中，艺术家通过对乡村农耕设施进行艺术处理，并结合乡村环境，创造具有乡村特色的景观。比如农耕灌溉用的水车，通过对水车的利用，结合现代技术手段，创造了符合当下审美的景观作品，如南宁马山县小都百屯的水车风景（图 5.3.6）。农耕设施景观主要以乡村农耕设施为载体，从视觉方面创造具有景观性的作品，艺术家或设计师通过对农耕设施景观的营造，渲染乡土气息，引发人们对“乡愁”的思考。

图 5.3.6　“水车之乡”南宁马山县小都百屯

7. 乡村聚落景观

人们通过对自然改造成建筑、农田、道路等物质要素，改造成适合人们居住生活的场所，这些物质要素与人们的生活息息相关，并产生了乡村聚落景观。乡村聚落景观主要在乡村结构布局、民居住宅及公共建筑、公用的生产与生活设施等方面体现。

乡村结构布局。乡村聚落由乡村气候、环境、地形地貌等方面综合影响而成，这些因素的多样性形成聚落的多样性。我国乡村聚落的结构布局受风水理念的影响，“负阴抱阳”便是这种体现。乡村聚落结构布局由乡村建筑物、道路系统等组合构成，在乡村聚落中的建筑尺度、道路宽窄等对人们的心理感受有着影响，通过保持乡村聚落的多样性，从而吸引不同的人群来此旅游。在乡村聚落景观的表达中，首先应保持乡村结构布局的完整，然后对乡村空间进行营造，乡村空间有街巷、广场等方面，在乡村空间中发生着人际交流活动，通过对于乡村空间的营造，从而增强乡村氛围。

民居住宅及公共建筑。在乡村聚落景观中，民居住宅及公共建筑是乡村聚落的主体部分，其建筑风格、样式受当地的气候、文化、技术等综合方面影响，这也就造成了乡村聚落景观的多样性（图 5.3.7、图 5.3.8）。民居住宅与公共建筑是重要的乡村景观，通过对于建筑形式的运用，可以很好地体现当地的特色，促进乡村的旅游发展。对于民居住宅与公共建筑而言，建筑材料应使用本土材料建造，建筑风格能凸显出当地的地域特色，避免乡村的同质化建筑形式，从而失去乡村特色。

公用的生产与生活设施。乡村公用的生产与生活设施是乡村中较为常见的物品，形式是乡村人们根据自身生产需求进行设计，乡村生活设施具有浓重的乡村气息。在乡村

图 5.3.7　川西羌族民居

图 5.3.8　川南民居

生产与生活的设施表达中，可以从乡村环境出发，并通过艺术性进行美观性的提升。乡村小品具有审美性、地域性，在乡村小品的表达中，可以通过对乡村生产与生活设施进行运用，这些乡村用具具有乡土气息，同时也是乡村劳动生产中的物质体现，比如石磨、风车等物质，用艺术的手段对这些物质进行设计装饰，并用于特定的乡村空间中，可以渲染乡村氛围。

乡村文化景观。乡村文化景观是乡村的内在要素，它不同于自然要素、农业生产景观、聚落景观，它是乡村的意识表现，乡村文化景观在乡村自然要素与人工要素的环境下衍生，经过乡村村民意识的加工形成。乡村文化景观主要包括乡村民俗文化、传统技艺、宗教信仰等方面。

乡村民俗文化。乡村民俗文化是乡村长年累月沉淀下来的宝贵财富，也是乡村非物质文化遗产，乡村民俗文化的表现形式主要是传统节庆文化、民俗礼仪、祭祀活动等，人们通过对于民俗文化的表达丰富了村民的日常生活内容，促进了乡村的人际交流。民俗文化具有地域性，不同区域的乡村具有不同的民俗文化，比如傣族的泼水节、彝族的火把节等，这些民俗文化是乡村独特的内容，然而这些民俗文化在历史的进程中逐渐消逝，这是乡村的不幸。对于乡村景观的营造，可以依靠艺术的创造力对乡村民俗文化的保护与运用，形成新的乡村景点。

乡村传统技艺。乡村传统技艺是乡村村民具有的宝贵技能，乡村传统技艺反映了当时的生活生产状况，具有一定的历史价值，同时也是乡村非物质文化遗产的一部分。在现今的时代，物品的工业化、机械化等方面冲击了乡村传统技艺，并逐渐将其淘汰。乡村传统技艺面临着消逝的危险，但人们反观传统技艺制作出的物品，是如此精细，并具有历史意义，并且乡村传统技艺也是乡村景观独特性体现内容的一方面，在乡村景观的营造中，对于乡村传统技艺的活用，使乡村文化得到保护并形成乡村特色化景观（图 5.3.9、图 5.3.10）。

图 5.3.9　中国挂面村（中江县觉慧村）的生产场景

图 5.3.10 中国挂面村（中江县觉慧村）田园艺术装置

宗教信仰。宗教信仰是乡村文化的一部分内容，表达村民对于美好愿望的祈求，宗教在服饰、装饰或空间场所上都有影响，比如服饰的花纹、色彩、庙宇建筑等。在乡村景观的营造中，对于宗教信仰进行考量，并对具有正确导向的宗教文化符号进行提取，运用到特定的空间或景观之中，可以成为乡土文化景观的亮点。

5.3.2 关联影响因素分析

1. 艺术家具有的乡土知识因素

艺术家一直为城市服务，具有城市方法的设计手段，然而，乡村不同于城市，乡村具有本土性与多样性的特点。艺术家从城市环境转变为乡村环境，对于艺术家而言，是一种挑战，用城市的艺术设计手法在乡村进行介入必然与乡村环境格格不入。艺术家只有深入乡村，培养自己的乡土素养，通过对于乡村的深入理解并结合乡村的环境进行艺术介入，才能实现艺术融入乡村。艺术介入乡村主要是艺术家用艺术的特性去挖掘乡土文化并影响乡村，艺术家如果缺乏乡土知识，没有深入地了解乡村，并不能很好地去挖掘乡村的文化，用以往的经验来进行介入，这样并不能很好地设计好的作品。

2. 乡村历史文化因素

乡村历史文化对于乡村景观设计具有重要的作用，乡村历史文化是艺术介入乡村景观设计的重要设计素材来源。乡村所拥有的历史文化不单体现了乡村丰富的文化底蕴，甚至还影响着乡村建筑、乡村生活方式、民俗活动等内容。在乡村历史文化中可以挖掘出丰富的设计素材，艺术介入乡村景观，可以通过对乡村历史文化进行提炼，以艺术的手段提取地域符号，并根据设计需求设计作品的样式以及主题等，渲染地域文化氛围，实现乡村景观的在地性设计。乡村历史文化中的故事、服饰、建筑物、纹样、物品等能够唤起村民对于乡村文化的集体记忆，带给乡村居民亲切感与自豪感。艺术设计利用历史文化符号进行提炼、重组、运用，用多种不同的艺术表现形式，营造不同的氛围空间。每个乡村具有不同的乡村资源，从乡村特性来看分别有丰富的自然景观、丰富的历史文化、普通无优势这几种类型，乡村资源的不同对于艺术介入，也有不同的影响。对于具有丰富的自然景观、人文景观的乡村而言，乡村资源更易挖掘，艺术介入更能发挥艺术的作用，通过对于乡土资源的挖掘，艺术的素材来源也更加丰富，艺术介入的形式也相应的多样。对于普通无优势的乡村而言，乡村资源难以被挖掘，对于艺术家而言，艺术介入的难度也相应的提高。

3. 乡村场所特征因素

对于不具有乡村历史文化的村落，只是普通无优势的村落而言，艺术介入乡村景观并不能从历史文化进行挖掘，而是从乡村场所方面进行设计。乡村场所是人们乡村记忆中的空间，比如小桥、流水、桑田等都是人们对乡村场所的印象。从乡村场所方面进行艺术介入，通过对乡村的产业特征、村民的精神需求和生活方式等方面作为设计素材来源，对乡村场所精神的塑造，利用艺术营造一种乡村的田园农耕文化，将农业生产与艺术结合，创作出符合乡村场所精神的艺术作品。

4. 乡村自然景观要素

乡村自然景观是乡村景观的主要部分，影响着乡村的未来发展，部分村落依据优越的乡村自然景观，带动乡村旅游产业，从而带动乡村发展。乡村自然景观影响着艺术介入乡村，自然景观同样是艺术设计的素材来源，同时也是乡村区别于城市的重要部分。艺术介入乡村自然景观，在尊重乡村自然景观的前提下，创作的艺术作品遵循自然并与周围环境达到融合。比如丹麦的艺术家托马斯，用废旧木材在武隆设计了男女两个巨人雕塑，与森林和岩石相融合，在尊重自然景观的同时，表达对于童年的怀念之情。艺术介入乡村自然景观，艺术家在设计时，不应简单移植城市景观设计，而应根据乡村地形、乡村色彩、乡村植物等多种因素，创作出丰富的乡村景观。通过运用河流、森林、大地、天空等自然元素进行艺术创作，表达乡村的主题特色。

5. 村民参与度因素

乡村的主体是村民，村民在乡村长期生活，村民对于乡村的认知比艺术家更加深刻。艺术介入乡村景观，应充分调动村民的积极性，让村民参与进来，与村民共同合作，艺术家具有的艺术专业技能与村民具有的乡土特性相互碰撞融合，才能更好地将艺术介入到乡村中去，而不是艺术家在乡村的个人情感的表现。在村民参与的过程中，艺术家也能更深刻地了解乡村人文风情，打破村民与艺术家之间的壁垒，并建立之间的情感联系，这样艺术家用艺术介入乡村时，也能达到作品的在地性，并与乡村达到协调的状态。

5.4 策略与机制

5.4.1 设计技术策略

1. 借景：乡村自然景观的艺术介入

乡村景观由乡村自然景观与乡村村民依据生活生产需要对其进行改造形成的具有地区自然景观特色与文化特色的景观综合体。它既不同于乡村自然景观，具有明显的边界特征，又能融于周边环境。艺术对乡村自然景观的空间特色发展具有积极的作用，艺术介入乡村自然景观时，应遵循乡村的地形地貌，对乡村自然要素进行强化，并通过艺术的手段塑造良好的自然景观格局。

1）乡村大地艺术景观表达

地景艺术表达是艺术家在乡村通过利用自然山体、水、石材、土地等自然物质进行的艺术表达形式，地景艺术通过挖掘、构筑和着色等工程建构的手法进行改造乡村景观环境，具有强烈的景观视觉效果。艺术家通过艺术表现，将艺术实践参与到大地景观中，通过对环境艺术的创新来表达乡村自然的景色，所用的创作材料均来自于自然元素，创作的形式与内容并不会对自然产生破坏性的影响。艺术家通过对于乡村自然景观进行艺术创作，在创作的过程中，利用当地的自然资源，来构建人与自然的关系，并重新让人关注人与自然之间的关系，丰富乡村美学。比如在 2003 年越后妻有大地艺术节中，艺术家 Ritsuko Taho 创作的《绿色别墅》作品，通过给大地以符号化的元素，在乡村大地上进行艺术创作，表达了人与自然交互的关系，在艺术作品中，人与自然相比是如此渺小，艺术将人与自然之间的联系可视化地表达了出来。

2）乡村水系景观感知

水是生命之源，自古以来，乡村村民依水而居、依水而建，乡村生活生存都离不开水。乡村除了对于水的生活生产需要，在乡村中还衍生了许多关于水的传说、民间故事等文化内容，比如《西门豹治水》。乡村村民利用水系，进行洗衣、洗菜、灌溉等行为活动，水系场所成为乡村交流沟通的日常场所，构成了乡村社会关系的重要纽带。随着乡村生活水平的不断提高，乡村水系从生活生产需要逐渐向景观视觉需要转化。乡村水系有不同的表现内容，比如瀑布、溪水、河水等，这些不同内容影响着人们的感知，主要表现在视、听觉方面。在视觉方面，瀑布由上向下倾泻的形态，具有强烈的视觉冲击感，让人联想到壮阔、气势磅礴；河水的碧波荡漾，让人联想到婉约。在听觉方面，流水潺潺、滴水叮咚的差异声音也会形成不同的景观感知。乡村聚落也大多是沿乡村水系发展，这种依赖于乡村水系的生存形式一直延续，并由生存需要衍生为视觉需要，并以此种方式作用于自然景观中。

乡村水系在乡村主要为原始自然的形态，更多是起着生产生活用途。乡村水系是天然的原始景观，也是乡村社会体系的重要影响元素。随着村民生活的日益提高，人们逐渐追求生活的景观性、精神性表达。但村民对于乡村水系往往只停留在水系的片段、表层的概念，艺术家具有对物质挖掘内涵、赋予文化、转化内容、并以新的形式表现出来的能力，艺术家通过对水的形态、声音进行介入，并结合水系带给人的不同感知进行创作，营造符合乡村村民精神上、生活性的景观作品，使乡村水系景观与乡村环境、生活相互影响、相互映衬。比如在江苏昆山计家墩村，设计师在乡村水系的营造中，利用人的亲水性以及乡村水系衍生的潜在社会性交流属性，打造了乡村水上集市。乡村水上集市的打造，以水为媒介，对水系进行介入，设置多处亲水平台，加强村民与水的接触，营造乡村水系景观特色。并利用水系通过集市的活动，重构乡村以水为载体的交流活动，成为乡村生活的特色景观之一。

3）乡村植物景观展现

乡村植物是乡村重要的景观元素，主要受气候、区域影响。不同区域的乡村生长着不同的乡村植物，乡村植物在乡村地域环境中具有显著的地域性，通过对乡村植物的运用，可以削弱乡村硬化建设的冰冷感、边界感，并且可以营造乡村恬静的氛围与静谧的意境。乡村植物景观除了美化乡村，还可以增强乡村地域性特色的氛围。在乡村景观的营造中，在对乡村植物的栽种时，应凸显乡村地域特色，采用具有识别性的乡村植物在乡村主题场景中进行种植，使景观更具地域性。比如在西河村，村民在门屋前栽植当地的植物，美化了乡村，同时还具有当地的自然特色。乡村植物种类丰富，而且养护成本低，在乡村景观营造中，对于乡村植物的选用与种植，可以很好地减少乡村植物的维护成本。在乡村景观营造中，艺术家或设计师通过对乡村植物的特性进行分析，从乡村植物的色彩、形状、特性、后期的生长效果等方面，在乡村不同的场所进行种植，并遵循乡村地形并结合相应的艺术载体进行表达，实现乡村视觉景观提升与特定场所氛围营造，丰富了乡村植物美学。

乡村植物景观不同于城市植物景观，乡村植物景观的地域性会加深人们对于乡村的印象，引发人们对乡村的记忆，比如乡村常见的狗尾巴草，会让人们浮现起小时候围绕狗尾巴草发生的活动。艺术家通过对乡村植物景观的干预，可以表达出新的含义，引发人们对乡村自然的反思。比如中央美术学院雕塑系第五工作室在雨补鲁寨的艺术实践中，通过用当地的砖砌在树的周围作为树的保护皮，以强和弱的对比引发人们对于生命、自然的思考。

4）乡村夜晚景观打造

随着乡村旅游发展体系的逐渐完善，对于乡村资源的利用逐渐渗透于乡村的方方面面。乡村夜晚景观也是乡村景观的特色，星星、明月的柔光洒在乡村宁静的村落中，伴随着乡村蛐蛐、青蛙等小动物的叫声，使乡村夜晚氛围更加静谧、温馨。城市的喧闹、声光污染、工作的压力等，使生活在城市的人想要逃离城市，找寻一个安静的地方让心沉静下来，乡村的夜晚景观对于生活在城市的人而言，更具有吸引力。因此，对乡村夜晚景观的利用，是乡村旅游发展的重要内容。

在乡村夜晚景观的营造中，应根据动静关系进行分区设计，动区主要针对乡村夜生活的营造，设置在乡村居住区域以外，比如乡村活动广场、乡村戏台等地方，减少动区对乡村居住生活的影响；静区主要设置在乡村稻田、乡村居住区等地方，通过设计相应的设施用来欣赏乡村天然夜晚景色，比如赏月区、观星台等。在乡村夜晚景观的动区营造中，结合乡村活动内容进行设计，设计柔和的灯光，通过多媒体艺术对乡村夜景进行介入，比如乡村露天电影，以此来丰富乡村的夜生活。在乡村的静区营造中，可以利用星星、月亮等天然的夜晚景观，在静区配置相应的设施，为在静区活动的人群提供观赏设施。

在乡村夜晚景观的营造中，艺术家通过多媒体艺术进行介入，运用灯光、艺术装置、雕塑等艺术载体进行乡村夜晚景观营造，实现科技、艺术、光影的碰撞与融合，实现乡村与科技、艺术的协同发展。比如在浙江安吉蔓塘里“大地之光”艺术公社的项目里，通过对灯光的运用，发展乡村旅游，丰富乡村夜色景观内容，带动乡村发展（图 5.4.1）。

图 5.4.1 安吉蔓塘里“不夜村”艺术灯光秀

2. 造景：农业生产景观的艺术引入

1）农田艺术景观的呈现

乡村经济以第一产业发展为主，经济收入通过种植农作物获取，乡村农作物主要以生产性为主。随着我国乡村旅游的到来，冲击了传统乡村产业结构，乡村产业逐渐丰富。乡村通过丰富景观内容，发扬乡村文化，打造乡村景观特色，从而吸引游客来乡村进行旅游消费。农田是乡村种植物的主要载体，农田景观是乡村景观的重要部分，传统农田景观通过大面积种植农作物，以农作物的色彩进行景观表达。但传统农田景观具有颜色单一、内容单一、景观性弱等缺点，主要还是以生产性为主。

农田艺术景观是乡村农业景观的升级版，在原有基础上进行景观性的提升，实现景观、生产同时发展。农田艺术景观创作基础为大面积的农田，创作面积较大，艺术家需要有宏观的把握能力，才能有效地进行农田景观艺术创作。农田艺术景观创作主题多样，有的是对乡村场景的表达、有的是对美好生活的表达、有的是对国家美好乡村政策的表达等。农田艺术创作手法为对乡村农作物进行选择，并通过色彩、疏密、形式等方面综合表达，按照主题以及预期效果要求进行种植，在种植的过程中，农作物会受到气候、雨水等影响，农田艺术景观的效果也会因此受到影响。

艺术家介入乡村农田景观，通过以农田为画布，农作物为画笔，根据相应的主题进行艺术创作，从而打造农田艺术景观。比如在利用水稻进行稻田艺术景观创作时，艺术家首先确定好稻田艺术景观的主题，并根据主题进行水稻品种的选择，其次根据预期展出的时间在合适的时间种植水稻。通过水稻的色彩、层次进行艺术创作，在创作的过程中，水稻的生长会逐渐随时间而变化，会让村民具有期待感、参与感。农田艺术景观丰富了乡村景观内容，促进了乡村旅游发展。

2）农作物创意景观小品搭建

乡村农作物是乡村生产的特色产物，具有浓厚的乡土气息。村民在对农作物果实收割完成后，对于农作物的剩余部分一般处于闲置或扔掉。农作物创意景观小品是在乡村资源回收利用的基础之上，利用废弃的农作物进行艺术化利用，形成具有景观性的物品。农作物创意景观小品具有美化乡村环境、活化空间并增加空间趣味性的作用，乡村空间因农作物创意小品的放置，变得更加充满活力。同时农作物创意景观小品具有环保性的特点，其创作材料来自于乡村农作物，并不会对环境造成污染。

艺术家通过对这些农作物进行艺术手段处理，结合乡村主题表达，将乡村农作物进行解构、重组，创造成具有艺术形态的创意景观小品。农作物创意景观小品放置在特定的乡村场所中，融入乡村环境，成为乡村景观环境的一部分，同时还兼具乡村特色，吸引游客。比如稻田的稻草人艺术小品，艺术家通过对稻草或秸秆进行编织，将秸秆进行修剪和搭建，设计成多种多样的景观小品，形成独特的造型效果（图 5.4.2）。

3）农用器具乡土氛围营造

我国传统农耕文化源远流长，随着时代的变迁与科技的发展，乡村面貌、农业生产发生了巨大的变化。由传统用牛耕地变为机械耕地，由传统的人工种植变为现在的机械种植，传统农耕生产方式渐行渐远，乡村生活条件得到了显著的提升，但优秀的传统

图 5.4.2 阜阳稻草人文化艺术节展品

农耕文化精神仍需要我们去传承，告诫后人今天的美好生活来之不易，我们应该珍惜当下，时刻向先民学习奋斗，将农耕精神运用到现在的生活之中。

传统农用器具是乡村生产用的工具，反映了当时乡村生产时的条件状况，具有乡土性与历史性。传统农用器具是传统农耕精神的物质载体，随着科技的发展，乡村农用器具进行了更迭，传统农业器具不能满足现代的农业生产效率，逐渐遭到了淘汰，并闲置在乡村居民家中。在乡村景观设计中，通过农用器具的景观运用，可以很好地传递乡村精神意象，营造乡土氛围，建立起游客与乡村景观的情感联系。

艺术家通过对农用器具元素进行提取，并将这些元素进行提炼、集萃、运用，与小品结合或用于场景打造，形成具有农耕时代的氛围。比如在郝堂村的景观营造中，对乡村石磨器具的利用，将石磨、植物、水进行组合，形成了新颖的乡村景观小品。同时在乡村氛围营造上，通过将乡村农用器具与建筑结合，成为建筑装饰，农用器具的意象渲染了乡村农耕时代的氛围。

3. 组景：乡村聚落景观空间的再造与延伸

1）乡村聚落景观风貌规划

乡村聚落景观风貌是乡村历史、乡村印象的外在显现，承载着生态保育、文化传承的作用。随着现代化建筑、材料、技术的发展，冲击了乡村聚落景观风貌，乡村村民缺乏对原有聚落景观风貌的认同，均采用趋同性的“小洋楼”建造，乡村聚落景观风貌面临着同质化的危险，并逐渐失去乡村地域特色。

艺术介入乡村聚落景观首先应建立村民对于乡村原始聚落景观风貌的认同感，同时合理地对乡村聚落空间布局进行艺术空间植入，乡村聚落景观风貌规划主要表现在乡村聚落的整体结构性梳理与乡村面貌的视觉化设计。乡村聚落的整体结构性梳理主要包括乡村道路、乡村农业用地、乡村活动空间、乡村建筑布置等聚落空间布局方面。乡村聚落空间布局应在原先肌理上进行规划，保持乡村聚落结构的整体性，避免对于乡村肌理的破坏，同时对乡村村民生活方式进行分析，对不同空间的文化特色进行把握。根据乡村自然环境与人文环境的协调统一，建立乡村与艺术的有机联系，通过对乡村村民生活方式、乡村特点进行艺术空间强化，促进村民之间的互动，提升村民之间的凝聚力和对乡村的认同感。同时艺术介入乡村，会有相应的艺术功能的场所增加，合理对乡村艺术空间的规划，应建立在乡村的闲置空间，避免对乡村民居的侵蚀。对于乡村有年代、有价值的建筑进行合理保护修缮，采用当地的建筑形式与材料进行修缮，形成乡村聚落景观的特色。在乡村的节点处，通过艺术小品设计对乡村空间提升，形成乡村整体空间的秩序感，增加游客游览乡村空间时的层次感。比如在许村的规划中，合理对艺术家工作室、明清老街、广场、民居等进行规划。首先对明清老街进行修复，在广场节点处设计艺术小品，强化乡村公共空间，并对艺术家工作室等文化功能场所的合理植入。

2）乡村建筑空间景观的再造

建筑空间涵盖的内容丰富，依据功能使用要求的不同而产生了多样的空间，比如文化空间居住空间、休闲空间等。乡村建筑空间主要以村民生产生活空间为主，其中村民生活生产空间主要包括了村民的日常生活场所、村民居住单元、个体居住空间等内容。村民日常生活场所是村民在乡村生产、活动、娱乐等行为使用的空间；村民居住空间是宏观的、整体性的村民居空间；个体居住空间是村民每户的民居空间，也是乡村居住生活空间的最小单位。乡村建筑空间随着乡村内容的丰富、乡村人员的外出、现代生活的需求等冲击，乡村建筑空间不能够很好地与现代村民生活结合，导致乡村建筑空间的闲置、破败等问题。艺术介入乡村聚落空间时，通过对乡村建筑空间的再造、延伸来达到乡村建筑空间的活化，比如对于闲置的房屋可进行再造，结合现代技术改造成符合当下生活条件的建筑；对破败、不能使用的房屋，在原先基础上进行功能延伸，建造成具有未来发展需求的建筑空间。乡村建筑空间景观再造的主要内容就是适用性改造，适用性改造以原有空间为基础，在空间功能的基础上进行功能延伸，避免改造时破坏原始建筑空间肌理，加强空间形态构建。在改造的过程中应与当地村民发生关联，塑造村民与建筑的场所记忆。比如在建造时，艺术家或设计师与村民共同参与建造设计，鼓舞村民成为乡村景观建设的一分子，助推乡村景观全民参与度，从而推动乡村景观的发展。

在适用性空间改造时，应对再造的建筑空间与现代村民的生活方式、条件进行有机融合。现代生活的提升，原先的建筑功能已不能满足现代生活需求，通过改造的有机融合可以减弱乡村建筑与现代生活条件的矛盾。在改造时，应充分挖掘乡村文化、将建筑空间景观再造与乡村文脉结合，以艺术设计对乡村文化进行转换表达。同时还应考虑乡村的特质以及场所氛围的营造，对于材料、色彩、外观、肌理以及乡村物件等进行艺术化处理，形成艺术设计的符号与手段，通过艺术化处理这些乡土资源对于建筑进行改造。并在改造过程中，积极与村民进行互动，了解村民的内在需求，发动村民共同参与改造之中，既能避免设计师的个人情感的夸大表达，脱离乡村的实际环境，又能加强与村民的沟通合作，最后实现村民、设计师共同满意的作品，在建造过程中形成村民的场所记忆。比如在西河村村民活动中心的改造中，何崴建筑师运用当地的红砖材料以及砖饰形式通过艺术化处理，山墙面形成的等边三角形组成的镂空砖墙面，极具有艺术效果（图 5.4.3）。在改造中，由村民自己建造，参与到建造之中，建筑最后的形成过程也保留了村民的记忆，最后便能呈现令人更加满意的效果。在“景迈山计划”中，艺术家通过对当地村民的生活方式、乡村文化、聚落空间等方面进行考察并分析，对当地的干栏式木结构民居进行改造，在改造的过程中，艺术家采用原始的结构，在原先的空间上进行美学的提升改善建筑的水电、采光问题，提升村民居住生活条件，与现代生活方式契合，同时保持了乡村建筑特色。

图 5.4.3 西河村村民活动中心山墙光影艺术

艺术介入乡村聚落景观空间，通过对建筑的修复与村落结构的提升，提高了村民生活质量，并通过艺术的修复，使乡村文化氛围、艺术氛围更加浓厚，促使乡村文化魅力的提升，促进乡村特色化发展。

3）乡村公共空间的艺术构建

伴随着城市化进程带来的乡村人员进城务工潮，乡村留下了大量废弃闲置用房。艺术介入乡村聚落景观，通过对乡村空房改造成艺术公共空间，形成乡村空房的再利用。艺术家通过艺术的手段对乡村闲置用房进行加工装修，产生了闲置农房变废为宝的蝴蝶效应。在对乡村建筑空房改造成艺术公共空间时，首先应对建筑进行评估，是否结构完整，具有留存下来的价值；通过评估后，再根据设计需求与村民的需求对建筑进行改造。在改造的过程中，尽量保持建筑外观原貌，在内部注入“艺术因子”进行修复，实现具有乡村特色的艺术公共空间。乡村公共空间是乡村村民活动的主要场所，村民在乡村公共空间交流、休闲娱乐，乡村公共空间承载了社会与文化的功能。艺术通过将乡村闲置空间活化，成为乡村的重要空间节点，激活乡村活力，营造一种舒适、惬意的地方公共活动空间。在对乡村公共空间进行设计时，首先对乡村整体进行观察，结合乡村整体环境，并挖掘村民的内在需求，比如村民需要空旷的活动场所，用于广场舞，民俗活动之用，在艺术空间的设计上，就不应对空间进行分割，应保证空间的完整性等，并结合乡村环境，对乡村历史文化、特色进行表达，营造乡村特色气氛。

艺术家以艺术创新意识构建乡村公共空间，通过对乡村公共空间的营建、改造，丰富乡村的公共活动，解决乡村闲置用房的问题。比如在碧山计划中，艺术家对碧山村的猪栏、闲置的祀堂进行活化利用，通过将猪栏改造成猪栏酒吧，建筑风格、设计、装饰独具乡村气息；将闲置的祀堂改造成碧山书局，在乡村植入文化场所，丰富乡村的闲余生活。在许村计划中，渠岩将许村原先的旧影视基地改造成许村国际艺术公社，增加了乡村的艺术文化功能，成为艺术家入驻乡村的工作场所。猪栏酒吧、碧山书局、许村国际艺术公社等乡村公共空间在艺术家的介入下，赋予了乡村文化、艺术、娱乐等城市空间中才具有的功能，乡村闲置的房屋也得到了有效的利用。对于乡村公共空间的艺术构建，丰富了乡村活动，并具有艺术视觉美感与空间活力，在没有艺术介入的空间中，对于乡村公共空间的改造与利用往往缺乏美感。艺术丰富了乡村公共空间的构建同时增加了乡村文化功能，现代艺术文化与乡村传统文化进行了碰撞与交融，实现乡村的特色化发展。

4）乡村绿道空间景观改造

乡村绿道空间景观改造以乡村街道空间设计为主，村民在乡村街道空间发生着交流、休闲、停留等日常活动，乡村街道空间在乡村空间中扮演着重要的作用。艺术介入乡村街道空间，通过对村民的行为活动、生活方式进行考察，并根据村民的行为方式、乡村主题进行艺术设计，激发乡村空间活力，提升乡村面貌。在乡村车行道的景观设计时，首先遵循乡村地形进行建设，避免对乡村生态环境的破坏，在道路两侧进行绿化，突出乡村景观效果，并根据美学特征，采用当地的植物进行绿化，形成具有乡村地域特色的车行道。

4. 生景：乡土小品景观的艺术表达

景观小品是景观中常用的表达方式，对空间具有点缀的作用。小品既具有实用功能，又具有景观效果与文化展现作用。艺术介入乡村景观小品以不同的表达形式，作用于乡村景观的每一个领域，发挥着重要的作用。

1）雕塑表达

雕塑表达通过雕塑艺术化表达提升空间活力，美化空间，在乡村雕塑类景观小品的设置方面，通过综合考虑乡村的空间结构、人流行径等方面，一般设置在村入口或者乡村节点处。根据雕塑所安放的地点、使用材料等不同因素的影响，可划分为地标雕塑、中心雕塑和装饰雕塑。地标雕塑和装饰雕塑是乡村空间的重要景观，具有激活空间、美化乡村环境的作用，在一定程度上给乡村居民精神上以美的享受，陶冶了其情操，提高了居民的精神文明程度。

乡村雕塑类景观小品的设计，根据乡村场景的不同，将其通过艺术的手段与乡村农具、乡村农耕场景以及乡村风俗相结合。通过场景化、生活化的体现，表达乡村的生活，更具有乡村特色，也更易于被村民理解接受。比如乡村水车，水车是灌溉的农具，承载着村民的乡村记忆，通过将水车进行艺术化处理，同时与乡村周围环境融合，而达到在视觉、感官上一种特殊的体验。在许村建设中，设计师通过对于乡村农耕生产场景的运用，用雕塑艺术将这场景在村口重现，人们路过许村，一幅乡村劳作之景便映入眼帘。

2）装置艺术表达

乡村装置艺术可以通过对乡村特性、文化进行挖掘，通过艺术的表现手法依托乡村物质载体进行乡村文化表达。与传统的艺术表现手法不同，装置艺术设计充分利用了科学、技术等先进的技术手段，给人们带来了知觉、视觉、行为和审美等几方面，带来了全新的体验，如全息投影、光电艺术、人工智能模式等。装置艺术是艺术介入乡村空间的最有效的方式之一，在乡村背景下，将村民日常生活的物品作为艺术装置的载体，用开放的艺术手段，以艺术创作为目的，进行改造、组合和排列，设计成具有乡村文化的艺术形态。比如在武隆艺术节上的《锄头》艺术装置的表达，艺术家通过将村民收集的锄头进行艺术化放大，来构建艺术与土地之间的关系（图 5.4.4）。

3）公共设施表达

随着人民生活质量日益提高，乡村公共设施也逐渐完善，对于这些公共设施一般是将城市的简单粗暴地移植过来，与乡村的面貌特征格格不入甚至将“乡村印象”逐渐削弱，虽然村民的生活质量得到了提高，但也逐渐失去特色。艺术介入乡村，艺术家、设计师通过对于这些从城市移植来的物品艺术化、在地性设计，让其赋予乡村特色、乡村文化或者更具有亲和性，将艺术的审美性、文化性与设施的实用性结合在一起，促使乡村文化得到宣传。公共设施的艺术化表达在某种程度上提升了乡村文明的发展。比如在道路的铺设设计中，通过对元素的提取，将元素以艺术化的手段进行处理，最后将处理后的元素从色彩、肌理、材质等各方面考虑进行排列组合，形成不同的铺设形式；在乡

图 5.4.4　武隆艺术节《锄头》

村的垃圾桶设计中，通过对乡村废弃的水桶进行活化利用，并通过艺术的创造力赋予其美观性，设计成具有乡土气息的垃圾桶。

4）墙体艺术表达

墙体艺术，俗称壁画形态，在乡村建设中具有文化叙述的作用。在具体的乡村建设中，通过丰富的墙体艺术和墙体文化，记录了当地人们的生活场景、历史事件，吸引着大量的游客，拓展了公共文化的传播。墙绘艺术表达对于乡村建筑美化、主题表达具有很好的效果，对于乡村振兴也有一定的影响，比如李公明的新宣传画运动，就是对于农村的问题通过墙绘的方式进行宣传，引起人们的重视。墙绘表达属于建筑装饰中的直接表达，也是建筑装饰中最有效果的一种方式，并且相对于其他方式而言，花费的较少。墙绘的表达方式和内容有对当地民俗文化的表达、当地生产生活场景的描绘、文明道德的宣传以及对人民美好生活的祝愿等方面。墙绘表达的位置也不相同，有的在建筑沿街立面上，有的在照壁上，有的在建筑破烂不堪的位置上，墙绘与事物的结合表达也具有故事性，增加空间的趣味性。

5）多媒体艺术

多媒体艺术是运用数字媒体技术为载体的新艺术学科门类。科技的发展，为艺术提供了新的方向尝试，新媒体艺术在艺术家的不断探索中，成为时下新兴的艺术门类。新媒体艺术借助数字媒介，从视、听、感等综合方面进行艺术表达，充分调动参观者的各种感官体验，让参观者与艺术直接互动体验。

在乡村景观的营造中，多媒体艺术与乡村进行碰撞与融合，实现乡村景观的现代化、时尚化发展。

6）大地艺术

大地艺术主要以大地为画布，以自然产物为画笔，创作的大型户外艺术形式。大地艺术起源于欧美，艺术家通过对构图、形式的放大比例在自然界表达出来，此时艺术的画面是没有界限的，整个自然界成了大地艺术的画布。在20世纪70至90年代中，艺术家对于大地艺术的不断探索，内容表达形式、创作手法、构图等方面都发生着变化，创作的大地艺术形式也逐渐丰富，从以自然材料为主，逐渐将自然材料与人工材料进行结合表达。

大地艺术在乡村扮演着重要的作用，大地艺术是乡村景观的内容，艺术家以自然物作为创作元素，将乡村农作景观作为画布，通过对农作景观的植物色彩设计达到一种富有艺术感的形式。

5. 文化：乡村文化景观的修复与创新

传统乡村文化是乡村的内在灵魂，也是乡村的特色内容。在现代乡村发展中，乡村逐渐失去特色，趋于同质化。乡村传统文化的修复与创新显得尤为需要，对于乡村文化的建设也是艺术家介入乡村建设的切入点与主要动力。艺术家通过对乡村文化进行挖掘，将其转化为符合当下生活方式的形式，从而实现乡村的特色化发展。

1）乡土文化记忆的挖掘与修复

乡土文化是乡村长年累月的文化积淀，具有地域性与不可替代性。不同地域的乡村，具有不同的乡土文化，乡土文化能够唤起村民对乡村的情感记忆。乡土文化主要包括乡村历史文化、乡村宗教文化、乡村民俗文化等。艺术介入乡村文化景观首先要对乡村文化资源进行考察、调研、挖掘、整理、分析等步骤，形成艺术介入乡村文化景观的素材。对于乡土文化资源的挖掘，可以通过村民访谈、文献研究等方法，并对乡土文化进行纪录保存。比如在碧山计划中，左靖通过对黟县当地的文化进行深入考察，开展了“黟县百工”项目，对当地的文化资源进行挖掘并纪录，并创立数据库，乡村文化得到了保护与修复。乡土文化记忆的挖掘与修复主要包括重塑乡土文化精神与乡村信仰体系的复兴建构两个方面。

2）重塑乡土文化精神

乡村文化精神与文化内涵是乡村的灵魂，对于乡村而言，乡村文化精神方面的塑造比乡村经济的追求更为重要。艺术介入乡村文化景观，对于乡村文化精神的复兴是乡村文化景观建设的根本。乡村文化精神是乡村发展的动力源泉，艺术家在乡村中创作的精神来源就是乡村独特的文化精神内涵，通过对乡村文化精神的表达，引起人们情感的共鸣。

乡村具有丰富的民俗文化，通过民俗文化的转化，形成乡村文化品牌，乡村文化精神的建设是艺术介入乡村文化景观的核心。文化景观的建设不单单只局限于非物质形态建设，同样文化艺术空间的建设等物质形态建设，在空间参与、流动的过程中，也发生着人与人之间的情感交流，这些都潜移默化地对乡村村民的审美与认知发生着影响。艺术介入乡村文化景观时，通过对这些非物质形态的文化精神以及物质形态产生的思想进行重塑，加强乡村的文化精神内涵，促进乡村特色化发展。比如在青田计划中，渠岩通过对青田村的文化精神建设，来实现乡村理想家园的塑造。

3）乡村信仰体系的复兴建构

乡村信仰体系是乡村文化的重要部分。乡村信仰体系主要包括乡村宗族文化、祭祀文化以及节庆文化。宗族文化具有道德教化的功能，宣扬孝顺父母、修身齐家的理念，通过借助视频、戏剧等村民喜闻乐见的方式对宗族文化进行强化建设，增强宗族凝聚力。如在许村计划中，摄影师刘莉免费为许村村民进行全家福拍摄，全家福照片构成了村落的视觉信息档案，村民也乐于接受，最后村内的全家福照片领取部分，艺术家把村民叫到村子的公共广场中，让村民自行找自家的全家福，这一行为也在赋予村落的凝聚力的仪式感。艺术介入乡村文化景观中，通过对这些祭祀文化进行保护与传承，重塑村民的仪式感。节庆文化的背后包含着不同的历史文化故事，也是中国文化的一个方面的体现，如端午节的屈原壮烈投江故事、七夕节的牛郎织女相会等。对于节庆文化的重构，可以很好地丰富乡村活动内容。

艺术对乡村信仰体系的复兴建构，利用现代技术通过复兴传统信仰体系，并将其精神内涵融入今天的生活方式与文明习惯，重建乡村现代化生活式样。

4）乡土文化元素的提取与辐射

乡土文化元素包括乡村民俗文化、乡村传统工艺等方面，乡村文化元素的运用是艺术介入乡村文化景观的重要方式。艺术家通过对乡村生活生产、乡村文化深度挖掘乡土文化元素并整理分析，结合乡村文化景观建设的需求，对这些元素按照艺术介入景观内容进行归类、筛选，提炼出文化元素符号。然后对文化元素符号按照色彩、肌理等方面进行特征提取，结合艺术表达的方式，形成艺术介入乡村文化景观的设计元素。

乡村文化元素符号主要来源于乡村物质、精神和社会制度三个方面的符号化记忆。物质方面的符号化记忆主要表现在乡村特色建筑、民居建筑等物质载体上；精神上的符号化记忆主要体现在乡村的传统工匠精神、乡村农耕精神方面；社会制度的符号记忆主要体现在乡村传统祭祀文化符号与传统节庆符号方面上。不同的乡村具有不同的文化符号，这三类乡土文化记忆共同构成了乡村文化元素符号。在提取可运用于艺术介入乡村文化景观的符号记忆时，要对乡村文化内涵进行挖掘，并将其与当下的生活审美结合，通过艺术的手段进行重塑。比如莫干山计划的庾村，通过对传统记忆的运用，应用于建筑、标识物中，通过艺术的手段对乡村文化元素进行转译、结合，实现乡村地区的特色发展。

村民和游客对于乡村文化的理解具有差异性，在艺术介入乡村景观时，应综合考虑村民与游客对于乡村文化的理解，从而合理地对乡村文化符号进行选择运用。在艺术介入乡村文化景观过程中，艺术通过对乡村文化符号运用，结合乡村景观特质，实现乡村文化、艺术的融合，振兴乡村文化景观体系，增强乡村文化特色化建设。

6. 活化：乡土文化的艺术化活态展示

1）乡村传统民俗文化艺术活动开展

乡村传统民俗文化是乡村文化内容的重要部分，也是乡村文化景观特色的外部表现。在不同的乡村地区有不同的乡村传统民俗文化，通过对于这些传统民俗文化的运用，成为乡村文化的一个吸引点，吸引外来人来此观光驻足，从而带动当地的经济发展。在常规的乡村建设中，乡村吸引游客观光休闲，一般都会有旺季淡季，对于乡村资源设施的利用并不能达到最大，造成资源闲置的浪费，乡村经济效益降低，乡村建设也缺乏文化深度。如河南信阳郝堂村，郝堂村依靠其自然资源以及地理区位优势，将郝堂村建设成为乡村振兴的典范，但其仍存在文化深度不足、旅游淡季时长多的状况。对于传统民俗文化的运用可以很好地解决这个问题，一年四季都有节庆日，将这些节庆日的合理运用，可以达到很好的旅游体验。比如在许村计划中，通过艺术节庆的形式将乡村民俗文化与艺术活动相结合，丰富乡村文化艺术活动，加强了村民与外界的联系。

对于乡村传统民俗文化艺术活动的开展，首先艺术家应对乡村进行深入考察，采用访谈、调研、观察的方式对乡村村民进行考察，从村民的角度去考虑乡村文化艺术活动的形式与内容，确保乡村传统民俗文化艺术活动开展的有效性。通过对村民的需求与能力了解后，发挥村民的主体性，积极调动村民的积极性，使其参与到艺术活动中。比如雨补鲁寨的艺术介入活动，通过艺术形式让村民参与到艺术活动中，并拉近了艺术家与村民之间的关系。然后对乡村传统民俗文化艺术活动内容进行设计，将传统民俗文化形式结合艺术手段，进行编排与当地生活进行结合。比如在崔岗艺术村中，通过对崔岗的市集文化进行重塑，通过艺术延续，并结合当地的文化创意，创造乡村新的民俗艺术活动，促进了人与人之间的交流。

2）乡村文化意识的普及与教育

乡村村民流于城市，乡村文化逐渐衰弱，对于乡村文化意识的普及是乡村文化景观建设必不可少的部分。艺术能够将乡村文化、乡村非物质形态通过绘画、艺术展览、建筑等形式表达出发，实现乡村文化的传播。艺术介入乡村文化景观，通过对乡村文化进行宣扬，提升村民文化意识，促进乡村文化建设。比如在新宣传画运动中，艺术家李公明通过壁画的形式对国家农村政策进行宣传；在土沟村的艺术介入中，艺术家在土沟村建造乡村美术馆，馆内艺术作品宣传土沟村的营造历史以及取得的成果，通过乡村美术馆的建立，激发村民对于乡村的自豪感以及对乡村文化的认同感。艺术介入乡村，通过艺术教育去弥补乡村中缺失的素质教育，减弱乡村教育的不足，比如在“新通道”项目中，通过在乡村开办儿童美术培训班，对乡村儿童进行艺术教育，实现艺术教育的平民性，减弱乡村教育与城市教育的鸿沟。

3）乡村艺术展览

乡村文化随着乡村老人的离世，逐渐消逝。乡村老者一般对乡村文化、历史、故事等方面了解，首先安排相关人员与乡村老者进行沟通访谈，在访谈的过程中记录当地的历史故事、家史以及其他相关有意思的知识，并对于这些纪录通过文献、县志等资料进行查验考证，筛选出有价值有意义的乡村文化，对其进行保存。然后根据乡村以前的文献资料，对乡村中比较有价值的文化进行纪录，通过走访乡村，对乡村有历史意义、有价值的物品进行考察与保护，根据这些方式对乡村文化进行保护纪录与研究。并结合艺术的手段，比如新媒体艺术，通过新媒体艺术将本土的历史文献、风土人情、民风民俗、建筑景点、家史、村史、族史等各方面资料与乡村有价值的物品进行艺术展览，将乡村文化通过艺术展览的方式进行宣传。

乡村艺术展览通过新媒体艺术营造愉悦的感官体验，并为乡村文化赋予深层次的艺术主题与文化内涵，提升乡村的文化氛围与艺术气息，从而促进乡村的文脉传承。

4）乡村产业的艺术植入

乡村原始的产业单一，经济落后。艺术介入乡村后，通过艺术的创造力与转换能力将乡村产业进行提升或植入。在青田计划中艺术家渠岩通过对青田村的原有的经济产业进行挖掘，对桑基鱼塘的产业理念进行提升，提出了生态永续的理念。渠岩通过对桑基鱼塘产业进行提升，并结合当下的科学管理与村民共同实现乡村的产业升级，并与当地政府、村集体共同组建青禾田文旅公司，对青田村的桑基鱼塘产业进行科学化的管理。在青田村的艺术介入中，渠岩对乡村空置房屋进行改造，形成艺术民宿产业等。在设计丰收项目中，通过对相关农业产业的植入，并衍生自然素质教育产业。艺术介入乡村，通过艺术手段延伸出多元的乡村经济产业，促使乡村经济模式的多元，乡村得到持续发展。

5）“传统技艺”乡村情结体验互动

乡村传统技艺是乡村非物质文化遗产，是乡村当时生产的一种体现。在当今机械生产的时代，传统技艺显得如此珍贵。传统技艺因为生产力缓慢的因素，并不能满足现代发展。艺术通过对传统技艺的介入，对传统技艺进行简化、设计，成为具有观赏性强，可易于操作的体验。对旅游者而言，乡村旅游不是走马观花，应该深入乡村去体验与城市不一样的感受，游客来到乡村旅游，除了对乡村环境的观赏外，还能够体验到当地的传统技艺文化，增加了乡村内容，促进了村民与外人的联系。

5.4.2 艺术介入乡村的机制构建

1. 管理机制：加强艺术介入乡村景观建设的管理

我国目前艺术介入乡村景观建设不断推进，艺术介入的乡村数量也与日俱增，但目前艺术介入乡村景观建设还没有形成一定规模，也还没有相应的管理部门。艺术介入乡村景观建设的实践不断探索与更新，为了防止后期艺术介入乡村景观建设的后效性，应加强艺术介入乡村景观建设的管理，实现艺术介入乡村的优质性。

在乡村景观建设当中，首先要认识到村民是乡村的主体，村民是乡村的主要活动者，发挥村民的主体性对于乡村景观建设尤为重要。在当前的乡村建设中，往往是以政府为主导，而政府对于乡村实际情况并不了解，村民长期生活在乡村，对于村庄情况更为了解，以村民为主体，在乡村建设中，让村民得到利益，发挥村民的能动性，调动村民的积极性，避免村民与艺术家之间的矛盾，真正落实乡村景观建设为村民而建，才能将乡村景观建设更好。

乡村虽具有天然的自然环境，但对于环境保护的意识较为薄弱，虽然政府会进行环境保护的标语宣传，单纯依靠政府的宣传管控，并不能很好的落实。如山西和顺县许村中，在微型公园还能看到垃圾乱扔的杂乱现象，对于乡村面貌是有很大的负面影响。艺术介入乡村自然景观之前，首先要对村民自然保护的意识进行转变，乡村日常的宣传标语宣传生硬，且不利于乡村面貌，可以用艺术的手段将自然环境保护宣传标语进行艺术化的加工，绘制成村民喜闻乐见的形式，其次通过相关的环境保护组织，调动村民的积极性，组织村民参与到环境保护当中，比如每月的环境治理周，村民对于乡村的垃圾进行清理，并让儿童一块参与进来，在思想上培养村民环境保护的思想。

2. 协同机制：艺术家、乡村及地方政府的协同合作

乡村艺术化作为美丽乡村建设的实践探索，已引起各界人士的关注，艺术家介入乡村景观建设，为乡村建设提供了别样的途径。但是，艺术介入乡村景观项目在实施过程中也遇到了不少的困难，艺术介入乡村景观建设的参与者有艺术家、村民、当地政府，为了加快建设艺术乡村体系，需统筹协调“村民、艺术在地”转变，构建乡村文化空间，促进原居民与入驻艺术家融合，促进城乡互动融合。

3. 约束机制：制定艺术介入乡村景观建设的相关细则

在乡村自然景观方面除了对乡村村民环境保护意识的提升之外，为更好地对环境保护进行治理，应该针对乡村状况制定相应的环境保护细则，比如对门前卫生保护干净的村民进行奖励，对于破坏环境的村民进行相应的惩罚，通过道德以及规则来约束村民的环境保护行为。

5.5 效应与价值

乡村建设面临如何统筹、整合、衔接文化与产业、生态与环境、传统与现代元素等历史和现实问题，而艺术设计正是最好的粘合剂。艺术介入在乡村建设方面具有良好的产业效应、社会效应、环境效应与生态效应。

5.5.1 产业效应：艺术设计打开乡村文旅

近年来，人们的旅游需求不断发生变化，传统的体验休闲娱乐旅游模式出现的越来越多，人们对于旅游的需求已经不仅仅局限于传统的观光式旅游，随之而来的文化旅游、民俗风情旅游、生态旅游等特色的游览形式也在人群之中逐渐流行起来。以挖掘乡村文化性、突出乡村特色性、保留乡村生态性为乡村旅游的发展线索，因此集自然景观观光、休闲娱乐度假、民俗风情体验等综合体验为一体的乡村旅游模式渐渐成为未来发展的基本趋势，乡村旅游也越来越具有规模化、规范化、特色化、品牌化。不同的地域环境与地域资源有着不同的丰富多样的乡村旅游活动，根据各地不同的丰富乡村资源，开发出不同的自然风景资源、民俗文化、农事活动等乡村旅游类型。

1. 艺术设计的跨学科专业优势

艺术设计的科研、教学及社会服务内容与美丽乡村建设息息相关，可以广泛介入乡村文化产业、环境保护、村落规划、景观设计、建筑空间设计、农副产品营销、公共服务和文化符号建构、旅游产品开发、传统手工艺振兴等，持续为美丽乡村建设注入活力。

2. 艺术设计的实用性和实践性功能特征

艺术设计具有贴近现实日常生活的实用性和实践性，且具有形式引导效应，借助事物外在形式改变对人的视觉心理进行干预。利用这种诱导效应，借助视觉形象、产品应用、村落规划等形式变化，可以达到实现美丽乡村建设、丰富精神生活、推动农村经济发展的积极目标。

乡村旅游是乡村文化的具象表现，乡村文化则是乡村旅游产业的灵魂，文化产业和旅游产业相融合，让旅游产业更具文化特色和文化气息，从而深挖旅游产业结构，创新旅游产品，提高旅游产品的档次和品位。同时，旅游产业的发展为文化传播提供了载体，也提供了更加宽广的文化传播渠道，所以文化产业和旅游产业的融合，让文化产业和旅游产业的产品内容更加丰富，也为彼此发展赋予新的活力。

艺术介入“美丽乡村”的建设是具有开创性、划时代意义的实践途径，在振兴乡村建设的同时，优美的自然乡村田园风光吸引了许多游客，艺术介入的模式也渐渐融入乡村旅游中进入到我们的视线。艺术融入乡村给乡村带来常态化的发展，同时与创意农业、田园旅游等相融合，吸引游客到此体验、观看等，大大推动了乡村经济的发展。在乡村旅游中艺术介入发展的同时，艺术实践活动的兴起也为乡村文化创意产业创建了发展平台，为美丽乡村建设融入了新的内涵。乡村优越的地理位置蕴含着富有特色的乡村聚落，当地丰富的乡村民俗文化资源为乡村旅游提供了形式多样、内涵丰富的活动类型。除此之外还有利用乡村丰富的遗产资源发展旅游的古村落，以乡村特色建筑艺术吸引了众多游客来此观赏体验，不仅具有一定的观赏价值更加突出了乡村建筑艺术文化的美学价值。在乡村文旅中艺术介入的发展，以观光旅游为主要支撑，在此基础上加以艺术的手法为游客提供具有地方特色的视觉、情感体验作为辅业辅助观光旅游发展，从而引导乡村旅游的新模式，推动乡村旅游更好的发展。

乡村产业主要依赖于乡村自然与农业环境之中，在农耕的过程中产生了一系列的农业生产景观。我国乡村的产业主要以农业生产为主，农业生产受许多因素的限制，比如天气、技术、政策法规等方面。在现代化的今天，以农业为第一生产力的乡村已经不能满足现代发展，乡村经济整体低下。由于城市病带来的一些问题，让人们反思现在的生活方式，并对乡村景观以及乡村生活方式的向往，从而在乡村引发了相应的旅游产业，但旅游产业只在那些自然景观或人文景观突出的乡村得以实现，旅游业并不是适合中国所有的乡村。同时乡村如果单就依靠自然景观的优势发展旅游业，那样在乡村内容上，也是单薄，不能完全地突出乡村本地特色，对于乡村长久的发展是不利的。

3. 艺术具有创造力与极强的表现性

艺术及艺术设计是人类思想的放大器，能够将那些可视、可听、可感的物质转化为物质形态表达出来。乡村具有丰富的且地域性的乡村文化、民俗工艺，这是乡村宝贵的财富，由于乡村这些独特的资源不能很好与现代生活方式进行结合，也逐渐面临着消逝的危险。艺术家能够依赖乡村自然景观、农业景观以及文化景观方面，将乡村无形的资源表达出来。在以往的案例中，我们可以发现，在乡村中，哪里有艺术家，哪里就有手工产业的复兴，哪里就有文化产业的衍生，这都是艺术对于乡村的积极影响。国内高校设立的艺术相关的专业或艺术相关的机构，都会有艺术写生活动，让学生走出画室，到大自然进行创作。乡村依赖其优美的自然环境，艺术学生或艺术家在此进行写生创作，乡村与高校或艺术机构进行合作，为其写生提供创作写生基地，高校学生或艺术家定期来乡村进行艺术写生，艺术合作与经营形成创立文化产业。以乡村景观为要素，在乡村引发艺术的一系列活动，并产生了一系列的产业植入，以艺术为核心的核心产业，并带动地方相关产业发展。

5.5.2 社会效应：引发共鸣，参与互动性，乡村社会结构改良

1. 艺术激发村民的集体意识和凝聚力

艺术介入乡村景观，乡村景观的主体是村民，村民长期在乡村中生活、生产并逐渐衍生出景观。村民在乡村场景中的活动场景也是乡村景观的内容之一，艺术要介入到乡村景观，首先要对乡村“人”进行介入，促使艺术与村民发生关系。艺术创作如果脱离村民，那么在乡村景观中创作的艺术作品只会流于形式。艺术如何在乡村这种特殊的语境下与村民产生联系是艺术介入乡村景观首要考虑的问题。

在语言上，艺术家与村民语言之间存在着差异性，村民对于艺术家的语言难以理解。比如“艺术”“艺术作品”就这两个词，村民就充满疑惑，就算艺术家在艺术介入乡村景观的过程中，尽量规避使用专业术语，用通俗的语言进行转化，但在这过程中必须得让村民了解艺术家在乡村的艺术行为，这样才能为后续村民与艺术家对于艺术作品的共同合作、共同参与提供基础性的条件。这就要求艺术介入乡村景观时，应增加与村民的互动、交流，减弱在语言上的差异性。在群体性交流方式与渠道上，乡村村民之间的群体性交流就普遍缺乏，除了在乡村某种特定的节庆日举办的群体活动的交流外。在乡村日常生活中，乡村很少有群体性交流，乡村内部之间缺乏群体性交流，艺术家通过艺术介入乡村景观时，就更难获得村民间的支持与理解。同时，乡村群体性交流的缺乏也会导致乡村的集体意识与凝聚力减弱。乡村群体性交流的缺乏，不是因为村民群体之间不愿意交流，相反地，村民更倾向于相互交流，只是缺乏促使村民群体相互交流的方式与渠道。

艺术介入乡村景观如何能够与村民产生联系，打破村民与艺术家之间的隔阂。基于以上两点分析，首先捕捉村民爱看热闹的心理，深究这种心理的原因主要是因为乡村村民获取信息的方式滞后，同时乡村一般地区偏远，村民对事物的好奇导致而成。对话式艺术通过艺术媒介构建村民之间的交流联系，让村民对自身、村民之间、艺术家与村民之间、村民与乡村景观环境之间的关注。比如中央美术学院雕塑系在雨补鲁村的艺术实践中，通过“艺起聊—天坑人家”计划来打破村民与艺术家之间的隔阂，并激发了村民的集体意识与凝聚力。“艺起聊—天坑人家”项目就是对话艺术的一种表现形式，“艺起聊”以露天电影为载体，电影内容为村民的日常生活、雨补鲁村的景观环境、雨补鲁村的传统技艺艺术等方面，艺术家通过对雨补鲁村的景观环境、乡村村民的日常活动进行拍摄，并剪辑最后以纪录片的形式表达出来。在这过程中，村民成了“主角”，并重新审视了自己，重建了村民对于乡村景观环境的认同，纪录片通过对村民个体的关注，并通过电影的方式，引发了村民对群体间的关注与认同。艺术家在这期间向村民讲解艺术介入乡村景观的行为活动与想法，让村民对于艺术家在乡村的艺术行为有粗浅的了解。

艺术介入乡村景观，首先通过对话式艺术减弱艺术家与村民之间的隔阂，强化村民对于乡村的认同感。在乡村景观的介入方面，以艺术形式表达乡村议题，促使当地村集体、村民、外来艺术家等共同参与，村民重新认识乡村景观的价值，重建集体意识和凝聚力。

艺术创作强调观赏性与公共性，即与各方的互动性。互动性设计原则主要指乡村旅游景观中的艺术作品与艺术家的互动、与当地居民的互动以及与观看者的互动三个方面：

1）与创作者之间的互动

对于创作者来说，对乡村及其周围生活生产方式挖掘和长期积累的一定的艺术素养是他们的创作来源。创作者通常通过调研、走访、询问、实地测绘等设计方法去实现与乡村之间互动。特别是在创作前期的构思过程中，很多创作者会进行驻村实践，亲自体验当地的自然景观、生活生产、文化传统、风俗习惯等，探索寻找当地的乡村特色和支撑点，将在此间的整体感受融入创作中，从而创作出来的作品更容易让当地村民产生共鸣与认同。更好地将整个乡村文化氛围向外界展现出来。

2）与当地居民之间的互动

与当地居民之间的互动是艺术介入模式的重要途径，同时也体现艺术的公共性，艺术的创作结合当地居民积极参与，不仅能引发共鸣，听取当地可行性建议，也是建立在居民与创作之间的一种互助依赖的信任关系，同时加深居民之间的邻里关系。居民的在积极参与的过程中也对生活扎根的土地有了更深一步的了解，促进乡村情怀。

3）与游览者之间的互动

创作作品与游览者之间的互动是一种情感交流形式的互动，作品通过创作者与当地居民精心创作处理后，游览者在游览的过程中，解读到了创作者表达出来的某种情感和含义，从而烘托意境，引起共鸣，与创作者之间进行了精神层面的交流，更加熟悉了解当地居民的生活生产方式和乡村文化精神，使作品很容易被游览者记住，引发外界的讨论与关注，体现作品内在价值的流露。从而带动乡村旅游产业的发展。

2. 艺术创作实现农耕文明与现代文明的交融

我国是一个农业大国，在传统的农耕社会中孕育了农耕文明，随着现代文明的发展，农耕文明逐渐受到破坏，但农耕文明是中华文明的基础，蕴含着丰富的文化元素。农耕文明是基础文明，为现代文明的发展提供不竭的发展动力。

艺术介入乡村景观中，通过以乡村农耕文明为切入点，深度挖掘乡村文化的精神内涵，实现农耕文明与现代文明的碰撞与交融，凸显乡村文化特色。比如在碧山计划中，艺术家通过在碧山村的艺术活动，深度挖掘碧山村的传统手工艺、民俗文化等，对当地文化景观进行保护与发展，通过“黟县百工”“碧山丰年庆”等艺术创作，实现碧山的特色化发展，脱颖而出，并形成当地的乡村文化景观特色。

5.5.3 环境效应：场所营造，增强氛围营造性

艺术创造并激活乡村空间。乡村聚落景观主要以乡村建筑、乡村空间为主，传统乡村经过风雨等自然的侵害，在某种程度上，乡村建筑以及空间已经遭受的毁坏，并不能很好地满足于现代人的生活需求。面对新材料与新形式的发展，乡村建筑与空间重新进行了重塑，但在这过程中，乡村直接引入“瓷砖”等材料，并没有基于乡村的情况下，对乡村界面进行合理的设计处理，在乡村建筑与空间的发展中，容易失去乡村原始的特色，甚至导致乡村聚落景观的再一次破坏。艺术介入乡村聚落景观，通过对乡村现状、文化进行深度考察，通过艺术的手段进行乡村空间再造，实现乡土艺术与当代艺术发生碰撞，为乡村的空间艺术实现多样性与地域性。

艺术对于乡村空间的介入，比较常见的主要通过墙绘与装置艺术的形式进行表达。艺术家通过直观的墙绘表达，改善乡村面貌，并提升乡村公共空间的活力。墙绘内容以乡村乡土文化艺术为切入点，对乡村乡土文化进行深度挖掘，并以艺术的形式表达出来，实现当代艺术与乡土文化艺术的交融。比如在许村计划中，艺术家通过在乡村进行墙绘表达，使乡村面貌焕然一新，并且对于墙绘的内容多与许村的文化相契合，又融于许村环境之中。装置艺术主要对于乡村公共空间进行再造，通过装置艺术的表达，乡村空间得到了活力提升。总而言之，艺术通过介入乡村空间，用艺术的手段对空间进行改造并促使乡土艺术与当代艺术沟通，呈现多样化的乡村景观，展现新的乡村面貌。

1. 注重场所归属感和场所记忆的营造

乡村空间是艺术介入乡村旅游的重要载体。不同的乡村空间对于不同身份的人群有着不同的意义，结合乡村居民活动导致的空间延伸和时间延续，构成针对性的具有独特意义的乡村空间场所，乡村空间场所、乡村自然环境以及人造艺术环境、艺术作品构成了整个乡村旅游的规模。在当地地域性文化氛围的基础上，从整体出发营造乡村独特氛围，使人们对乡村空间的依赖感与认同感构建了特别的场所归属感和场所记忆氛围，从而引发当地居民和游览者对此区域空间的历史记忆与缅怀时光。

2. 注重亲文化性氛围的营造

乡村的历史文化传统是打造乡村地域性文化氛围的基础，对当地自然环境的因地制宜加上对当地传统文化的提取借鉴，提炼并利用这些具有区域性、民俗性、传统性的历史文化，营造当地地域文化性氛围。这种氛围不仅将当地传统文化、地域风情进行传承和弘扬，还给游览者一种置身异乡、入乡随俗的体验。

3. 注重情感体验氛围的营造

游览者在游玩过程中接触体验到某种作品或场景会诱发情绪，形成情感，在艺术创

作中，在乡村地域性、民族性、文化性和历史性的基础之上，融入创作者的艺术认知及艺术修养，传达出复杂而又多样的情感线索，创作者通过创作将这蕴含的丰富的情感类型传递出来，从而使游览者在欣赏、游玩与体验的过程中获得情感的共鸣，使游览者在一种特意营造的情景氛围中，增强乡村旅游的体验感。

5.5.4 生态效应：生态协调，引领乡村发展的可持续性

1. 协调艺术与自然景观的融入

融入，即用温和的手法协调艺术与当地自然景观的整体统一性。顺应自然的地形地貌格局特征和自然山水格局，延续地域文化景观特征。结合乡村当地原有的自然景观，将乡村的文化内涵以及外在形式进行融合。从原有的自然景观框架中汲取灵感，乡村自然景观中最常见的石材与木材都是可艺术创作的素材，萃取当地自然景观中较为突出的植被颜色、建筑颜色或文化传统中的特有颜色等进行创作。艺术与自然景观的融入使乡村与周围景观肌理协调一致，既没有破坏乡村本身的肌理与其周围环境相融合，又有供游览者观赏游览的价值。

2. 减少干预原生生态景观

近几年，有学者认为艺术过多地介入乡村导致乡村过多地引进外来文化而失去它原本的色彩，从而导致游客来到乡村旅游体验不到乡村韵味。减少干预是指在尽量少干预乡村原生态的前提下，让艺术介入到乡村旅游中去。在自然景观的背景下增添乡村趣味，最大限度地将乡村原有景观风貌保留下来，更好地展现乡村的自然性景观，大大提高旅游价值。例如，利用乡村特有的梯田景观，营造高低错落的乡村空间感，形成鲜明的色彩对比，遵循生态保护原则，促进乡村旅游的可持续性发展。同时也可发展产业，带动乡村产业经济的发展。

第 6 章　全新的城乡关系：公园城市与城乡融合

当前，创建高质量发展的城乡成为时代命题。2018 年 2 月，习近平总书记来四川视察时首次提出“公园城市”的营城理念，2022 年，国务院批复同意成都建设践行新发展理念的公园城市示范区[①]。“公园城市”成为理想城市模式的新探索，为我国新时期城市建设发展提供了新思路、新模式。本文认为，公园城市的倡导与实践，是在社会主义科学发展观及其价值系统引领下的新型城市理想模式、城市空间建构、城市环境营造的实施指引，需要深刻剖析公园城市的内涵与价值系统，以价值系统的层次序列为逻辑关系指导建立对公园城市空间建构的实施路径研究。

6.1 认知更新：公园城市的城乡模式探索

6.1.1 理论溯源：国内外关于理想城市模式研究

古希腊哲学家亚里士多德曾说过：“人们为了活着而聚集到城市，为了生活得更美好而居留于城市。”从古至今，人们对理想城市的追求从未间断：希腊哲人柏拉图的雅典“幸福之城”；孔子构想“天下大同”的理想社会；管子的“凡立国都，非于大山之下，必于广川之上，高毋近旱而水用足，下毋近水而沟防省”的城市原则；古罗马建筑师维特鲁威的“理想城市”；16 世纪英国空想社会主义托马斯·莫尔的“乌托邦”；19 世纪霍华德的“田园城市”、近现代“生态城市”“山水城市”等思想；19 世纪中叶，奥姆斯特德在纽约设计的中央公园首次将公园与城市相结合，为市民提供舒适的公共空间和放松身心游憩地；先贤对于理想人居环境的探索与实践均体现了人们对理想城市的不懈追求（图 6.1.1、图 6.1.2）。

田园城市是为了限制城市无限制地扩张和提高城市的环境质量，但是田园城市过于理想化，对于城市居民的数量缺乏灵活的应对能力，同时也缺乏对人性的关怀；广亩城

① 大城“园”梦——成都公园城市示范区建设解码 [N/OL]. 新华社，2023-06-19. https：//baijiahao.baidu.com/s?id=1769133427864379153&wfr=spider&for=pc.

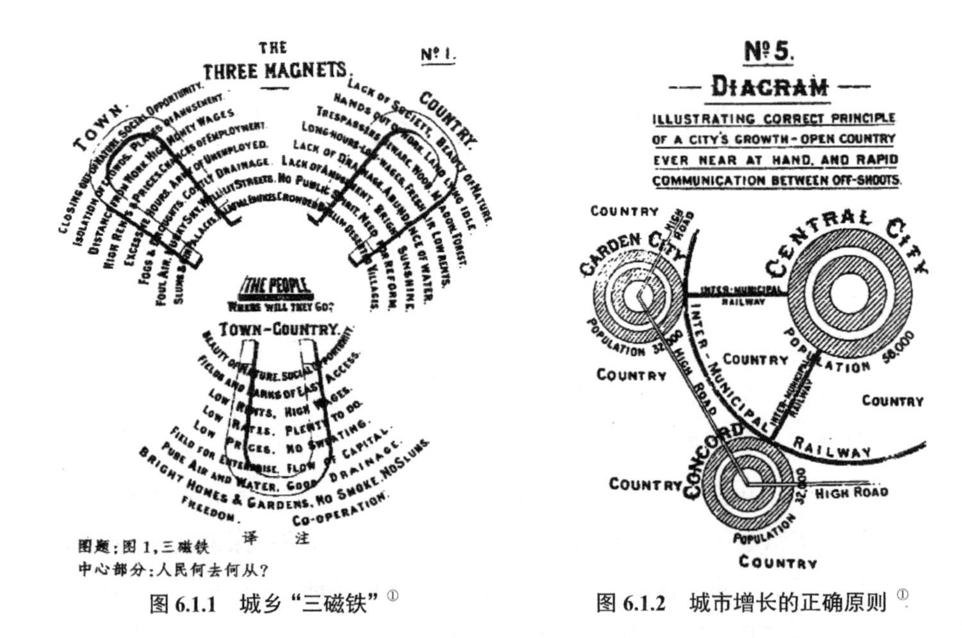

图 6.1.1 城乡“三磁铁”①　　图 6.1.2 城市增长的正确原则①

市强调城市中人的个性反对集中主义，他呼吁人们回到过去的时代，分散的发展有利于人们亲近大自然，认为美国将逐步走向乡村，太过于强调个人主义造成城市发展滞后、城市文化氛围缺乏、公共服务设施私有化严重。第二次世界大战后，城市百废待兴、城市公园面临着前所未有的机遇，华沙重建计划、英国第一代卫星城哈罗新城规划都注重城市公园的建设，且强调城市公园与乡村公园的衔接，形成全方位、多层次的城市公园。1976 年第一次世界环境会议通过了《人类环境宣言》，人类历史上第一个以保护环境为目的的全球性宣言，生态城市、绿色城市的发展理念在这时期应运而生。近年来国外城市公园涌现出众多主题公园，例如，迪士尼乐园、工业遗产公园、军港公园等。这些公园是对城市公园的补充，满足人们多元化观赏需求。21 世纪以来，城市公园与地理学、生态学和景观学进一步融合发展，由仅注重游憩功能向更加注重生物多样性保护、人居环境改善、景观品质的提升转变。此外，新加坡花园城市建设、马来西亚布城获得全球公认的“智慧型花园城市”美誉、英国伦敦、美国波特兰“玫瑰之城”等城市建设案例带给我们一些经验和启示：完善公园城市的制度建设，政府要制定切实可行的法律、法规来保障公园城市建设的顺利开展。规划设计部门要注重对当地特色文化的保护，延续城市肌理，提高城市的辨识度。要注重城市和乡村公园的协调发展，形成统一的规划管理模式，促进城乡公园一体化发展。运用先进的技术为公园城市规划建设服务，不断提高规划的科学性、合理性。坚持以人为本，注重人居环境的改善，妥善处理

① E. Howard，1898，Tomorrow：A Peaceful Path to Real Reform，金经元译，《明日的田园城市》，商务印书馆，2000.

人地关系，使人与人、人与自然、人与社会和谐发展。

由上可知，国外理论界研究和城市建设实践对于公园城市均未达成统一的认识，物质空间层面上注重公园与城市的融合发展逐步发展到城市公园和乡村公园的链接，对相关法律及管理制度建设尤为关注。

6.1.2 时代命题：公园城市理念探讨

自 2018 年 2 月，习近平总书记提出公园城市概念后，引起行业内外乃至全国范围广泛热议，对公园城市理念内涵和实施路径进行理解和阐述。结合诸多学者对公园城市概念的探索与分析，基本明确了公园城市理念的命题：

价值导向与目标导向具有鲜明的时代性与前瞻性。吴承照、吴志强、赵建军等学者（表 6.1.1）明确指出公园城市营城的核心价值导向与目标导向为“以人民为中心、以绿色发展为核心理念”“一公三生”（公园＋生产＋生活＋生态）的发展思路集中体现了“全民所有共建、全民共享”的中国特色社会主义核心价值观的城市建设目标，是“创新、协调、绿色、开放、共享”的新发展理念在城市建设与发展思想上的指引。

公园城市理念的相关指导思想、外延与目标导向　　表 6.1.1

代表学者	指导思想	外延	目标导向
吴承照等①	绿色发展，以人民为中心	自然绿色空间的开放性、共享性	城市未来的发展方向：美丽诗情与公共效率的结合，生态尺度与生态价值的结合，功能区域与空间形态的结合
史云贵等②	绿色价值理念	资源共享、空间正义	人与自然伙伴相依的命运共同体的新型城市治理形态，满足人民美好生活需要
赵建军等③	生态文明理念以人民为中心	大美城市形态和宜居环境	构建“人、城、境、业”和谐统一的城市发展新范式
王小玲④	公园生态理念	改进绿化措施、生产生活设施与生态环境	结合人文地域生态文明以及生产生命活动等方面为一体的新兴城市模型建设
唐柳等⑤	生态价值理念	人与自然能动、融合、共生	公园化城市的社会理想
李朦等⑥	生态优先城市弹性理念	强调自然空间在城市的公共属性	“人—城—产”三者和谐发展、三生融合、三产协调的弹性公园城市

① 吴承照，吴志强 . 公园城市生态价值转化的机制路径 [N]. 成都日报，2019-07-10（007）.

② 史云贵，刘晴 . 公园城市：内涵、逻辑与绿色治理路径 [J]. 中国人民大学学报，2019（5）：48-56.

③ 赵建军 . 公园城市：城市建设的一场革命 [J]. 决策，2019（7）.

④ 王小玲 . 公园城市的理论与实践研究 [J]. 建材与装饰，2019（33）. 2019（12）.

⑤ 唐柳，周璇 . 推进公园城市生态价值转化 [N]. 成都日报，2019-06-26（007）.

⑥ 李朦，翟辉，赵璇 . 公园城市理念下的总体城市设计研究——以云南省保山市科创新城为例 [C]//2019 城市发展与规划论文集，2019.

系统性更为完善的城市模型建构。对照田园城市理念，公园城市具有了更广泛的价值认可，强调突出了“城市为公”的思想；对照森林城市理念，公园城市的“园”突出了生态多样的形态内涵；对照弹性城市、海绵城市理念，公园城市的“城”强调了生活宜居的理念，将城市营造的技术手段纳入价值范畴统筹设计；对照生态城市理念，公园城市涵盖了对人、城、境、业高度和谐统一，构筑山水林田湖城生命共同体的“创新生产”系统认知。

1. 路径探讨：以价值观及其转化路径为着眼点

公园城市所体现的价值观是城市发展的宏大愿景，学者们更关心如何将公园城市的价值转化为城市建设的动能。代表性的论述有：赵建军等[①]从生态文明建设的角度提出公园城市应体现城市的生态价值、文化价值与时代价值。唐柳[②]等从价值转化的角度指出了将生态价值观向生态经济价值、生态文化价值、生态社会价值的转化方向。吴承照[③]等提出公园城市生态价值转化路径需要完善三方面结合：美丽诗情与公共效率的结合、生态尺度与生态价值的结合、功能区域与空间形态的结合。苏其圣[④]指出在公园城市建设中应充分依托城市绿地空间提升城市活力、引领绿色生活方式，将其作为开创新型城市生活载体。李朦等[⑤]以云南保山市科创新城为例，提出“人—城—产”三者和谐发展、三生融合、三产协调的弹性公园城市的现实解决方案。此外，金云峰[⑥]、夏捷[⑦]、范丽琼[⑧]学者等以公园城市为理论基础对个案进行了分析研究。

在公园城市的建设实践方面，各地积极结合实际情况进行了探索。2015 年，《江门市公园城市建设工作纲要（2015—2020 年）》出台，通过一年的建设，江门市实现城乡居民“出门 300 米见绿、500 米见园”，完善了城市的公园游憩系统。成都市是公园城市理念的首创之地，2018 年，四川天府新区通过以城市空间格局塑造、生态环境利用、新技术运用为手段打造以公园城市为主题的国家级新区，经过一年的建设评估认

---

① 赵建军，赵若玺，李晓凤 . 公园城市的理念解读与实践创新 [J]. 中国人民大学学报，2019（5）：39-47.

② 唐柳，周璇 . 推进公园城市生态价值转化 [N]. 成都日报，2019-06-26（007）.

③ 吴承照，吴志强 . 公园城市生态价值转化的机制路径 [N]. 成都日报，2019-07-10（007）.

④ 苏其圣 . 基于公园城市理念下绿地空间规划探索——以百色市中心城区绿地系统专项规划为例 [C]// 活力城乡　美好人居——2019 中国城市规划年会论文集（08 城市生态规划）. 2019.

⑤ 李朦，翟辉，赵璇 . 公园城市理念下的总体城市设计研究——以云南省保山市科创新城为例 [C]//2019 城市发展与规划论文集 . 2019.

⑥ 金云峰，陈栋菲，王淳淳，等 . 公园城市思想下的城市公共开放空间内生活力营造途径探究——以上海徐汇滨水空间更新为例 [J]. 中国城市林业，2019（11）.

⑦ 夏捷 . 公园城市语境下长沙公园群规划策略与实践 [J]. 规划师，2019（15）.

⑧ 范丽琼 . 公园城市理念内涵及对城市景观设计的启示 [J]. 现代园艺，2019（16）.

为，目前面临着理论创新、生态价值转化、绿色经济升值、简约生活方式等方面不足的问题[①]。

2. 公园城市的价值系统建构

价值观反映了人们的认知和需求状况，具有历史性与选择性、稳定性和持久性的特点。立党为公、执政为民是我国政府的执政理念，“公”与“民”集中体现了社会主义核心价值观。我国城市化进程经历了高速发展的四十余年，新的发展形势下公园城市的价值观具有了历史的阶段性与选择性，是时代进步与社会主义高质量城市发展的必然选择，营造“以人民为中心”的城市发展价值观具有相对的稳定性和持久性。

罗基奇[②]认为，各种价值观按一定的逻辑意义联结在一起、按一定的结构层次或价值系统而存在，按价值观的重要性程度形成连续体的层次序列。有以下两种类型的组织形式：

（1）终极性价值系统，表示存在的理想化终极状态或结果；

（2）工具性价值系统，指为达到理想化终极状态所采用的行为方式或手段。在公园城市理念的价值系统中，以人民为中心的公园城市是理想的城市模型，是城市发展的终极价值目标；实现公园城市理想模型的城市功能建构、空间形态建构、人居环境设施建构等技术行为或手段是公园城市发展的工具性价值系统。

结合罗长海[③]对价值结构的理解，我们认为，公园城市的价值系统结构是指在公园城市建构过程中各种价值的主次地位、相互关系、结合方式、时空顺序和轻重缓急之间形成的既相互对立又彼此统一的总体关，具有主体多元易位、组织规范自由、运作协同共生、功能正向共享[④]的总体特征。将公园城市理念运用于指导城市规划和建设的具体实践中，结合时代需求、发展阶段等方面将公园城市的基础价值、主导价值、组织价值具体化（图 6.1.3），主要体现为如下三个方面：

1）基础价值：重构“图—底关系”，注重生态价值引领与本底营造

在公园城市的价值系统中，生态价值占有基础地位。优良的自然生态本底、厚重的人文生态积淀是公园城市营造必须坚守的本底，也是公园城市之间互为区别的本质特征。通常情况下，人们习惯于将感知最强烈的一部分视作图，把其余的部分当作背景（底）。在建构公园城市空间格局过程中，注重对“原生态”的保护与利用，加强对“新生态”的系统化建构，以公共性、多样化、系统性、可达性的公园构成城市空间组织的

① 本报评论员 . 坚定推进公园城市营建的策略创新 [N]. 成都日报，2019-08-02（001）.

② ROKEACH，M. The Nature of Human Values[M]. NewYork：FreePress，1973.

③ 罗长海 . 论社会发展的价值体系及其结构之选择 [J]. 上海第二工业大学学报，1997（1）.

④ 杨礼清 . 21 世纪新价值系统探究 [J]. 系统辩证学学报，1999，7（1）：15-18.

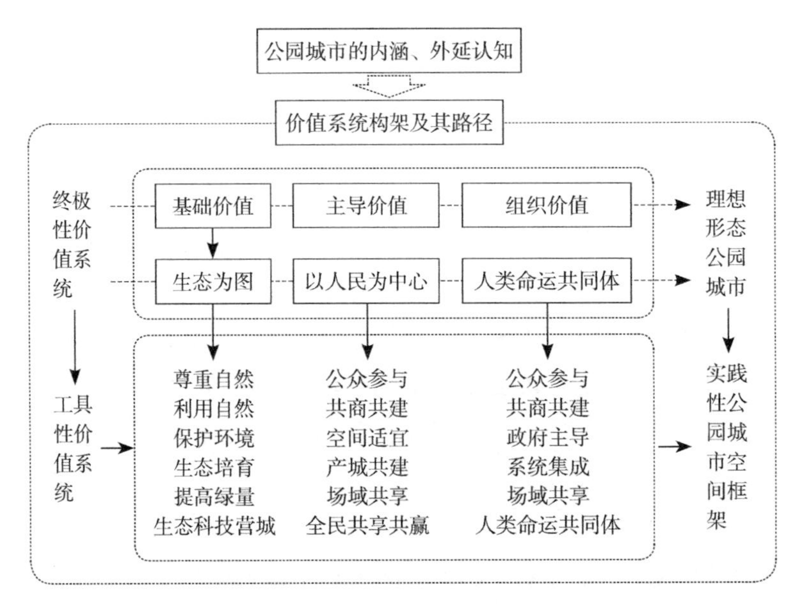

图 6.1.3 公园城市价值系统建构

核心，通过重构城市空间格局的“图—底”关系，以绿色生态构成为图，确立以生态设计为图的技术思维。

2）主导价值：开放共享空间营造，突出“以人民为中心”

主导价值是指社会或群体、个人在多种具体价值取向中将某种取向确定为主导的追求方向的过程[①]。坚持“以人民为中心”的主导价值，需要从“经营城市”观念向“人—城—产”的思路转变，突出公园城市的“公”字，做到共商、共建、共活、共享、共融，突出人民属性，服务于人，满足各类人群需求。在我国城市化进程的快速发展过程中，以土地财政为重要内容的经营城市策略起到了很大的实际效用，资本、政策、公众等各方利益在城市空间走向上展开了尖锐的博弈，确立以人民为中心的主导价值，将在城市生产、生活等城市空间布局方面起到明确的导向作用。推进基础价值向主导价值转化，通过自然绿色空间的开放性、共享性营造，在城市空间营造中实现以人民为中心的最近就业需求（产城一体空间）、精神需求（公共交流空间）、健康需求（休闲娱乐健身开敞空间）、创新需求，生活环境、生产环境、社会环境需求[②]。

3）组织价值：融地域、利益、价值、生命，同筑人类命运共同体

组织价值是将有利于城市健康发展的个体价值提升为类的价值，以不同的方式开展城市的生产生活活动等。公园城市的组织价值实现需要兼顾地域、利益、价值、生命要

① https：//baike.baidu.com/item/%E4%BB%B7%E5%80%BC%E5%AF%BC%E5%90%91/2660066?fr=aladdin.

② 吴承照，吴志强．公园城市生态价值转化的机制路径 [N]. 成都日报，2019-07-10（007）.

素，统筹生产、生活、生态三大布局，真正达成“人、城、境、业”高度和谐统一。未来，城乡空间将是融地域、利益、价值、生命于一体的人类命运共同体，是经济繁荣、人文丰富、社会和谐、生态平衡的共建共治共享共荣的人类聚落，将公园城市作为生态价值向人文价值、经济价值、生活价值转化的重要载体、场景和媒介。

从科学研究的发展历程看，公园城市正处于理论体系的深入、完善和优化阶段。但是，由于公园城市是一个复杂的城市生态系统，所以，对其认识与实践规律的把握不能一蹴而就，因此未来公园城市应以建设发展公园城市为主线、以提升城市居民生活环境为核心、以解决关键问题为出发点。随着研究的深入，公园城市理论体系将进一步得到发展和完善，研究范围逐步从城市建设区拓展到生态绿隔区、乡村社区，从而为城乡融合的可持续发展提供中国智慧和中国方案。

6.1.3 公园城市理念下的乡村美学

城乡融合发展是成都公园城市乡村表达的重要内容和必经之路。成都重点突出美丽和宜居两大公园城市的功能性构建，促进乡村振兴与城市繁荣共同进步，旨在激活城乡发展动力，提升城乡生活品质，美化和绿化城乡居民生活生产生存环境，塑造城乡融合发展的公园城市文化形态[①]。因此，公园城市的空间概念既包括城市，也包括乡村。乡村地区是公园城市的重要组成部分，而成都平原主要的、也是特有的乡村和社区社会生态聚落系统是川西林盘。

1. 川西林盘美学

生态美学。川西林盘是指成都平原及丘陵地区农家院落和周边高大乔木、竹林、河流及外围耕地等自然环境有机融合，形成的农村居住环境形态。林盘通常以姓氏（宗族）为聚居单位，是川西平原上星罗棋布的典型自然村落，也是集聚产业、生态、文化、人居等要素的生产、生活空间。川西林盘发源于古蜀文明时期，成型于漫长的移民时期，已有几千年历史，其形成及演变过程都带有非常独特且典型的蜀地特征。“田、林、水、院”四大要素共同构成了川西林盘的空间结构和形态，一般宅院隐于高大的楠、柏等乔木与低矮的竹林之中，林盘周边大多有水渠环绕或穿过，构成沃野环抱、密林簇拥、小桥流水的田园画卷，形成了成都平原特有的川西田园风光。

生活美学。川西林盘不仅是蜀地乡村固有的一种生存居住模式，而且承载着生态平衡、产业发展、文化传承、情怀寄托等多种功能，是传统农耕时代文明的结晶。林盘物景营造受地方环境、观念文化与社会民情的共同影响，整体上以大田为基底呈“大散居小聚居”分布，具有明显群系特征（图 6.1.4），为平原织起一张乡村社会与景观生态系

① 郝儒杰 . 成都公园城市乡村表达的实践机制及路径 [J]. 西部学刊，2023（17）：24-27.

统相融合的大网[①]。在成都著名作家李劼人的《死水微澜》小说中，生动形象地描述了川西林盘历史上村民的人生观、世界观与价值观，是具有独特韵味的乡村文化。就空间范围上看，成都川西林盘主要分布在成都“西控”区域及城郊平原范围内的星罗棋布的乡村聚落，也是成都市乡村振兴的重点区域。

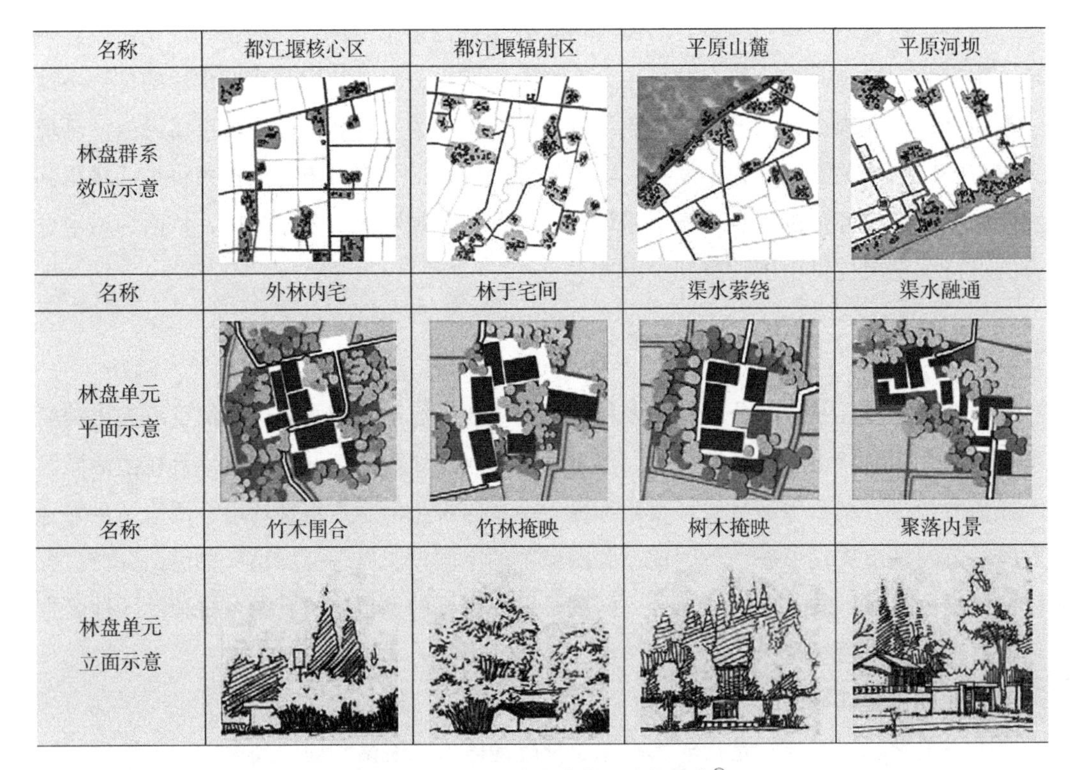

图 6.1.4　川西林盘聚落景观特性示意[②]

2. 公园城市理念下川西林盘聚落美学

1）“水润天府皆繁星，锦绣田园嵌林盘”的大美蜀乡盛景

公园城市拥有绿水青山的生态价值、诗意栖居的美学价值、以文化人的人文价值、绿色低碳的经济价值、健康怡人的生活价值及和谐公平的社会价值六大价值，与川西林盘的田园之美、农耕之乐、隐逸之趣及家园之情巧妙呼应。川西林盘在人居环境上融入自然，在经济生产上维持生态平衡，在文化传承上承担着载体功能，在社会发展上是维持成都乡村社会稳定的单元。筑牢成都公园城市高质量发展的生态基底离不开乡村助

① 陈秋渝，龙彬，张菁，等．基于中国传统山水文化理念的川西林盘人居环境营建思考 [J]. 中国园林，2023，39（5）：55-61.

② 陈秋渝，龙彬，张菁，等．基于中国传统山水文化理念的川西林盘人居环境营建思考 [J]. 中国园林，2023，39（5）：55-61.

力，只有系统地保护和整治川西林盘，因地制宜、有机更新，增强川西林盘的功能性、游憩性及艺术性，塑造乡村聚落公园群，才能更好地发挥林盘的价值并使其与公园城市的价值进行链接、延伸。基于成都建设美丽宜居公园城市和发展全域旅游的需要，2019年成都市出台了面向全市的《成都市川西林盘保护修复利用规划（2018—2035）》，以“东进、南拓、西控、北改、中优”分区格局为基础，引导各区发挥其功能与资源禀赋，整体形成特点鲜明、特质统一、体现新发展理念的“山水相融、田林交错、城园一体”林盘格局，实现川西林盘差异化协调发展。规划从整体统筹的角度出发，对川西林盘进行分类分级控制，将科学利用与合理改造相结合，提升保护利用的操作性，实现可持续发展。规划确定了整田、护林、理水、连绿、改院、植业的川西林盘保护修复利用六项任务，并以“守、新、营”的保护修复利用途径，突出林盘的“本土化、现代化、特色化”特征，实现厚植生态本底，延续天府文脉。成都市计划在三年内（到2022年）内完成对1000个川西林盘保护整治和更新利用的任务（重点打造100个精品林盘），远期共计完成3160个林盘整治，实现打造成都公园城市“水润天府皆繁星，锦绣田园嵌林盘”的大美蜀乡盛景。为衔接好上一级川西林盘保护修复利用工作，成都市各个区、县级市以及县均开展了林盘保护与利用规划，梳理区域内的林盘资源，进行价值重估，提出分类保护利用策略。通过采用自下而上申报和自上而下筛选的工作方法，确定各区市县可保护修复利用林盘的数量。价值评价按照“初步评价—评价修正”的思路，首先，结合现状调研和林盘评价打分表形成初步评价，确定重点保护林盘；其次，构建发展潜力评价体系，对林盘的内、外部发展条件进行更加科学的测度，实现价值评价修正；最后，根据评价结果确定了四种林盘类型：聚居及农业生产型、聚居及乡村旅游型、特色产业型、生态景观型，并根据分类引导差异化保护和发展策略制定。以大邑县林盘保护修复规划为例，据资料统计，2019年，大邑县境内可利用的林盘共有1025个，建设面积为2075.87公顷，其中规模以上林盘数量达835个，保存完整度高。规划梳理了县域林盘资源，结合区域实际情况构建林盘发展潜力评价指标体系，从地理区位、用地条件、社会经济、资源禀赋、生态景观及服务设施六个维度选取评价因子，运用GIS空间分析及统计功能进行因子评价，通过多因子叠加，分析、评价县域林盘发展的等级和开发潜力。根据评价结果，明确生态景观型林盘113个、特色产业型林盘288个、聚居和乡村旅游型林盘65个、聚居和农业产业型林盘369个。

2）“特色镇+林盘+绿道”城乡融合发展单元

公园城市理念提出城乡发展过程中要突出生态、生活、社会等全方位的价值。自2018年以来，成都市率先构建起“乡村振兴走廊+城乡融合发展单元”的乡村振兴空间格局，以城乡融合单元作为公园城市示范区建设的着力点。城乡融合单元是集聚乡村地区产业、生态、文化、景观等要素的空间载体，强调要素集聚和资源整合，探索乡村的内生发展动力。单元基于地域相邻、人缘相亲、资源禀赋相近等因素，打破了以行政镇为组织生产、生活单位的传统模式，实现发展资源跨行政边界的高效融合。通过单元整合资源，促进城乡之间要素的双向流动，乡村为城镇提供生态服务功能，同时受到城镇功能的辐射，实现城乡协同发展。城乡融合单元以特色镇为核心，以各个林盘为节点，以绿道为纽带，围绕中心镇发展，通过绿道整合周边不同类型的资源要素，形成了农业园区型、产业园区型、景区型与综合型园区四类差异化的发展模式。根据主导产业的发展布局谋划特色镇建设，引导资金、产业、人口等要素向特色镇转移[①]，形成产业集聚、功能复合的特色镇。深入挖掘川西林盘的价值，在完善服务设施的基础上植入现代产业功能，实现林盘宜居、宜业、宜游。绿道融入公园城市所倡导的以人为本和空间统筹的理念，有机嵌入互动性、体验性、趣味性等人本化设施与活动，营造绿道休闲健身、生态游览等游憩场景，全面丰富居民生活的游憩体验，在推动绿道与各类生产要素相接驳的同时，实现特色镇与林盘的串联（图 6.1.5）。

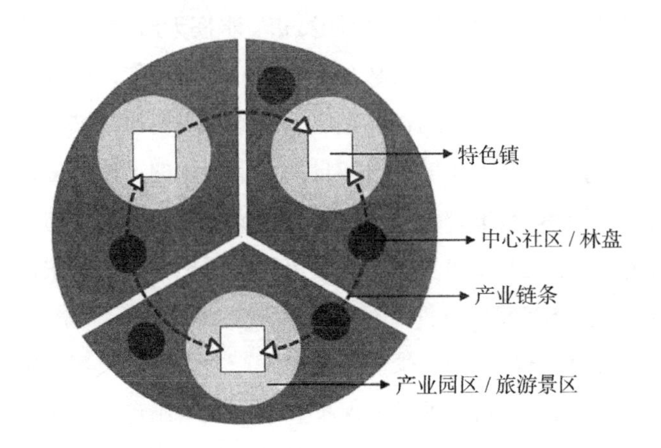

图 6.1.5 城乡融合发展单元基本构成示意图

资料来源：《成都市大美田园乡村振兴示范走廊规划》

以大邑县安仁镇城乡融合单元为例，单元利用安仁古镇作为国家级历史文化名镇的资源优势，以文博旅游产业为支撑，通过聚集文博资源，打造文博旅游产业链。依托世界博物馆特色小镇、南岸美村林盘组团、建川博物馆组团特色园区以及安韩产业功能区特色园区，打造“特色镇 + 林盘 + 特色园区”的景区型文博融合发展单元。规划统筹考虑结构、产业、交通和配套等方面，将乡村绿道和川西林盘作为安仁特色镇的延伸和组成部分，推进城乡空间、要素、产业、生活的全面交叉、渗透。

① 邱峙澄. 空间正义：新型城镇化发展中的城乡融合治理[J]. 齐齐哈尔大学学报（哲学社会科学版），2020（7）：59-62.

6.2 城乡融合发展理念

党的十九大报告提出，实施乡村振兴战略，建立健全城乡融合发展体制机制和政策体系，首次把“城乡融合发展”的概念写入党的文献，进一步强化了乡村振兴战略目标[①]。因此，“城乡融合发展”不仅是一个包含发展内涵的概念，更是一个充满改革意义的概念[②]。城乡融合既是社会全面发展的目标，也是实现乡村振兴战略的手段。那么，城乡融合的载体空间指向何在？城乡融合引领下的理想空间如何建构？上述两点成了践行乡村振兴战略、走向城乡融合的热点与难点课题。

城乡融合发展是依托一定地域空间范围内社会经济环境（由地理空间到经济空间、社会空间、多维空间等）全面发展战略行动，城乡融合发展的物质载体是空间。因此，对城乡融合空间探析与界定、主体属性认知、空间建构路径与方式等研究内容成了本文探讨的主要课题。

城乡融合是一个迈向高质量发展阶段的时代命题，城乡融合空间的落地性研究是走向实践的必经之路。“城”的空间属性包括城市和城镇，最典型的空间属性为集聚，城市集聚了大量的人流、物流、信息流，资金流等生产要素；“乡”的空间属性包括集镇和乡村，是传统意义上的人类聚居系统，是乡土社会的物质空间载体。因此，结合各专业领域学界对城乡融合发展理论的探讨、实践层面对城乡融合空间的研究，将理论与实践进行有效的空间结合。

6.2.1 融合发展：城乡关系发展的最终走向

早在19世纪40年代，马克思、恩格斯基于共产主义理论的城乡融合发展理论[③]认为，走向城乡融合是指社会生产力发展到一定高度之后，城市和乡村之间的对立逐渐消失，城乡关系走向融合，城乡成为“把城市和农村生活方式的优点结合起来，避免二者的片面性和缺点”的系统的社会综合体[④]。芒福德也指出：“城与乡，不能截然分开；城

---

① 习近平．决胜全面建成小康社会夺取新时代中国特色社会主义伟大胜利：在中国共产党第十九次全国代表大会上的报告 [N]. 光明日报，2017-10-28（1）.

② 夏振坤．论城乡融合 [J]. 学习与实践，1986（9）：3-7.

③ 马克思，恩格斯．马克思恩格斯文集：第 1 卷 [M]. 北京：人民出版社，2009：686.

④ 李红玉．马克思恩格斯城乡融合发展理论研究 [J]. 中国社会科学院研究生院学报，2020（5）：36-45.

与乡，同等重要；城与乡，应该有机地结合起来”[①]。我国何仁伟[②]、陈坤秋等[③]、Yansui Liu[④] 等代表性学者从不同角度论述了乡村振兴与城乡融合发展的理念内涵。

1. 城乡融合空间特性的定性探讨方面

周佳宁等[⑤]认为，城乡融合空间具有从“地方空间”转向“流空间”趋势，呈现为“人口”“空间”“经济”“社会”“生态环境”五个维度要素流动特征。王颖等[⑥]认为，空间融合为城乡地域系统连续性和统一性，是流空间下城乡物质和信息交流时空压缩。谭明方[⑦]指出城乡融合发展围绕“一定区域”社会中城乡经济、生态环境、政治、社会、精神文化五方面展开。史晓浩[⑧]认为城乡融合发展是在一定外在条件的作用下，在“局部地区”达到空间上的均衡样态。综上，学术界对于城乡融合空间特征认知可以归纳为“流空间”“特定区域空间”“系统连续性与统一性空间”等关键词。

2. 城乡融合空间构成的研究方面

对于城乡融合空间构成的研究，有学者结合实践提出了如下论述。欧万彬[⑨]提出，从空间主体的角度城乡融合包含城市和乡村两个协调发展的不同空间主体。汪厚庭[⑩]认为县域空间在城乡融合中具有基础性地位。李玲[⑪]指出在浙江省城乡融合发展中县域处于主阵地作用、乡镇处于中心地位作用，县城和小城镇发挥了重要的纽带作用[⑫]。王

① 郝寿义，安虎森. 区域经济学 [M]. 北京：经济科学出版社，1999：404-405.

② 何仁伟. 城乡融合与乡村振兴：理论探讨、机理阐释与实现路径 [J]. 地理研究，2018（11）：2127-2140.

③ 陈坤秋，龙花楼. 中国土地市场对城乡融合发展的影响 [J]. 自然资源学报，2019（2）：221-235.

④ Yansui Liu，Yuheng Li. Revitalize the world’s countryside [J]. Nature，2017（7667）：275-277.

⑤ 周佳宁，毕雪昊，邹伟.“流空间”视域下淮海经济区城乡融合发展驱动机制 [J]. 自然资源学报，2020，35（8）：1881-1896.

⑥ 王颖，孙平军，李诚固，等.2003 年以来东北地区城乡协调发展的时空演化 [J]. 经济地理，2018，38（7）：59-66.

⑦ 谭明方. 城乡融合发展促进实施乡村振兴战略的内在机理研究 [J]. 学海，2020（4）：99-106.

⑧ 史晓浩，阚小静. 基于空间均衡发展的城乡融合试验区差异化创建路径探究 [J]. 建筑技术开发，2020，47（19）：63-65.

⑨ 欧万彬.“新时代城乡融合发展”的内涵解读与实践要求 [J]. 北方论丛，2020（3）：37-44.

⑩ 汪厚庭. 城乡融合发展的基本理念与实现路径探析——基于城镇化和乡村振兴的内在联系 [J]. 中共青岛市委党校. 青岛行政学院学报，2020（4）：55-61.

⑪ 李玲. 城乡融合发展的浙江实践 [J]. 中共乐山市委党校学报（新论），2020，22（2）：89-96.

⑫ 何永芳，佘赛男，杨春健.新时代城乡融合发展问题与路径[J].西南民族大学学报（人文社科版），2020，41（7）：186-190.

军良[①]从实践角度提出城乡融合编制单元是以县域为单位、以某种特定的规划手段引导的、村镇之间分工合理的新型乡村组团。

3. 实施路径演进：从单极单向走向互促共融

梳理中华人民共和国成立后我国城乡建设策略，无论是早期的城镇化战略、中期的社会主义新农村建设与新型城镇化战略，以及最近的乡村振兴战略，都呈现为以乡村为主体的单极单向行为特征，城乡融合最终将人类历史上的两大不同形态与功能特征的聚落系统——城与乡的协同发展以理念形式予以确定。对城乡融合战略研究，学界王向阳等[②]、李后强等[③]、欧万彬[④]涂圣伟[⑤]等为代表，强调以市场为资源配置的手段，以城乡资源要素双向流动、公共政策引领为城乡融合路径；曹智等[⑥]、陈建滨等[⑦]提出通过城乡关系研究，建立土地、产业、功能等空间规划措施建立城乡融合单位的具体路径；邱峙澄[⑧]、张丽新[⑨]、戈大专等[⑩]从空间治理角度提出通过乡村空间重构、权属关系重塑和组织体系重建方式建构流动的、持续的、和谐的公共空间。城乡融合的双向主体是城与乡，中期指向是乡村发展，远期指向是城乡共存共融。其中，站在乡村发展角度进行城乡融合路径的思考有：秦清芝等[⑪]提出挖掘乡村综合价值促进城乡融合发展；曹智等[⑫]、李

① 王军良．乡村振兴背景下的城乡融合编制单元的发展路径研究 - 以台前县为例 [J]. 中华建设，2020（7）：84-88.

② 王向阳，谭静，申学锋．城乡资源要素双向流动的理论框架与政策思考 [J]. 农业经济问题，2020（10）：61-67.

③ 李后强，张永祥，卢加强．基于“渗流模型”的城乡融合发展机理与路径选择 [J]. 农村经济，2020（9）：10-18.

④ 欧万彬．“新时代城乡融合发展”的内涵解读与实践要求 [J]. 北方论丛，2020（3）：37-44.

⑤ 涂圣伟．城乡融合发展的战略导向与实现路径 [J]. 宏观经济研究，2020（4）：103-116.

⑥ 曹智，李裕瑞，陈玉福．城乡融合背景下乡村转型与可持续发展路径探析 [J]. 地理学报，2019，74（12）：2560-2571.

⑦ 陈建滨，高梦薇，付洋，等．基于城乡融合理念的新型镇村发展路径研究——以成都城乡融合发展单元为例 [J]. 城市规划，2020，44（8）：120-128+136.

⑧ 邱峙澄．空间正义：新型城镇化发展中的城乡融合治理[J]. 齐齐哈尔大学学报（哲学社会科学版），2020（7）：59-62.

⑨ 张丽新．空间治理与城乡空间关系重构：逻辑 · 诉求 · 路径 [J]. 理论探讨，2019（5）：191-196.

⑩ 戈大专，龙花楼．论乡村空间治理与城乡融合发展 [J]. 地理学报，2020，75（6）：1272-1286.

⑪ 秦清芝，杨雪英．挖掘乡村综合价值促进城乡融合发展 [J]. 人民论坛，2019（34）：76-77.

⑫ 曹智，李裕瑞，陈玉福．城乡融合背景下乡村转型与可持续发展路径探析 [J]. 地理学报，2019，74（12）：2560-2571.

鑫等[①]探讨了城乡融合背景下乡村转型发展动力机制及可持续发展路径；史育龙[②]认为城镇化与乡村振兴互促共生、双轮驱动，是实现融合互动发展的必然选择。

6.2.2 国内外关于都市近郊乡村社区转型发展相关研究

R.J. 普里奥（1968）对城市边缘区提出了被普遍借鉴的概念，认为“城市边缘区”的人口密度、土地利用处于中心城区与纯农业腹地之间，兼具有城市与乡村两方面的特征。顾朝林（1995）等认为“城乡边缘区”是一个受建成区“外延型”及“飞地型”城市化影响，具有盲目性和自发性的生长倾向的不连续的空间。韩非等（2011）认为根据都市近郊乡村社区的发生空间、影响方向和作用机制的不同归纳为城乡接合部、城中村等城市型半城市化区域和近郊现代化农村社区为特征的乡村型半城市化。国外学者更加关注从微观层面研究乡村空间的内部关系，强调乡村空间与自然、文化的融合发展。如纳什（Nath.T）等指出社会经济的飞速发展，引起乡村居民点空间的剧变，通过空间重构、功能调整等方面引导乡村居民点内部功能的转型；波塔（Porta.J）等认为通过乡村居民点内部功能分区，对生活和生产空间进行明确分离，有助于乡村居民点增长边界的划定。

国外相关学者结合了地理学、经济学、社会学等多学科的交叉融合，从不同层面和视角对乡村居民点进行了系统的研究，而乡村空间转型和重组的研究是关注的重点和未来发展的大趋势。

相比之下，我国关于乡村居民点的研究起步较晚，相关研究大致经历了以下四个阶段。起步阶段（20 世纪 30 至 40 年代）：受西方乡村地理学的影响，我国学者开始重视人地关系、乡村聚居的研究，如朱炳海、陈述彭、刘恩兰等主要以具体乡村聚落的调查研究，侧重于不同区域条件下乡村居民点的特征描述研究。感性认知阶段（20 世纪 50 至 70 年代），这一时期有关乡村居民点的研究较少，由于人民公社的推行，乡村居民点的相关研究主要与社会主义建设实际工作结合起来，研究结论局限于感性认知层面。理论体系构建阶段（20 世纪 80 至 90 年代初期），随着乡村经济发展，对乡村聚落的研究越来越重视，金其铭、李旭旦等针对乡村聚落的理论基础、形成、布局特点、影响因素等展开了研究，构建了初步的理论框架。多学科交叉研究阶段（20 世纪 90 年代末期至今），我国进入快速城镇化阶段，乡村空间发生巨变，大量研究从经济学、地理学、生态学、社会学等视角，对乡村聚落进行研究。在近 30 年城镇化发展过程中，积累了大量的实践经验，国内学者对我国城市近郊区展开了一系列的研究，主要涉及城市近郊区

① 李鑫，马晓冬，Khuong Manh-ha. 祝金燕 . 城乡融合导向下乡村发展动力机制 [J]. 自然资源学报，2020，35（8）：1926-1939.

② 史育龙 .“十四五”城乡融合发展面临新的重大挑战与策略 [J]. 山东农机化，2020（4）：9-11.

空间演进、土地利用、产业发展、规划管理等方面。

1. 大都市郊区农村社区理论研究

赵亚青（2007）从乡村城市发展的动力来看，大都市郊区农村社区的发展，除来自乡镇产业及农业发展的“内部动力”以外，大城市强中心的“离心作用”尤其显著；张慎娟（2008）稳定的社会经济环境、周边城市道路交通设施的带动及重大建设项目给周边郊区农村的发展提供良好的环境基础，但城乡用地性质和发展方向同时受到城市规划的引导和限制对郊区农村的发展起到一定的约束作用；王海坤（2006）城市近郊农村聚落呈现出公共交通便捷化、私有空间开放化、身份及差异明显化和适应性增加等特征；么雪（2006）由于经济、制度、心理、文化等因素导致郊村居民对市民化推进具有强势的“棘轮效应”等。

概况而言，现有对都市近郊的农村社区研究主要集中于两个部分：一是对大都市郊区乡村人口、产业、空间要素的变化及动力机制的理论研究；二是基于对郊区农村发展的现状及问题提出相应空间引导和建设策略。研究总体偏于宏观视角，极少从乡村社会群体及个体的微观视角出发，甄别乡村社区的现实问题。

2. 乡村社区的社会空间研究

国内处于社会变迁下的社区研究肇始于20世纪90年代人类学领域，主要是基于乡缘移民村落的产业组织网络、经济行为特征等农民市民化主体的构成的“新社会空间”的研究。李小建（2006）创造性地提出“农户地理学”并奠定了其研究基本框架，基于地理学视角的地域空间及其相互作用的理念，认为农户、农民和农户群体及其的生活生产活动在空间上具有明显的关联和结构。

3. 乡村居民点建设研究

从研究内容上来看，国内关于乡村居民点的研究，主要集中在影响因素、空间布局特征、演变及动力机制、布局优化策略等方面（表6.2.1）。概况而言，改革开放后，我国城乡经济飞速发展，城镇化率不断提高，处于城镇化快速发展和社会转型的关键时

国内关于乡村居民点研究的主要内容　　**表6.2.1**

研究内容	影响因素评价	空间布局特征	演变及动力机制	优化策略研究
研究人员	姜广辉（2006）	闫庆武（2009）	邓南荣（2013）	邹利林（2011）
	倪永华（2013）	关小克（2010）	周　伟（2011）	谢保鹏（2014）
	吴春华（2013）	张　霞（2012）	宋明洁（2013）	曲衍波（2012）
	沈陈华（2012）	梁会民（2001）	吴旭鹏（2010）	李云强（2009）
研究核心	经济影响	地理空间形态	约束力演进	等级布局优化
	自然影响	规模及分布	推动力演进	农户主导优化
	生产影响	空间布局模式	演化进程	功能主导优化

期，对城市近郊区乡村居民点的研究越来越重视，研究的广度和深度不断加强，也逐步丰富起来。同时也存在一些不足的地方，从研究成果体系来看，相关研究之间相对独立，研究成果体系还不够完善；从研究内容上来看，乡村居民点空间布局特征主要侧重于微观层面，需加强宏观和中观层面上的研究。

6.2.3 发展阶段：乡村转型发展四个阶段

1. 理论参照

基于马斯洛需求层次理论、产业结构演变理论、区域空间结构理论等演绎乡村转型发展阶段。马斯洛需求层次理论指出，人的需求由低到高可分为五个层级，即生理的需求、安全的需求、社交的需求、尊重的需求和自我实现的需求，呈金字塔状分布。生理的需求和安全的需求是物质层面的低层次需求，社交的需求、尊重的需求和自我实现的需求是思想层面的高层次的需求①。该理论也指出人的需求的满足具有一定序次性，即下层需求基本满足后，上层需求成为人类行为活动的主因，且下层需求仍然存在。为满足逐渐升级的需求，人类主体会主动提高生产强度、改进生产方式，由此形成乡村社会经济发展转型的重要驱动力。

产业结构演变理论揭示了一个区域或国家生产方式组成、升级的方向和途径。主要包括配第—克拉克定律、库兹涅茨法则、霍夫曼定理和雁行形态说 4 种较有影响和实际应用价值的理论②。其中，反映就业人口以及国民收入和劳动力在产业间分布结构变化的配第—克拉克定律和库兹涅茨法则指出，随着经济发展和人均国民收入水平提高，第一产业或农业部门的劳动力和国民收入比重不断下降，第二、三产业或工业部门、服务部门的比重不断上升。产业结构演变理论是人类主体在不断满足其日益增长的需求实践中形成的经验，为相对落后地区的发展主体主动提高和升级生产方式以满足其需求提供了方向和途径。然而，其成功提高和升级生产方式的概率往往受到其所在区域与其他区域间关系的影响。

区域空间结构理论揭示了一个国家或较大区域内生产方式空间格局变化的方向和途径。根据点线要素组合方式，可分为极核结构理论（增长极理论、核心—边缘理论）、轴线结构理论（“点—轴”系统理论、双核结构理论）和网络结构理论（中心地理论）③。区域空间结构理论指出区域生产力布局往往由均匀分布向极核、轴线或网络结构演化，

① 常静松 . 基于马斯洛需求层次理论的农村居民环境保护意识的研究 [J]. 农村经济与科技，2019，30（16）：7，9.

② 李小建 . 经济地理学 [M]. 北京：高等教育出版社，1999.

③ 刘卫东，等 . 经济地理学思维 [M]. 北京：科学出版社，2013.

在这个过程中区域联系不断增强、区域分工不断明确。该理论可指导相对落后地区的发展主体在主动提高和升级生产方式时理智分析其在区域空间结构中的定位、客观预估区域空间结构演化趋势，以增强提高和升级生产方式的成功概率。

乡村地区的城乡融合发展进程中，在衣食住行、教育医疗文化设施等需求驱使下，乡村主体主动投入农产品种植、工业产品制造、乡村旅游组织等产业活动。受产业结构演变和区域空间结构演化规律的影响，乡村地区形成的主导产业及其升级方式具有序次性，从乡村转型发展角度看，主要包括生产力均匀分布下以实现温饱需求为目标的土地整治促增产阶段、城乡联系增强下以提高生活水平为目标的农业结构调整促增收阶段、区域联系增强下以提升生活质量为目标的产业结构调整促致富阶段、城乡互动融合下以城乡等值[①] 为目标的公服设施建设促均等阶段（图 6.2.1）。当然，并不是所有乡村都按照这 4 个阶段依次转型、演进，可能会因资源基础、区位条件、市场规模、发展主动性等因素的差异而存在跃迁或并行的现象。

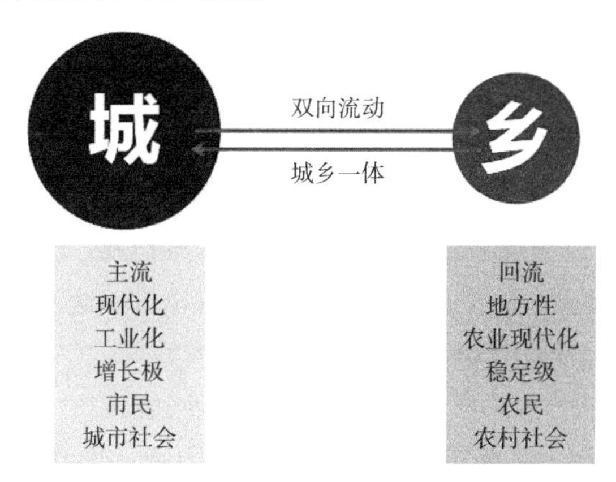

图 6.2.1　城乡要素双向流动因素

2. 乡村转型发展的过程与机理

乡村转型发展过程与基于马斯洛需求层次理论、产业结构演变理论、区域空间结构理论等演绎的 4 个阶段具有较强一致性。结合理论解析和实证研究，乡村转型发展过程存在着“工程化”—“非粮化”—“非农化”—“社区化”四个阶段的演化趋势，其演化机理归纳如下（图 6.2.2）：

1）生产力均匀分布下以实现温饱需求为目标的土地整治促增产阶段

这一时期，乡村具有明显的传统农业社会特征，乡村人口以地为生，人口规模受土地生产力和耕作半径影响，区域之间、城乡之间的联系较弱。生存需求是乡村主体要素

① Liu Yansui，Lu Shasha，Chen Yufu. Spatio-temporal change of urban-rural equalized development patterns in China and its driving factors. Journal of Rural Studies，2013，32：320-330.

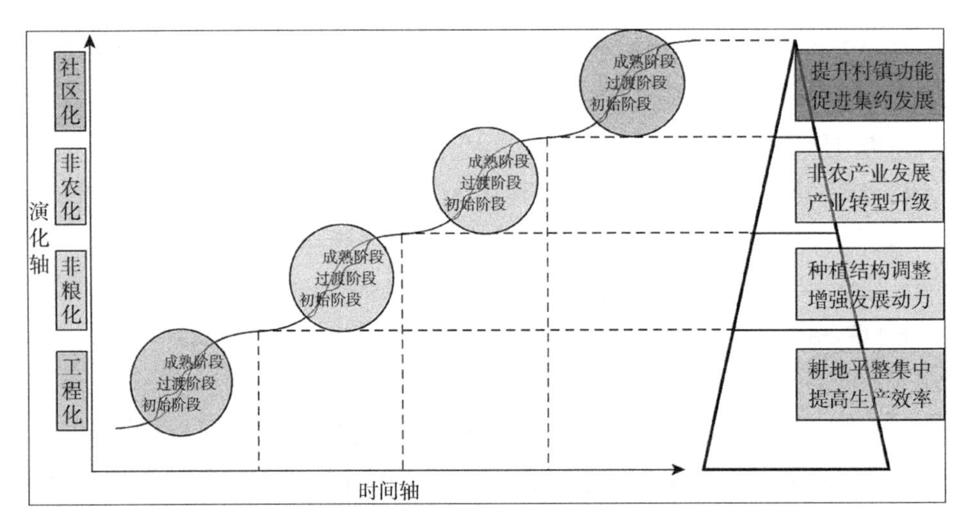

图 6.2.2 乡村转型发展阶段

的主要需求，提高耕地生产力、增加粮食产量是重要的生计策略。受地形地貌、水文等自然条件以及耕地管理、历史因素等影响，部分地区耕地高低不平、分散细碎，抵御自然灾害能力差，粮食产出甚至难以维持村民的温饱需求。资源环境基础是农业生产的基础条件，在政府推动、村干部带动或村民协商下，部分乡村通过采取平整耕地、归并零散土地、拓展耕地面积、配套生产设施等土地整治工程措施，改善农业生产条件，提高劳动生产效率，增加粮食产量，进而满足村民的生存需求。这一阶段乡村发展主要通过土地整治工程实现的，可简称为“工程化”阶段。

2）城乡联系增强下以改善生活水平为目标的农业结构调整促增收阶段

随着粮食产量增加，村民的主要需求从生存需求逐渐提升为发展需求。由于粮食生产的比较效益低，小规模生产难以大幅提高农户收入。这一阶段，区域之间联系还不强，区域内城乡之间的联系有所增强，但城市创造的非农就业岗位仍较少，提升农业土地产出效益仍是村民增加收入的主要策略。经济作物收益明显好于粮食作物，但其生产技术、资金投入也明显较高，上一阶段的粮食丰收为种植结构调整奠定了基础。在技术能人 / 大户带动、政府推动、村干部与村经济组织带动，甚至外部经济组织的介入下，部分乡村开展大规模农业结构调整，发展形成专门从事一种或一类农畜产品生产的专业村，与该类农产品相关的种子种苗、农资农药、技术培训以及机械、流通和金融等服务体系不断完善，抵御自然灾害和市场风险的能力不断提高，土地产出效益得以提升，村民收入水平不断增加。这一阶段乡村发展主要通过调整农业结构实现的，粮食种植面积往往明显降低，可简称为“非粮化”阶段。

3）区域联系增强下以提升生活质量为目标的产业结构调整促致富阶段

农产品专业化发展和村民收入水平提高，激起村民及经济组织更多的发展需求。由于农产品的低收入弹性、乡村土地的有限性以及农业的低比较利益，资金、劳动力和土地等资源不断流向非农业部门。在村内从事农资代售、物流运输、农畜产品销售等相对盈利环节，并已具有一定资金基础的部分村民、村经济组织，或自发地在政府引导下创办农产品加工、农资生产等工业企业，发展休闲观光业并结合村庄区位优势、资源禀赋和发展机遇，探索发展与农业部门联系较少的工业企业。这些企业一般具有如下特点：①与原农产品具有产业前后向联系或互补关系；②投资相对不大；③多属于劳动密集型产业，技术门槛低；④生产周期短、附加值高、投资回报率高。非农产业发展创造了更多的就业岗位，提供了更多的收入，但同时也伴随农地非农占用现象。这一阶段乡村发展主要通过调整三次产业结构实现的，一产比重持续下降，可简称为“非农化”阶段。

4）城乡互动融合下以城乡等值为目标的公服设施建设促均等阶段

随着乡村非农产业发展，村级经济组织依据发展基础、市场环境、区位条件等逐渐聚焦1～2个工业或服务业产品，并与乡镇或其他村庄形成合理产业分工。非农产业专业化在提高了村民收入的同时，也吸纳村外就业人员集聚。村民日益希望能够享受到与经济水平相适应的基础设施和公共服务。由此，政府或村集体组织逐渐提升市政设施、医疗、教育、社会保障等公共服务水平，着力与经济规模和常住人口规模相匹配。完善的公共服务水平成为进一步吸引人才集聚的优势条件。乡村发展到这一阶段，农业部门的产出比重和就业比重基本可以忽略，乡村景观基本消失，实现了由乡村向小城镇的转变，城乡基本公共服务差距明显缩小。这一阶段乡村发展主要通过增强村镇公共服务功能、促进城乡社区等值实现的，从生活转型角度可简称为“社区化”阶段。

当然，乡村实际发展过程不一定严格按照这4个阶段依次发生，往往可能因资源基础、区位条件、市场规模、发展主动性等因素的差异，而存在跃迁或并行的现象，如城郊乡村直接非农化、丘陵地区乡村工程化与非粮化同步等。江苏省永联村因耕地资源有限、前期乡村工业化探索等因素就直接跳过了非粮化阶段。同时，乡村转型发展所经历的阶段存在区域差异，城郊乡村4个阶段都可能经历，偏远乡村较难经历所有阶段。

在每个演化阶段，乡村跃迁/转型过程的启动受到政府、村民协作组织、外部经济组织以及村民参与等的综合影响。根据发展过程中不同主体发挥作用的变化，每个演化阶段又可细分为初始阶段、过渡阶段和成熟阶段：①在初始阶段，乡村发展需要某一主体（如“能人”）的强烈干预[①]，调动其他关键主体的支持与参与。该阶段面临失败的风险，政府需要持续跟踪乡村发展状况，并根据实际情况采取调控措施。②在过渡阶段，

① Li Yurui，Fan Pengcan，Liu Yansui. What makes better village development in traditional agricultural areas of China? Evidence from long-term observation of typical villages[J]. Habitat International，2019（83）：111-124.

参与主体的分工不断明确，抵御风险的能力不断增强，乡村自我发展能力增强，政府在发展成熟的环节逐渐退出调控，仍在部分环节发展调控作用，但可能会存在政府过度干预的“越位”现象。③在成熟阶段，乡村发展走向正轨，产业配套完备，具备了一定的抗风险能力和自我调节能力，市场机制在乡村发展中发挥主导作用，政府起到更好的服务、引导功能，过度干预的“越位”现象逐渐消失。从这个角度看，乡村转型发展呈现循序渐进、螺旋上升的特征。

6.3 实践路径：互动互融、互建互惠

早在20世纪60年代，法国实践了“农地退出”模式，以政府主导土地整治与乡村建设公司（SAFER）运作农村土地利用制度改革；德国与欧盟将城乡“不同类但等值”的等值化理念运用于城乡关系的解构与重塑。这些路径与方式值得我们参考和学习。

2019年12月，国家发展改革委等十八部委联合发布了11个国家城乡融合发展试验区名单及《国家城乡融合发展试验区改革方案》[①]，标志着我国城乡融合发展推进工作从行政意义层面进入探索与实践阶段。2020年6月，《四川成都西部片区国家城乡融合发展试验区实施方案（送审稿）》以成都近郊8个区县（温江区、郫都区、大邑县、邛崃市等）全部行政区划范围内93个镇（街道）、1805个村（社区）为试验的空间范围，从公园城市绿色生态价值实现、城乡产业协同模式、城乡流动人口迁徙制度、城乡统一建设用地市场、农村金融服务体系等五个方面重点试验内容进行了实践探索。

结合上述研究成果可见，学术界对城乡融合的意义与内涵阐述深刻，对实施路径的探讨、模型的构建清晰。但就城乡融合的空间落地性方面，尤其是在以县域、乡镇村为单位的中观尺度空间与微观尺度空间层次上，具体实施方面的研究内容尚需要加强。

6.3.1 要素自由流动引导城乡互动

无论是中国城乡关系的变化还是世界各国城乡关系的变化，走向融合发展，实现城市和乡村的有效互动代替单向流动已经成为各国共识。其中市场具有敏锐性，资源要素对城市具有强烈的吸附效应，要对城乡关系综合考量，全面认识城乡融合发展趋势。市场机制运行主导，资源配置要按市场规则运行。城市与乡村之间流动的最显著标志就是产品要素在市场机制下的自由流动。其中，促成了最活跃因素人的自由流动。因此，通过政府主导

① 中华人民共和国国家发展和改革委员会.关于开展国家城乡融合发展试验区工作的通知.发改规划〔2019〕1947号[R/OL]. 2019-12-27. https：//www.ndrc.gov.cn/xxgk/zcfb/tz/201912/t20191227_ 1216773.html.

的社会保障体系建设可以使城市和乡村，特别是城市和小城镇之间将实现无差别的生活。而往往乡村更适宜人居。在这里城市的发展，尤其工业往往被限定在一定的区域内，留出足够的农业用地，以此解决城市的供给问题。工业化是城市化的前提，没有要素流向集中就无法实现工业化以带动经济发展，城市无法解决大量就业就没有城市化的有序推进。

因此，可以看到城乡关系融洽的发达国家有一个共性就是政府不仅鼓励城乡要素的流动，而且还通过政策去加以调节而不会出现拉美式要素单向度流动，导致因要素流动的不顺。

6.3.2 政府有效政策倡导城乡互融

加速资金支持力度。日本政府支持资金回流乡村，通过政府出资的政策性金融机构、农村自治组织创立的互助性金融机构以及普通商业银行三部分构成。并增加农业保险的覆盖面，不使农民因自然灾害等影响其收入，这就极大地保障了农业生产。

提升科技支撑乡村发展。现在发达国家普遍利用强大的工业体系、教育体系和科研体系加快农业现代化，英国以从业劳动力生产着60%的农产品。日本、韩国、以色列等更是在农业精细化发展上成效显著。

在新型职业农民培养上加大力度。既需要具有现代科学文化知识、生产能力又善于洞悉市场风向的新型农民，只有提高生产者素质，才能有效地提高生产能力。

发达国家普遍对农业采取特殊的补贴政策，对土地发展权加强管控，促进长期健康发展。美国在乡村和城市一样无差别的基础设施建设由政府承担和维护运行。政府干预和主导，通过法律法规引导和支持乡村发展、通过社会保障均等化、基础设施无差别化等在硬件条件上使得城乡融合一致。还有就是发达国家普遍以都市圈的形式形成区域发展优势，同时都市圈之间又加强城镇建设，而后以发达的交通网络实现互联互通。很显然，发达国家在城乡关系上的规划组织明显要比发展中国家更早，特别是对小城镇的规划成效尤为明显。

6.3.3 基层组织落实推动城乡互建

日本在2014年拥有从全国性质到都道府县和基层综合农业协会近千个，各类专门农业协会2011个，基本覆盖了全部农民[①]。这样就能解决小农业与市场之间的矛盾。英国也通过农业专业化经营，对农业从业人员进行严格规范，推动新型职业农民和农业的专业化经营，进行多元的农民职业教育。发挥乡村本地居民的主体作用来规划属于自己的乡村，避免城市发展同质化，避免千城一面的模式。每座城市都应有自己独特的核心

① 叶兴庆，金三林，韩杨，等. 走城乡融合发展之路[M]. 北京：中国发展出版社，2019：264.

理念也就是“魂”。中国这样一个大国，城市因功能定位、地理区位等的不同，不易出现城市群建设的同质化倾向。特别是区域较近的城市要错位发展，差异竞争中在充分发挥科层体系统揽全局作用的同时要注重基层扁平组织的自治作用。在这方面，发达国家普遍基层组织机构较多且健全，而拉美国家则十分弱。

在我国，乡村是极其广大，管理和治理涉及的对象也众多。因此，强化乡村基层组织既要提高参与热情更要提高共识性。通过乡村基层组织可以因地因时地实现乡村产业的多元化，乡村建设的多样化。

6.3.4 市民农民收益利导城乡互惠

加强乡村基础设施建设，实现非农人口乡居化。美国 2011 年抽样调查显示美国城市郊区和农村区域的小城市中等家庭的可支配收入高于大城市。在英法等欧洲国家农民的经济地位能达到中产阶层。收入特别是一系列的推进乡村公共服务均等化的举措，增加乡村基层自治，在商业产业税、居民地产税、上级转移支付等归地方负责区域性的公共服务，而乡村居民的养老、就医等由政府负责。美国对乡村 65 岁以上的老人提供和城市完全一样的医疗且由政府承担，包括城乡一致的退休金待遇等。韩国城乡居民收入的差距为 1:0.84[①]，基本与城市没有太大差距。这是对市民下乡所给予的特惠政策。同样，对进城的农民，在选举、就业、社会保障等方面都能普遍实现均等，这就消除了其他社会因素对人员流动可能产生的限制。这样通过互惠利导的政策，才能增加城乡居民的双向流动，才能吸引城市资源下乡且得到应有的回报，实现基本无差别均等化发展。

在世界历史上商业与工业欧美最早出现了城乡之间极化的矛盾，也较早地出现解决城乡关系的理论探讨与实践尝试。继之而来的是成为欧美殖民地的亚非拉等国家普遍出现了发达的城市化背景下不发达的乡村，相比较乡村无法与城市实现同步发展。其中具有较强亚洲文化特质的日本、韩国等城乡关系问题的处理上有益经验较多。以色列虽然地域面积有限，然而其中小城镇建设以及城市中乡村因素的建设，对我国区域的发展借鉴意义很大。从人类城乡关系发展的历史看，城乡关系量化的标准可以按照城市化率参考。城市化率低于 30% 为城乡隔离阶段，达到 30%～50% 则进入城市向乡村渗透的城乡联系阶段，而当城市化率达到 50%～70% 时则要进入城乡融合的阶段。处理和解决城乡关系问题伴随着城与乡出现就已存在，而严峻形势从未像今天这样急迫。既希望发达的城市功能不衰退，又渴望乡村发展能不落后。各国都在努力以自己优势解决劣势，保持稳定发展。普遍追求着乡村与城市的有序互动，融合而进。渴望同步城市化，避免过度城市化、滞后城市化和逆城市化。

① 潘晓成．论城乡关系：从分离到融合的历史与现实 [M]. 北京：人民日报出版社，2019：178.

第二篇

实证案例

成都公园城市乡村社区面临的各种问题，从区位、职能、形态、风貌等方面入手——本篇所列举的每个案例既具有乡村社区的综合性、又各具典型性和代表性，体现了具有推广的价值。

成都公园城市理念及实践覆盖成都市城乡全域，其核心价值导向与目标导向是“以人民为中心、以绿色发展为核心理念”“一公三生（公园＋生产＋生活＋生态）”，集中体现了“全民所有共建、全民共享”的中国特色社会主义核心价值观的城乡建设目标，是创新、协调、绿色、开放、共享的新发展理念在城乡建设与发展思想上的指引①。在公园城市理念的指导下，在城乡融合发展过程中，成都公园城市建设实践了“乡村＋”模式，涵盖了“乡村＋艺术乡建”“乡村＋高校文创”“乡村＋资本农旅”“乡村＋资本文旅”“乡村＋公益生态”“乡村先锋＋区域统筹”等，既实现了乡村空间的转型、提质与升级，践行了城乡融合发展的相关理念，本篇结合成都公园城市建设背景下的“乡村＋高校文创”“乡村＋资本农旅”“乡村先锋＋区域统筹”乡村转型发展模式的典型案例进行阐述。以“艺术乡建：道明镇竹艺村网红之路”“内生与外引、高校赋能：川音艺谷破茧”“乡土坚守：仙阁村传统村落保护与永续发展”“强农战略与产业复合：中江县农业园区乡村发展”“生态价值的产业转化：郫都区花牌村养老基地”五个实证案例为典型，进行不同区位条件、资源禀赋、发展基础条件等因素构成下的乡村社区转型发展“过程——事件”论证。

① 范颖，吴歆怡，周波，等.公园城市：价值系统引领下的城市空间建构路径[J].规划师，2020，36（7）：40-45.

第 7 章　艺术乡建：道明镇竹艺村网红之路

7.1 初识竹艺村

7.1.1 地理位置：都市远郊的普通村落

竹艺村不是一个行政村的概念，位于成都崇州市道明镇，距成都市区约 50 公里，是道明镇龙黄村 9、11、13 组三个村民小组自然形成的林盘聚落所在的区域，占地面积 8.2 公顷，包括 86 户村民 295 人，2016 年之前，龙黄村还和许多传统村庄一样，风景宜人，但是社会经济发展情况却较为落后。如果说龙黄村还有什么和传统村庄不一样的地方，或许只有当地的特色文化——道明竹编，是成都平原上星罗棋布分布的川西林盘中极为普通的一座林盘村落。四川省的竹林资源丰富，以此为条件，根据省内各地的产业布局情况，构建起了“一群两区三带”的竹产业发展格局。道明镇处于该布局中的成都平原竹文化创意区。

镇上的竹艺村——龙黄村被称为“中国民间文化艺术之乡”，是道明镇竹编文化创意产业核心区和聚集区。

7.1.2 生态自然环境：竹为特色、山水相依

竹艺村林盘背靠无根山，紧邻白塔湖，林盘内翠竹成荫、连阡累陌、流水潺潺，自然生态资源优厚。拥有着优良的自然本底——川西林盘，其中“林、田、宅、人、水”的这种相互共生关系，创造出了基于川西传统文化的农耕文明，从而使竹艺村具有川西独有的原汁原味，在全国形成了特色的川西田园风光。

竹艺村及周边环境的土壤以紫色水稻土为主，土壤肥沃，农业利用价值较高，利于当地水稻和慈孝竹的种植。但由于土壤侵蚀和干旱缺水的现象时常发生，种植时要注意水土流失，故在竹艺村周边有部分蓄水池塘和梯田，为作物提供水源。同时，紫色土比较干燥，水分适宜，吸潮性较强，可以直接固定地基，作为建造民居的前提条件。

7.1.3 产业经济发展：有技艺，无效益

“山上清泉山下流，家家户户编花兜。”自古以来，道明人依竹而居，依竹而器，竹编不仅进入了道明人的生活，更融入了他们的血液。农田是竹艺村内最大的生产基地。此外，原居民几乎家家户户都掌握竹编传统技艺，以竹编作为手工业生产。道明竹编作为国家级非物质文化遗产，已经有2000多年的悠久历史和浓厚的文化底蕴，同时经过世代的传承及发展，在村中数名非遗传承人及其相关村民等的延续下，道明竹编已形成了平面竹编、立体竹编、瓷胎竹编三大体系，以及其中的各式篼、篮、盘等数十个大类，上千多个花色品种，尤其以奇巧多姿、造型新颖别致、工艺精美、种类繁多而传承于世。

由于传统种养殖业、竹编产业的经济效益较低，村上的青壮年人口大量流出，虽有户籍人口295人，但常住人口却不足百人。人走了，房空了，这个村子离自然死亡，似乎只是一步之遥，导致了农村“空心化”。留在村里的只有老人、妇女和儿童。由于经济较为落后，村庄的基础设施薄弱，基本的公共服务设施较为缺乏。

有技艺，无效益；能吃苦，无门道，是这里的人们生产生活状况的真实写照。20世纪70年代，道明镇3万多人中，有2万多人从事竹编，但是当时编织的多为竹篮等传统小件，利润微薄，后又受到塑料制品的冲击，竹编更加难以为继。据不完全统计，早期四川市场超过80%用于开业庆典的竹编花篮，都来自于道明，产业链非常庞大，但经济效益却并不理想。“市场售价120元至150元一对的花篮，当地村民编织一个只能挣0.8元，年轻人有的因为读书、有的因为进城务工离开家乡，不再从事竹编工艺，也不愿学习竹编工艺。留守在家的中老年人，在照顾家庭的同时，也只是顺带靠竹编赚些零用钱。”人们依竹而居，削竹为器，有150元一对的花篮，当地村民编织一个只能挣1元钱，微薄的经济效益使得竹编技艺无法支撑村民的基本生活和整个村庄的经济发展。

7.1.4 文化底蕴：艺术创作之源

陆游曾在蜀州做过通判，写了一首词——《太平时》：“竹里房栊一径深，静愔愔。乱红飞尽绿成荫，有鸣禽。临罢兰亭无一事，自修琴。铜炉袅袅海南沉，洗尘襟。”

在竹艺村竹子随处可见，山上养竹，道旁立竹，水中映竹，几百年来村民依竹而居、以竹为器，孕育出了国家级非物质文化遗产——“道明竹编”，历史悠久的川西林盘文化与竹编文化共同彰显当地特色，为乡村旅游奠定文化根基。竹艺村林盘的游憩资源具有旅游观赏性、生活实用性和乡土记忆性等价值特征，可有效呼应和解决城市居民需求，艺术手段介入实现林盘转变成为城市居民的游憩空间。通过乡村游憩空间的营

造，既可以满足人们日益增长的文化精神需求，又可促进城市与乡村的功能互补、良性互动，实现乡村繁荣兴旺与升级转型。

竹编，始于远古时期，古人将竹编为器皿，盛储食物。在浙江湖州钱山漾的新石器时代遗址中，就出土了大量竹编器具，品种繁多，用途广泛，涉及家具用品、饮食用具和农业用具；战国时期，楚国编织技法也已经十分发达，出土的竹制品便有竹席、竹帘、竹笥（即竹箱）、竹扇、竹篮、竹篓、竹筐等近百件。四川山区多种植竹，竹艺是四川省的一项重要文化传承，它展示了四川人民的智慧和勤劳精神，也是中国传统文化的一个重要组成部分。清代同治年间，崇州人士张国正酷爱竹编，在学习总结丰富的崇州民间竹编艺术的基础上，张国正将竹篾越划越薄、竹丝越劈越细，器具编织得越来越精致。因为竹丝细到没有了骨力，难以成型，张国正就开创新技，用瓷器、漆器来作为底胎，让竹编依附在底胎上，“瓷胎竹编”由此诞生；光绪年间，崇州“瓷胎竹编”远渡旧金山参展，轰动了西方，被誉为“东方艺术之花”[①]。2014年，“道明竹编”入选国家级非物质文化遗产代表性项目名录。

7.2 竹艺村转型的艺术介入路径

7.2.1 十年历程，产业思维促发整体发展思维

1.“面向未来，面对现实”：高起点规划绘制高标准蓝图

2012年，崇州市主动与中央美术学院对接，最终提出将最靠近公路的9、11、13组所在范围规划成为竹艺聚集区，作为竹艺村的雏形；借由竹编艺人聚集、竹编产业艺术化的方式，将竹艺村打造成为“文创旅游的创新创意示范区”的发展思路。通过创建全新的产业运作模式，为推动传统产业走进现代生活做出积极探索，为传统工艺产品适应现代生活提供坚实基础，有效发掘和运用传统工艺所包含的文化元素和工艺理念，丰富传统工艺的题材和产品种类。

带着这些思考和探索，2016年，崇州市市属国有公司（四川中瑞锦业文化旅游有限公司）正式接手竹艺村的打造工作。从最初的一栋一栋院落围绕竹编工艺生产与制作为主的功能性改造开始，旅游公司的设计师现场蹲点、现场设计与指导施工为基本工作模式，虽然该工作模式并不规范，但为后续竹艺村的整体改造设计奠定了参考风格。

2.“三权分置，四向共商”：乡村振兴导向乡村资源运作模式

2016年起，竹艺村践行乡村振兴战略，开始探索宅基地“三权分置”，即所有权、使用权、经营权，按照“公司＋设计师联盟＋乡村规划师＋村民”共商模式，开始规划

① 陆离．院落 | 道明竹艺村“变形记”[J]. 天府广记，2021（9）.

设计与建设，让艺术点亮乡村，用文化延续未来。竹艺村梳理出文化谱系，找出竹编、美食、传统手工等具有传统技艺的各类艺人 66 人，其中，竹编艺人 50 余人。随着新村民、文创设计人员的进入，引导这些传统手工艺人进行产业的转型升级，形成道明竹编产业链。原居民在竹艺村项目的带动下，开始利用自家闲置空间参与经营，林盘的打造带动了全体村民增收致富。

2017 年 10 月，道明竹艺村川西林盘项目提上日程。在考虑了川西林盘生态、川西民居特色、当地风土人情等要素的情况下，当地政府和崇州文旅集团因地制宜对竹艺村进行规划设计。2017 年底，17 户村民以出租方式与开发公司签订租用协议，村民和开发公司达成共识——有树林、有房屋、有农田、有溪流，才叫林盘。在他们的设想中，“大拆大建、挖山填塘、过度设计、冒进求洋”被彻底摒弃，取而代之的是按照保护原生态、留下原居民、尊重原产权、使用原材料的“四原”原则对竹艺村进行规划设计。

2018 年 2 月，“道明竹艺村”开村。竹艺村的建设，让这个沉寂多年的村落焕发了新的生机。

3.“以竹为主，设计为媒”：建筑艺术引发国际关注

2018 年夏天，在当代国际艺术展示的最高展会——威尼斯建筑双年展中国国家馆内，一座名为“竹里”的建筑华丽亮相。如果从高处俯瞰“竹里”，这是一个在乡郊田野上盘旋着的青瓦房，它有着圆融交汇的俯瞰格局、弯曲的青瓦屋面形以及两个充满古朴感的院落。“竹里”创意来源于太极图无限符号，代表融合与无限，建筑中内与外、竹与瓦、新与旧的关系，被概括在“大象无形”的屋顶之下，仅凭几张照片就足以让参观者惊叹折服。它向世界展示了中国乡村建设的另一种可能性：告别城市化的千篇一律，在传统与现代之间探索一条中间道路（图 7.2.1）。

图 7.2.1 “竹里”亮相威尼斯建筑双年展（2018 Venice Architecture Biennale）中国馆

“竹里”走红后吸引了大量的游客，而旅游业的发展也带动了村里的传统产业。以前，道明村的竹编产品多是簸箕、竹篮、花篮等器具，现在“道明竹艺村”将竹编运用到了更多场景，比如建筑、家居、饰品、包包、户外装置等；许多当地青年也纷纷回到村子里创业，他们拓展了竹编类型，创新出了镂空的竹灯、富有设计感的竹椅和竹凳、多层的竹制摆架以及形态更美的瓷胎竹编器具等，让道明竹编这个传承已久的古老技艺焕发了新的生机。

但真正让这个村落获得国际关注的，是竹艺村的标志性建筑——“竹里”。竹艺村举办海外艺术驻留计划，来自美国、西班牙、荷兰等 6 个国家的艺术家们住在竹艺村进行学习和设计。同时竹里成为“教科书”级作品引发建筑行业热捧，建筑人才蜂拥而至。在完成竹里项目之后，当地着手招募一定数量的“新村民”，引入著名青年诗人、国学古法老师等 100 余位“新村民”。文化交流强化了竹艺村的艺术体验感，也传播了中国传统文化的精髓，引发了社会各层级自发的宣传。

7.2.2 艺术介入农业生产景观，打开乡村文旅

竹艺村景观空间结构规划依托原有自然生态环境和川西传统建筑，按照“乡土化、现代化、特色化”要求进行修复和保护，将现代与传统有机结合，完整保留原乡特色，形成“背山、面田、靠水、环林”的空间格局（图 7.2.2、图 7.2.3）。竹艺村以广袤的乡村农田和山林景观作为本底，以自然环境为基础推动生产模式和居住生活模式的形成，按照竹艺村风景游憩资源的平面空间形态特性，以“点”“线”“面”相结合平面艺术手法创造三种不同体验的游憩空间，丰富村民生活休憩方式与邻里交流，吸引成都大都市的常态化游客，为文旅的发展提供物质空间载体。

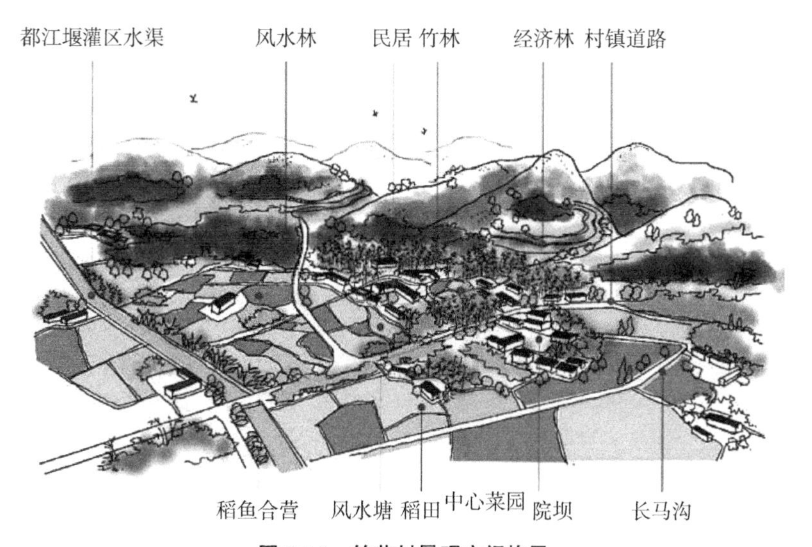

图 7.2.2　竹艺村景观空间格局

图 7.2.3 竹艺村“田一村一山”格局

竹艺村农田主要是种植水稻与油菜花，对其成片的农田进行艺术设计形成图案或色彩表达，在形式上更丰富，在视觉上更具有冲击力。大地艺术是竹艺村乡村景观的重要艺术介入手法，艺术家以自然物作为创作元素，将乡村农作景观作为画布，通过对农作景观的植物色彩设计达到一种富有艺术感的形式。沿着“最美乡村公路”——重庆路前行，大片的金色油菜花海在青山绿水间勾勒出春季最灿烂的美景。

1. 整田护林，营造游憩斑块

基于竹艺村“田、林、水、宅、人”的共生关系营造竹艺村多元化参与形式的游憩斑块，农田构成了林盘体系的基质，地被植物以常绿植物为主，竹艺村以竹林、耕地、山林为主要的自然地貌。村落里有许多原生竹林围绕在建筑周边，中间间植银杏、香樟、水杉等高大乔木，外围为大面积耕地，用于种植水稻和小麦，与河流一起形成了典型的“川西林盘”的环境形态。竹艺村的植物群落有着丰富的垂直空间梯度，可作为动物栖息地，同时随季节变换有植物色彩的变化，具有经济、美学和生态等多重价值（图 7.2.4）。

（a）20 世纪 90 年代

（b）2009 年

（c）2020 年

图 7.2.4 “林、田、水、院”空间演变

竹艺村延续传统的农田布局方式，尊重和谐的人地关系所形成的大地景观，并以现代农业为导向，对部分农田实施景区化改造。如景观农田、花田充分利用地形和不同植物的外观特征，进行形状和色彩上的布置，形成不同斑块镶嵌布局，满足景观的多样性与观赏性，同时可以为游憩者提供充满乡间野趣的农事生产体验、亲子玩乐，兼具教育功能。竹艺村中心广场既是乡土记忆产生与延续的重要空间，又是村内各种信息和能量交换频繁的场所，其以硬质铺装为主，承担村内传统文化节庆举办活动功能，结合游憩功能布置树池、座椅、竹编构筑物等景观小品，兼容原居民生产生活与游憩者休闲游憩需要。

竹艺村内房前屋后竹林成片，水绕林随，在空间上林带纵横交错，与岛状林地联为一体，形成了田中有林、林中有屋、屋间有林、屋旁有水的多层次景观空间。大量原生竹林的林下空间成为人们感情交流和信息交流的重要场所，供家人邻里纳凉、喝茶下棋和接待来客之用，游憩者徜徉其间，漫步听风，养生养心。

2. 理水串绿，形成游憩廊道

秉承自然化与生态化理念进行线状游憩空间景观规划。水系水渠是竹艺村发展的源头，承载着自然与文化、历史与现代的记忆。竹艺村中密布的水渠和道路系统共同构成了村落的景观骨架，不同形式与规模的水渠和蓄水池构成了涵养土壤和植物的水网体系。水系贯通，串塘入渠，串渠成网，可观可游。

水渠来源于村庄北部的白塔湖，在村内穿林而过，大部分水渠与村落道路平行，对外连通周边围合的水田和池塘，少部分细小的水渠蜿蜒曲折。竹艺村的外围还有一条“U”形沟槽——长马沟，与村镇道路平行，平均深度2米，宽度约为3米，是竹艺村主要的灌溉水源。村内的水系经过梳理，和周边的池塘共同形成景观净水系统，作为绿色基础设施发挥着生态服务的功能。一条原生白塔湖水渠曲折穿林而过，实现对良好景观的延续。结合水体自然岸线形态组织游憩廊道，在空间布局上保障了滨水空间的公共开放性，游憩者沿滨水岸赏水、戏水，领略川西水文化。

乡村道路最初是为了方便农村生产和生活，供行人及各种农业运输工具通行，游憩功能的介入对整体景观提出了要求。竹艺村梳理了原有街巷肌理，依托山形地势，平整道路，尽量保持原有自然曲线形线路，农房也依照自由的街巷形式进行有序的排布，形成凸凹有致的界面形态。沿街巷两旁有当地居民的手工竹编售卖摊，方便游憩者购买当地的手工艺品和农副土特产。街巷物质空间与街巷行为空间共同构成慢行游憩景观。竹艺村道路串联竹艺村水系、山林、农田、菜园等生态景观，与天府绿道相接，可深入无根山进行徒步旅行。

7.2.3 艺术介入文化空间，打开乡村文旅

1. 改院筑景，打造游憩节点

竹艺村在改造原住房和原居民时，通过改造局部空间，打造“竹编文化 +”游憩节点，助力文旅产业发展。改造建筑包括公共建筑和民居，公共服务设施在发挥自身作用的同时可以客串游憩功能，民居庭院是居民私密性与公共性的过渡场所，民居可以利用庭院进行各项活动，部分活动可以引导游憩者参与其中。

竹艺村内的房屋建筑作为传统的川西民居，在长时间的历史进程中，形成了独具巴蜀特色的建筑文化。作为地域文化，川西民居是川西林盘中特有的居住样式，蕴含了川西独特的历史文化与人文内涵。旧时竹艺村的民居大多选取传统建筑材料，如竹材、陶土砖等村中原生材料进行修建，整体呈现为清淡素雅、简洁大方的样式，颜色上以白色为基调加上木材本色，传统的雕塑艺术形式使得具有很高的艺术价值。近几年，竹艺村开始着手改造，其中改造最为彻底便是村内的传统居住样式——川西民居，对竹艺村的民居改造并非是大操大改，而是选取老、旧、危房屋进行改造，邀请国内外设计师在川西民居底蕴的基础上进行设计改造，留住林盘味。设计继续沿用竹艺村中传统建筑材料，混以钢筋混凝土，选取的改造房在风格与结构方面较为统一，选取青瓦为屋顶，竹编为建筑立体面，探索与川西林盘的内在联系，充分利用竹艺村原地风貌与当地资源进行建设，鼓励村民租赁房屋，改建房屋，完成对竹艺村的整体风貌建设。并且，在传统空间中增加游玩、嬉戏的空间，如第五空间与非遗集市，造型独特、集中了游玩与嬉戏两者的功能，公共空间的增加为村民的活动与交流增加空间，满足了原居民与游客不同的文化需求。

见外美术馆是艺术介入乡村的典型（图 7.2.5），见外美术馆根据西方的包豪斯建筑

图 7.2.5　见外美术馆

风格，结合中国传统的川西民居打造，整体建筑选用黑、白、灰为主色调，极具浓厚的时代气息，有着既传统又当代，既中国又国际的独特气质。在美术馆的院里，一米多高的竹墙既保证了私密性，又拓展出了适当的视觉空间。简洁的包框设计，像极了村里惯有的大方与简朴风格，用大片的玻璃带来充足的光线与宽阔的视野。美术馆分为展示区、创作区，运用点、线、面的结合，既保留了明朗的川西民居建筑线条感，也加入了现代简约的设计理念。临着天然河渠的一面，用矮矮的竹篱笆隔开，与周边人家相互呼应，能看到竹编艺人们在后院进行编织、创作的场景。

竹里作为竹艺村的乡村社区服务中心（图 7.2.6、图 7.2.7），也是标志性建筑，为道明竹编提供一个传播和交流的平台，其造型独特，建筑内部包括展览、餐饮以及休息等游憩功能。场地坐落在两个相邻的方形宅基地上，在最大限度保留周围的林盘竹林以及参天大树的设计前提下，用两个撑满方形基地的圆形最大化地使用了原有宅基地。盘旋的屋面自然而然地形成两个内向的院落，为室内提供了丰富的景观层次。第五空间是极具地域特色的公厕，提供观赏休憩、充电缴费等多元公共服务（图 7.2.8）。还有其他极具特色建筑承载不同的业态，例如，马永林作为新村民创办了自己的三径书院（图 7.2.9），做图书阅读，办放翁讲堂、公益课，他是希望通过书院这个平台，形成文化的交融，这

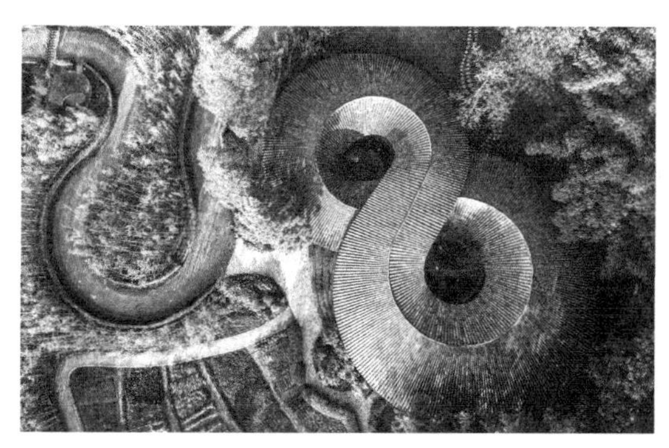

图 7.2.6　竹里鸟瞰

图 7.2.7　竹里内景透视

图 7.2.8　第五空间

图 7.2.9　三径书院内景透视

种生活方式和社交场景的搭建是去精英化的大众传播，让更多人有机会在大自然中、在诗书里，满足内心和精神层面的需求。

2.“竹”艺介入公共文化建筑空间

在2018年4月“第16届威尼斯国际建筑双年展中国馆”新闻发布会上，一座通过参数模拟的“无限（∞）形”乡野建筑以及由此带动的整个乡村图景出现在我们的视野中，这是上海创盟国际建筑设计有限公司在2017年初完成的一个新项目，四川省崇州市道明镇乡村社区服务中心——竹里。它坐落于田野间一条乡村公路旁，背靠山，在竹林间若隐若现。

“竹里”取名源于陆游在蜀州做过通判时留下的一首诗“《太平时》：竹里房栊一径深，静愔愔。乱红飞尽绿成荫，有鸣禽。临罢兰亭无一事，自修琴。铜炉袅袅海南沉，洗尘襟。”

1）化意为形与拓扑物化

竹里外形独特，形为无极符号“∞”，内与外，竹与瓦，新与旧的关系被概括在“大象无形”的屋顶之下。“无限（∞）形”成为建筑对时间、空间、环境的回应，是“竹里”的精神内涵与形式的外延。

对传统建造范式的全新定义，对乡村和城市问题再思索都为思考建筑在当下的意义提供了参照。竹里项目虽小，却投入了大量的研究人员以及设计实施团队参与该项目。数字化设计技术与建筑传统以及人文环境的结合是坚信的方向，在不断创新中保持对文化的尊重以及人与自然的尊重，是希望从竹里实践中得到的印证。

竹里的建筑功能具体包括展示、展览、会议、民宿，以及餐饮、娱乐等多项功能。设计构思试图合理融入原有场地、周围村落以及自然生态资源，探索城市与新乡村建设的互动，实践新建造技术与当地手工艺的紧密结合，以及将传统营造技艺与预制工业化等不同层面的问题实现融合。

场地坐落在两个相邻的方形宅基地上，在最大限度保留周围的林盘竹林以及参天大树的设计前提下，用两个撑满方形基地的圆形最大化地使用了原有宅基地。对于两个圆的找形，力图实现在非限定边界的场地中塑造最大化的空间连续性、水平性与延展性。屋顶几何试图产生悬置，创造最开阔的一览无余，甚至可以将人的存在消隐地延展到自然当中。一笔而为，一气呵成，正是中国自古以来无论是绘画还是造园中最直接的对于环境意境的回应。在极富自然张力的环境中，对待乡村应该具有当代的视角，当代的对于乡村、自然、文化遗产的态度。建筑与场地的关系都可以建构在一个超越材料与语言学范畴的纯粹几何找形过程及其物化的过程中。

周边的民居其实都承载了非常多的在地性，无论是材料还是对于气候回应的姿态。双曲面的几何恰恰很难用其他的物质材料来实现，灰瓦材料恰恰可以被视为是一个像素化的手段，可以用来降解高纬度几何的复杂性，可以视为空间几何中的点，成为参与到机构建构中最具标志性的地方建筑语汇。

2）游牧行走与形生内外

回应“竹里房栊一径深，静愔愔”的空间意境，循径而行的动态路径设计以及观者与建筑主体之间的对话就显得非常重要。

从道路到建筑主入口不过20米，增强这种可望而不可及的神秘感成为曲径通幽的设计目标。在竹里设计中，S形道路几何与建筑屋面的几何产生关系产生了强烈的呼应。行进的过程，也赋予了建筑抽象几何的意境与意义。盘旋的空间关系使人通过距离加长了一倍以上，增加了曲折呈现的不同体验。对于建筑的参与方式存在多种可能。建筑前面保留的一块菜地，走入田畦，回望中会有异常的惊喜；同样，沿着出檐深远的檐下空间，会有不同的自然场景映入眼帘。走入室内，两个院子以倾斜而下的瓦屋面为背景，框定出高耸树木的纯粹天空，流动的景，不同的沉静。流动的空间中，雨中听雨，晴天观影，找寻恬静心情。

透与不透在竹里用非常中国园林的方式得以呈现，竹内有筑，竹里有院，竹外有田，而田又可以在竹内。从马路上隐约可以两层跨越溪流的竹林看到隐约而跃然眼前的盘绕而上的屋顶。一笔而行，而又不能用尽笔墨，迂回而不失力量、半透明的观赏或许正是参与这个建筑的一种方式。当阳光高过树梢，照在建筑院子里面的时候，会非常有趣地建立一个光的序列：灰暗的竹林、光亮的菜地、灰暗的檐下空间以及光亮的中间庭院。这样本可一览无余的空间场景的景深、想象的层级。

3）参数木构与手工艺再生

施工时间比预期的要紧张，建筑、景观以及室内的实际现场施工时间52天。预制数字化木构技术使得施工团队可以在不牺牲质量的前提之下实现精准快速建造。在竹里的项目实践中，过去几年的数字化木构工艺实验以及预制产业化研究，这次发挥了很大的作用。

参数化设计的本质是通过建立一个完整的逻辑结构，系统化解决问题。其实，拓扑生形的几何原型在找形的早期一般都不具有参数化逻辑特征，从几何到建造，还必须处理好结构与材料特性的关联性关系。比如说木结构的材料特性与跨度的关系是需要将几何与跨度等要素通过必要的参数输入与结构合理性分析，综合作用后才能生成合理的建造逻辑。经过多年的实验性建造，可以通过参数化建模的方法实现几何原型与木构建造逻辑的打通，并可以精准调整所有生产物料的尺寸以及加工节点的要求。

3. 装置艺术介入游憩空间

竹艺村位于崇州市道明镇，距离成都市区约40公里，背靠植被茂密的无根山，面朝阡陌纵横的川西平原，旅游景观资源丰富。道明竹编是竹艺村非物质文化遗产，竹艺村以打造道明非遗竹编产业品牌，推动道明竹文化的传承为主题，建设集文创、休闲、娱乐、体验为一体的乡村旅游社区。在长久的历史演进中，竹赋予了这个村子深厚的文化内涵，也给予了其灵魂的变现特色。艺术家们通过对这个以竹文化为背景的自然乡村装置艺术的塑造，使艺术不再是美术空间中严肃的表达，而是成为一种人们可以亲身体验身处自然、乡野的身心感受，人文与艺术的结合也使这个乡村成为人们理想的旅游胜地。

1）竹艺村装置艺术景观节点

在竹艺村中的艺术装置有几处以“春天”为主题，展现道明村盎然的生机与活力。

“春天的盗梦空间”装置位于村落中央，运用方形镜面材料围合而成两个半圆，错位布置（图 7.2.10）。设计师通过对运用现代材料、把握造型艺术以及周围环境、光影效果展现该装置艺术的魅力，人们在其中穿行的同时，眼前的景象因镜面的反射而瞬息万变，周围的菜地、油菜花乃至乡村的翠色都在这个界面流转，感受人与自然景色的微妙结合，产生意想不到的奇妙反应。镜面的材料与光影的效果吸引着游客参与，将环境与装置艺术相融合，让游客在参与的同时也成为装置艺术空间组成的一部分。通过反射和映射、切碎和重组，营造围合感的同时也与村庄建筑原有的主题相呼应，在有限的空间达到无穷化的极致效果。镜面与春天的相融，让游人既在装置中，又在环境外，在有形与无形之间感受生活、自然和自我的微妙关联。

位于道明镇竹艺村景区入门处的竹编艺术装置作品《簇》（图 7.2.11），设计师用创意化的参数化设计方式，提取簇拥、聚集的形式元素，致敬祖辈坚守的匠心。螺旋而上的形态蓬勃有力量，象征着竹艺村兴旺与活力，为乡村振兴增添了奋进的动力。竹编装

图 7.2.10　“春天的盗梦空间”艺术装置

图 7.2.11　装置“簇”

置《DNA，竹编基因》(图 7.2.12)，形状酷似 DNA 基因序列图，隐喻着生命的传承与迭代，浓缩了道明竹编 2000 多年的发展与变迁。两个作品均引发人们对生活艺术和自然之间的深度思考。装置以人为本秉持可持续发展理念，传统村落与大竹编艺术装置的结合欣赏，对当地生态回归和历史文脉的延续起到积极作用。《翊》装置艺术如同一群正从田野中跃起张开翅膀飞向蓝天的鸟儿，这座竹艺景观装置以“翊”为主题表达“鸟之双翼竖立起来”的视觉感，通过复杂的形状组合营造竹编流动的动态在稳定的造型中追求灵动用竹的细腻勾勒鸟儿的姿态(图 7.2.13)。

图 7.2.12 “DNA- 竹编基因”

图 7.2.13 “翊”

2)竹艺村公共空间装置艺术的艺术美学

(1)促自然环境的协调融合

城市中大量的装置艺术以创意作为核心竞争力，力争在形式上表现出独一无二的特点。但竹艺村不同于城市，追求相互融合。装置艺术的尺度、材质与表现形式等都应该结合乡村自然环境去考虑，通过考察交流去了解当地的历史背景和特产特色等，选取最适合的艺术形式来表达设计观念，促进装置艺术与自然环境的协调融合。总的来说就是结合装置艺术放置的场所，视觉上与乡村外部空间背景互为图底、相互影响，内容上紧扣当地文化特色、生活状态。在表现装置艺术美的同时，对乡村环境进行改善。竹艺村村民以前都是售卖一些粗加工的竹编产品，做工不精致，也不成规模和体系。如今，竹艺村不仅竹编技术了得，还建立了竹编博物馆，就连博物馆的指示牌都是一个体量巨大的竹编构筑物(图 7.2.14)。构筑物上点缀着爬山虎，绿色黄色的叶子为它增色不少，映衬着“丁知竹”这三个大字充满活力。博物馆旁边是造型设计新颖的长廊，既现代又古朴。设计者将传统青瓦屋顶与前卫坡度屋顶进行大胆结合，在未限定的边界场地中实现了空间的延展。若遇雨天还可以看到雨水顺着螺旋状的坡屋顶转着圈流下，乡村公共空间中建立起装置与自然的对话。来往的游客极其喜欢去触碰、拍摄青瓦屋顶，这种前所未有的艺术碰撞打破了人们思维的局限，自然的美得以通过几何空间展现出来。

图 7.2.14　丁知竹博物馆指示标志

(2)展乡村文化的多元多彩

乡村公共空间文化含义的构建，需体现乡村文化的多样性。装置艺术作为公共空间的重要组成部分，其设计应基于地域文化，使用本土材料，并突出当地的文化特色。并在此基础上灵活思考，创造不同的表现形式，展现文化的多元多彩，以其独特的文化性吸引游客，达到活化公共空间的目的，同样还有以竹为材料制造的构筑物，设计者将多根粗壮的竹子缠绕在一起，编织成大树的模样，并将六棵“大树”的枝干连接，打造出一片森林。该装置不仅具有极其强烈的视觉冲击，还为行走其间的人们提供遮阴纳凉的一方净土。道明村还有很多以竹为材料的装置，大到建筑，小到挂件。通过新颖的表现形式，多元地展示竹文化。

(3)塑乡村风格的整体统一

乡村公共空间的打造需要基于本土文化，做到乡村内部风格统一。乡村各空间成为一个整体，才能带给游客更好的体验与回忆。同样置身于乡村公共空间下的装置艺术，需要同乡村整体风格保持一致，或是利用装置艺术塑造、强化乡村整体风格。不仅让乡村从宏观到微观都有协调之美，还能促进当地文化沉淀，塑造乡村自身的鲜明风格。

竹艺村整体色调以暖色为主，给人轻快明亮的感觉。大部分的装置艺术的色彩也是以暖色为主，主要材料则是竹，符合该村的整体风格。竹艺村游客中心的外立面上设有竹编饰面(图 7.2.15、图 7.2.16)，吸引了很多游客去触摸、拍照。不仅如此，村内观赏区的房屋墙体上还覆盖了一层由泥土和小节片竹混合而成的装饰墙面，据一位老大爷讲:“墙面上混合其中的小节片竹是编制工艺品后剩下的，竹子的各个部分就算是毛边都是可以利用的。”不由让我们感受到竹对于这里居民的特殊意义，就好比亲人般的温暖、朋友般的和善。各种装置艺术使道明村沉浸在竹文化的氛围中，人在其中能够直观地领略到竹的魅力，由此塑造了道明村独特的整体风格。

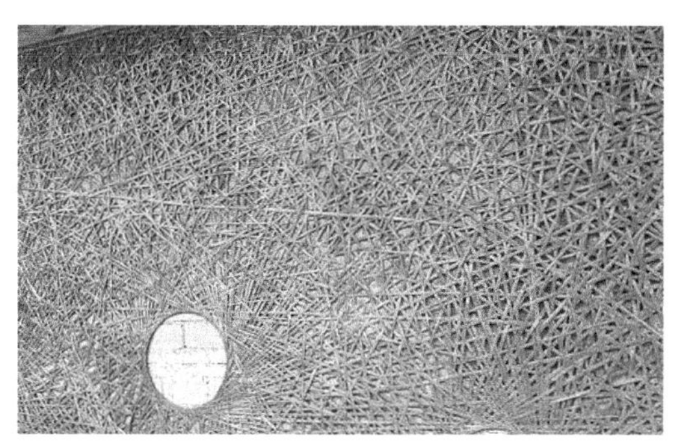

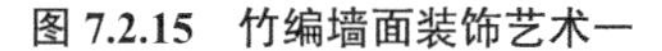
图 7.2.15　竹编墙面装饰艺术一

图 7.2.16　竹编墙面装饰艺术二

（4）唤历史传统的继承发展

乡村需要有当地独具特色的历史文化，随着城市化进程的发展，乡村逐步变得更加现代化，人们有了更加方便的生活与更多样的精神享受。然而不论乡村如何的发展，乡村中的传统总是存在于人们的记忆中，乡村公共空间中装置艺术应该挖掘乡村的历史传统，创造为村民所认知，游客印象深刻的文化符号，从而吸引人们对传统的关注，继而将其继承发展。

竹艺村利用传统竹编装饰村子里的各个角落。无论是公共空间的竹编构筑物，还是庭前屋后的竹编工艺品，随处可见竹编这项传统工艺。例如，前文提到的竹编形式的凉亭，还有村民在人流量较大的公共活动区域售卖的竹编工艺品，以及在游客中心墙面上的竹编饰面，都能让游客直观地领略到竹编的文化魅力。同时，道明村还开设竹编课程，请技术人员教导村民编制更丰富的竹编工艺品，吸引了更多外来游客尝试和接触竹编，促使竹编传统工艺得到更广泛的继承与发展。

4. 竹编雕塑艺术介入文化景观

竹编雕塑与上述的竹编装置艺术有相似之处，同样都是道明竹编手艺人根据设计方案在三维空间中的编制创造。但竹编雕塑更多是传统的三维塑造手法，重心在于塑形，在材料和情感的表达方式上比较传统，局限于对单体的塑造，不包含对周围环境的设计。而竹编艺术装置艺术则注重对整体环境的塑造，注重意境的营造，对空间进行重置升华。重心不在于塑形，而在于观念，“场所 + 情感 + 材料”三大特性缺一不可。装置艺术需要与环境紧密联系，脱离设计师为之设计的环境，它的视觉意义和精神意义都会受到影响。竹编雕塑对于周围环境的依赖性远远低于竹编装置艺术，单体的存在，也可以完整表达自身的视觉意义和精神意义。道明竹编把原来的立体竹编技艺沿用到现在的雕塑上，制作成竹编雕塑。不同的编织方法，表达不同的造型语言。竹艺村竹编衍生设计的雕塑系列，经过设计制作其他一些富有内涵的竹编雕塑，有大型的艺术工艺品，可作为摆件。也有部分竹编雕塑，编织成一个特定的造型后，可放置到公园或景观中作为景观装造。

道明竹艺村近年在乡村振兴战略下发展乡村旅游，依托不同的艺术形式将乡村竹编技艺与乡村旅游各内容进行融合，竹编制作成景观雕塑装置是其中的一项成功实践。竹编雕塑艺术立足于道明乡村地方性文化特色，深入挖掘道明乡镇中富有特色的竹编手工艺进行创意和再生，融入当代艺术审美元素，激活传统竹编技艺的地域活力，创造具有独特的意象作品向外展示。

5. 乡土文化的艺术化活态展示

1）乡村传统民俗文化艺术活动开展

竹艺村不断深化非遗保护和传承，以产品开发为核心、人才培育为基础、广泛宣传为重点，以道明竹编的研发提升为示范，推动形成非遗传承发展合力。推动道明镇成功申报中国民间文化艺术之乡、成都市第一批非物质文化遗产特色小镇等，让道明竹编焕发出新的活力。开展道明国际竹文化节，举办国际竹编创意设计作品展、“天府小匠人”（竹编）竞技、国际竹编竞技、国际竹文化论坛等活动。

87 岁的赵思进是道明镇竹艺村道明竹编国家级非遗项目代表性传承人。他 15 岁开始学习竹编，不断模仿、创新、改进、提升技术，到如今已坚持 72 年，前后教授徒弟 100 余人。根据他口述整理的《道明竹编》出版发行，成为道明竹编技艺传承的重要书籍。

竹艺村中遵生小院，供广大游客体验竹编艺术活动。“遵生”二字源于中国古代养生集大成的著作《遵生八笺》，记录了古代人合于道法又富具诗意美感的生活方式。遵生小院正是希望通过自己的努力以不同的形式将经典中的生活美学重新呈现出来，是一家民俗手工生活体验馆。竹编，缝制手工中药香囊、草木敲拓染，还有插花、刺绣等。

2）乡村艺术展览

竹编博物馆能让你完整地了解竹编的起源、发展。无论是小巧精致的竹篮、竹筐、竹蜻蜓、鸟巢、宝塔，还是庞大的屏风或艺术展品，都有陈列。丁知竹，是竹编非遗传承人，丁春梅家的竹编展厅和现场教学厅，里面陈列着精美的竹工艺品，还可以现场学竹编。

除了博物馆，还有见外美术馆，一眼见外，方知始终。美术馆是一个聚焦于艺术作品的场所。它是距离的、美感的、高雅的、浪漫的，甚至高冷的地方。代表着各种人性、神性的探索和表达，而给竹艺村带来这些情绪的人，行走在艺术的高地。

通过搭建竹编文化创客基地，聚合零散的竹编非遗传承人、竹编艺人等匠人群体，实践“集群创作 + 规模生产”模式，壮大形成集聚 4000 余名从业人员的竹编产业集群。引入专业文化团队以及艺术家、文化创客等，创构“竹编 + 空间”的场景表达，探寻“竹编 + 艺术”的当代演绎，激活“竹编 + 文旅”的时尚消费。

如今，口口相传的竹编技艺被汇编成了教材，制作成了网课，并随着中央美术学院、澳大利亚竹产业研究院等院所的加入，建成了中央美院传统工艺工作站、中英创意设计实验室等平台，联合开发形成竹丝彩绘等300余种创意产品，实现由"生活用品"到"艺术作品"的转变。

7.3 竹艺村的华丽转型与蜕变

7.3.1 性质转变：由乡村变景区

1. 乡村形象符号强化

通过长达10余年的开发建设与经验积累，竹编成为道明竹艺村独特的符号与标志性乡村形象品牌。竹艺村由一个具备深厚传统手工艺（竹编工艺）的乡村，经历了乡村振兴战略自上而下的技术扶助、资金支持、政策指导，在建筑艺术的推动下，成为颇具盛名的景区，是迈向国内乡村旅游目的地的一个典型成功案例。

2. 空间规模与结构上大规模拓展

在竹艺村不远处，崇州文旅集团又打造了无根山竹艺公园，坐拥无根山秀美的原生林海，配有竹科普、竹游研学等项目，与竹艺村形成旅游联动。2018年2月，竹艺村景区开放，景区拓展了第一期乡村聚落的空间范围，将无根山纳入其中，形成的主要景点有竹艺公园、竹文化体验馆、半山草庐、无动力乐园，还将配套竹康养、竹文创等产业。

3. 乡村变景区，手工艺品变艺术商品

2021年1月，竹艺村景区被四川省文化和旅游厅评定为国家4A级旅游景区[①]。2020年，道明镇竹编产业创收超过1.3亿元，"卖竹编"卖出了近3600万元，接待游客62.2万人次，旅游综合收入1.9亿元，村民人均可支配收入显著增加；2022年，道明竹编制品年产值达2195万元，竹艺村人均可支配年收入超过4万元，全年接待游客88.42万人次。可以预测的是，道明竹艺村的名片及产品具有了拓展海外市场，走向全球的市场机会。

7.3.2 场景转换：乡村人居环境更新

从2016年起，竹艺村推进"改厨""改厕"和"理水"三大工程，邀请国内顶尖规

---

① 恭喜！四川新增21家国家4A级旅游景区[EB/OL]. 四川在线，[2021-01-20]. https：//baike.baidu.com/reference/55853859/750f6-pDondvN79NS1VSBZ9JMVvH23eDp4B0UvvS32G87lKPhINWjMRFDDq7vFOiqvmLcay1CUX6y9S4eWnP1kpfRKyFivy3TxsMEqknDa6m9w.

划设计团队梳理林盘生态肌理，从空间立体性、平面协调性、风貌整体性、文脉延续性和功能复合性等方面进行挖掘打造，力争实现“推窗见田、开门见绿”的目标。2016年后，竹艺村采用“3456”建设守则，综合施治林、水、田、院。竹艺村按照“三先三后”的推进时序进行林盘保护和修复，即先共识后共建、先生态后项目、先公建后产业；遵循“四不”，即不大拆大建、不挖山填塘、不过度设计、不冒进求洋；保持“五原”，即最大限度地保护原生态、留下原居民、保留原住房、尊重原产权、使用原材料；采用“六项”基础工作，即“清、理、补、改、拆、通”，清除水桶、棚房、杂物，理顺河渠水系、视线通道，补齐公共配套、景观景致，改厨改厕改围墙，拆除违章建筑，通自来水、天然气、互联网、排污设施和道路互联互通[①]。

在如今的“道明竹艺村”，生活可谓是多姿多彩的。在三径书院，游客可以在这里看书、喝咖啡、听钢琴曲，书房高处一角被烟熏黑的房梁却不经意地揭开往事，原来这里曾是村民的厨房；在遵生小院，你可以体验古人合于道法又富诗意美感的生活方式，中草药膏手工等民俗手工、传统文化、中医养生都囊括其中；在来去酒馆，坐在院子里低头慢品小酌，抬头则是满眼绿意的农田和菜园；在竹编博物馆，2000多年的竹编文化焕发新生命力，曾经被冷落的各种竹编用品，有的成为颇具设计感与美学的艺术品，有的则更具实用性，未来将走向市场，走进更多人的生活。

漫步于竹艺村内，原生态的川西林盘，青瓦白墙的川西民居，绿荫如海的竹林，清澈不竭的山泉，种满瓜果蔬菜的菜畦，随处可见的竹编艺术品，这些无不展现出川西林盘的新模样，也展现着中国乡村的新模样。

7.3.3 主体迭代：乡村组成人员转型

新业态的置入和新村建设，使竹艺村与竹文化、竹产业融合得更加紧密，拥有了展示、展览、会议、民宿、餐饮、娱乐等多种功能。

1.“新村民”招募计划持续实施，新村民大量入驻

为了弥补青年人才的短缺，竹艺村还进行了“新村民”招募计划。例如，上海同济大学的博士生导师袁烽，就是核心建筑竹里的设计者；巴金文学院签约作家马嘶，在竹艺村中打造了三径书院，这是一个以耕读传家为理念的乡村公益书院；旅法艺术家刘伟福，是村中见外美术馆的馆长，每年都会在村里举办艺术展；本就是崇州人的生活美学践行者冯玮，此前在成都宽窄巷子工作，乡村振兴开始后回到家乡创业，在竹艺村内创办了遵生小院，打造传统手工民俗体验馆。“新村民”带来了新的发展理念和视角，创造了更多的发展红利，与原居民共享乡村振兴的成果，新老邻里和睦互助，让乡风文明

① 潘兴扬，周森葭.道明竹艺村的“文艺复兴”[J].当代县域经济，2020(10)：60-65.

的竹艺村平添了更多的闲适与安逸。

2. 本村村民及年轻人回流创业

经过近 5 年的专业运营，竹艺村保持着美丽和谐的乡村风貌，有序有效地经营管理，村里的业态和竹编产业都得到了良好、持续的发展。在打造的第一年，竹艺村外出人员的返乡率就达到了 50%。家乡发展好了，外出就业的青年纷纷选择回到村里，有的投入竹编产业，有的开起了民宿、餐馆、企业，村民共治共享，其乐融融。如今，道明全镇有 6000 多人从事竹编业，被评为国家级、省级和市级“非遗传承人”的有 63 位。不少当地青年也回到村里，尝试用市场化，特别是电商方式运营传统竹编。

7.3.4 庭院经济组成丰富

产业发展上，农业板块在农田性质上没有改变，由传统的农业种植变为复合的景观体验农田、农事体验等多元化的发展，传统农业收入也没有太大变化，甚至有所下降；第二产业的年均增长率为 79.2%，主要收入为竹编产业的产品制作和加工；第三产业的年均增长率为 188.5%，主要收入为旅游服务收入。

从业态发展来看，2016 年、2017 年均为竹艺村的建设年度，业态还是以传统农业生产为主，竹制品加工为辅，有一些零星的住宿和餐饮。2018 年以后，业态增加了竹编售卖、农副产品销售、房屋租赁、文创产品、民宿酒店及其他，实现了多元业态融合发展[①]。

庭院经济是农民以自己的住宅院落及其周围为基地，以家庭为生产和经营单位，为自己和社会提供农业土特产品和有关服务的经济，是当前农村生产制度下的收入补足措施。它的特点主要有：生产经营项目繁多，模式多种多样；投资少，见效快，商品率高，经营灵活，适应市场变化；集约化程度高；利用闲散、老弱劳力和剩余劳动时间。庭院经济是农业经济的组成部分。庭院经济的优点在于能合理开发农业土特产资源，继承和发展传统技艺，是农村商品生产的重要基地，是消化农村剩余劳动力的有效途径，是提高农民生产技术和积累经营经验的园地，也是农民致富的门路。

发展庭院经济是当前巩固拓展脱贫攻坚成果、全面推进乡村振兴的重要抓手，积极引导农民高效利用房前屋后空闲地及闲置房等资源。竹艺村村民的庭院经济构成较为丰富，包括了竹主题旅游商品与纪念品生产制作销售、院落的游客停车费收入、庭院的餐茶经营等（图 7.3.1、图 7.3.2、图 7.3.3、图 7.3.4）。

---

① 潘兴扬，周森葭．道明竹艺村的“文艺复兴”[J]. 当代县域经济，2020（10）：60-65.

图 7.3.1 游客停车费收入构成

图 7.3.2 竹艺产品销售收入构成

图 7.3.3 竹艺村的家庭农场收入构成

图 7.3.4 家庭庭院餐茶空间收入构成

7.3.5 第三次变身：强大资本进入助推产业转型

2022 年，拟由崇州文旅集团、四川省乡村振兴发展集团联合打造的以道明竹艺村为核心的崇州数字乡村示范区规划蓝图出台（图 7.3.5），道明竹艺村片区发展定位为“天府粮仓·数字乡村示范区、农商文旅体深度融合样板区”，竹艺村将进一步实现宏伟与华丽的转身，核心目标是以数字化技术为核心，打造“数字农业 + 数字文旅 + 数字研学 + 数字健康”于一体的崇州数字乡村示范区。

未来将依托道明镇沿山沿河区域，数字化赋能，打造天府粮仓数字乡村示范区。大数字主要依托项目为：四川数字乡村成果博展馆、天府粮仓元宇宙体验馆、鲜食荟 5G 未来农场、天府炊烟数字集市、鸿蒙聚落；大研学主要依托项目：天府艺匠学院、天府粮仓数字景田；大运动主要依托项目：运动度假智慧驿站、天府青年生态运动基地、先锋潮玩运动综合体、Healing 运动健康度假村、Wepark 运动俱乐部、PUKY 田园童车乐园、田园低碳轻食聚落、运动田园智创聚落、湿地生态运动营地等。

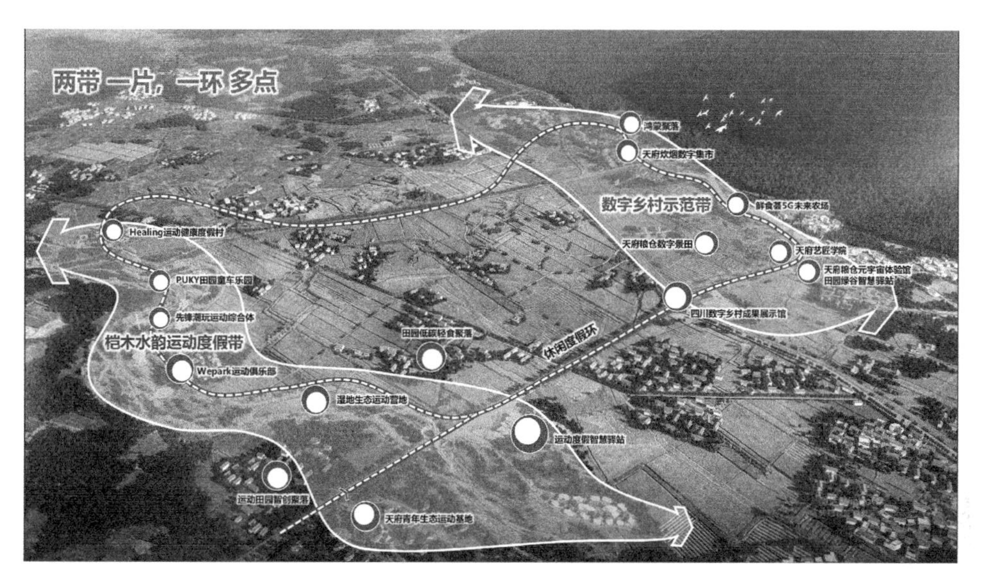

图 7.3.5　崇州 | 天府粮仓·数字乡村示范区规划

资料来源：四川省乡村发展集团有限公司

第 8 章　内生与外引、高校赋能：川音艺谷破茧

8.1 高校与乡村的双向奔赴

8.1.1 高校参与乡村振兴的社会使命

“75 所直属高校、4.78 万名教师赴一线开展实践帮扶，3923 支队伍、3.33 万名大学生赴贫困县支教、支农、支医”①，一连串数字的背后彰显的是中国脱贫攻坚奋斗史上的高校力量与担当。文化振兴是乡村振兴的“魂”，高校则是乡村文化振兴的“大先生”。自党的十九大报告提出实施乡村振兴战略以来，高校持续发挥其在人才培养、学术研究等方面的强大优势，相继成立乡村振兴研究院、乡村振兴学院，培养专门人才，例如，中国人民大学文化产业研究院文化振兴乡村研究中心、南京师范大学乡村文化振兴研究中心、集美大学乡村文化振兴与保护研究中心、西北农林科技大学乡村文化传承与振兴研究中心、四川师范大学四川乡村振兴学院等，为我国乡村全面振兴贡献了多种类型与服务的“高校智慧和方案”（图 8.1.1、图 8.1.2）。

图 8.1.1　高校参与策划的文创新农展

图 8.1.2　高校师生为村民带来新技术

① 周世祥，靳晓燕，唐芊尔，等.天地间，有大课堂有大舞台——中国高校扶贫掠影[N].光明日报，2021-3-16（1）.

1. 为乡村振兴培养高素质人才

提供人才支持是“地方高校服务区域经济社会发展最直接、最基本的方式”[①]。高校可以通过系统科学的文化艺术人才培养方案、专业的师资队伍、现代化的教学环境、针对性的专业实习、严谨的毕业设计等一系列方式，培养和输送可以投身于乡村振兴事业的专业人才，弥补市场化专业技术人才培养、乡村文化艺术人才培育在专业性、系统性、长远性等方面存在的不足[②]。例如，华中农业大学构建起的“课堂教育 + 实践教育 + 志愿服务”“三田（种子田、试验田、丰产田）三早（早进实验室、早进课题、早进团队）”“专业 + 产业、专业 + 行业、专业 + 企业”产学研协同育人等多种模式共同发力的新型农科人才培养体系[③]，为新时期高校乡村人才培养模式改革提供了思路。四川农业大学发挥农林学科优势，成立“中国农耕文化研究中心”，开设农林特色课程群，组织学生通过文学采风、乡村教育、助农服务等多种方式下乡实践，培养了一大批心系“三农”、投身“三农”、服务“三农”的高素质人才[④]。四川师范大学立足教育学科优势，联合兄弟院校与四川地方人民政府合作搭建乡村振兴人才培养平台，因人施策，形成以“五大教育”为主题的乡村人才培养模式，平台派遣教职工和大学生到各县农村学校挂职锻炼和顶岗支教，并对县内各学校各学科教师进行培训，共培训教师3600多名，显著提高了当地教师的业务素质。

2. 专业性和公益性的乡村文化产品的供给主体

乡村振兴尤其是乡村文化振兴的一个重要瓶颈是缺乏兼具专业性与公益性的文化产品供给主体。所谓专业性是指“乡村文化建设的核心是构建多元化文化供给机制，要能够满足村民多样化的文化需求”[⑤]；所谓公益性，是指文化艺术产品自身所具有的公共产品、准公共产品属性。由于文化事业的产业化在乡村地区发展水平较为滞后，因此，文化产品的公共品属性在农村地区更为突出。高校尤其是大型综合类院校、艺术类院校，文化艺术类学科门类齐全，本身就是优秀文化产品的研究者和生产者，但长期以来，绝大多数的高校文化产品创作只限于学术交流，未能发挥出其公益价值。乡村文化振兴是

---

① 黄水香．地方高校服务区域经济社会发展的路径选择 [J]. 黑龙江教育（高教研究与评估），2017（10）：41-43.

② 李杰，弓淼．高校优质资源与社会公共艺术服务的转换 [J]. 宝鸡文理学院学报（社会科学版），2018，38（6）：114-119.

③《华中农业大学加强新农科人才培养服务国家重大战略——“推进新时代高等农林教育发展”系列之四》，教育部官网，2021年1月13日发布。

④《雅安：校企合作深化产学融合 助力乡村振兴》，中新网四川，2021年9月13日发布。

⑤ 吴理财，魏久朋，徐琴．经济、组织与文化：乡村振兴战略的社会基础研究 [J]. 农林经济管理学报，2018，17（4）：470-478.

一个让高校文化产品“走出去”的大舞台，在对高校优秀的文化艺术资源进行有效、系统整合以后可以使其充分投入到乡村文化振兴事业中去。这不仅可以促进现有资源的有效配置，也能探索形成新型乡村文化振兴的相关产业，发挥其规模优势和正外部性效果。高校参与乡村文化振兴事业，可以拓宽文化服务供给渠道，增加乡村文化产品供给，扩大农村居民文化消费的自主选择性，一定程度上弥补了政府公共文化服务供给弹性不足的缺陷。

（1）高校拥有丰富的文化艺术创作资源，大力践行文艺扶贫，通过志愿服务、参与政府采购服务、市场化服务等方式，多样态地为乡村提供文化艺术产品。如中国美术学院通过向结对村直接捐赠文体用品、立足村庄特色提供乡村改造设计方案、以“教学实践基地 + 创新实践课题”为依托组织师生下乡实践等方式为乡村文化振兴赋能，其参与改造的万竹口村文化礼堂成为浙江省 12 个基层农村文化礼堂示范点之一，参与改造的上横街村被评为 3 A级景区村庄[①]。及时总结文艺扶贫经验，研讨精准识别、精准帮扶和精准管理的路径和措施，形成一套系统的乡村文化振兴的理论和方法体系。整合经济扶贫、科技扶贫、教育扶贫等工程，协同发展，实现乡村的全面脱贫与振兴，如中国传媒大学借助其在新闻传播、戏剧与影视创作、文化产业管理等方面的学科和人才优势，举办首届“中国草原文化旅游发展论坛”，为内蒙古自治区兴安盟科右前旗文旅产业发展建言献策，赠与当地近 200 部无障碍电影，量身定制高质量宣传片，设立“中传书院”教育扶贫品牌，为当地乡村文化建设提供了重要外部支持[②]（图 8.1.3）。

图 8.1.3 大学生践行乡村振兴社会服务

①《文化铸魂 艺术扶贫——中国美术学院精准扶贫精准脱贫典型案例》，教育部官网，2019年10月14日发布。

②《中国传媒大学：发挥传媒优势 将文化振兴与三全育人有机结合》，中国文化报道网，2021 年 10 月 28 日发布。

（2）高校可以积极发挥文化艺术资源整合桥梁作用，衔接“他组织”与“自组织”的力量，整合政府、社会文化艺术资源，形成“自上而下”与“自下而上”的联动机制，在宏观层面整合教育、文化、科技等相关资源，在微观领域优化文化艺术服务内容、提升服务能力，推动供需之间的有效对接，从而建立高质长效的乡村文化艺术产品供给机制，扩大乡村文化艺术产品的供给。例如，四川大学通过整合馨云公益的爱心资源和全球领先“光辉城市”公司在VR技术等方面的资源力量，开展“用设计改变乡村——乡村爱心图书室”繁星计划主题公益活动，为四川凉山地区的孩子提供了解世界的平台[①]。2018年，浙江发起的大学生乡村振兴创意大赛，在全国率先探索出“政校企村”四位一体的高校服务乡村振兴新模式，涌现了一批诸如坪坑村“守望文化馆”等乡村文化振兴典型，截至2020年底，参赛高校已从最初的54所增至近500所，合作乡镇从6个增至123个[②]。

（3）高校可以充分发挥科研优势，通过不同渠道为乡村文化艺术发展提供理论和政策支持。坚持问题为导向，通过申报自然科学、社会科学、艺术类基金项目，通过文献资料、田野调查、访谈问卷等科学研究方法实事求是地开展基础研究与应用研究，形成咨政报告、研究报告、著作、科学论文、影视与音体美产品作品、专利等成果，向党政有关部门提出规划建议，制定政策，提供扶持资金，开展“文化旅游、非遗传承、文化节、文化演艺、技能培训、文化园区”等乡村振兴项目类型的政策建议，以此促进乡村文化艺术繁荣发展。例如，南京师范大学乡村文化振兴研究中心的建立，旨在以国家哲学社会科学重大项目为基础，通过整合校内各学科研究力量，吸纳其他高校相关领域专家学者，打造一个集乡村文化振兴理论研究和实践创新于一体的重要平台。北京师范大学与文化和旅游部全国公共文化发展中心开展战略合作，通过承担项目论证、设立乡村文化艺术质量检测平台、深化公共文化数字平台建设等方式，为相关部门提供咨询服务。

（4）高校作为人才汇聚、信息聚集的重要研学基地，可以通过专业人员对传统村落、历史建筑、乡村饮食、民俗文化等乡村文化进行深入挖掘，形成一系列具有区域特色的优秀文化成果。高校在这一方面具有“无绩效考核、有财政支持”的特殊条件，相较于政府和企业更能将研究聚焦于乡村文化振兴事业，避免了某些文化建设主体过度追求经济效益的片面性和短视性，从而发挥出其公益性优势。例如，西安电子科技大学机电工程学院“‘基于科技+新兴文化’乡村文化振兴途径与方法研究”课题组发挥学校

---

①《川大研支团打造乡村图书室启动乡村振兴计划》，中国青年网，2018年3月27日发布。

②《中国教育报》特别报道组．乡村振兴 教育点睛——共同富裕背景下的浙江美好乡村教育实践（上）[N]. 中国教育报，2021-12-20（1）.

电子信息特色优势，将现代科技与农耕文明优秀遗产结合起来，通过深入挖掘蒲城县文化遗产、提炼素材、设计文创符号和产品，搭建了具有蒲城文化特征的传统文化元素库①。东华大学设计专业师生开展的“我家在涨坑”艺术振兴乡村行动，围绕设计赋能新思路，利用涨坑村的番薯烧、垒地狮子等独一无二的涨坑IP，推出了一批具有涨坑特色的文创产品②。

3. 激发村民利用乡村文化基础设施的能动性和创造性

推动乡村文化发展，关键需要农村居民发挥主体作用，这是因为乡村文化振兴事业，不仅受政府、社会等外部因素影响，还受到农村居民的道德水平、思想意识、文化素质等内在因素的制约。农村居民是乡村文化振兴的主体，需要通过思想素质教育、主流价值观教育等乡村文化教育与实践活动培育其主体意识③。高校具有对地方文化传承发展的职能，可以充分发挥文化力量和艺术的文化构建作用，直面乡村文化振兴内生动力的建构，即帮助乡村居民提升文化艺术素养、指导乡村居民更好地参与到乡村文化活动，从而增强乡村居民的文化自觉和文化自生能力，快速重构乡村文化环境，抓住乡村文化艺术振兴的关键（图8.1.4）。具体来说，高校可以通过多种形式，依托各地的农民夜校、中小学等平台，参与提升乡村公共文化基础设施的可用性，全面介入文化惠民工程的实施，设计和制定乡村文化艺术教育项目的培训计划和实施方案，对乡村地区群众开展图书阅读、影视欣赏和体育活动等方面的培训，解决群众“图书不会读、电影看不懂、体育器材不会用”的问题，助力提升群众文化素质和水平，提升群众思想素质和文化艺术修养。例如，华东理工大学精神扶贫公益项目“醒狮行动”团队，为云南省寻甸县设计了一套集生命、家庭、职业教育、民族文化、艺术培育于一体的小学教育培育体系，唤醒和激发了当地孩子的内生动力④。同济大学美丽乡愁团队，同样以儿童为主体，通过“乡土文化夏令营”“古村小导游”等课程活动培养了云南诺邓村孩子的乡土情结，且辐射带动到家庭、社区，促使诺邓村村民从以往的讲述者转变为当地乡村文化的建议者、宣传者和守护者⑤。中山大学保继刚教授团队立足中大旅游学科优势，推出非营利性公益援助项目“阿者科计划”，通过实行内源式村集体企业主导的开发模式，激发村

---

①《加强文化建设，促进乡村振兴——工业设计团队赴蒲城进行地域文化元素考察》，西安电子科技大学机电工程学院官网，2021年10月8日发布。

②《东华大学师生以“我家在涨坑”艺术振兴乡村行动助力乡村时尚“出圈”》，中国新闻网，2021年3月16日发布。

③ 赵梦宸．以农民为主体推动乡村文化振兴[J].人民论坛，2019（11）：68-69.

④ 周世祥，靳晓燕，唐芊尔，等.天地间，有大课堂有大舞台——中国高校扶贫掠影[N].光明日报，2021-03-16（1）.

⑤ 同上。

图 8.1.4　陈庆军教授驻村，激发村民内生动力

民投身当地旅游业发展的积极性，强化了当地村民的遗产保护责任意识[①]。

4. 乡村文化产业发展的指引者和规划者

乡村特色文化资源具有极强的地方性和独特性，对这一类资源的保护、开发和产业化改造须有具备旅游开发、项目管理和市场营销等知识的专业人才参与。高校特别是综合性高校是难得的可以在以上多个方面提供人才和智力支持的公益性组织，完全可以为具备潜在开发价值的农村文化资源提供产业化咨询和规划服务。

（1）高校可以发现和培养扎根基层的乡土文化能人、非物质文化遗产项目传承人等乡村文化艺术人才，定期开展培训工作[②]，培养本土文化艺术人才，提升地方文化艺术队伍的素质和专业水平，使其能在传统文化传承、手工技艺培训、文化遗产保护等方面发挥积极作用。以教育部和文化部（现文化和旅游部）联合牵头组织的“中国非物质文化遗产传承人群研修研习培训计划”为例，该计划自 2015 年实施以来，在全国设立数十个非遗项目研培试点，众多高校参与其中，将高校的优势教学资源与我国各地的纺染织绣、陶瓷烧造、金属工艺、雕刻塑作、漆艺、建筑营造、编织扎制、家具木作、工艺绘画、服饰制作、造纸和笔墨砚制作、印刷等传统工艺项目相结合，培育了大量非遗传承人才。

（2）高校可以从促进产业发展入手，根据当地文化创意产业发展需要，结合地区文化艺术特色和商业环境，帮助乡村居民开发地区特色文创产品，并依托高校在市场营销

---

①《中山大学精准扶贫精准脱贫典型项目 阿者科计划》，教育部官网，2019 年 10 月 12 日发布。

② 宋小霞，王婷婷 . 文化振兴是乡村振兴的“根”与“魂”——乡村文化振兴的重要性分析及现状和对策研究 [J]. 山东社会科学，2019（4）：176-181.

和项目策划上的人才优势，打造区域性特色品牌，提升乡村将传统文化资源转化为经济效益和社会效益的能力，拓展发展致富渠道。

（3）高校可以对生态环境优越、自然风光优美的农村地区进行旅游项目开发评估，对具有开发潜力的旅游资源提供专业的发展规划和项目咨询，与当地政府协同进行旅游资源开发，并对当地村民进行旅游业从业技能培训，以文旅产业为重点引领农村地区经济文化双振兴。例如，中国美术学院依托学科专业优势，着眼结对帮扶地区仙居县的资源和文化特色，对当地农产品、工艺品进行整体文创设计，同时以“文化 + 旅游”线路为引领，打造了一批集乡村生态旅游、农事体验、文化主题公园等多业态于一体的产业集群，有效带动了当地农民增收致富①。在浙江旅游职业学院教师李冬制定的以“灯、钟、茶、药”为核心要素的“美丽规划”的指引下，丰山村摇身一变成为浙江 3 A 级景区村庄，2021 年接待游客 18200 人次，旅游总收入达 550 万元，此外，学院进一步联合其他院校，开启了“师生助力全省万村景区建设”行动，促使全省 94 个村庄成功转型为省 3 A 级景区，其中安吉余村更是成功创建为国家 4 A 级旅游景区，该成果也成为《2021 世界旅游联盟——旅游助力乡村振兴案例》中唯一入选的学校案例②。2020 年 7 月，重庆市委宣传部和市教委启动了“十校结百村·艺术美乡村”活动，通过高校与镇村“结对子”助力乡村文化振兴，其中西南大学美术学院立足保合村柑橘产业优势，发掘“橘文化”特色品牌，提出“长寿慢城·橘香福地”文化创意方案，为当地设计了橘娃、寿爷、旺财等文化 IP 形象和柑橘礼袋、橘子糖包装等文创产品，推动当地乡村经济文化双振兴③。中国人民大学文化产业研究院文化振兴乡村研究中心，分别在河南省兰考县张庄村、河北省张家口市设立了“文化振兴乡村实践基地”。其中，前者立足焦裕禄精神，为当地打造了一条红色之旅路线④；后者立足2022年冬奥经济，助力当地打造民宿产业和特色农产品品牌⑤。

综上，高校在推动农村地区文化事业振兴方面具有多个潜在优势，而且，这些潜在

① 《文化铸魂 艺术扶贫——中国美术学院精准扶贫精准脱贫典型案例》，教育部官网，2019年10月14 日发布。

② 《中国教育报》特别报道组 . 乡村振兴 教育点睛——共同富裕背景下的浙江美好乡村教育实践（上）[N]. 中国教育报，2021-12-20（1）.

③ 李星婷，张凌漪 . 让乡村文化资源“活”起来——西南大学文化帮扶长寿保合村 [N]. 重庆日报，2021-03-15（1）.

④ 《幸福张庄，路在脚下——中国人民大学文化产业研究院调研河南省兰考县张庄村》，中国人民大学文化产业研究院官网，2019 年 4 月 24 日发布。

⑤ 《文化振兴乡村，我们在路上——中国人民大学文化产业研究院调研张家口市后中山村》，中国人民大学文化产业研究院官网，2019 年 5 月 16 日发布。

优势与我国农村地区文化振兴现实困境的制约因素之间具有较好的匹配性和针对性，实践中部分高校采取的乡村文化振兴行动也已取得良好成效，这是高等院校之所以可以参与助力乡村文化振兴的重要原因。乡村文化振兴需要高校参与，更体现为高校自身的发展建设也需要乡村文化振兴这样一个实践平台。

8.1.2 参与乡村振兴促进高校自身发展建设

1. 优化高校人才培养目标、提升教师队伍素质

高校参与乡村文化振兴是高校培养应用型高级专业人才的需要。在我国经济社会发展进入新常态后，创新发展成为主旋律，要求高校以社会需求为导向着重培养应用型人才。因此，教育部、国家发展改革委、财政部 2015 年联合发布《关于引导部分地方普通本科高校向应用型转变的指导意见》，要求转型发展高校“把办学思路真正转到服务地方经济社会发展上来”[①]。此外，《“十三五”时期文化扶贫工作实施方案》《乡村振兴战略规划（2018—2022 年）》《关于实施乡村振兴战略的意见》《中国传统工艺振兴计划》等一系列政策文件也对培养和挖掘乡村文化艺术本土人才提出了新要求，而高校作为高层次人才培养的重要阵地，有能力、有责任承担为国家乡村振兴战略输入优秀人才的重要使命。那么，如何契合社会发展需求，不断调整培养目标，修订人才培养方案，从培养基础性人才、学术型人才为主，逐渐转型培养具有创新能力、实践能力的应用型人才，成为当下高校转型发展的时代命题。在这一转型命题之下，高校参与乡村文化振兴在推动乡村文化艺术发展的同时，为学生社会实践拓展了实施路径，学生通过广泛参与乡村文化的挖掘、整理，乡村艺术的创作、展示等，获得理论与实践结合的机会。例如，清华大学建筑学院联合清华大学教育基金会等公益基金会和企业，首创了“乡村振兴工作站”模式，不仅促进了地方乡村振兴，同时基于工作站需要逐步建立起乡村振兴专业硕士点，深化了清华大学乡村人才培养模式；清华大学建筑学院通过将本科生毕业设计与工作站直接挂钩，推动了高校文化产品“走出去”。将工作站打造成乡村双创平台，也为有创业想法的学生提供了契机，可以说，“乡村振兴工作站”是清华大学及清华学子与乡村建设的相互成就的平台[②]（图 8.1.5）。

此外，高校参与乡村文化振兴也是高校培养高质量教师队伍的需要。打造一支高质量的教师队伍，要求高校教师不仅要具备高深的理论素养，更需要具备运用理论知识指

① 教育部、国家发展改革委、财政部《关于引导部分地方普通本科高校向应用型转变的指导意见》，教育部官网，2015 年 11 月 13 日发布。

② 清华大学乡村振兴工作站：清华学子与乡村建设的相互成就 [EB/OL]. 中国新闻网，2021-12-06. https：//baijiahao.baidu.com/s?id=1718376053528033332&wfr=spider&for=pc.

图 8.1.5 清华大学乡村振兴工作站（泗水站）

导、解决实践问题的能力。高校参与乡村文化振兴，为高校教师提供了更多的文化艺术作品创作的素材与艺术作品展示的舞台，可以促进理论与实践相结合，提升教师队伍的综合素质和能力。

2. 拓宽现代高校职能多元化发展

建设高校社会服务的职能自美国威斯康星大学发端后，越来越多地受到世界各国高校的重视，我国高校“几乎无一例外地都将社会服务确定为基本办学职能之一”①。以至于有学者认为：“社会服务已经超出了一般意义上的高校职能，更多的是高校与社会融合的交会点，是高校价值的体现。”② 有学者考察高等教育与外部社会的关系，发现整个社会发展进步产生的大量复杂需求与高等教育机构相应需求之间有着较为有效的互动，高等教育与外部社会之间呈现出相互渗透、不断融合、日益密切的演进趋势。传统的“学术型、综合性、巨型化”高校发展之路越来越行不通，高校只有真正转向社会，与经济社会发展互动，才有日益开阔的发展空间③。这一职能拓展是经济“新常态”背景下的应有之义和必然选择④。高校参与乡村文化振兴，投身农村文化建设是高校发挥服务

① 李天源，薄存旭 . 高校社会服务伦理面临的现实困境及其超越 [J]. 当代教育科学，2015（23）：37-39.

② 陈文武 . 基于校地融合的地方高校社会服务的思考 [J]. 武汉工程职业技术学院学报，2015，27（4）：50-52+65.

③ 何小陆，叶仁荪 . 发达国家地方高校服务经济社会发展的经验与启示——以美、德、英、日、新加坡等国为例 [J]. 教育学术月刊，2015（5）：25-29.

④ 唐琳，金蕊 . 新常态视角下高校社会服务功能拓展研究 [J]. 河北工程大学学报（社会科学版），2016，33（1）：25-28.

社会和传承文化职能的必然要求[①]，是高校作为文化创新中心、文化传播中心、优秀文化传承重要载体的题中应有之义。换言之，助力乡村振兴战略，化文化艺术优势为发展优势，坚持文化艺术的传承与创新并举，依托地方文化内涵与艺术积淀，挖掘本土的农村文脉与艺术资源，丰富农民精神文化生活，大力培育、传播和活跃乡村文艺，是现代大学促进社会全面发展的重要职责和使命。

此外，大学与社会发展是相互促进的关系，社会发展呼吁大学积极参与，而大学发展也需要社会的支持与帮助[②]。发达国家经验表明，需要充分发挥大学的力量，实现大学与社会之间的协同创新和发展。高校需要积极践行社会责任，用知识服务社会，促进社会的全面发展。一方面，高校需要自觉担负反思社会和引领社会的历史使命。按照费孝通先生的观点，生活在一定文化历史圈子的人对其文化要有自知之明，对其发展历程和未来有充分的认识[③]。乡村文化艺术振兴其实也就是乡村文化艺术的自我觉醒、自我反省、自我创建，以增强转型的自主能力和取得适应新环境、新时代文化选择的自主地位。高校作为知识、技术和观念的生产地，反思社会、引领社会的使命天然与乡村文化自我觉醒、反思、创建的内在诉求相契合，在深入研究乡土历史文化特色的过程中挖掘、传承、创新乡村文化。也就是说，“高校社会服务的首要目标并不是为社会带来多大的经济效益，而是对自我文化进行充分觉醒”[④]，“改造旧文化，创造新文化，为社会发展注入内在的生命力量源”[⑤]。另一方面，高校需要充分发挥其学术研究优势。哈佛大学原校长博克指出，大学凭常规的学术功能，通过教学项目、科学研究和技术援助等手段承担着满足社会需求的重要职责[⑥]。高校发挥学术研究长项，主动探索研究“如何让文化艺术教育为乡村振兴提供动力，让乡村文化艺术的优秀菁华成为社会主义新农村建设的指南”等乡村文化振兴中的重大理论难题，“探索高校利用自身优势服务乡村文艺建设的路径，为乡村振兴战略中繁荣发展社会主义文艺的政策制订提供咨询建议”等科学研究重要课题具有十分重要的现实意义。

---

① 郭凯．高校艺术教育服务社会主义新农村文化建设途径与探究 [J]. 现代经济信息，2016（19）：381-382.

② 高雪春，费爱心．象牙塔的坚守与超越：教学服务型大学的学术自由与社会责任——读博克的《走出象牙塔——现代大学的社会责任》有感 [J]. 黑河学刊，2017（5）：136-137.

③ 费孝通．费孝通论文化与文化自觉 [M]. 北京：群言出版社，2007（2）：190.

④ 李天源，薄存旭．高校社会服务伦理面临的现实困境及其超越 [J]. 当代教育科学，2015（23）：37-39.

⑤ 张茂聪．高校社会服务伦理的体系构建与实践智慧探讨——基于《高校社会服务伦理研究》的启示 [J]. 临沂大学学报，2016，38（3）：142-144.

⑥ 德里克·博克．走出象牙塔——现代大学的社会责任 [M]. 徐小洲，陈军，译，杭州：浙江教育出版社．2001：342.

8.1.3 高校介入乡村建设的路径

在旅游经济利益驱动下，模式化构建游客期待、偏好的乡村文创空间，导致产品同质化严重，呈现“千村一面”的局面；城市人常以工业标准化思维或者“乡野浪漫”的小资情怀建构乡村文创空间，无意中破坏了原本的乡土风貌。而且，古村落在“大力发展”的旗号下被开发商肆意破坏[①]，导致文创空间沦为城市文化的附庸。由此可见，若文创空间以城市为单一动力，不仅难以承载文化传承的历史使命，也无法使乡村旅游经济进入良性循环。法国哲学家米歇尔·福柯（Michel Foucault）打破单一空间观，提出不同空间共同存在于“异托邦”空间理论视角（图 8.1.6）。他认为“异托邦”是一种“实现了的乌托邦”，它能包容不同空间共生于一处，彼此映射交融，表征出新空间意义[②]。这一理论视角有助于重新审视乡村文创空间的异质性和多元性。

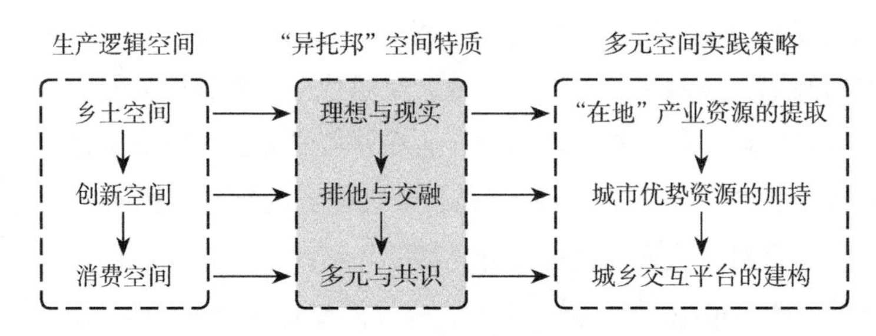

图 8.1.6 “异托邦”文创空间实践分析图

1. 理想与现实：扎根地方产业的乡土空间

“异托邦”空间始于理想、忠于现实。在城乡融合发展背景下，乡村提供了城市生活主导语境下的“异托邦”空间特质，当城市居民厌倦城市快节奏、机械化的生活方式，希望在乡土空间中寻找人与自然和谐共处的生活方式，为孤独的心灵创造一个独立的空间；相反，乡村人则向往城市生活的现代与便利，憧憬通过发展乡村经济，提高自身的生活指数。为了建立文化创意与当地产业资源的衔接，旅游规划多依托本土文化，关注村落节庆及民俗活动等特色营销，作为新乡村文创产业形态的增长点。文创的加持，让农村产业摆脱了陈旧、古板，而赋予时尚、生动有趣的形象。从农产品的种植和加工，到农业品牌的设计和推广，文创产业化、产业文创化，都成为当下各地区重点倡导的发展模式。

---

① 傅英斌 . 礼失求诸野——回归生活的乡村建设 [J]. 美术观察，2019（1）：15-17.

② 福柯，王喆 . 另类空间 [J]. 世界哲学，2006（6）：52-57.

2. 排他与交融：城乡主体共建下的创新空间

在乡村旅游中，乡民的自我文化意识与城市人的“他者”视角之间存在较大差异。然而，福柯认为在“异托邦”空间中，人们不断地重新定义自我以及与他者关系的场所，以独有的方式诠释世界，坚持着对空间的变化性、异质性、多样性的理解①。引导城市资本进入乡创空间，促进城市人认知、理解乡土文化，参与乡村文创项目建设。来自城市的高知参与者怀着对乡村文化的憧憬，携带资本、现代先进技术和现代设计理念进入乡村，为乡村文创发展注入新鲜血液。例如，“薰衣草森林”和“廻乡有机生活”等知名农场，都是由城市精英主导经营设计的。多元主体的介入，促使不同文化在乡创空间中碰撞和交流，在实践中寻求某种替代性方案。

3. 多元与共时：城乡文化杂糅下的消费空间

相较于“乌托邦”空间否认一切异于自身的存在形式，只认可一种理想实现模式。“异托邦”包容多元文化的共生。在多元文化的冲击和交融中，它能够支持不同模式的文化资本兑现。乡村文创包含着城乡两种不同时空文化元素的表达：其一，“乡民”族群文化。“新旅游兴起之后，乡土文化的地方性彰显出了特别的意义和旺盛的生命力”②；其二，现代城市消费文化。在乡村旅游经济的刺激下，城市的游客话语权被考虑进乡村文创的重构中。游客对乡村文创的期待难以摆脱城市文化的审美习惯，他们在消费过程中不自觉地用城市文化标准来看待乡土文化。总之，来自不同时空的乡土族群文化与城市消费文化在此处交汇，建构迥异于各自过往的“异托邦”乡村文创空间。

4. 高校艺术与设计专业介入乡创空间的路径

高校师生开展乡村振兴实践有较多的形式，对不同形式的研究将有助于厘清逻辑关系，为高校艺术与设计专业介入乡创空间营造提供了样本分析和经验借鉴，并为未来研究效果评价提供了结构框架。从高校艺术与艺术设计专业介入实践过程与目的可总结出以下几种代表性形式。

（1）以设计项目的开展为契机，教师带领学生团队进行乡村建筑环境的改造和提升，结合当地资源禀赋，为乡村村民和游客拓宽了活动空间，引入外界流量，拓宽了商业活动的空间，以艺术设计助力环境改善，为乡村的经济和文化振兴提供了可能性。如中央美院何葳的白石酒吧改造，为乡村引入新业态；中央美院建筑学院以脱贫攻坚对安龙县架山镇极贫村扶贫的教学实践，为乡村振兴夯实环境基础；中央美院吕品晶教授带

① 董慧，李家丽. 城市、空间与生态：福柯空间批判的启示与意义 [J]. 世界哲学，2018(5)：29-37.

② 林文斌，吴庆烜. 文化政策与文化支出：文化产业化经济论述的反思 [C]// 林文斌，吴庆烜. 2009 年嘉南药理科技大学文化事业学术研讨会论文集，2009：3-17.

领团队对雨补鲁村、板万村的乡村改造设计实践，从乡村的角度，意在传承文化和发展乡村文脉，关注乡村孩子的发展，对乡村的基础系统及村落的整体风貌进行提升，并强化了村落非遗的业态空间，为振兴村落传统工艺和活化非物质文化遗产助力。

（2）高校相关专业开展在地乡村艺术与设计展，并开展相关艺术设计振兴乡村论坛，探讨和建立高校艺术与设计专业振兴乡村的策略和理论实践路径。如重庆师范大学包装设计教学汇报展和印迹乡村创意设计大赛，重庆师范大学教学汇报展主题为“十校结百村，艺术美乡村”，意在通过包装提升梁平优质产品的知名度，打造“梁平好物”来促进乡村振兴；第一届印迹乡村创意设计大赛，有北京工商大学、中国艺术研究院、中国人民大学、北京林业大学设计艺术学院、清华大学美术学院、北京大学人文学院、云南艺术学院等多所大学相关人士参与，探讨乡村创意设计的发展方向，将给所参与高校师生参与乡村振兴提供教学和实践的平台。

（3）介入当地乡村主题活动，开展相关主题性实践教学活动。如运城学院美术与工艺设计系在第三届中国农民丰收节主会场设展，学生陈列展出自己的非遗文创产品，对接社会需求认识不足，提升自信，更在活动中切身感受到乡村振兴战略意义，对未来的成长发展起到极其重要的作用。

（4）高校和乡村在地共建艺术与乡村研究院。如四川美院于酉阳建立艺术与乡村研究院，提供高品质的“在地展演 + 多层次的教学实践生态活动”，吸引了大量跨学科、跨领域的专家学者人才在这里创作与交流，为酉阳的艺术乡建提供源源不断的人力资源，实现学术生产、产业生产再到商业生产，最终实现酉阳文旅、产业与城乡融合的发展。

（5）以高校教师为中坚力量，申报并落实相关乡村振兴国家艺术基金课题项目，在全国开展乡村振兴艺术人才培养。如中国人民大学陈炯教授申报的传统村落艺术创新设计人才培养项目，开展了深度的艺术介入乡村研究，培育了以高校教师为主体的乡村艺术建设人才，为高校艺术与设计介入乡村振兴的广度和深度开展埋下种子[①]。

（6）高校教师以个人所有在乡村兴建艺术展馆及艺术基地。如同济大学设计学教授林家阳退休后回到故乡温岭市海利村，创办大师博物馆，打造乡村与高校、乡村与社会的对接平台，提供高校学生与乡村艺术实践在地场域，丰富了乡村的艺术生活，促进了乡村振兴。林家阳教授不仅是教育者，更是乡村振兴中的“新乡贤”，引流了更多的文化名人入驻，并落户石塘，对本地文化发展起到引领作用。

在这些高校艺术与设计专业介入乡创空间营造的方式中，有个共同的特征是高校师生始终是主体，并以直接干预者的身份参与并影响乡村振兴，在艺术与设计专业介入乡创空间营造的进程中处于主导地位，村民是处于被动者的地位，在艺术乡建中被

① 陈炯．艺术振兴乡村途径研究 [M]. 北京：中国纺织出版社，2019.

感染、被熏陶，是旁观者的身份，依赖于高校专业人士所建造的场域和艺术设计的结果，享用外界所带来的成果。当这些高校相关专业人士撤离或失去在地性，在前期村民不在场的状况下，村民囿于专业知识的匮乏很难自我拓展并创新艺术乡建之路，甚至回归原有的生活轨迹，人走茶凉，对村民产生间断性的影响。作为高校学生而言，他们参与到了项目实践中，提升并拓展了专业上的实践认知，但在乡建中也是以设计师的角色在主导设计进程，关注设计作品本身，缺失了对村民自我创新的培育和后续互动。北京建筑大学穆钧教授团队的乡村生土建筑获得国际同仁认可，并获得专业大奖，其在马岔村乡建中用生土建造的夯土房子，团队离村后，墙面被村民贴上瓷砖或刷上白漆。专业设计理解的乡村建筑与村民的内心产生了鸿沟，什么是乡土？设计作品的人是否将村民作为乡村生活的主人？村民是否应参与从设计到建造的整个过程？村民的核心价值如何呈现？

8.2 川音艺谷诞生与发展的“过程—事件”

8.2.1 发现与耦合：客家聚落的偶然性与价值认知

1. 沉寂的宫王社区客家聚落

新都区石板滩街道宫王社区是位于成都市第一绕城高速外一个既普通、又具有自身典型特征的乡村社区。宫王社区北连成都市锦城绿道，南向花舞木兰田园综合体，东接天府沸腾小镇，西邻新都区人才公寓项目。交通优势突出，宫王社区距成都市中心城区仅 7 公里，距新都主城区约 5 公里；外部交通便捷主要有绕城高速成青金出口、成青金快速、石木路、三木路等主要干道。生态优势明显。周边有成都市的著名景点大熊猫基地、二台子驿站、百花谷、北湖湿地公园等；林盘资源得天独厚，湿地资源特色明显。地块紧邻成都市主城区东北边界，处于成华区与新都区交界处，紧邻绕城高速和成金青快速路。地处新都区东南侧，距新都主城区距离约为 7 公里，属于新都离主城区最近的自然林盘村落组团之一。辖区面积 2.3 平方公里，共有 9 个居民小组，居民 683 户，2365 人。居民的主要经济来源以种植和外出务工为主。

叶家大院坐落于宫王社区西北面，叶家大院由上叶家大院、下叶家大院、叶家院子组成。1973 年撤院并队后，叶家大院划分为 2 组和 3 组，共有 50 余户村民，百余人；现叶家大院有 112 户、300 余人。林盘聚落占地面积 130 余亩。其中：上叶家大院 46 户、116 人，4 个林盘，林盘聚落占地面积 28 亩；下叶家大院 43 户、95 人，6 个林盘，林盘聚落占地面积 31 亩；叶家院子 33 户，87 人，3 个林盘，林盘聚落占地面积 24 亩。

叶家大院由夏、白、张、喻、叶等姓氏组成，叶姓占 90%，村民之间的日常生活中保留了以客家语言交流的习惯。叶家大院有四条主路，分别为：碾子路、巷子路、河滩路、通寨路。分为四个片区：青竹巷、玉竹巷、绿竹巷、翠竹巷。

叶家大院林盘外围有天府绿道“天府盛景”中段，环城生态带的六库八区中的北湖水生作物区北侧。项目慢行系统应充分考虑与绿道规划的接驳，在风貌上应符合绿道系统的相关定位（图 8.2.1）。

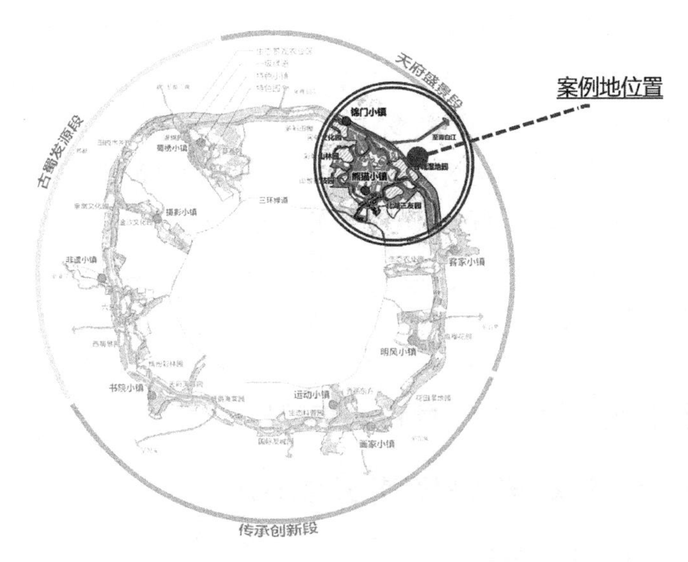

图 8.2.1　川音艺谷在天府绿道的区位

2. 被主流长期忽视的城郊客家聚落

1）客家文化主体

客家聚落主要是由客家族人迁移而形成的乡村聚落，百年来一直传承着客家的语言文化，是识别该群体的重要标志和维系当地居民生存和发展的核心力量。经历过湖广填四川的历史大移民之后，四川成为客家迁移史的重要聚居地和客家文化传承地。在四川较多地方遗存下来的竹枝词作为见证：

《锦城竹枝词》

清代　六对山人

大姨嫁陕二姨苏，大嫂江西二嫂湖。

戚友初逢问原籍，现无十世老成都。

《旌阳竹枝词》

清代　胡用宾

分别乡音不一般，五方杂处应声难。

楚歌那得多如许，半是湖南宝老官。

叶家大院的客家族迁移史：客家族一共经历了六次大规模的迁移，最终在四川形成稳定的客家居民聚居地。在宫王社区叶家大院的《叶氏组训》中清晰地记载了其家族起源及迁徙经过。叶姓来源：叶诸梁，本名沈诸梁字子高，为春秋战国之际楚国叶县县尹，史称叶公，是为叶氏受姓鼻祖。入川始祖元浚公，系大经公廿五世孙，生于清顺治十六年（1659）己亥岁，卒于乾隆九年（1744）甲子岁，寿八十六岁。年六十九岁（清雍正五年）携家迁四川后创业华阳县地名土地（今宫王社区叶家老院子）。妣张氏，生于清康熙年（1667）丁未岁，卒于乾隆九年（1744）甲戌岁，寿八十八岁。生五子：在崑、在崙、在榊、在料（无嗣）、在岫。迁川时，元浚公其二弟元沛公于是元旦首录家谱一卷与公。序云：予祖世居广东惠州府长乐县（今五华县）城西，贯籍：濮溪都二图第五，民籍户：长乐县叶翰良里长乐肇盛。大明万历间，高祖环公，配妣李氏携曾祖应尧、应舜、应禹迁居城南琴江都长蒲约蒲溪尾创基立业一百六十余年，子孙蕃衍，地窄人稠，兼逢丙午年〔雍正四年（1726）〕惠潮两府大饥，移居四川者千万家，予长兄元浚携子若孙于清雍正五年（1727）丁未岁正月望六发卯日移居四川；但东粤西蜀相距万里，世远年之后山修阻，执谱而宗派可一，昭穆不紊；始祖共宗分派长远散居异省各府州县者，谱帙繁多未尽，抄录谨将环公苗裔蒲溪一宗辑为一谱，以为吾兄子孙昌富贵之，记贤上达锦旋桑之荣。

2）城郊村与空心村的共性

宫王社区具有绝佳的地理区位条件，位于成都市第一绕城高速外侧，距离成都市主城区和新都区主城区均只需要约 20 分钟车程，是典型的城郊村，这既给宫王社区带来了便利，也带来了不利。社区的村民逐步摆脱了传统的务农为生的生计方式，以在城区上班或务工为主，年长者每晚回家，年轻者周末回家看望老人或儿女，村民更多地选择了在城里的小区购买了 1～2 套商品房住宅，传统意义上的家实际上成了周末或节假日偶尔使用的卧室，社区实际上成为“卧村”。尽管是城郊村，但因距离城区尚有一定的距离，出行以车行为主，尚不具备接纳外来人员的条件，因此，社区内几乎没有外来人员入住，工作日时间内村内活动人员较少，与人口密集的城中村尚有一定的区别。

乡村传统文化的淡化与逐步消减。尽管叶家大院 90% 的村民是清雍正年间由广东惠州府叶氏移民而来，移民文化与客家文化理应构成叶家大院的文化源点，然而，除了文化广场上的文化长廊体现了客家文化的展示、较为年长的村民内部交流使用的客家方言外，几乎难以寻觅客家文化的物质与非物质载体（图 8.2.2、图 8.2.3）。

因此，从某种意义上讲，宫王社区既是城郊村，也是呈现主体空心化与文化空心化的城郊村，同时还是位于成都市环城生态绿化带建设管控区域的乡村社区。在前述特定性限定条件下，该类型乡村社区的发展既有其特定机遇，也有其特殊的对象选择性。

图 8.2.2　村民院落住屋现状一

图 8.2.3　村民院落住屋现状二

3. 被发现与介入的耦合过程

2019 年，在四川音乐学院主持的国家艺术基金项目《历史文化名村设计人才培养》项目的实践环节过程中，项目组先后组织考察了四川省中江县仓山镇西阁村、夹江县、新都区木兰镇宫王社区等地为国家艺术基金项目实施的实践基地，川音艺谷是石板滩街道办事处与四川音乐学院城市环境与艺术研究院合作规划设计并建设的以“艺术点亮乡村，共创美好生活”为主题的大型乡村振兴项目（图 8.2.4、图 8.2.5）。借力川音丰富的艺术人才资源和文创开发能力等，以第三产业为主导，以“艺术点亮乡村”为主题，以“大学 + 乡村”“产教融合”为路径，打造一个集文艺创作、文创产品展示交易、慢物质文创产品研发生产销售、文创亲子体验、艺术人才培训、高端艺术民宿、园林式餐饮为一体的成都东部文创主题乡村体验度假旅游目的地、绿道经济特色旅游高地，最终建设成为“宜商、宜业、宜学、宜居、宜旅”成都市新型文创典范乡村。

图 8.2.4　川音师生走进宫王社区

图 8.2.5　川音师生考察民居院落

“川音”是指四川之音、四川音乐学院之音，“艺谷”是指艺术人才聚集高地、文化艺术创作高地、文化创作体验高地。川音艺谷创意园区规划共 2800 余亩，一期占地近

330亩，其中院落110亩，包括院落林盘约38亩，农田220亩，涉及农户126户390人。川音艺谷以全国首个“大学+乡村”模式为核心，采用校、地、企三方联动机制，构建川音艺谷文创实践基地，打造大学生创业孵化平台和艺术家特色村落，实现产教融合、城乡融合、艺术与生活融合、传统与现代融合。推动以艺术点亮乡村、用艺术提升乡村价值魅力，促进当地文创经济发展，吸引高学历人才落户，扩大人才竞争力，实现区域经济及旅游快速增长，形成新都区“拜宝光，游桂湖，赏川音艺谷”三位一体的文化旅游格局，探索乡村振兴新模式。

我国的众多乡镇、村落文化底蕴深厚，类型丰富多彩，在自然风景的映衬下散发出耐人寻味的魅力。然而，由于受到区域经济和交通等因素的影响和制约，城乡之间文化流动几乎处于“蜻蜓点水”的状态。在城乡要素流动的政策与市场引领下，乡村与高校之间的文化交流获得了政策支持，处于依托交通条件形成文化流传输通道的文化链上、文化圈内的乡村在城乡文化融合方面具有了先决优势。

4. 空间实践（乡村本体）：空间综合价值认知

成都市新都区石板滩街道（以下简称“政府”）宫王社区叶家大院就具有了成为“乡村+高校文创”城乡文化融合空间示范的综合价值：

（1）公共政策与平台——引领要素流动的基础要素。成都是一座具有改革创新和包容精神的城市，市区街道等政府组织为实现城乡融合进行了措施创新与探索。政府为宫王社区与四川音乐学院（以下简称川音）之间搭建了文化融合的桥梁，公共政策的制定与组织措施保障了双方沟通有效。

（2）区位与交通优势——引领人口对流的关键要素。宫王社区叶家大院距离成都市主城区约30公里，交通便捷，村民一直以来以进城务工为主，人口单线流动特征明显；距离四川音乐学院新校区约15公里，处在高校文化艺术圈的辐射与影响范围内，对于川音师生而言，是“艺术驻村”的最合适区位选择。

（3）生态与文态优势——引领文化对流的支撑因素。宫王社区叶家大院是位于成都市环城绿化带内典型的川西林盘客家村落，乡村肌理自然舒畅，风景优美，村落风貌原生，对久居城市就业、创业、生活人群具有极大的环境吸引力，对艺术高校师生更是天然的“第二课堂”。其中，近200亩川西林盘错落分布，荷塘、鱼塘近150亩和原生态湿地50亩构成了村落的外部环境（图8.2.6）。

8.2.2 空间表征（乡村+高校文创）：机制与空间涌现

1. 空间表征机制及相关要素

中国乡村建设是一个极其庞大和结构复杂的系统工程，当前高校介入的乡村空间营建机制作为其中的一部分，四川音乐学院专家教授团队在总结和研究当前理论与实践

图 8.2.6　艺术家入驻前的叶家大院宏观村域空间

的基础上，以多重的身份和开放的定位尝试从学术研究、学科发展、实践应用、政治关注、智力帮扶等层面建立可持续和规模乡村建设相适应的机制框架。四川音乐学院教师及艺术家团队在介入叶家大院的过程中，扮演着研究员、设计师、教育者、顾问团及经营者的多重身份。

川音艺谷创意园区由新都区人民政府石板滩街道办事处牵头，创新以“政府 + 高校 + 社区集体企业”三方合作联动共同助力乡村振兴建设新典范。政府负责提供资源要素保障，政府资金投入进行基础配套建设，包括绿化景观道路、节点景观打造、农房风貌整治、林盘保护修复、农田水系改造、荷塘整治提升改造、停车场建设、公共空间建设等。高校专家教授负责投资打造工作室院落，川音专家教授负责将农房改造为业态各异的工作室或文创研发中心等，建成后将不定期在园区举办艺术文化交流活动，川音师生实训基地、陶艺展示和培训中心、国家艺术基金成果展示基地等。社区集体企业负责农房租赁、生活能源配套、院落物业服务、土地资源流转等资源保障。

1）双志愿的空间腾退机制

2018 年，川音教授团队与政府达成合作协议，由政府牵头，创新形成了在“市场”调控下的以“政府主导 + 川音教授团队进驻 + 社区集体参与”三方合作联动共同助力乡村艺术文创园（以下简称川音艺谷）建设项目。项目以川音丰富的艺术人才资源和文创开发能力等流动进入乡村社区为引擎，以乡村闲置农房资源与院落环境腾退、进入成都市农村产权交易所进行使用权流转交易为后续推动，初步实现城乡文化要素的双向流动。

政府积极探索，大胆实践，创新建立了一套以市场为指挥棒的引领乡村社区与大学教授团队之间资源要素互流的城乡融合发展空间建构路径：①为充分调动社区居民的参与积极性和主动性，建立“一户一宅”等符合农村住宅流转政策基于“双方平等自愿”农房流转机制；②以市场为调节杠杆，制定宫王社区农房商业利益限价机制，切实保障村民利益；③出台宫王社区专家教授工作室入驻奖补长效激励制度，保障工作室健康可持续发展；④建立工作室房屋改造方案评审机制确保项目建设品质和方向不偏移（图 8.2.7）。

图 8.2.7　川音艺谷双志愿流转房屋位置

各方具体职责为：政府（石板滩街道）——负责提供资源要素保障，调节公共财政资金进行基础配套与环境提升建设，包括道路交通及停车场系统配套、环境绿化景观营造、节点景观打造、农房风貌整治、林盘保护修复、农田水系改造、荷塘整治提升改造等；高校教授团队——以自有资金将农房院落改造为业态各异、各显主题和特色的工作室或文创研发中心等，不定期举办艺术作品展演、文化交流活动，师生校外实训基地、艺术展示和教育培训中心等；社区集体——负责农房租赁、生活能源配套、院落物业服务、土地资源流转等资源保障；村民——组建乡村施工队，在教授指导下参与院落打造施工。

2）自下而上型、众筹建设模式

川音艺谷创作团队的乡村实践是一次对乡村建设过程的深入参与，相较于城市建筑强调自身逻辑、空间与形态表现力的设计追求，乡村生活和环境所具有的真实性特点使得设计主体在乡村空间营建过程中，必须寻找能够应对超出建筑本体设计营建需求的工作方法，在计划（PLAN）—设计实施（DESIGN）—评估（CHECK）—处理反馈（ACT）

的循环过程中针对主体角色定位和乡创空间营建项目的特定内容灵活调整。

在乡创空间营建项目的计划过程中，川音艺谷团队首先需要依据项目背景明确项目定位，包括：设计建造使用运维等多元主体、资金预算道路交通等支持条件、技术材料文化习俗等影响因素、团队规模构成研究设计能力等自身条件等，将身份角色（主导或协作）、目标定位、工作周期、预期成果（研究理论或设计作品）纳入初期项目计划之中；在乡创空间营建的实施过程中川音艺谷设计团队多以村落规划和林盘院落改造设计为主要工作内容，通过开放性的设计参与完成空间、功能以及乡村意象的塑造；在乡创空间营建项目的评估过程中，由于项目规模小、建设自由度高、贴近生活体验性强等特点使得主观评价更直观、客观评价更真实，川音艺谷团队通过专家教授的自评和其他主体的他评可以得到最为直接的反馈；在乡创空间营建的调整过程中，设计主体在全过程中的深度参与和评估环节相对完全的映射反馈既可以帮助川音艺谷乡创空间的完善，也可以帮助高校主体研究设计等能力的提升（图 8.2.8、图 8.2.9）。

图 8.2.8 川音艺谷新老村民交融互动

图 8.2.9 艺术家工作室改造方案评审会

较为遗憾的是，尽管川音成都美术学院的教师团队自费规划设计了石板滩镇宫王社区（即川音艺谷）整体规划设计方案，涵盖范围约为 2800 亩，但该方案虽经不同层面的政府部门讨论，未能获得立法性质的批复，导致在后续的发展过程中受到缺少合法性依据的制约，缺失整体规划方向的把控，一直处于“自下而上”推进状态。

此外，在每个艺术家院落的建设与经营管理过程中，每位院落的艺术家具有绝对的自主权，均由每位艺术家自行完成院落空间设计方案，自行出资支付院落改造修建等工程费用，形成了事实上的“众筹”模式，这种模式虽然快速推进了川音艺谷初创期的建设进度，但给后续的整体发展带来了极大的弊端。

2. 宏观村域整体空间要素及其表征设想

在自然生态视角下考量乡村聚落的发展，人类族群对于自然的改造和自然环境对于人类聚落的限制影响相互作用使得聚落空间形态逐渐与其所在的地形地貌相协调。人类建成环境和自然生态环境之间不同的边缘形态具有明显的区域特征，结合地理学的相关定义以及笔者实地调研叶家大院的认知可以照地形的平坦与起伏将乡村聚落整体空间形态归纳为平原盆地型，不同的环境要素作用下乡村聚落建成空间形态又可以分为组团状、条带状、分散状，这些空间形态特征对经济产业发展、人类群落活动、自然环境变化等的不同发展模式形成影响条件和约束。叶家大院自然生态环境是其生存和发展的根本，也是乡村风貌与城市不同的最主要所在。当前乡村建设的主要命题就包括生态环境的保护和生态文明的建设，“亲近自然、享受田园”也是乡村旅游发展的特色，山、林、水系、农田各具特色，同时相辅相成形成千姿百态且具有地域特色的乡村自然风貌。

叶家大院属于平原盆地型，该类型地形平坦，平原或盆地用地限制较小，多数宅屋集中布置，或沿水田水系形成分散状的聚落空间形态，或沿农田林盘形成分片组团状“宅—林”空间形态。村内有树林、竹林、溪流、荷塘、农田、湿地等乡村自然生态环境要素。

1）关于空间风貌的整体构想

著名艺术家赵建国教授及研究生孟春羊团队提出了以川西林盘的“绿＋红”为主要元素的“艺谷红村”整体风貌构想，认为“红既是一种颜色，亦是一种符号”的构想，将红色作为符号点缀在原有的建筑凸出结构部位，尽量不改动原有的建筑结构与构造，符号化林盘聚落民居及公共空间，营造出以红色为点缀色的热烈氛围（图 8.2.10、图 8.2.11）。该构想大胆且独特，具有成为“网红地”的前景，获得了部分人士的高度赞赏，也有持审慎态度，关于整体风貌的构想未能得到有效的实施。

图 8.2.10　艺谷红村建筑改造构想

2）关于空间规模的构想

艺术家在参考了上海朱家角国际艺术高地、蒙马特画家村、日本越后妻有地区等艺

图 8.2.11　艺谷红村整体风貌构想

术家社会的发展轨迹后，从艺术产业链的发展衍生角度提出了川音艺谷未来的空间发展展望，建构了一个涵盖宫王社区约为 2800 亩乡村用地空间的、宏大的空间规模构想。在功能的设定上，包括了艺术家庭乡居创造区、粤港澳艺术村区、艺术亲子寓教区、生态艺术露营区、田园装置艺术区、客家民俗文化区等功能区块的展望（图 8.2.12）。该构想对于艺术家聚落的集聚效应和产业效益思考更多，取决于地方政府的支持和土地、村民的政策配套，艺术行业和配套服务行业的支持等因素，随着入驻艺术家的人数逐步增多，正在自下而上地有序推进。

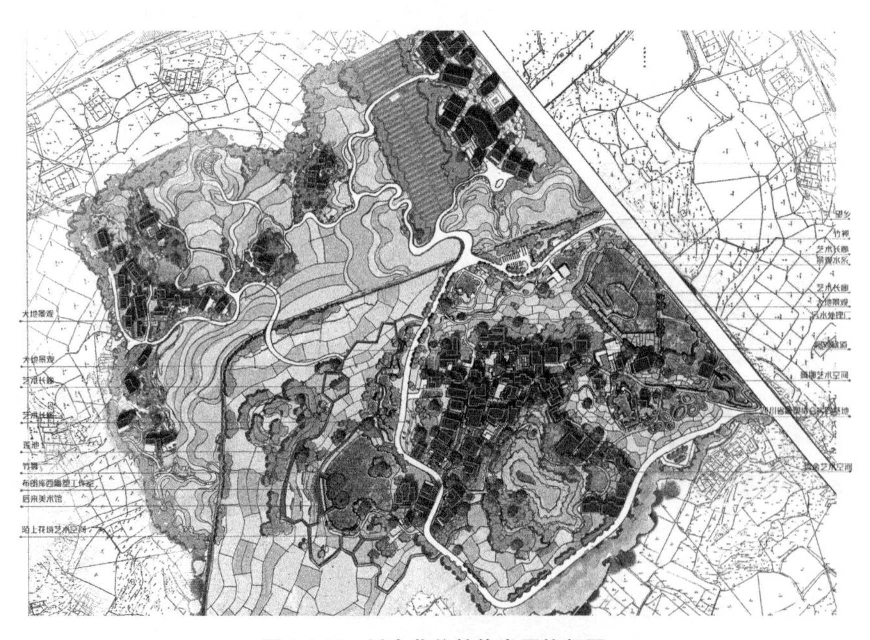

图 8.2.12　川音艺谷整体发展构想图

3. 空间结构的构想与实现

中观的肌理，指村域中以农宅主屋为主的建筑群体基底平面呈现在下垫面上的图—底关系，具体指单体建筑平面彼此之间在大小间距和方向三方面的关系[①]。川音艺谷中观层面的聚落开放空间，可以形成“构成点 + 串联线 + 围合面”连续网络结构的空间（图 8.2.13），然后依照与建成建筑物的关系，以空间平立面的大小、比例等几何形式特征将其分为以下三类：节点型要素、枝条型空间、辐射型空间。在 330 亩范围内的宫王村一组范围内（叶家老院子）构想形成四大核心区，包括艺术家聚集地（艺术创客）、以渠道治理为主的乡村生态自然廊道、田园装置艺术体验为主的艺术田园区、以自然田园标识为主的竹艺廊道。园区的建设和工作室运营将有效助力木兰乡村振兴建设以点带面的方式，逐渐带动和辐射周边村落，最终建设成为“宜商、宜业、宜学、宜居、宜旅”成都市新型文创典范乡村。

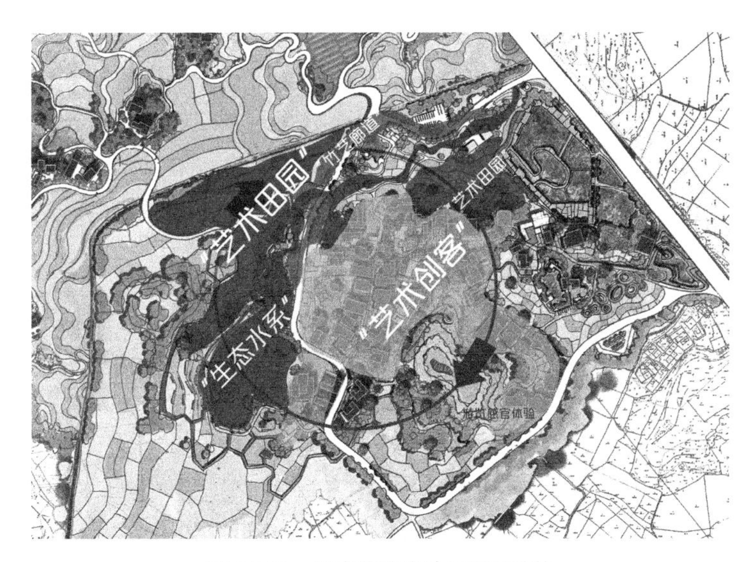

图 8.2.13　川音艺谷启动区空间结构

1）节点型构成要素

节点型要素一般与建筑基底没有引导或围合的空间关系，主要是指对聚落开放空间构成具有特定意义的构筑物和以此为中心形成的局部场所。川音艺谷节点要素包括入口节点、标志墙、指示牌、雕塑、观景台、公厕等，同时此类单体要素位于村落线性空间的局部位置，如村口、路口等，具有乡土记忆营造、公共生活服务等功能。

在园区的入口节点处，取竹与蝉的客家文化意境为创作元素。竹与蝉在宫王社区客

① 王竹，钱振澜，贺勇，等. 乡村人居环境“活化”实践——以浙江安吉景坞村为例 [J]. 建筑学报，2015（9）：30-35.

家文化中，具有较为深刻的文化含义。林盘环境中的“竹”，在林盘院落的周围，均是以笼竹为主，也称大竹品种慈竹，长势高大茂密。宋朝人所写《益部方物记》载“慈竹性丛产，根不外引，其密间不容笴（箭杆）笋生阅岁枝叶乃茂。别有数种；节间容八九寸者曰笼竹，一尺者曰苦竹，弱稍垂地者曰钓丝竹。或取节修肤致者用为簟笠”描述了慈竹的生长势头。因此，挺拔的慈竹形态成为入口标志选取的造型意向之一，为寄托客家人具有对原乡浓浓的思念之情，园区入口节点标志寓意“望乡”，立于村落与外围城市干道三木路口，高达三十余米，整体造型形似登高而望乡，材料为竹钢。（图 8.2.14）

除了鱼和蝴蝶以外，客家传统服饰还有蜜蜂、甲壳虫、蝉等昆虫或虾蟹等水生动物纹样；南粤之地把幼蝉当成一道美食；当地有老少皆知的农谚“知了叫，荔枝熟”。“蜇”源于古代汉语，原指一种小蝉，“黄”是颜色。用颜色命名事物，体现了客家人细致的观察，这与客家人在日常生活中经常见到、经常接触该事物有关，反映了客家方言词汇的独特性。在传统文化意蕴中，蝉具有丰富多样的象征与意境，如坚韧不拔与不屈不挠、蜕变与再生、高洁与纯洁、吉祥与好运、知识与智慧、忍耐与坚持等。同时结合川音艺谷园区依托宫王社区叶家老院子客家聚落空间载体破茧而出的寓意，村落入口标志以“蝉—茧”为创作之源，半剖开的蝉茧形成入口空间的半围合状态，对半椭圆形进行形态解构，露出部分虚空的部分，形成构筑物的虚实结合（图 8.2.15）。

图 8.2.14 对外形象标志“望乡”

图 8.2.15 文化主体标志“蝉”

2）廊道型串联空间

廊道型串联空间指以某一带状空间为主体向外侧延伸出多个条状空间的形态，多由聚落农宅建筑依地形或水流的走势自组织修建而形成。川音艺谷艺术家院落以道路、林盘水系为先规划建设采用此空间形态营建聚落开放空间（图 8.2.16）。为保证林盘聚落内部空间的原生机理和完整性，在政府和艺术家团队共同商讨的基础设施改善中，率先启动了绕环叶家老院子林盘外围一周约 1.5 公里长、6 米宽的绿道建设，配备了入口停车场、入口标志性节点、艺术风景走廊等建设项目。通过带状的绿道，链接距离村落仅为 5 公里的成都大熊猫繁育研究基地空间资源与文旅影响力，林盘外围的廊道空

图 8.2.16　林盘外围廊道型空间造型

间均采用了“熊猫”主题元素，美术学院的师生们以不同位置、不同形态、不同色彩的熊猫造型元素丰富廊道公共空间，如爬墙的熊猫、爬树的熊猫具有憨态可掬的趣味性，群组围坐的小熊猫深得小朋友的喜欢，爬电线杆的熊猫配合电线杆的彩绘让单调的电线杆也具有了文化和艺术气息，廊道空间连接了主要的艺术家院落，形成了廊道型串联空间结构。目前，艺术风景廊道空间已经成型，围绕艺术风景廊道已经形成风景露营地等项目，周末或节假日，已经成为周边村民、村民的亲属、附近游客的休闲集会场所。

辐射型中心空间是指具有主导性核心的开放空间，一般面积较大、形状较完整，如川音艺谷改造的池塘景观、后来美术馆等。此类型开放空间多与公共服务设施等节点要素配合承担乡村聚集性公共活动，如集会、观演等。

4. 微观宅屋单元空间技法

川音艺谷聚落风貌既体现在中观空间层次的特殊肌理秩序上，又体现在具有特色的民居建筑改造要素构成中。作为图形要素的微观建筑单元对于聚落空间肌理构成的作用，主要通过建筑基底的形式、布局还有尺度等组合实现，建筑基底由院前空间、宅基空间、屋后空间构成（图 8.2.17）。作为最直接被视知觉感知的立面，在“公共开放空间—过渡空间—建筑体量”的秩序作用下可以被分为第一立面和第二立面，第一立面主要指围合过渡空间的界面，可以由院墙、生活生产器具、景观绿植等要素构成；第二立面主要指建筑本体立面，可以参考上分、中分、下分的方式分为屋顶、墙面、基础和细部。

1）破墙显院，强化院落空间开放性

传统的川西林盘民居院落均修建有较高的院墙，在客家人聚落中，院墙高立更为明

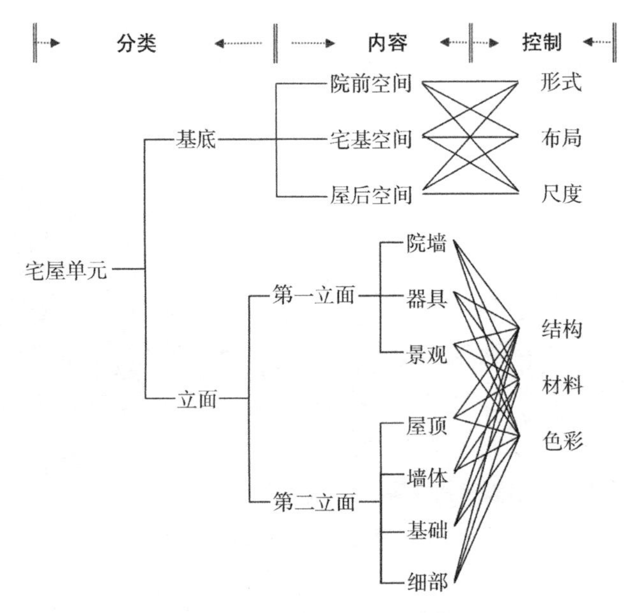

图 8.2.17 村落微观建筑单元构成

显，具有明显的空间隔离特征，是绝对的封闭空间，既体现了传统乡村聚落户与户之间的空间边界，也是客家人对宅院安全的心理寻求。然而，院落封闭的不仅仅是村民之间的交往，更封闭的是社会对村民的映射，以及村民对外界信息的接收。

川音教授在院落空间营造中，首先关注到院落空间的开放性与公共性问题，纷纷采取了降低院落围墙高度，艺术化和简化院墙造型，形成形态各异的艺术院墙，既破除了村民心中传承较为深远的高院墙思想壁垒，又改变了聚落的开放性形态（图 8.2.18、图 8.2.19）。

图 8.2.18 院落围墙现状

图 8.2.19 改造后的半开敞院落围墙

2）改换门庭，突出院落空间艺术性与公共性

传统的川西林盘民居建筑在门庭门头、外墙界面上造型中规中矩，色彩以白色、黑

灰色等单一整体色为主，显示了院落的居住生息功能，追求平和宁静的田园生活理想。

川音教授在对院落门头的改造中，局部采用了“保留外墙结构、艺术化造型包装”的手法，以微改造的设计手法实现了对院落门庭的性质彰显。在某院落的门头造型中，艺术家以几何化构图为整体造型的基础，钢结构、木质线条构成的主体将原来的民居门头予以包装覆盖，转折起伏的三角几何界面形成了动感十足的门庭形象，内凹的界面留出了门庭的入口空间，本栋院落的艺术性与公共性生动形象地展示了出来（图 8.2.20、图 8.2.21）。

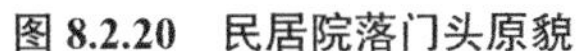

图 8.2.20　民居院落门头原貌

图 8.2.21　艺术化的院落门头入口

3）功能置换，院落空间使用转向

在以农业生产和外出务工为主要生产方式的背景下，儿女出嫁或另立门户，常住在宫王社区的村民家庭成员多为老两口独居，民居院落用途最大的主要空间似乎是用于储藏和堆放农具等杂物的杂物间，使用最频繁的空间为厨房和卧室，在较为缺乏劳动力的情况下，院落空间呈现出较为杂乱和无序的现象，较少关注花花草草等环境的维护。

改造中，川音设计团队遵循“结构改造、功能再造、文化塑造、生态营造”原则，对老建筑群进行改造活化，形成了丰富的立体院落空间，创造了崭新的视觉空间形象。院落上下一新，艺术品错落摆放，曾经的老院子顿时变身充满潮流艺术感的打卡地。以教授和艺术家为主的院落在进行空间改造的过程中，追求空间环境的干净整洁奠定了环境的基调，在诗与远方的理想描绘下，院落主体功能空间变化为对交谈空间、会客空间、禅茶空间、创作空间的极致营造，具有了较多的公共开放属性，院落空间的功能属性产生了转向（图 8.2.22、图 8.2.23）。

在随后的空间使用过程中，每栋艺术家院落均完成了从“艺术空间”向“艺术 + 商业”空间的转换，初步实现了艺术乡村聚落产业的思维和行动转向，经济收益反哺院落的维护和管理。

“艺术家教授设计师”的乡土初创作是建筑师专业能力和职业思维指导下的创作，

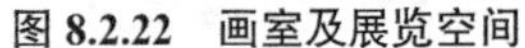

图 8.2.22 画室及展览空间

图 8.2.23 层次丰富的观景空间

以空间为抓手，从尺度、比例、材料、功能、流线等方面进行乡土适宜性设计；其次设计介入具有正确价值观引导和良好品位示范作用，在地域性思考和可持续性理念指导下，以当代视角找到在地性的解决方法（表 8.2.1）。

只有文化艺术充分介入到城市居民的生活之中，这座城市的文明程度才可能真正提高。“如果艺术仍是高大上，说明这个城市有待进步。”

8.3 “内生与外引”：川音艺谷营建模式

8.3.1 以主体目的为导向：“研教创助”介入路径

高校作为学术研究和人才培养基地在长期的乡村建设研究及实践过程中，逐渐探索更完善的研究和教育体系以满足复杂乡村建设系统的需求。然而乡村建设主体的话语权比重不均衡、建设条件有限以及高校主体的经济条件、团队构成的不稳定等原因，也会使得高校团队乡村环境中的实验性设计创作有随时终止、效果不可控等情况发生，例如，由于乡村“城村融合”发展目标和村民需求的变化，设计主体缺乏建筑后期的功能使用构想和轻型建造系统建筑回收方案，朱竞翔的下寺村新芽小学由于无人使用、管理维护而破败；过于强调个人实现的设计创作由于缺乏对于乡村整体全面的研究而造成与村落的乡土风貌不协调、与村民的真实需求不相符等后果；没有系统研究和全过程策划构想作支撑的环境整治、空间改造等帮扶性实践最后只能浮于形式。

因此，高校介入乡村空间营建的定位无论是系统持久的研究介入还是理念表达的项目创作抑或是繁杂融合直面需求的帮扶实践，都需要探求“研教创助”综合介入的路径（图 8.3.1）。

1.“乡貌 + 乡理 + 乡法”研究实验

在国家项目课题、示范性建设工程等支持下通过乡村风貌研究、乡村建设管理研

川音艺谷局部院落及建筑空间改造前后整体对照 **表 8.2.1**

改造前实景照片	改造后实景对比
民居院落一	后来美术馆
民居院落二	乡村图书馆
民居院落三	青荣院子
民居院落四	喜舍空间

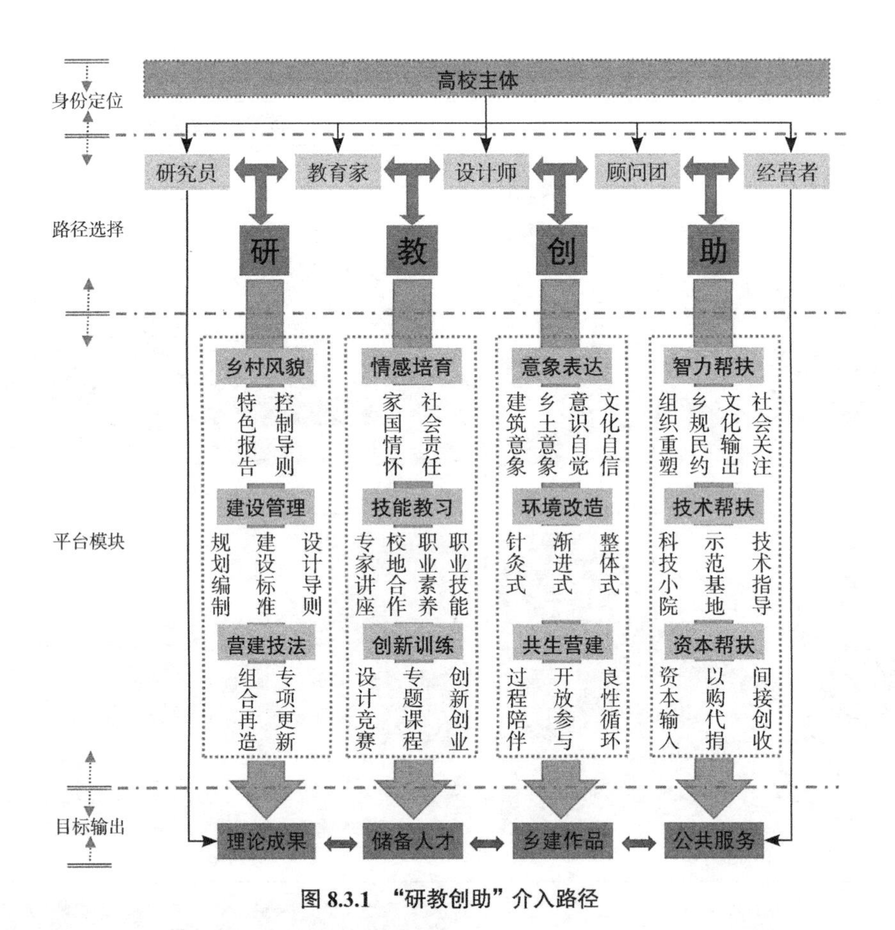

图 8.3.1 "研教创助"介入路径

究、乡土营建技法实验，相应地形成风貌控制导则、规划编制流程、乡村设计导则、技术指导标准等成果应用到乡村空间营建实践中。

1）乡村风貌研究

我国乡村聚落分布广泛、数量众多、地域性特征明显，乡村空间营建介入前首先要对自然地理风貌和历史人文风貌进行研究。自然地理风貌研究要包括聚落周边的山水林田湖海等生态环境要素、聚落建成环境与自然环境的人地关系、道路桥梁建筑等形成的地理空间形态研究等；历史人文风貌研究要包括乡村历史沿革、宗族制度、产业结构、社会网络、生活习俗等。特定的地理环境和人文习俗形成地域性的建筑形制、色彩、机构布局以及街巷的形态、尺度、肌理，高校研究团队可以依此建立乡村地域风貌特色研究报告和风貌控制导则等成果。

2）乡村建设管理研究

高校师生以真实的在地需求为出发点，结合调研，从乡村规划编制、乡村建设标准、乡村设计导则和建设管理工作规程等方面完善乡村建设管理研究。重庆大学建筑城规学院的黎柔含在乡村设计导则与建筑师乡村实践关联研究中对乡村规划编制的流程做出了相关总结[①]；乡村建设标准要包含自然环境、公共设施、建筑构筑物等一系列建筑、景观、市政建设标准；乡村设计导则要包含乡村建设项目的申请立项、审批决议、实施许可等导控流程和产业发展策划、空间整治方案、村容村貌重塑等实操标准；建设管理工作规程要包含建设组织、项目公示、村民参与、意见征集等。

3）乡土营建技法研究

乡村自组织发展过程中民间并没有形成专门的建筑设计师，民间的乡土营建多数依靠村民互助协力造屋，技法也多受限于地方材料、特定环境和生活方式等，随着城乡生活理念、经济产业等的交流互动，新时期下的乡土营建需要专题性的技法研究以适应不同类型的乡村发展。乡土营建技法研究包含地域建筑的传统再造技艺研究和新旧材料、形式、结构的组合建造技艺研究，并形成相关建筑技术的国家和地方标准及建设指导手册。前者可以应用于古村落风貌修复和传统建筑保护与更新，如湖南大学建筑学院在富溪梅山文化园建造中向当地工匠学习传统方法立屋；后者可以使得乡村建筑适应更多需求如夯土材料的抗震防火等安全性实验、江宁互联网会议中心工业化快速建造以适应乡村产业转型。

2.“乡创＋乡营＋乡情”教学实践（川音艺谷学生课程实践）

我国当前的建筑学教育多以城市建筑类型为设计训练题目，对乡村语境下设计课程的忽视使得学生缺失乡土营建领域的理论知识、乡土设计的思维方法和实际建造的技能经验。开办设计类专业的高校可以通过不同内容的教学实践活动，启发学生在面向乡村真实生活的学习过程中进行创新性思考、离开课堂进入建造现场体会和学习建筑师的职业素养与技能、在深入陪伴和生活过程中形成乡村建设正确的情感价值观。

1）乡村情感培育

高校教育需要在学生对乡村社会现实进行真实性思考的时候进行正确的价值观引导，贺勇指出了年轻一代个人独立和选择自由在很大程度上使他们的生活分离，作为社会公共良知和道德坚持和指导，大学教育如何让年轻一代与土地和社会建立更真实的联系，重塑“大我”的责任和特点，已成为一个紧迫的问题。浙江大学建筑系四年级专题化课程从教学实践的角度，以土地和生活作为关注的线索，探讨一种乡土在地设计的观念与方法，以建筑学回归土地的情感表达对民众的善意与生活的真正关怀。

2）乡村创新训练

高校可以利用学科竞赛、毕业设计等训练项目指导学生在系统构建乡建知识体系的基础上，提出创新性的研究课题和设计主题；鼓励学生通过“大学生创新创业训练计划”

① 褚冬竹，黎柔含．路径与整合——建筑师乡村个体实践与自建集体导控关联探析［J］．西部人居环境学刊，2016，31（6）：86-96.

等平台的实践机会，主动思考乡村聚落面对的问题以及未来的发展方向，以具有实验性的教学实践介入乡村建设。例如，昆明理工大学、青岛理工大学、华中科技大学、西安建筑科技大学于2015年成立了四校三专业乡村联合毕业设计联盟，六年间介入东湖景中村、青岛崂山庙石、黄山、东港村等多地进行村庄安全、风土再造等主题的设计学习，促进我国乡村规划、建设领域的教育和学术交流，丰富乡村毕业设计的地域化类型。

3）乡村营建实践

面对乡土营建实践项目的复杂需求，高校可以举办建筑学科专家的乡村建设讲座、整合综合学科的资源形成协同教学平台，同时引入社会资源打造校企联合平台，为学生提供进入乡村建筑设计及建造现场的机会，让学生在与地方工匠、村民的互动沟通以及建造指导过程中培养作为乡村规划师、建筑师的职业素养，锻炼职业技能指导未来的设计和实践。例如，笔者在参与UIA-CBC国际高校建造大赛时，认识到项目实践需要经过实地调研、方案设计、结构审核、材料预算、施工组织、进度安排、任务分工、实际建造过程的指导把控和后期项目宣传等环节，在统筹安排过程中锻炼了设计师的乡土设计能力以及乡村语境下的团队合作、沟通方式、时间管理等。

3.“乡象＋乡境＋乡生”创作实现

高校教师在介入乡村建筑创作时，首先需要以职业建筑师的身份完成建筑设计任务以及乡村建设系统的全过程服务；此外与独立事务所或大型设计院的乡村项目承接与设计具有的市场化、短时性等特征，高校教师需要结合个人及团队的研究方向、团队规模、经济支持等实际条件，在乡村这片试验田上完成设计理想的创作实现。高校设计团队会通过多次创作实践形成团队特定的设计理念和设计方法，并以此指导在新的乡村环境中进行设计创作，由此形成个人风格进而形成高校团队的创作特征。

1）乡土意象的建筑语汇表达与环境空间营造

乡村建筑与乡土环境是相互成就的，建筑语汇的抽象表达传递真实的乡土感受，建筑师营造建筑意象是乡土意象传承与表达的基础，促进了乡土意识的自觉和乡土文化的自信。

高校可以通过针灸式、渐进式、整体式等方式构建物质空间环境改造的不同路径。小规模、分散化的针灸式介入可以使得建筑的投资少、易操作，建成后项目可以很好地融入原有空间肌理；阶段化目标明确的渐进式介入可以使得建筑的使用后反馈更全面和真实，有利于之后建设阶段的设计调整；整体式介入可以应用于新村建设的通规统建中，建设过程完整便于多方主体协调工作，乡村空间环境的建设目标和建成后效果契合度高。

2）乡村生产生活的共生营建

乡村生产生活的真实性营建需要设计师与乡村形成“人地共生”关系，通过过程陪伴、多方参与等方式贴近乡村，恢复乡村的场所感和归属感，唤醒村民主体、地方工匠、乡村能人对乡村的热爱与回归。通过新农人的自组织建设示范效应和人才引领，丰富乡村功能业态进而影响传统生产生活方式更新，最终形成乡土环境“人、村、地”的良性循环。

4.“乡智 + 乡技 + 乡资”服务实效

以高校为代表的行业技术精英是乡村振兴的主力军，高校可以通过对口扶贫、西部志愿等国家行动中充分发挥各领域的专业知识和科学技术，从智力、技术、资本等方面全方位服务乡村建设。

1）乡村智力帮扶

在乡村建设的学术发展与实践方面，高校可以从村社组织重塑、精神文明契约、乡规民约制定等方面发挥智力帮扶作用，亦可以开展论坛交流、乡村建设成果展览等形式的文化输出活动，提炼乡村自然和人文资源，提高乡村的社会关注度。例如，浙大师生创立的浙大小美合作社等“新乡贤”团队，他们之中有建筑人文教授、经济学教授、农业科技教授，也有致力于城市食品安全、城乡协调发展的博士、博士后、研究生等，在乡村建设服务过程中充分发挥智库的多学科专业知识交叉应用优势，以此探索乡村建设的创新机制。

2）乡村技术帮扶

高校可以建立产学研一体化示范基地、科技小院、专家工作站等支持高校力量走进乡村一线，指导村民主体学习科学系统的技术方法，提供示范性建设项目的技术支持，例如，利用无人机测绘、三维成像等技术帮助乡村土地确权；中央美术学院积极发挥专业优势，强化云南剑川县木雕、石雕、黑陶、布扎、刺绣等工艺品的创意设计，取代以木雕家具、石狮等大作加工为主的传统生产模式；杨贵庆教授主持的乌岩头古村复兴项目建立同济大学美丽乡村建设基地、平田村翎芳魔境与山东建筑大学共建实践基地、田琦利用远山有窑项目建立重庆大学建筑与城规学院实践基地，高校学生在实践中利用互联网、自媒体等平台为乡村生态农业展销、自然风景宣传等需求提供技术帮助。

8.3.2 “内升外引”营建模式：以客体过程为效用

当代乡村内部空间要素、功能类型、社会构成及文化传承等内容的复杂化趋势造成了城乡协调视野下的乡村形态风格、产业功能、建设体系、生活方式的混合；乡村发展目标的混合化趋势与城市社会要素的多元化产生互动，农村集体经营性用地、空闲农房及宅基地得到盘活利用，带动城市人群进入乡村旅游、休闲乃至经营、居住[①]。

---

① 黄华青，周凌．乡村振兴语境下的建筑设计下乡路径：第一届南京大学乡村振兴论坛综述 [J]. 时代建筑，2019（4）：144-147.

在此背景下，从建筑学视角反思乡村发展的基本路径主要呈现在以下两个层面，一方面是对原乡要素的梳理，通过建筑师从乡土美学与现代美学的形式表达、传统生产生活与新时代需求的功能植入两方面进行的乡土建构示范，寻求乡村生产、生活、生态系统浅层次问题的解决之道；引导村民从材料、构造等方面传承传统技艺与学习新技术体系，在乡土环境中寻求城市化生活方式的适应与转变；村民在思想观念、思维方式和学习能力获得提升后，可以在精神和物质两个层面上进行自发的、可持续的更新发展。另一方面是对社会性介入的探讨，建筑师通过复兴乡村特有的风貌风格和历史记忆，唤醒乡里人的意识自觉与文化自信、城市人对乡村的环境认知与文化认同，塑造乡村对城市人的吸引力；利用设计团队的影响力实现建筑的社会触媒效应，拓展乡村建设理念与乡村田园牧歌式生活构想以获得更多的社会关注，为当代乡村更严峻复杂的政治、社会、经济问题提供开源解决之策。由此两个层面以“乡村活化过程——系统建设内容——空间设计策略”为基础框架，形成了乡村发展“示范——内化——持续提升”的内源动力提升模式和“触媒——外引——开源激活”的外部力量引进模式（图 8.3.2）。

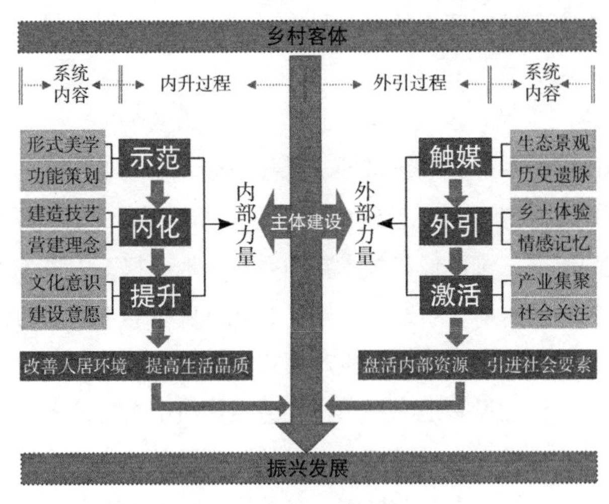

图 8.3.2 “内升外引”活化模式

1.“示范—内化—提升”内升型营建模式

建筑师、艺术家等设计力量可以通过空间形式美学的传统复兴与现代塑造、传统与现代功能的空间载体创新性营建为村民做示范，感受乡土化现代建设体系所营造的乡村风貌；通过传统乡土文化重塑类型的示范性项目建设，加强村民对传统地域文化的认同的同时适应新兴产业所带来生活节奏的改变，提升文化自信，同时引导村民在原生人居环境治理过程中学习传统营造法式与现代建造技术。

以良好的建设理念示范引导村民形成正确的乡村建设价值观，培育村民的主人翁意识，使其可以完成符合乡村整体风貌的、具有美学价值的、可持续的自主建设。

2.“点状触媒—外引—激活”外引型营建模式

在川音艺谷的营建过程中，严守“一户一宅”的政策制度，遵循了村民意愿为第一原则，最终形成了艺术家院落呈点状形态介入乡村聚落的空间特征，经过新建、改建等措施形成了新的聚落空间格局，原居民居于其间，多元融合（图 8.3.3）。

图 8.3.3　艺术家院落在宫王社区的点状布局

相较于以人居环境改善、生活品质提升为主要目的的内升型乡村发展，外引型乡村发展模式需要社会的广泛介入以达到乡村资源的盘活利用，体现在人才引进、消费引进、产业引进等方面。在社会要素的引进过程中，乡村空间营建作为最直接与直观的手段，需要建筑师在村民、村委会等主体的支持下发掘乡村生态景观、历史遗脉等方面的特色，以建筑项目、文化交流等社会活动为触媒对乡村的优势资源进行话题营造和宣传，进而吸引产业集聚。高校建筑师在回应新兴产业对于空间载体的需求时，可以利用个人或高校平台的影响力将建设项目及营建理念作为新的触媒助力乡村发展，形成持续的良性循环。

8.3.3 主客体的介入路径与营建模式耦合

1.“需求为先”串联校地协作

将建筑个案放在乡村发展的整体视角之下，利用高校团队的专业性和协作平台资源，以乡村问题及建设需求为先，在解决问题时结合乡村内升型发展模式的示范—内化—提升过程发挥创新性、引导性和可续性，在外引型发展模式的触媒—外引—激活过程中发挥代表性、系统性和开源性。建立高校与乡村为共同主体的乡村空间营建体系，需要高校的代表创新、系统引导与开源持续介入乡村的建设中，首先发现乡村发展的问题与矛盾，利用高校团队的优势确立乡村内升抑或外引路径，通过乡村空间营建的设计实践反馈，进一步分析乡村发展新暴露的问题与矛盾，并作为高校主体介入乡村研究与设计实践的新的机遇与挑战。高校的研究与创作成为乡村建设创新发展的主要力量，同时乡村营建实践为高校丰富理论研究视角、补足设计应用缺失提供实践基地，“需求为先”的串联模式成为校地协作、共促发展的良性循环。

重庆大学田琦等人主持的虎溪土陶厂项目建成后成为重庆大学建筑城规学院、川美雕塑系学生实习基地，同时因为该项目在市场化经营方面初见成效，当地村委组织和村民以此为示范自发探索形成了“远山文化”品牌，开展了“远山有邀”系列活动以及“远山有肴”餐饮民宿等；村落的文旅产业发展又对乡村空间规划建设提出了新的需求，村委会再次委托田琦设计团队进行新村部办公楼的建筑设计（目前已完成主体框架），同时还形成了自然文化产业园、游乐园等的规划设想。“远山有窑”是设计团队以建筑个案的设计影响乡村发展路径选择的典型案例，同时又以“研、创、教、助”的主体责任介入乡村振兴发展。

2.“研创为主”辐射内升外引

高校主体通过研究、教学、创作以及社会服务多领域、全过程地介入乡村空间营建及乡村系统建设服务，在乡村调研过程中主动发现问题并主导解决问题，以“研创教助”各环节的综合成果指导实践，拓展高校团队的乡村空间营建领域的研究课题、教学内容、创作项目和社会服务力量。就主体介入路径的设计实践指导意义而言，高校建筑创作团队对于乡村空间营建相关内容的研究以及实践应用的创作更为直接（图 8.3.4）。

结合乡村建设的内部提升与外部引进两种模式，高校主体的理论研究与演绎验证可以介入乡村物质空间演进规律的研究导控，对具有城乡一体化发展优势的乡村提出社会经济等开发条件的规划；对于乡村空间环境的设计实践可以创新引领传统乡村乡土文化、乡情记忆的塑造，在开发条件与建设规划的限定下梳理乡村空间秩序，寻求自然生态、经济生产、聚落生活的可持续建设；基于内升与外引建设发展的研究，明确乡村的发展路径，以乡村的形象、风格、秩序为主要的设计内容进行创作实践，以合理的方

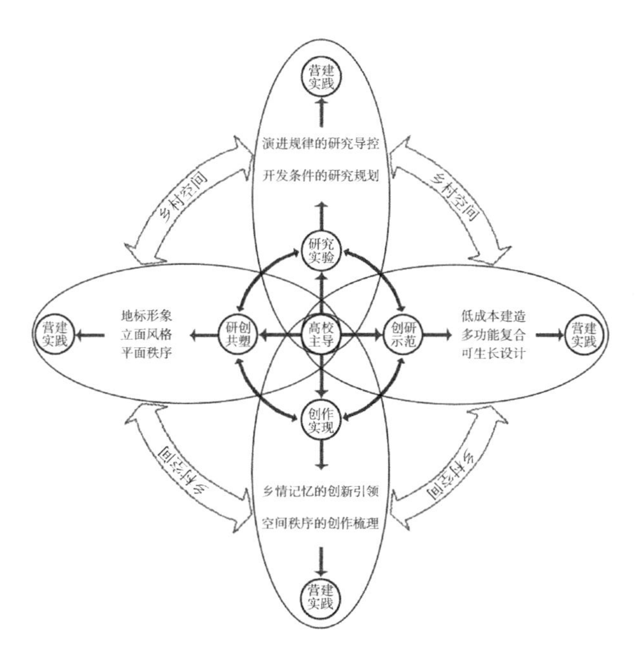

图 8.3.4 高校主导的辐射型耦合

式介入乡村空间营建；在创作实践过程中，以演绎验证的逻辑思维反馈建筑专业课题研究，如低成本建造、多功能复合、可生长设计等。

8.3.4 艺术设计专业师生介入叶家大院的策略

1. 艺术在地化

在地性强调艺术介入乡村景观要与当地的自然环境、风俗人情、生产生活、乡土文化相和谐、相关联。在地性要求设计师或艺术家要对当地文化进行深度的考察，充分考虑乡村的特定环境，村民深度沟通，充分考虑村民的审美评判标准等。在艺术介入乡村景观中，设计师或艺术家通过对于乡村文化深度了解挖掘，并以村民互为主体，遵循在地化原则，进行作品设计，这样的作品才能够被村民接受，与乡村环境取得相和谐。

乡村场所是乡土文化的重要载体，承载着乡村特有的历史记忆、生产生活智慧和民风地域特色。但随着我国城镇化进程加快，乡村地区风貌同质化问题逐渐显现，乡土景观原真性遭受破坏，乡村文化因子难以继承和延续，这些都直接影响到原居民的乡村生活价值维系与文化认同，乡村经济社会发展活力也正逐渐丧失。因此，发现、重估、输出乡村价值，传承乡村场所特有的乡土特征，实现乡村文化再生，激发乡村潜在的活力，实现乡村场所的在地性表达，显得尤为重要。

“在地”的设计理念主张设计应从当下的土地环境出发，挖掘与利用场地环境中存在的微小设计要素，创造符合当地特征的建筑物、景观艺术品。“在地”并不是乡土场域特性的普遍表达，也不是乡土特征的简单表征，而是针对当下具体的场地、人、文化及社会等多要素的，附加了设计内涵的回应，是乡村所在的空间与当地的特色产业、自然环境、风土人情、民俗文化等共存的状态（图 8.3.5）。

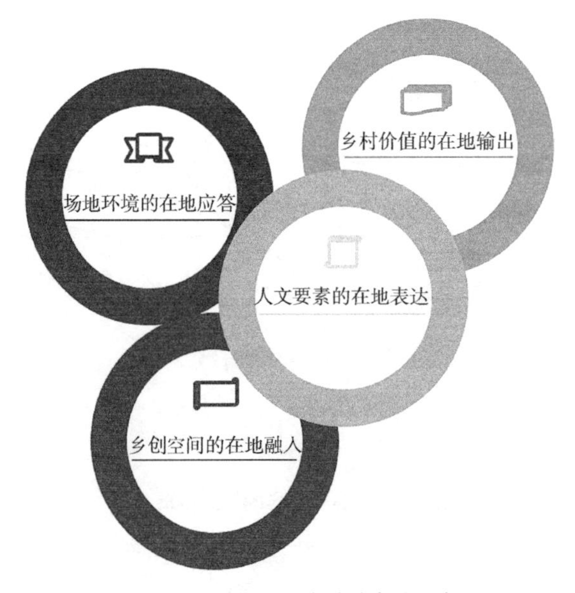

图 8.3.5　乡创空间在地性表达要素

乡村场所的在地表达是在找寻“空间中的空间”，是基于对具体的乡村场域的认识和分析。而且，时下的乡村建设正在逐渐走向多主体参与的协作模式，通过与政府、NGO 机构、新乡绅和村民等利益主体的合作，使各方参与，规范乡村发展和村落规划，提高乡村居住及文化环境、增强原居民的认同感。

综上所述，乡村的艺术在地性表达，重点强调以下四个方面：首先是空间的在地性和特色的差异化；其次是文化的再生，即打造文化 IP，利用文创的方式延伸价值；再次是产品的在地性打造；最后则是通过培育发展“乡土文化、乡里物产、乡间收益、乡居生活”的乡村文化创意产业，来实现“发现、创意并输出乡村价值”。

2. 文化生态多样性

在乡村建设规划中，应遵循生态保护性原则，避免无限制地破坏乡村生态而求发展，应该结合生态走绿色发展道路。如在进行乡村建筑设计时，就地取材，用当地的材料进行房屋建造，既节省经济成本，又不造成资源浪费。

应有机结合乡村生态资源以及自然环境，乡村建设的主题应该设定为在自然资源较好的乡村环境。在进行新农村景观规划设计过程中，应该仔细观察各个地区的景观特色特征，尽可能在原有乡村环境的基础上稍加改造，改造原来的景观地质或者地质景观的大小、形状等，或者也可以建立一个生态绿色廊道，从而打造一种科学、美观、和谐的乡村景观面貌，尽可能提高乡村当地自然资源的开发利用程度。

1）文化乡土

乡村文化是中国传统文化的根底，为中华民族提供丰富的精神滋养。乡村文化是中华民族宝贵的财富，对于乡村文化的保护传承是艺术介入乡村景观的精神与内核所在。通过对于乡村文化的建设与复兴，将乡村文化纪录与研究，并将乡村文化资源通过某些手段转化为经济手段。

在艺术介入乡村景观中，首先对于当地乡村文化进行调研与纪录，遵循文化乡土性原则，将乡村文化进行保护与转化，通过文化资源来带动乡村经济发展，避免同质化竞争，也为乡村的内持续力发展提供珍贵的资料来源。如艺术家在院落地面铺装上采用了村民已经作为废弃物的预制水泥板为建材进行地面铺装，铺装方式上采用园林铺装的席字形，既有效利用了废弃建材物，材质观感质朴亲切，又显得具有竖向长条形的动态节奏与韵律（图 8.3.6）。

图 8.3.6　采用废弃预制板铺装地面

丰富的农业文化以及尊老爱幼、诚实守信、邻里互助、勤俭持家等传统美德，存在于乡村空间结构和社会结构之中，农家院落及其特定的排列方式构成的村落形态、村落公共空间，乡村的劳动与消费方式、节日与交往习俗，以及乡村的家庭、家族、邻里、亲缘关系等，都是乡村文化得以存在和延续的载体。

2）参与互动。村民与艺术家、高校教师的互动

乡村的主体是当地的村民，村民是乡村构成的重要角色。艺术家或设计师在设计作品时，应该调动村民的积极性，让其参与进来，增加村民与艺术家或设计师的交流，设计的作品能够与人产生互动，作品也能够被村民所接受。艺术介入乡村景观时，遵循参

与互动性原则，避免艺术家或设计师个人情感的表现。

避免景观功能单一，且设计要遵循以人为本的原则，设计中要充分考虑到村民的需求，要使村民能够参与到景观中，促进村民们进行交流互动，营造一个大众化、可以进行交流互动的体验性景观。尽可能多地考虑人群的特点，调动村民的参与性，增强邻里之间的感情。

3）学生与乡村社区的互动："第二课堂"探索与创新实践性教学新场景

将第一课堂理论教学作为基础，通过增加实践操作教学环节导入"第二课堂"的体验参与式教学模式，以适应行业细分背景下企业的人才需求[①]。利用"第二课堂"的教学空间，带领学生完成实地考察、作品创作、成果展示等实践教学环节。以环境设计专业（景观设计方向）专业核心课程"景观艺术工程"（大四上）为例，将48个总课时分解为线下理论授课（24课时）和第二课堂实践（24课时）进行授课计划，其中，理论授课重点解决景观艺术工程的理论基础，包括景观艺术构成原则、景观艺术与场景认知、景观艺术创作、分项景观艺术工程等四个部分；第二课堂实践以成美环境设计专业实践教学基地"川音艺谷"为艺术创作与实践的场域，由专业教师指导学生完成大数据助力资料查询、方案创作、方案形成与制作、成型与安装实践四个环节。通过理论教学与第二课堂实践，师生互动，学生能以"真题真做"的形式将景观艺术创作理念构思完整地、真实地得以展示，并通过学生组亲自动手实践，将图纸变为现实，增强学生对景观艺术工程的实践感知，具有深刻的教学印象与良好的教学效果（表8.3.1）。结课后，授课教师将授课资料编辑形成视频资料等形式的电子文件，以供后续年级学生课前观摩学习，经年积累，将形成丰富的教学文档资料库。

3. 塑造艺术氛围，注重村民参与和文化活化

乡村社区里的公共空间不仅是村民活动的公共场所，还蕴含着多种含义，承担着多种社会文化功能。乡村公共空间的艺术设计是为了促进当地文化和艺术的发展，对需要艺术介入的新空间布局、艺术空间布局以及艺术品的布置进行分层次的艺术化设计，设计师引入具有艺术美学思考、空间形式、审美语言和其他力量的作品结合村落内极具辨识性的文化标识，通过艺术、文化手段实现符号资源的转化，以轻质化的乡村场域艺术创作，塑造轻松且文化气息浓郁的艺术乡村、文化乡村新形象，艺术表现形式包含乡村空间整体规划、点式空间艺术设计、线式街道空间设计、面式空间艺术设计。同时，重构村民公共生活，通过集体活动完成乡村资本重构，增强乡村文化个性的展现，可持续性地推进乡村的生产生活（图8.3.7、图8.3.8）。

---

① 单培卿，王晓颖，葛祥国.行业细分背景下高职院校项目化第二课堂构建研究——以环境艺术设计专业为例[J].现代职业教育，2022（7）：127-129.

景观艺术工程校内校外课程融合构成　　**表 8.3.1**

课程名称	课程性质	授课总学时及分配	课程理论环节
景观 艺术工程	专业 核心课	48 学时（线下理论授课 24 学时，第二课堂实践 24 学时）	1. 景观艺术构成原则；2. 景观艺术与场景认知；3. 景观艺术创作；4. 分项景观艺术工程
第二课堂实践环节			
大数据助力资料查询	大数据与方案创作	方案形成与制作	制作成型

图 8.3.7　小村民参与绘画活动

图 8.3.8　大学生、村民参与乡村发展调研

目前，川音艺谷打造配套了图书阅览室、公共教育空间等，让村民有看画赏字与川音艺术家交流及学习的空间。此外，川音艺谷还定期举办公益活动，开办工作坊义务教导村民学画，培养村民的艺术素养和绘画能力，“让村民的生活更有滋有味。”打造喜舍艺术空间的向前锋，专门设置了一个共享画室，针对村里的年轻人开展公益性艺术鉴赏、绘画基础培训、读书会等活动。“村民积极性很高，还有老年人也愿意来听一听。”

后来美术馆，在村里的百亩荷塘边，这里不仅可以常态化办展，而且还签约了不少初出茅庐的年轻设计师，把他们手工制作的文创设计作品，放到美术馆展示，这些作品独一无二，还能让喜爱的游客购买。

4. 坚持创新思维，搭建产业空间新平台

艺术介入乡村设计中需要坚持创新思维，提出创新理念，振兴乡村产业。新的吸引物体系，自然会引发新的消费价值体系升级，背后的整体生产体系也会迸发出新的改革动力。借助良好的都市区位优势和交通条件，乡村产业依托当地的资源与生活方式，在艺术介入的加速调整下，以艺术搭台、经济唱戏的产业发展思维，围绕艺术家工作室形成的艺术创作氛围，艺术交流、艺术展演为基础，形成具有地方特色的文创产品、休闲旅游度假包括艺术民宿、户外农耕体验、乡土文化教育、艺术美育教育培训、健康养生居住为一体的新型乡村文化生态旅游产业平台。用带有艺术创新的设计实践，联合设计师、民间技艺传承人，促使形成由单一的农业转型为现代服务型产业。这些特色文创产品设计、乡村服务设施设计的介入方式，并搭载互联网以及实体渠道的传播营销，促进了乡村文化艺术旅游消费，提高乡村产业经济发展水平（图 8.3.9）。

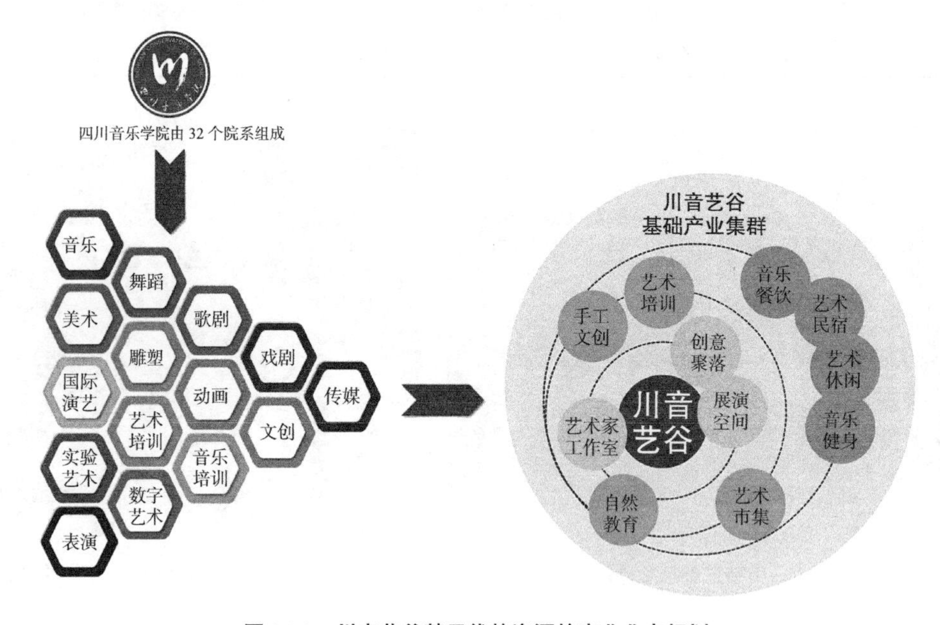

图 8.3.9 川音艺谷基于优势资源的产业业态规划

8.4 探索、经验与展望

依托四川音乐学院国家艺术基金项目，“大学 + 乡村”模式将成为当地的核心特色业态，这在全国尚属首例。建成后的新乡村将焕发新“颜”，走出了艺术点亮乡村的第一步，提升了乡村的颜值，植入了艺术介入乡村的文化内容，但如何完成“质”的跨越、实现长期可持续化发展，则有赖于科学化系统化的项目运作逻辑与治理体系构建。今后该类“艺术创意村”将如何有效发展、运营、管理？川音艺谷依然在探索前行。

2019年、2020年连续两年时间内，川音艺谷项目被列为2019年和2020年市级精品川西林盘保护修复项目；

2020年，国家艺术基金《历史文化名村设计人才培养》项目实践基地，入选成都市100个“文化美空间”，入选成都市市级文创特色村（社区）、校外实践基地等；

2022年12月，川音艺谷入选成都市第五批AA级林盘景区；

2023年5月，川音艺谷入选成都市“十四五”世界文创名城建设规划八大重点领域项目清单。

8.4.1 一场理想与情怀的在地实验

按照策划规划，川音艺谷以“艺术点亮乡村”为主题，致力于打造一个川音艺术实践的第二课堂、艺术家的聚落，集文艺创作、文创产品展示交易、慢物质文创产品研发生产销售、文创亲子体验、艺术人才培训、高端民宿、园林式餐饮为一体的文创主题乡村体验度假旅游目的地、绿道经济特色旅游高地。这是川音美术学院教师团队从书本理论走向乡村社会的大胆尝试，既付出了心血与精力，也付出了资金与技术，是在国家乡村振兴战略倡导下的艺术实践行为，是一场有益的在地探索。

川音艺谷是艺术院校师生深入介入乡村振兴行动的一个真实且生动的典型案例。迄今为止，川音艺谷已建成9个院落，分别是后来美术馆、创艺馆、艺术党建馆及乡村会客厅、四川省雕塑协会实践基地、成都多维艺术空间、成都喜舍艺术空间、乡村图书馆、青荣文创研发中心、腾挪空间，每个院落都有自己的特色和特定服务对象。

1. 村民：村子的确发生了翻天覆地的变化

看到每个艺术院落既是欣赏艺术作品，交流分享学习的空间，同时也是匠心打造的艺术民宿。这里有造型美观的新派建筑；这里有很撞色的“熊猫”；这里随处可见色彩斑斓的创作；这里的艺术很潮，川音艺谷就像一个各类艺术汇聚的调色盘。

老村民：人居环境变得更好，也多了一部分收入

“文化人确实不一般，我的老房子改造后，第一眼我简直不敢认。”

叶伦忠成为第一批加入川音艺谷项目的村民，几代人都在此生活，按照他的话，村头到村尾，几棵树他都清清楚楚。籍籍无名的小乡村，村民基本靠务农和打工收入，没有任何特点的村子，就是叶伦忠和村民的家乡记忆。2019年，一帮艺术家的到来，让叶伦忠一成不变的生活开始发生变化。

“四川音乐学院的教授老师，说我们村可以变得很有味道。既能保持原生态，又能唤起乡愁，吸引城里人来耍、来住。”

修建了景区级的环形道路，房前屋后林盘打理得干净整洁，竹林中、草坪上、田间地头的雕塑，房屋立面的彩绘，都让村民觉得养眼。

村民叶伦康对艺术家的到来充满了感激：

“人居环境变得更好了，艺术家们把这里的环境改变了，道路也改变了。我们的农户每年都可以多一部分收入。”

2. 新村民：村民的生活更加有滋有味

川音成都美术学院环境艺术系刘长青老师对自己倾尽心血打造的“乡村会客厅”满眼都是爱。从庭院的光影变化，到每一处视觉的空间变化，刘长青希望给外来的游客展示艺术如何点亮乡村，让村民耳濡目染如何更美地生活。

刘长青老师认为：

“正在与一家国际知名咖啡连锁品牌洽谈，中国乡村首店落户这里。”刘长青觉得文化是多元的，植入乡村发展的方式也是多元的，“新村民就要带新东西来”。

川音成都美术学院田勇教授描述了心中的理想：

“川音院系师生团队以多层次、全方位的艺术形式介入乡村建设，用艺术介入的理念、方法和措施，为乡村振兴提供理论和实践支撑，显示出高校艺术实践在赋能乡村振兴方面的重要作用。”

在艺术介入乡村建设的过程中，村民才是乡村社会的主体，是乡村振兴“留得住心、扎得牢根”的稳定力量，亦是乡村发展的主要受益者。然而，空间的社会性在这场探索中得到了充分的体现，由于前期缺乏对项目未来的规划设计法定化，以及管理实施机制的明确化，在随后的管理和发展过程中，资本、利益与权力纷纷登场，让一场与乡村和艺术有关的、理想和情怀为主的在地艺术实验境况变得复杂起来。

8.4.2 下一阶段，走向何方

1. 政府及社会：观望下的选择性支持

政府以公共政策为政策调节的杠杆，既对乡村文化振兴有一定的计划，更对产业振兴带来的实惠性有着更多的期许，因此，在对宫王社区及川音艺谷的发展研判中持有一定的观望性态度，在完成现有艺术家聚落的基础设施投入之后，对艺术家聚落规模的进一步扩大和其他业态用地与空间的需求持有较为审慎的态度。

2. 艺术家展望：乡村情怀与商业逻辑

艺术家的想法似乎较为单纯，乡村情怀与艺术情怀在得以基本实现的情况下，似乎对商业逻辑并不太在意，然而，乡村艺术活动的持续开展也需要通过商业经营活动所获取的经费进行支持和保障，在理想和现实面前，艺术情怀与商业逻辑成了川音艺谷发展过程中不可回避的课题。政府投资和社会资本的参与似乎成了不可避免的发展轨迹，转型过程中的多方多维度介入也是当前川音艺谷的机遇，同时也是进一步转型发展过程中的挑战。

3. 村民回望：家园与乡愁、新奇与希望

常有村民在逢年过节的时候来看自己的老房子、老宅基地变成什么样子了，新的主人在使用期间在干什么，这既表达了村民对于家园与乡愁的某种思绪，是一种文化乡土的具体表现。同时也带着新奇的眼光注视着曾经的家园发生的一切变化，在理解与困惑中，是否带有归新家的期望也不言而喻，毕竟，乡土是国人永恒的情感寄托，这是典型的中国乡村人文，尤其是客家人聚落。对此，川音艺谷从“介入乡村”到“扎根乡村”，从乡村社会转型发展角度思考，川音艺谷真正走向商业化运作的文化创意产业园区还必须考虑村民的乡土情感因素。

8.4.3 建立健全高校服务乡村振兴的保障体系

乡创空间营建在乡村定位策划的基础上进行空间本体设计，服务于生产生活使用、生态环境保护、乡土风貌营造等功能需求。在四川音乐学院美术学院艺术与设计专业师生本着“艺术融入乡村，设计定义美学”的原则介入叶家大院并创建川音艺谷的实践案例中，有很多关于美学示范空间设计和产业策划等功能构想对乡村系统建设及可持续发展带来的作用，同时结合乡村振兴发展提出的“产业兴旺、生态宜居、乡风文明、治理有效、生活富裕”建设目标，在三生理念指导下对乡创空间营建的功能设计内容进行分类整理，提出乡创空间营建对乡村系统优化建设的作用机制，构建了乡创空间营建介入乡村系统优化的机制。

1. 建立高校在乡村文化振兴中与地方政府的合作机制

高校主动参与乡村文化振兴，首要在于健全高校与地方的合作机制。目前，我国绝大多数高校要么“没有与经济社会发展中的政府、企业等机构建立有效的横向联系机制”，要么“既存在信息沟通缺乏的问题，也存在组织机构不健全和无人专门负责的问题”[①]。通过畅通信息接收和交流系统，推动高校与地方政府之间的有效对接，是当前急需解决的问题。高等院校需要在信息接收和交流方面投入更多的人力、物力和财力，这样才能及时了解社会需求，也才能有的放矢地服务社会。另外，地方政府和企业也要主动与高校联系和对接，搭建合作平台，建立稳定长期的合作关系，让高校了解地方的需要，以便针对需求采取行动，整合优势资源，做到有的放矢[②]。

2. 强化高校参与乡村文化振兴的财政激励机制

高校参与乡村文化艺术振兴，最终的实践者还是高校的相关专业技术人员。必须改革和完善现行的激励机制，提升专业技术人才参与乡村文化振兴的积极性。

首先，在财政拨款和经费管理上，虽然近年来我国加大了基层文化事业经费的支持力度，但这些经费并未明确乡村的支出占比，同时中西部的占比相对偏低。另外，高校的绩效考核中虽然增加了社会服务的指标，但对高校社会服务经费支出并未设置较多的刚性规则。从更好地促进高校参与乡村文化艺术振兴的立场出发，建议相关部门加大财政支持力度，可考虑在相关文化、艺术发展费用支出中增列乡村文化艺术发展专项，用于补贴乡村文化艺术活动参与主体；扩大政府公共服务产品采购范围，除公益演出外，增加其他乡村文化产品供给，如乡村艺术展览、公益性讲座、乡村文化艺术人才培养等，采用竞争性手段鼓励高校、艺术机构参与乡村文化艺术产品供给；加大对中部、西部地区乡村文化振兴的财政支持力度，在乡村文化艺术发展专项、政府公共服务产品采购中适度进行倾斜；在高校财政拨款经费中列支社会服务专项经费，确保高校每年有固定经费持续不断投入，并将经费使用效率作为绩效考核的重要指标，以强化高校服务经济社会发展的刚性需求；加大高校社会服务考核指标的弹性力度，在基准指标基础上，增加弹性指标，鼓励不同类别高校根据自身情况选择性安排社会服务内容。

其次，在经费使用的激励机制上，要区分不同类别的服务模式提供不同的激励政策，特别注意利用资金激励调动专业技术人员的参与积极性。对高校组织承担的志愿性和公益性文化艺术服务，专业技术人员参与乡村文化振兴工作要纳入教学考核体系，冲抵相应的教学任务考核，并支付高于课时费低于市场价的费用；对高校组织的市场化文

---

① 曹源芳，袁秀文. 高校服务经济社会发展的内在逻辑与实现机制研究——以南京审计大学为例 [J]. 江苏商论，2019（3）：131-134.

② 刘冬梅 . 高校服务社会的有效机制及模式构建 [J]. 教育与职业，2016（17）：33-35.

化艺术服务，则应按照市场价格支付相应报酬。学校要及时对参与乡村文化振兴作出突出贡献的教职工进行表扬和奖励；教师参与乡村文化的挖掘、保护以及乡村艺术的创作、演艺等活动纳入科研考核范围，创作的作品在乡村志愿性、公益性服务中使用视同为成果转化，并享受成果转化相应政策待遇。除此以外，还要在职称评定中将乡村文化艺术服务与科研项目、论文、获奖等纳入职称评定考核要素，也可考虑将参与乡村文化艺术服务作为岗位聘任的一项优先考量因素，同等条件下优先聘用等。

3. 加快推进高校社会服务型教育体系建设

服务乡村文化振兴，需要高校构建服务型教育体系，提升社会服务能力。服务型教育体系是在高校传统服务社会功能基础上的一种更为主动、直接、有效服务经济社会，满足区域社会发展的需要，具有可持续性发展能力的教育体系。这要求高校主动针对乡村文化艺术发展的需要，区分不同行业、产业、区域，积极采取适应经济社会需要的不同服务模式，在定制式人才培养、智库建言献策、产业融合发展服务等方面形成不同的教育服务体系，以适应乡村文化振兴的多样需求。

第9章　乡土坚守：仙阁村传统村落保护与永续发展

传统村落是农耕聚落的典型形态，是铺陈在中华大地上的农耕文明图典。传统村落所承载的乡土文明厚重、细腻且丰富，具有重要的文化传承意义。成都平原历史悠久，从先秦时期（旧石器时期——公元前221年）古蜀文明自成一体，一同与中原文明形成中华文明多元一体的华夏文明算起，至少有近三千年的人类生存繁衍生息痕迹，留下了无数的乡村文明宝藏，遗传至今，成都大都市近郊、中郊、远郊传统乡村星罗棋布，具有保存良好的村落传统风貌、民族和地域文化特色鲜明，红色文化资源丰富，蕴含较高的历史、文化、艺术、经济等价值的村落，被命名为国家级传统村落、省级传统村落数量众多，是巴蜀文化的真实载体与发展源泉。

国家层面、四川省省级层面对传统村落的保护工作已经具有规范性、标准化的明确要求，在传统村落的保护与发展协同方面，不同资源禀赋的传统村落走出了各自独特的路径。在蒲江县朝阳湖镇仙阁村国家级传统村落的保护与发展规划研究中，突出了历史文化与乡土文化要素的保护为第一位原则，在乡土文化保护的旗帜下，寻求乡土文化传承与乡村经济社会同步发展的思路。

9.1 传统村落保护与发展的思想脉络

9.1.1 政策支持与指引：保护历史与传承乡土文明

传统村落，又称古村落，指村落形成较早，拥有较丰富的文化与自然资源，具有一定历史、文化、科学、艺术、经济、社会价值，应予以保护的村落。传统村落中蕴藏着丰富的历史信息和文化景观，是中国农耕文明留下的最大遗产[①]。“挖掘中国民间文化艺术之乡、中国传统村落、中国美丽休闲乡村、全国乡村旅游重点村、历史文化名城名镇名村、全国‘一村一品’示范村镇中的非物质文化遗产资源，提升乡土文化内涵，建设

① https：//baike.baidu.com/item/%E4%BC%A0%E7%BB%9F%E6%9D%91%E8%90%BD/654113?fr=ge_ala.

非物质文化遗产特色村镇、街区”。这些具体空间的内涵建设是文化生态保护建设的方向，也是提升乡村振兴乡土文化的内涵所在。这些具体空间，源自民众长期的生活实践与自然生态环境之间凝聚的特殊情感或经验性记忆，是民众在共同创造、共同实践过程中对现实景观或者实体环境的感知和体验。

伴随着我国经济社会的发展历程，我国政府和社会各界越来越重视传统文化的保护、传承和发展，对传统村落的对象界定、价值认知和保护利用方式、政策措施演进方面，发生过如下具有阶段性意义的事件：

2012年9月，经传统村落保护和发展专家委员会第一次会议决定，将习惯称谓“古村落”改为“传统村落”，以突出其文明价值及传承的意义。

2013年7月，住房城乡建设部、文化部、财政部《关于做好2013年中国传统村落保护发展工作的通知》(建村〔2013〕102号)，提出要“通过科学调查，掌握传统村落现状，建立中国传统村落档案，完成保护发展规划编制”。

2013年9月，住房城乡建设部制定了《传统村落保护发展规划编制基本要求(试行)》(建村〔2013〕130号)，为各地做好传统村落保护发展规划编制工作提供了指导意义。

2014年，住房城乡建设部、文化部、国家文物局、财政部《关于切实加强中国传统村落保护的指导意见》(建村〔2014〕61号)，提出了“使列入中国传统村落名录的村落文化遗产得到基本保护，具备基本的生产生活条件、基本的防灾安全保障、基本的保护管理机制，逐步增强传统村落保护发展的综合能力”的目标。

2021年7月，国家主席习近平向第44届世界遗产大会致贺信，指出“世界文化和自然遗产是人类文明发展和自然演进的重要成果，也是促进不同文明交流互鉴的重要载体。保护好、传承好、利用好这些宝贵财富，是我们的共同责任，是人类文明赓续和世界可持续发展的必然要求”。

2021年中央1号文件继续对传统村落保护提出要求《中共中央关于制定国民经济和社会发展第十四个五年规划和二〇三五年远景目标的建议》提出，“大力实施乡村建设行动，加快推进村庄规划工作，编制村庄规划要立足现有基础，保留乡村特色风貌，不搞大拆大建”，同时提出“加强村庄风貌引导，保护传统村落、传统民居和历史文化名村名镇。加大农村地区文化遗产遗迹保护力度”。

《中共中央关于制定国民经济和社会发展第十四个五年规划和二〇三五年远景目标的建议》提出，“实施乡村建设行动，把乡村建设摆在社会主义现代化建设的重要位置，保护传统村落和乡村风貌”。

……

伴随着我国传统村落保护工作的深入持续推进，我国已经形成世界上规模最大、内容和价值最丰富、保护最完整、活态传承的农耕文明遗产保护群，传统村落保护在让我们留住乡亲、护住乡土、记住乡愁的同时[①]，上升到了中华文明保护与传承发展的高度，提升到了国民经济与社会发展范畴的、乡村建设宏大战略的实施内容层面。

9.1.2 文化多维：传统村落转型中的行为准则

传统村落的核心是“文化”，既有物质性、也有非物质性；既有传统、也有当代，更有未来的时间属性；既有历史文化、也有民间文化、更掺杂着外来文化……具有显著的多维特征。因此，传统村落在保护与发展的过程中具有多重因素影响，需要在政策指引下，确立传统村落发展过程中的行为准则。在我国统筹推进经济建设、政治建设、文化建设、社会建设、生态文明建设的总体布局中，坚定不移贯彻创新、协调、绿色、开放、共享的新发展理念，以推动高质量发展为主题，以满足人民日益增长的美好生活需要为根本目的，将传统村落的社会经济发展、文化传承、生态保护有机结合起来，以保护修缮为重点，加强基础设施建设，改善人居环境；以特色产业培育为龙头，促进群众增收，增强自我发展能力；以保护和传承城乡优秀传统文化为主线，加强村落公共文化设施建设，彰显群众文化活力。

1. 保护历史文化真实载体与历史文化环境

传统村落的“传统”，核心要旨就是传统村落的原生历史文化，具有乡土性和历史性，而尊重传统村落的原生历史文化，其实就是在尊重我们的祖先，同时也是尊重我们自己。所以，对传统村落的“传统”尊重，落脚点就是注重“保护”，在保护的过程中识别其价值，增强我们的文化自信。

保护的对象不仅是承载原生历史文化的建筑、文献或其他事物，还要保护能够将其“传统”传承发展下去的人，重点保护当地生活生产习俗等非物质文化遗产，传承村落乡土文化。从保护的内容上看，应建立在对本地文化内涵与外延严谨调查的基础上，充分体现地域文化真实而独特的魅力，按层次分为历史文化真实载体保护与历史文化环境保护两个层次。

历史文化真实载体保护方面应确定传统村落的文物保护单位、历史文化建筑、空间形态、聚落环境等重点保护内容。除文物保护单位和传统民居的保护以外，重点保护的建筑应坚持“不改变原状”的原则，进行必要的修缮和维护，但应保持真实的历史风貌，延续和谐的居住生活形态；历史文化环境保护方面应着眼于保护村落整体格局，划定传统村落的保护控制范围、保护层次，合理确定各层次保护要求，系统地保护传统

① https：//www.gov.cn/xinwen/2022-04/25/content_5686979.htm.

村落的历史文化遗产。最大限度地保护传统村落区域内的村落肌理、空间格局、巷道尺度、环境绿化和文物与历史建筑的真实历史信息，保护传统村落所承载的丰富的历史文化本真。同时，要保存好历史环境包括历史形成的人文环境，也包括山体、水系的自然环境，完整体现历史文化遗存的整体状况。

2. 文化变迁：保护为前提，利用与发展有理有序

纵观上下五千年历史，历史的进程是呈“螺旋形、上升式”持续发展的，持续发展的表现就在于：旧时期发展达到一定程度时，传统村落社会的自身某些陈旧桎梏被打破，同时某些传统特点被延续下来后，从而发展成的“新时期”的变化。传统村落在进行积累沉淀的同时期内，形成自身的“传统”；传统村落之外的外界社会也在进行积累沉淀，形成新时代的特点。但受到地理、区位、交通、信息等客观因素，以及自身的历史文化特点的同时影响，传统村落的发展变化较慢，外界社会的发展变化较快且更能满足生存、生产、生活需要。所以外界社会对传统村落的各方面影响更大。在这一过程中，传统村落的“保护”与“发展”的辩证关系、内涵与外延基本呈现。所以，“发展”之前必须要先对其进行“保护”，“发展”也要有理有序地开展。

辩证地看，同时期发展速度较慢、影响较小的传统村落，可以“先保护后发展”，先尽可能减少不适当的发展带来的破坏；而对于发展速度较快、影响相对较大的传统村落，提出“保护”的急救措施，即“保护与发展同时进行”，可以归纳为如下措施：

（1）以用促保。传统村落保护须以用促保，通过使用效能来检验和辨别价值，以此来实现传统村落物质和非物质传统文化的活态传承，增强传统村落保护发展的内生动力。例如，2017 年福建屏南县龙潭村仅剩下不足 200 人留守，通过推动传统村落保护利用，吸引国内外 100 名人才落户成为“新村民”，盘活闲置农房等资源，既发展了生态农业、文创旅游、休闲度假、健康养生等产业，也吸引了在外打工的 300 多名村民返乡，全年接待游客 20 多万人次，古老的乡村彰显出新时代的魅力和风采。

（2）生产生活质量提升发展。《农村人居环境整治提升五年行动方案（2021—2025 年）》指出：我国将继续开展中国传统村落的调查认定，指导各地完善省级传统村落名录，将有重要保护价值的村落纳入名录进行管理。健全传统村落评估和警示退出机制，加强动态监管；继续推进传统村落保护利用试点示范，统筹保护利用传统村落和自然山水、历史文化、田园风光等资源，发展乡村旅游、文化创意等产业，让传统村落焕发出新的活力。

（3）引导村落文态业态转变，可持续发展。传统村落的核心价值是各类物质载体和非物质载体内蕴藏的文化内涵，通过对文化的发掘、演绎等手段，化文为形、化文为魂，用好用活国家政策对文化事业的支持，适度发展文化旅游产业，与传统村落的乡村农业、手工业等形成多元化业态，引导传统村落业态转变，引导原居民回流，形成文化保护与业态培育发展的良性循环，实现传统村落可持续的文化保护与活态传承。

3. 文化迭代：主体与客体角色与作用转换

作为传统村落真正的主人，村民既是传统村落的享有者，又是传统村落的保护者。他们对传统村落的价值认识和走向存在不同的方向。比如，目前我国较多的村民缺乏对传统村落的价值认识，不清楚传统文化遗产的重要意义，导致保护意识较为缺乏和淡薄；更有甚者，村民不赞同适度的乡村开发可以为文化传播、乡村经济等方面带来好处；还有一些村民长期适应了自己的生活环境，不希望村落被开发，导致对村落的开发产生抵触心理；现阶段，传统村落“重开发、轻保护”、过度开发、商业化旅游现象屡见不鲜。当村民意识到旅游开发给村落和自己将带来的巨大好处时，想要追求更大的经济利益，现有资源被过度利用。这种低层次的开发，不仅不能使传统村落的文化底蕴得到传播，还会使传统村落遭受严重破坏，削弱其原真性，失去精神感召力，极有可能产生“文化异化”现象。

因此，可以从传统村落的发展历程来界定主体与客体的地位与作用。在传统村落的保护过程中，需要确立村民的主体地位。在传统村落的发展过程中，介入的客体群体较为丰富，根据行为属性可以分为文化遗产保护工作者、政府职能部门、旅游开发商、农业产业开发者、游客等外来人员，在每一轮的乡村建设推动阶段，都需要审慎地区分主体与客体的角色与作用，建立起利于传统村落价值传导的决策机制，并适当的调整主体与客体的角色关系与行为作用（图 9.1.1）。

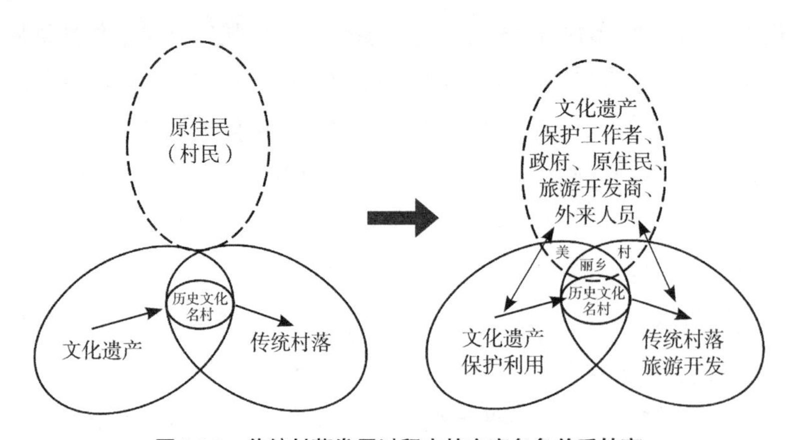

图 9.1.1　传统村落发展过程中的主客角色关系转变

9.1.3 技术与文化路径：文化自信视角传统村落保护与发展

1. 正本清源：乡村文化是中华文化之根、文化自信之源

（1）正确认知乡村文化的文化价值与文化地位。冯骥才（2004）[①] 呼吁，我国现存的各民族、地域、乡村的原生态文化，是中国文化的源头和根基。根植于农耕经济的乡村文化蕴含了深刻的社会变迁意味与人文价值，是我国悠久的农业社会历史记忆的构成部分。我们认为，由传统村落为单元组成的乡土文化是中华文化树大根深之“根”，源源不断地向枝繁叶茂的文化之树输送“文化自信”的动力之源泉。

（2）扩展乡村文化的外延、衍生经济价值与社会价值。从经济学的角度认知乡村文化，通过转化即能产生使用价值，如文化纪念品、工业品、旅游商品，文化节会等文化产品类型，同时发挥着经济价值和社会价值，具有正向效应的作用，助推我们对乡村文化的积极认识、保护与弘扬。

2. 时空与场域新生：新乡土下文化自信的辩证认识

20 世纪 90 年代始，伴随着改革开放和市场经济体制的推进，我国的乡村经济社会迈入了快速的转型期。乡村的变化引起了以苏力、贺雪峰、徐杰舜、陆益龙、赵旭东等学者为代表的广泛关注 [②③④⑤⑥⑦]。2014 年，“城乡统筹、城乡一体”的新型城镇化战略及一系列政策措施的出台推动了乡村在空间模式、经济结构、社会治理、文化价值观念和村民社会心理等方面的历史性转型 [⑧]。至此，我国的乡村从传统意义上的乡土场域变化成为常态流动性的乡村、走向公共与开放性的乡村空间场域，乡村正在完成一场宏大叙事的文化空间生产。

传统村落从保护走向发展是一个历史性过程，从“时间——空间”维度分析，在从

---

① 李薇薇 . 政协委员呼吁别让民族民间文化断了“根”[EB/OL]. 新华网 . 2004-03-07. http：//www.southcn.com/news/china/china05/lh2004/lhkd/200403070334.htm

② 苏力 .《新乡土中国》序言 . 贺雪峰 . 新乡土中国 [M]. 北京：北京大学出版社，2013：9.

③ 贺雪峰 . 新乡土中国 [M]. 桂林：广西师范大学出版社，2003.

④ 陆益龙 . 后乡土中国的基本问题及其出路 [J]. 社会科学研究，2015，2010（1）：18-22.

⑤ 赵旭东，张文潇 . 乡土中国与转型社会——中国基层的社会结构及其变迁 [J]. 武汉科技大学学报（社会科学版），2017，19（1）：26-37.

⑥ 谢丽旋 . 解读人际关系理性化——读贺雪峰《新乡土中国》[J]. 社会科学论坛，2010（9）：196-203.

⑦ 杨柳，刘小峰 . 乡村社会巨变与农村研究进路——以《乡土中国》与《新乡土中国》为范例的比较研究 [J]. 内蒙古社会科学（汉文版），2016，37（5）：153-158 .

⑧ 王小章 .“乡土中国”及其终结：费孝通“乡土中国”理论再认识——兼谈整体社会形态视野下的新型城镇化 [J]. 山东社会科学，2015（2）：5-12.

乡土走向新乡土的乡村文化空间生产过程中，文化自信应作为指导思想贯穿于乡村文化空间生产全过程：是对（历史）自身悠久的文化渊源、（现存）已有取得的文化成就、（未来预期）将来的文化发展方向（可期的文化成就）均较为满意的一种态度、一种精神，将演化为一种追求、具有明确导向性的发展演变过程。

3. 自信引领：传统村落文化空间生产研究框架生成

对应乡村文化空间生产三元论的空间实践、空间表征与表征的空间，乡村文化空间生产可以分为乡村文化空间实践、乡村文化空间表征、乡村文化表征的空间三个维度，将三个维度与文化自信生成与发展的各个阶段进行对应（图 9.1.2）：

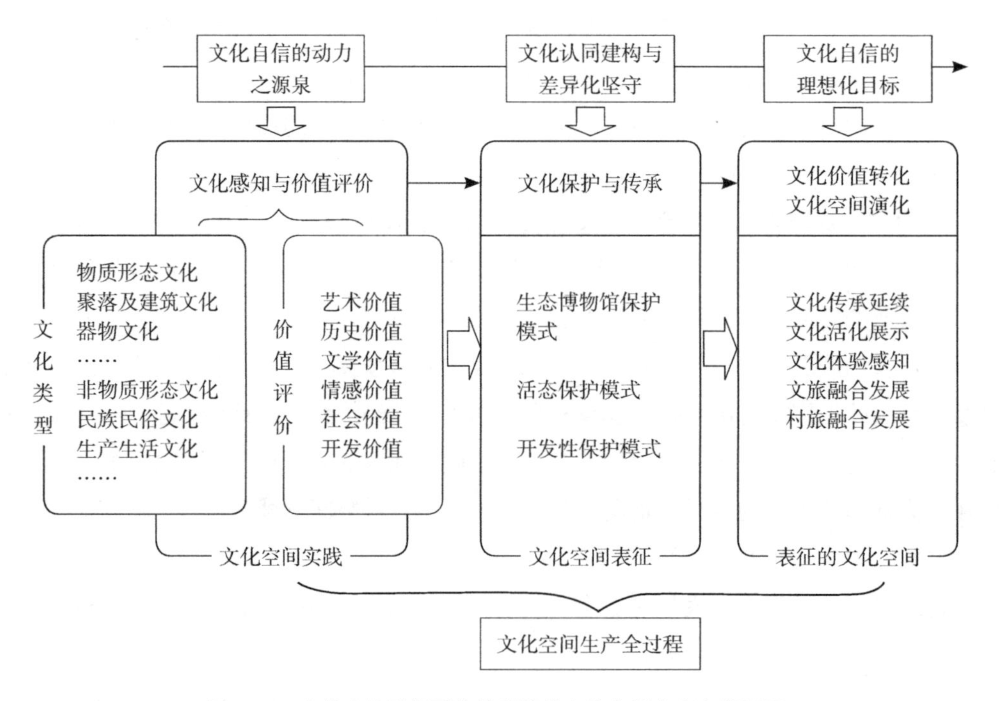

图 9.1.2 文化自信引领下传统村落的文化空间生产实践框架

（1）传统村落的文化空间实践（包括可以感知的物理空间，是客观存在的空间，主要形态包括乡村的物质文化遗产与非物质文化遗产、乡村聚落景观、特色民居建筑景观、特色民俗文化景观等），对应文化感知与价值评价，它是文化自信的动力之源泉。

（2）传统村落的文化空间表征（指概念化的空间及其物化的过程，是政府领导、技术官员、规划设计师、建筑设计师、学者等构想出来的文化生产空间），对应文化自信中的文化认同建构与差异化坚守，体现了对自身优秀的文化认同建立的过程与路径，是对优秀文化传承、保护与发展的逻辑过程：在文化生产过程中，文化价值通过价值转化，实现从文化价值向生产价值、旅游价值等价值转化的目标导向。

（3）传统村落表征的文化空间（指村民和使用者的空间，是体验式的空间），对应了文化自信的目标导向，是一种具有明确价值导向、发展方向的文化发展、演化目标的文化空间生产系统，在此基础上，村民完全树立了对于传统村落文化的重新认知，对于传统文化的自豪感及自信心，村民自主维护乡村文化遗产，自主参与到乡村文化保护与弘扬的系列活动中去，达到树立以传统村落文化保护与传承发展的文化自信的目标。

9.2 仙阁村文化空间实践：文化为魂价值认知

9.2.1 历史文化资源与价值聚宝盆

仙阁村是成都平原乃至四川省范围内历史文化资源分布上极为罕见的自然村落，有两千多年历史，曾是南丝绸之路驿站、茶马古道节点，数个全国及省级文物保护单位所在地，现代化交通工具高速铁路、高速公路站点，具有灵山秀水的自然景观，是民风讲堂的先进范例。如此众多的经典文化资源聚集于一村，形成了乡村文化资源聚宝盆，构成了该村独特的地域区位和文化特色，成为不可复制的宝贵的乡村旅游资源，具有极高的历史文化价值和乡村旅游开发价值。

仙阁村传统资源丰富，历史文化底蕴浓厚（表 9.2.1）。有全国重点文物保护单位飞仙阁和茶马古道，有碧云寺等历史建筑，也是“三湖一阁”风景名胜区的重要组成部分，有朝阳湖、长滩湖等；也有众多传统民居、古树名木、古桥等；也有保存较好的非物质文化遗产，如国家级非物质文化遗产——刘氏竹编等。

村域文化遗产一览表 **表 9.2.1**

类别		序号	名称	年代
历史环境要素	摩崖造像	1	飞仙阁摩崖造像	唐—清
		2	白岩摩崖造像	清
	寺庙	3	碧云寺	唐
	古墓葬	4	庙子山崖墓、大佛坪崖墓	汉
		5	邱家坪杜氏墓葬	明—清
		6	飞仙阁道士墓群、大碑山刘氏墓群、潘方氏墓、大叶坝陈氏墓、曹世魁墓、叶氏墓群、何大坟园群墓、何氏墓群、林永青墓、戴汝超墓、南叶氏墓群、龚子京墓	清
	古遗址	7	茶马古道	唐—宋
		8	南方丝绸之路	唐—宋
	古树名木	9	百年山合欢树、百年青杠树	不详
	古桥	10	长寿桥	清
		11	金蛙桥	明

续表

类别		序号	名称	年代
非物质文化遗产	饮食	12	牛肉火锅、回锅肉、糯米饭	—
	民俗	13	飞仙阁新春祈福、祭祀崇礼、婚丧嫁娶	—
	歌舞	14	蒲江幺妹灯	—
		15	飞仙腰鼓	—
	节日	16	春节、元宵节、清明节、端午节、中元节、中秋节、冬至、腊八节、除夕	—
	传统技艺	17	刘氏竹编	—

9.2.2 村落现状：守望与展望

1. 乡镇建制沿革

仙阁村所属朝阳湖镇，历史悠久。仙阁村村名取自飞仙阁。飞仙阁得名于西汉文帝（刘恒），公元前179年至公元前157年在位，将军莫公南征凯旋，见此地山水幽奇，留居此地数十年，去世安葬此地，后人为纪念他，修建了莫公台，传说莫公修道得道，飞升而去，成为神仙，莫公台又称为飞仙阁。宋代称莫佛镇，清朝以前称王居寺，清代改称霖雨场，民国初称永风乡四保，中华人民共和国成立后称霖雨乡三大队，后称霖雨公社十三大队，20世纪80年代分成霖雨乡三大队和四大队，分别叫仙阁村和长滩村；2015年1月，仙阁村和长滩村合成朝阳湖镇仙阁村。

2. 区位概况

1）地理区位

仙阁村隶属于成都市蒲江县朝阳湖镇，位于蒲江县南部，朝阳湖镇西部。东侧紧邻朝阳湖镇区，西与成佳镇接壤，北边与朝阳湖镇石象村相连，南与白云乡尖峰村相连。仙阁村距离四川省省会成都市80公里，距蒲江县城8公里，地理区位条件优越。

2）交通区位

蒲江县对外交通以现状蒲名路、成雅高速、成新快速路、成都第三绕城高速公路为主，辅以川西旅游环线（省道S106）及县级干道形成对外交通网络骨架，形成多通道对外交通格局。仙阁村北邻成雅高速路石象湖出入口，可快速通往成都、雅安。仙阁村南侧县道蒲名路可直通朝阳湖镇区和蒲江县城。

3）旅游区位

蒲江县历史文化资源丰富，拥有包括西来古镇在内的省级历史文化名镇以及众多寺庙碑刻遗迹。境内已有较为成熟的“三湖一阁”风景名胜区。自然风景资源甚多，具有较好的开发潜力。仙阁村东西两侧紧邻朝阳湖镇、成佳镇（蒲江县旅游服务中心），且处于“三湖一阁”（朝阳湖、长滩湖、石象湖、飞仙阁）三角中心，周边优越的旅游资源为仙阁村旅游健康持续发展提供良好的基础，应借力周边景区资源，形成错位发展。

3. 乡村社会经济发展情况

仙阁村历史上为传统农业村，近年来乡村旅游发展势头良好，共有8个村民小组，全村户籍人口2310人。历来以种植水稻、玉米等粮食作物为主，近年来在乡村振兴产业政策的支持下，村民普遍改种柑橘、猕猴桃、茶叶等经济作物。全村种植柑橘3570亩、茶叶1480亩。有乡村旅游农家乐、酒店13家，处于朝阳湖省级风景名胜区核心区。村集体年收入约为53.58万元，村民人均年收入约为31200元。

4. 基础设施与公共服务设施概况

（1）交通设施方面。对外交通。仙阁村位于成都市半小时经济圈范围内，村域交通区位条件优越，对外交通便利，对外交通主要依托成雅高速（村域北侧紧邻成雅高速石象湖出入口）、蒲名路（穿越村域中部）、新成蒲快速路（村域东侧）、蒲丹路（村域东侧）等，可快速达到成都市中心城区、天府新区、蒲江县城、丹棱县等地。成蒲铁路穿越村域中部，对村域完整性产生一定分割，需要加强村域南北两侧的联系。

内部交通。村域内各居民点之间基本以水泥路连接，路面宽度较小，内部道路未成体系，系统性较差。

停车设施。现状仙阁村停车设施缺乏，现有停车大多沿路边随意停放，易造成交通拥堵，且影响仙阁村整体形象。

（2）给水排水设施。有蒲江县二水厂一座，服务整个朝阳湖镇，水厂位于长滩湖大叶坝五福桥附近占地面积2.42公顷，东南侧有供水管线一条。现全村有六处沼气净化池。村东侧和西北侧各有一处污水一体化处理设备，服务全村。雨水排放，就地形地势由高向低，就近排放入当地水体。

（3）电力电信设施。村东侧有35kV霖雨站一座，供电全镇，有30kV、10kV、220kV多条电力线穿越村域，西南侧有长滩大电站和长滩小电站各一座，东南侧有飞仙站一座，变电站若干。通信线路基本实现全村域覆盖。

（4）燃气设施。燃气管道基本实现全村域覆盖。

（5）公共服务设施。仙阁村村庄公共服务设施有村委会、一处文化教育场所（仙阁书院）、散点分布式乡村公共停车场，较为缺乏居民健身、医疗卫生等公共服务设施。旅游设施除有朝阳湖大酒店、蜀绣宾馆等酒店。

9.2.3 仙阁村传统村落特征与价值

人们对于传统村落的印象，往往始于传统建筑和自然风貌，这些有形的物质载体是最直观的村落历史文化，有形的构架包含着相应的人文风情、历史智慧。仙阁村历史悠久，传统资源分布较为广泛、类型丰富多样。在传统村落的选址与格局、古遗址古建筑与传统民居建筑、习俗文化与传统技艺，佛教文化、儒家文化等方面具有广泛的历史文化价值、艺术价值、科学研究价值等。

1. 村落自然景观环境特征

仙阁村地形变化丰富，山体环抱，村域水系众多，河流密布，绿树成荫，保持着良好的原生态环境，为仙阁村注入灵气。仙阁村依山临水而建，体现了古人“背山面水”的传统村落择址思想；另一方面紧邻古南丝绸之路修建。影响仙阁村聚落选址及聚落采用散点式布局的主要因素包括自然条件（顺应地貌、近水而居、气候宜耕）、古代南方丝绸之路兴起、以农业为主的生产方式。这些因素成为仙阁村聚落采用散点布局的主要成因。这些“小聚落、大格局”的选址布局和尊重自然、顺应地势的选址建设具有一定的科学性；顺应自然地势塑造和谐人居环境的科学性。

1）地形地貌

仙阁村村域以丘陵山体为主，整体高度较低，呈现出“五山绕村”的指状格局。境内有山地、丘陵、平坝。地貌变化丰富，境内北高南低，四周高中间低，山体呈现指状形式，平均海拔高度 590 米，最高 620 米，最低 540 米，高差为 80 米。

2）气候条件

仙阁村属中纬度内陆亚热带温润季风气候，冬无严寒，夏无酷暑，四季如春，雨量充沛，年平均气温 16.5℃，年平均降水量 1174 毫米，无霜期 304 天，年平均日照时为 1124 小时，森林覆盖率 60% 以上，得天独厚的环境，有“绿色蒲江，天然氧吧”之称。

3）水文水系

村域水资源丰富、河流纵横，有“两湖一河”穿境而过，即长滩湖、朝阳湖，蒲江河。另外有两条徐夹沟和天生桥沟小溪支流汇入蒲江河。朝阳湖是山水交融的人工湖，以湖泊山峦为主景，湖长 75 公里，有两大支水，形成 4 岛、28 拐弯、108 座山峰。长滩湖是“三湖一阁”中面积最大的湖，环湖四周 100 多座青峰形成道道绿色回廊，是成都市唯一的中型水库，湖周山峰错落有致，湖区有“金龟岛”“碧霞湾”“卧虎岭”“金钟山”“玉屏山”“红岩寨”等景点。长滩湖为成都市市级生态水源二级保护区，长滩湖与朝阳湖 1 公里之隔，气势宏伟的长滩湖，湖面 3360 亩，水深 30 余米，湖区 4 大支流、3 岛、27 湾、湖周百余座山峰错落有致。

4）土壤植被

村内土壤肥沃，适宜多种树木生长，树木种类繁多，素有“柴炭之乡”称誉。自然原始森林因历史性原因已被破坏，现存多为天然次生林和人工林。仙阁村地处小五面山，生长以马尾松为优势群体之一、阔叶常绿混交林，主要树种有 92 科、400 多种，造就了朝阳湖风景名胜区的良好生态环境。仙阁村森林覆盖率 60% 以上，村域内林地资源丰富，呈现“大分散，小集中”格局，大部分分布在北侧，树种以马尾松、杉木、香樟、油茶树为主。

2. 村落格局风貌

仙阁村聚落布局模式主要有两种：一是依山布局；二是临水布局，遵循了四川乡村建房选址“靠山吃山、靠水吃水”的生活哲学。

1）村落传统肌理：小聚居、大散居

选址布局表征村落与自然环境互生共融的和谐关系以及顺应地形自然延展的聚落形态，折射出天人合一的生态伦理[①]。仙阁村地形变化丰富，山体环抱，村域水系众多，河流密布。村域以丘陵山体为主，整体高度较低，呈现出“五山绕村”的指状格局。地貌变化丰富，境内北高南低，四周高中间低，山体呈现指状形式，平均海拔高度590米，最高620米，最低540米，高差为80米。村域水资源丰富、河流纵横，有“两湖一河”穿境而过。

仙阁村村落呈小聚居、分散式分布特征，形成大大小小村落聚居点15个，主要分布在五坝三沟五桥，各聚落均由民居、农田、休闲场地等空间组成，村落格局体现了亲和的人与自然的关系、融洽的人与人的关系。村落周边环境保持良好，与村落和谐共生，清晰体现了选址理念。

2）村落传统风貌及传统民居建筑风貌

自然环境风貌。仙阁村地形变化丰富，山体环抱，村域水系众多。仙阁村村域以丘陵山体为主，整体相对高度较低，呈现出“五山绕村”的指状格局。

汉风唐韵、仙阁胜境。仙阁村历史悠久，是古代南方丝绸之路、茶马古道的必经之路，是多元文化的汇集地，兼具中国传统文化特色和地方特色。村内飞仙阁、碧云寺、茶马古道等景点各具风韵，当地的陈家大院、李云屹民居、杜仕华民居等传统民居作为川西古民居建筑之精品，体现了较高的建筑艺术和历史文化价值。村落民居以川西传统民居为主，典型特征为“木穿斗、冷摊瓦、高勒脚、深出檐、小天井”。建筑及外部环境整体性保持良好，住宅布局开敞自由，以庭院式为主要形式，里面和平面布局灵活多变，对称要求不十分严格。院内或屋后常有通风天井，形成良好的“穿堂风”，适应炎热潮湿的气候。民居建筑多为木穿斗结构。建筑色彩上多朴素淡雅。用材因地制宜、就地取材，多为小青瓦、砖、土等。因成都地区夏天多为偏东雨，为保护墙面不被雨水冲刷，故屋檐出檐较长。

---

① 何艳冰，张彤，熊冬梅.传统村落文化价值评价及差异化振兴路径——以河南省焦作市为例[J].经济地理，2020，40(10)：230-239.

（1）建筑院落格局。

四川民居富有地方特性，技术灵活巧妙，处理方法简洁利落，形态优美、自然。四川民居尺度不追求大，讲究小巧得体、适度。平面空间变化有序，灵活有趣，讲究大小结合，小中见大，善于利用前低后高的地形；善于在封闭的院落中，设敞厅、活动门窗、望楼、天井，使室内外空间交融，取得开敞、外实内虚的效果。仙阁村民居多为特有的川西民居，住宅布局开敞自由，以庭院式为主要形式，里面和平面布局灵活多变，对称要求不十分严格。为适应炎热潮湿的气候，民居建筑多为木穿斗结构。院内或屋后常有通风天井，形成良好的“穿堂风”。同时由于雨多，建造的屋檐较长，避免雨季对屋内的影响，建筑平面布局、空间处理、建筑模式建造具有一定的科学研究价值。

仙阁村现存 4 栋清代修建的传统风貌民居，12 栋民国修建的传统风貌民居，这些建筑以川西民居风格为主，体现了“天人合一”的自然观和环境观。成都的气候特征在很大程度上决定了川西民居“外封闭，内开敞，大出檐，小天井，高勒脚，冷摊瓦”的基本建筑特征。

（2）建筑年代：显著的历史沉积感。

仙阁村的民居建筑从建成年代上看，具有明显的历史久远度和时代沉积感，据调查统计，村落民居建筑初始建成年代包括了元代、清代、民国建筑和中华人民共和国成立以后四个显著的时代特征。元代以前的建筑包括碧云寺，清代建筑包括杜仕华民居，民国建筑包括杜习作民居、叶汉林民居、李云屹民居和杜光泽民居，中华人民共和国成立以后的建筑为陈家大院、杨建民居等其他建筑（表 9.2.2、图 9.2.1）。

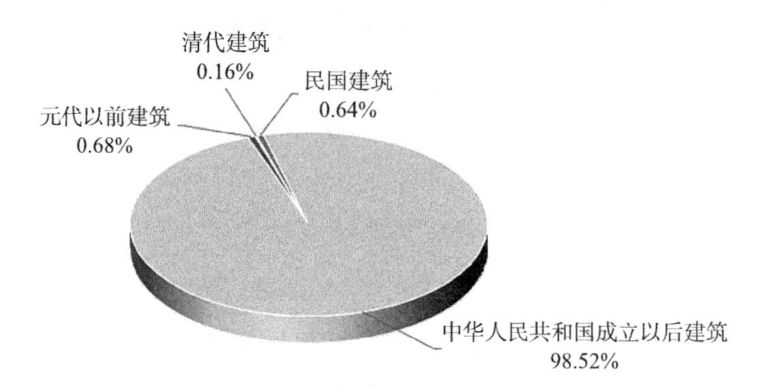

图 9.2.1　建筑年代分析图

（3）建筑结构。仙阁村民居主要以砖木结构和砖混结构为主，基底面积占比 99.2%，少部分为木结构，基底面积占比 0.8%（表 9.2.3、图 9.2.2）。

（4）建筑质量。以现状房屋的地基基础、主体承重结构、围护结构三方面因子为评价标准，仙阁村民居建筑大部分可以评价为质量一般或质量好的建筑，基底面积占比为 99.20%；少量建筑质量较差，主要表现为房屋主体结构已严重损坏，或重要构件已属

建筑年代统计分析表　　表 9.2.2

分类	基底面积（平方米）	基底面积占比	建筑面积（平方米）	建筑面积占比
元代以前建筑	1809.43	0.68%	3618.86	1.13%
清代建筑	436.62	0.16%	436.62	0.14%
民国建筑（1911—1949）	1689.72	0.64%	2534.58	0.79%
中华人民共和国成立以后建筑（1949 至今）	261254.36	98.52%	314261.83	97.94%
总计	265190.13	100.00%	320851.89	100.00%

建筑结构统计表　　表 9.2.3

分类	基底面积（平方米）	基底面积占比	建筑面积（平方米）	建筑面积占比
木结构	2123.69	0.80%	2123.69	0.66%
砖结构	17107.55	89.79%	288481.59	89.91%
砖混结构	245958.89	9.41%	30246.61	9.43%
总计	265190.13	100.00%	320851.89	100.00%

危险构件，随时可能丧失稳定和承载能力，不能保证居住和使用安全的房屋，其基底面积占比为 0.80%。

（5）建筑高度。仙阁村主要为一、二、三层的低层建筑，基底面积占比 98.93%，四到六层建筑基底面积占比 1.07%。

（6）建筑风貌。以建筑年代（一般建筑年代在 50 年以上）、建筑风格（遵循特定的建筑风格）、建筑材料（传统风貌建筑通常采用传统的建筑材料：如木材、砖石等，注重原材料的质感和自然美）、建筑形式（追求和谐、平衡和比例美，注重建筑的整体造型）、建筑细部（细部处理精细，注重雕刻、彩绘、雕花等细节，展现出独特的艺术风格）、建筑环境（注重与周围环境相协调，融入自然景观）等因素为评价标准，对仙阁村传统村落建筑进行传统风貌认定综合评价，评价结果为：

总体上看，现存传统建筑（群）部分倒塌，但“骨架”存在，部分建筑细部保存完好，有一定时期风貌特色，周边环境有一定破坏，不协调建筑较多，主要表现为违章搭建和改造造成的加建、改建行为。问题较为严重的是，至今日常生活建筑营造较少应用地域性传统材料、传统工具和工艺，新建的建筑较少采用的传统建筑形式与风格，或与传统风貌在一定程度上形成冲突。

历史建筑包括碧云寺建筑，传统风貌建筑包括杜习作民居、杜仕华民居、叶汉林民居、杜光泽民居、李云屹民居和陈家大院等为具有川西民居特色的传统风貌建筑（图 9.2.3）。

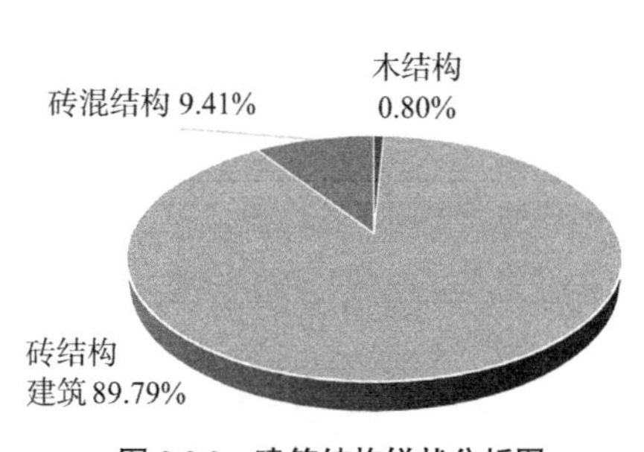

图 9.2.2　建筑结构饼状分析图

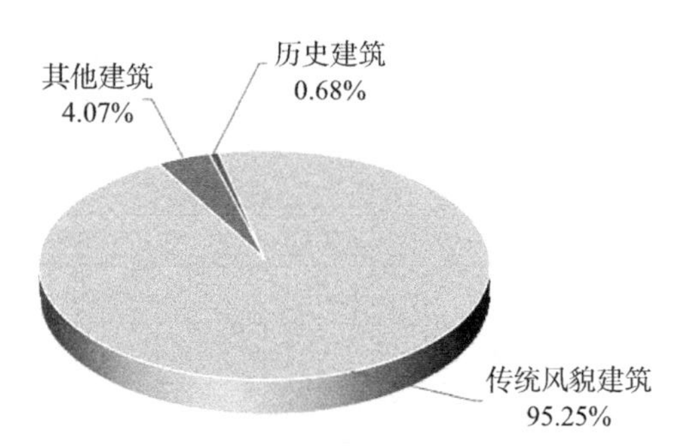

图 9.2.3　建筑风貌饼状分析图

3. 传统建筑特征

1）建筑空间布局

在四川独特的山地丘陵地形地貌环境下、在传统乡村的家族式聚居文化影响下，乡村民居多以院落式为主要形式，选址多避开较为平坦的良田，基本组合单位是“院”，即由一正两厢一下房组成的“三合头”或“四合头”房，正面中央为正房，一般称为“堂屋”，为供奉祖宗牌位和接待客人的场所，正房的中轴线朝向往往代表了房屋的朝向，会考虑正房的背后有靠山、案前有朝山和向山，具有重要的风水意蕴；立面和平面布局灵活多变，对称要求并不十分严格。

院内或屋后常有通风天井，形成良好的“穿堂风”，并用檐廊或柱廊来联系各个房间，灵巧地组成街坊。

2）建筑色彩

民居建筑是传统文化、民间艺术与实用的结晶。“青瓦出檐长，穿斗过白墙，庭院通天井，竹下倚闲廊”是川西民居独特的建筑文化风貌。川西民居的建筑色彩上是朴素淡雅，建筑色彩十分朴素，多以冷色调为主，瓦为青色、墙为粉色（或灰砖色、梁柱为茶褐色、门窗多为棕色，或木料本色）。其重点装修部分是小门楼，俗称“龙门（或门道）”，但仍是以冷色调为主，常常“雕而不画”。

3）建筑屋面

川西建筑的屋顶均为两面坡式，覆以小青瓦，采用“冷摊瓦”工艺，即在房顶仅用一厘米左右厚的小青瓦，不设木望板，不加粘合料，以“一搭三”的方法，散铺在瓦桷子上。一般采用悬山，前坡长，以适应多雨的环境。

4）装饰艺术

川西民居装饰风格清淡素雅，简洁大方，不事繁琐。细部处理和装饰重点常集中于大门、照壁、门窗、挂落、柱础、檐口、屋脊及封火墙等处。常采用三雕（砖雕、石雕、木雕）及三塑（陶塑、灰塑、泥塑）的艺术形式，技艺工巧。在民居上能够看到有象征意义的吉祥图案，李云屹民居上的“蝙蝠”图案象征了“福”“吉瑞”。

5）建筑形态和价值分析

（1）保存一般的建筑：杜仕华民居

位于仙阁村7组邱家坪，为清代民居。主要特点是川西传统民居，原有木质建筑样式，墙壁用木板装饰，屋面小青瓦，窗户为当时传统的镂空小方格木质拼花。现建筑为一层建筑，布局合理，有卧室、堂屋、厨房、库房等房屋布局。

杜仕华民居主要为川西民居风格，其房屋结构、平面布局保存较为完好，但在房屋维修过程中存在与传统风貌不协调的现象。这对研究川西民居的平面布局、空间处理和建筑模式建造提供了一定的科学价值（图9.2.4）。

图9.2.4　杜仕华民居现状照片

（2）保存较好的建筑：李云屹民居

该民居建筑朝向为坐北向南，有近代川西民居风格，墙壁用火砖装饰，屋面小青瓦，窗户为传统的镂空小方格木质拼花，现房为二层建筑，布局合理，有卧室、堂屋、厨房、库房等房屋布局，并有竹编加以装饰。1978年，因修建朝阳水库，改建。1986年，因朝阳湖开发旅游而改建。

李云屹民居为典型的川西民居风格建筑，整体保存较好（图9.2.5）。2019年，随着非物质文化遗产四川刘氏竹编工艺有限公司的入驻，其中，2008年文化部授予刘氏竹编“国家级非物质文化遗产”，是一家生产和销售竹编工艺品及其他工艺品的企业，竹编技艺融入建筑中来，使建筑同时拥有历史价值和艺术价值。

（3）全国重点文物保护单位：飞仙阁

仙阁依山傍水而建，由拱桥、山门、严颜亭、凌虚阁、飞仙湖、英公台等构成，阁下

图 9.2.5　李云屹民居现状照片

二龙滩溪水夹带，翠峰倒映其中，显得格外清幽，素有“秀甲蜀西”的美称（图 9.2.6）。

飞仙阁现存的造像以佛教造像为主，少数造像反映道教内容，造像题材丰富，形态各异，形象生动，造像群中体现的发式头冠、服饰、装饰以及雕刻技艺，为研究隋唐佛教艺术提供了珍贵实物资料。

白摩崖造像雕刻的送子观音和土地像，为研究清代石刻工艺提供了实物资料，具有较大的艺术价值。

飞仙阁及摩崖造像建造背景、碧云寺的修建过程以及建造工艺，对研究当地历史具

图 9.2.6　飞仙阁现状照片

有重要意义。

（4）历史建筑：碧云寺

碧云寺于唐宋年间逐步修建形成，距飞仙阁碧云峰300米，距朝阳湖镇区1公里。碧云寺得名于碧云峰，宋真宗时期“敕赐”为“信相院”。1992年初，经蒲江县政府批准开放。现占地面积4100平方米，建筑面积3860平方米，全系砖混结构。

碧云寺以藏传佛教寺庙风格为主，其金顶、门窗、梁柱等雕刻建造技术，鎏金技术、彩画、壁画等具有较高的艺术研究价值；碧云寺在唐代就已经存在，是汉传佛教圣地。现碧云寺释法莲在青年时期援藏多年，深受藏传佛教影响。援藏回到内地后，在大学任教。在20世纪80年代，释法莲到朝阳湖旅游，看见碧云寺遗址依山傍水，风景秀丽，环境幽静，形如太极，产生了重建碧云寺想法，故在碧云寺重建过程中融入了藏传佛教寺庙建筑风格，其建筑以东方古建，莲花门拱，丛横门拱翻翘角，配以藏、欧式方托透影，佛意为广度众生，寺内建有八座殿堂，大雄宝殿、时轮坛城、三怙主殿、弥勒殿、天王殿、护法殿、观音殿、东方不动如来佛殿。尊胜塔、释迦牟尼佛八功德塔共89座。供奉有1190685尊佛菩萨圣像。同时也带来了碧云寺的香火辉煌（图9.2.7）。

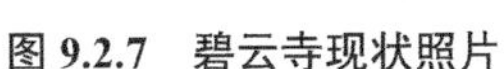

图9.2.7　碧云寺现状照片

（5）飞仙阁摩崖造像

飞仙阁在汉唐时是西蜀四川通往西方古丝绸之路要道，商贾往来终年不息，此处原有一驿站，宋代时形成一集镇名莫佛镇（今镇子场遗址）。商贾往来西域，佛教文化传入中国，唐代开始在此开凿摩崖造像，传播佛教。飞仙阁现存的造像92龛777尊，造像以佛教造像为主，在少数造像以及题记中，反映有道教的内容，造像题材丰富，形态各异，形象生动，造像群中体现的发式头冠、服饰、装饰以及雕刻技艺，为研究隋唐佛教艺术提供了珍贵实物资料（图 9.2.8）；白摩崖造像雕刻的送子观音和土地像，为研究清代石刻工艺提供了实物资料，具有较大的艺术价值（图 9.2.9）。

图 9.2.8 飞仙阁摩崖造像

图 9.2.9 白岩摩崖造像

最早开凿有年号记载的是飞仙阁下面山崖上编号为 60 号龛，双层平顶造像 10 尊，左右龛门上题记永昌元年五月为天皇天后敕造瑞像一龛，其时为唐武则天永昌（689 年）。南北朝末期，佛教汉化，飞仙阁摩崖造像中也多有体现。清嘉庆十五年（1810 年）重装彩塑共 12 洞，由朝阳湖镇人叶开盈以及他的儿子辉孝、腾蛟、廷桂、廷枝等出资完成。记录此事的山崖石刻题记是鹤山叶殿邦书，石匠黄德明刻。

飞仙阁摩崖造像展现了一幅生动绚丽的历史画卷，是古代雕塑艺术珍品，现存造像 92 龛，有佛、菩萨、胁侍、弟子、天王、力士、金刚夜叉、伎乐飞天，以及供奉人等大小造像 777 尊。分别为唐代造像 64 龛，491 尊，五代后蜀造像 17 龛 256 尊，清代造像 11 龛 30 尊。唐代的造像 76 龛，占造像总龛数 83%。最晚的造像是清代光绪三年（1877 年）。飞仙阁二郎滩摩崖造像雕刻造型生动、人体结构准确，线条流畅、形态各异、装彩使用矿物质颜料，经过几百年风雨浸腐蚀，基本完好，色泽分明。

飞仙阁 60 号龛不仅造像年代久远，造像相当精美，1985 年 7 月，其照片刊登于《四川文物》专刊。1986 年 6 月，作为封底刊登于《成都文物》季刊。飞仙阁北面大佛坪 9 号龛 36 尊造像，雕刻技艺精湛，集圆雕、高浮雕，浅浮雕、线雕等技法为一体，充分显示了盛唐时期的雕刻及时代风格。1988 年 6 月，人民美术出版社出版的《中国美术全集》第十二册刊载了飞仙阁 9 号龛彩照 4 张，黑白片 1 张。1994 年，60 号龛选入《中国石窟雕塑全集》，9 号龛又有 6 张照片载入《中国石窟雕像全集》和美国《亚洲艺术档案》。2006 年，飞仙阁摩崖造像被国务院公布为国家文物保护单位。

a. 禽星岩。禽星岩共有 18 龛，其中唐代造像 4 龛，五代后蜀造像 14 龛，因为客观因素，此处摩崖造像风化严重，大部分造像只剩下了轮廓。禽星岩20号龛，是飞仙阁造像中仅有的一处圆雕石刻，造像圆润庞大，气势非凡，体现了唐代石刻的风范与娴熟的技巧。禽星岩价值评估：历史价值：A；艺术价值：C；研究价值：C；禽星岩价值评估等级：C。

b. 大佛坪。大佛坪有造像10龛，3块题记及碑刻。其中，唐代造像10龛，清代造像1龛。其中的9号龛价值较高；8号龛高6米，宽23米，深1米。所造弥勒佛，结善跏趺坐，高6米，肩宽2米，气势恢宏。大佛坪9号龛，释迦牟尼靠椅装饰金翅鸟、摩羯鱼、童子骑兽王，是印度笈多王朝笈多式背障，壁上高浮雕印度佛教护法神，天龙八部：提婆（天神）、紧那罗（歌神）、阿修罗（战神）、摩侯罗伽（大蟒神）、伽楼罗（金翅鸟神）、乾闼婆（音乐神）、夜叉（恶鬼），龛门侧对称刻二胡人，深目高鼻、络腮大胡、足穿皮靴，菩萨头戴宝冠，裸上身，肩上斜着束帛，璎珞被体，赤足踏莲台，佛的弟子阿难、伽叶、舍利弗、大目犍连，光头，穿袈裟。舍利女、青提女，已汉化成中国装束的妇女。本龛充分表现了古代中国与印度的文化、艺术交流。大佛坪历史价值：A；艺术价值：B；研究价值：B；大佛坪总价值评估等级B。

c. 碧云峰。碧云峰半山飞仙洞内2龛，碧云峰山下62龛。其中唐代造像49龛；五代后蜀造像17龛；清代造像2龛。碧云峰下60号龛菩提瑞像，是四川省现存年代最早的菩提瑞像。碧云峰历史价值：A；艺术价值：A；研究价值：A；保存较好。飞仙阁总价值评估等级：A。

4. 历史环境要素特征

仙阁村历史悠久，人杰地灵、物华天宝、青山绿水、宜居宜业，一方水土孕育一方人文，具有内容较为丰富的历史环境要素，包括摩崖石刻、寺庙、古墓葬、古遗址、古树名木、古桥等内容（表9.2.4），至今仍然保存完好的历史环境要素丰富，在村落中空间分布较为均匀，除前文已经详细描述的飞仙阁摩崖造像、白岩摩崖造像、碧云寺外，其他主要要素在村域的分布情况如下：

历史环境要素一览表　　**表9.2.4**

序号	类别	名称	年代	地址
1	摩崖造像	飞仙阁摩崖造像	唐—清	仙阁村1组
2		白岩摩崖造像	清	仙阁村1组
3	寺庙	碧云寺	唐	仙阁村1组
4	古墓葬	潘方氏墓	清	仙阁村4组
5		大叶坝陈氏墓	清	仙阁村8组
6		庙子山崖墓	汉	仙阁村2组
7		大佛坪崖墓	汉	仙阁村2组

续表

序号	类别	名称	年代	地址
8	古墓葬	飞仙阁道士墓群	清	仙阁村1组
9		大碑山刘氏墓群	清	仙阁村6组
10		邱家坪杜氏墓葬	明—清	仙阁村7组
11		曹世魁墓	清	仙阁村5组
12		仙阁村叶氏墓群	清	仙阁村5组
13		何大坟园群墓	清	仙阁村5组
14		仙阁村何氏墓群	清	仙阁村3组
15		林永青墓	清	仙阁村4组
16		戴汝超墓	清	仙阁村4组
17		仙阁村南叶氏墓群	清	仙阁村8组
18		龚子京墓	清	仙阁村8组
19	古遗址	茶马古道	唐—宋	仙阁村1组、8组
20		南方丝绸之路	唐—宋	不详
21	古树名木	百年山合欢树	不详	仙阁村7组
22		百年青杠树	不详	仙阁村1组
23		楠树	不详	不详
24		香樟	不详	不详
25		银杏	不详	不详
26		古柏	不详	不详
27	古桥	长寿桥	清	仙阁村8组
28		金蛙桥	明	仙阁村1组
29		天生桥	不详	仙阁村4组
30	石刻	香炉石	不详	仙阁村4组

1）茶马古道

据史料考证，朝阳湖镇境内茶马古道有两条路线，其中一条古道由新津沿蒲江河而上到县城再穿山越岭至雅安。北宋大王井盐业开发，官府设盐关寨（寨址在今之白云乡桥楼村），人称桥楼子，后演变成集贸市场称为平坦场，是蒲江县西南部最早的集市之一，管理盐业生产、调运、税收（盐业属官办）。大王井生产之盐都由官府承办，各种税收以及出关手续，可分两路运抵雅安市（旧称雅州府）。由盐井寨（平坦场）向东经波儿洞、善业寺到二郎庙（今之朝阳湖镇）进入古道，向西经飞仙阁、莫佛镇（镇子场）衬腰岩、关子门、成佳营，再经名山县、喇叭场、月儿岗、车岭镇到名山县城再翻越金鸡关至雅安。

2）古墓葬

国人自有“视死如生”的人生观与世界观，自小受到“叶落归根”“寻祖归宗”等中华传统文化的家训教育，对于祖先及先人的墓葬，怀着神圣的感情，墓园既是祖先灵魂和肉体的归隐地，也是后世的追思缅怀地，是中华民族生生不息的情感牵系地，是乡村中最为独特、最为神圣的情感空间与人性空间。在逢年过节的祭拜、纪念等活动中，跨越万水千山的家族成员聚集在祖先墓园前，可以增进彼此的感情，加深对家族的认识，从而增强家族凝聚力，是传承中华民族良好家风的最好体现。因此，古墓葬地的保护是乡村文化空间守护的灵魂所在。在仙阁村，具有保护良好的古墓葬群：

（1）潘方氏墓。位于一丘陵上的竹林内，西面有潘夫人丫鬟白徐氏墓。潘夫人是清代名学者方苞之妹，捐田产在蒲江办学，嘉庆二十三年《琼州志》有记载，清至民国历届县长都亲往祭祀。该墓为研究当地清代葬俗和潘氏历史提供了实物资料。

（2）大叶坝陈氏墓。位于仙阁村8组，叶文福家附近为陈家在清初迁移到仙阁村大叶坝第一代墓。共有清墓9座。该墓群为研究当地清代葬俗和陈氏家族史提供了实物资料。

（3）庙子山崖墓。位于仙阁村2组，是乾隆时蒲江十八洞之一。该崖墓位于山岩上。该崖墓在清代的文献中已经有记载，乾隆四十八年《蒲江县志》卷一：“汗龙洞，县南二十二里，在二王庙侧”。其中的“汗龙洞”即为庙子山崖墓。墓室为弧形顶，左右各有棺台1个。该崖墓为研究汉代葬俗提供了实物资料。

（4）大佛坪崖墓。位于仙阁村2组，该崖墓位于大佛坪半山腰。该墓时代大约在汉代。该墓为研究当地汉代葬俗提供了实物资料。

（5）飞仙阁道士墓群。位于仙阁村1组，该墓群位于飞仙阁北面山岗上，共有清墓2座。该墓群为研究飞仙阁历史提供了实物资料。

（6）大碑山刘氏墓群。位于仙阁村6组，共有清墓6座。该墓群为研究当地清代葬俗和刘氏家族史提供了实物资料。

（7）邱家坪杜氏墓葬。位于仙阁村7组，道光二十三年仲春月立。该墓群为研究当地清代葬俗和高氏家族史提供了实物资料。

（8）曹世魁墓。位于仙阁村5组，该墓修建于清代，实际上为曹世魁、何氏合葬墓，坐北向南，同治九年孟冬月廿七日立，碑文为四川庚午科举曹席珍题。该墓为研究当地清代葬俗和曹氏家族史提供了实物资料。

（9）仙阁村叶氏墓群。位于仙阁村5组，有清墓1座，世祖碑1通，世祖碑为四柱三开间三楼，光绪二年闰五月二十七日立坊上浮雕人物、上刻叶氏家族一世祖到十世祖，道光元年二月立。该墓群为研究当地清代葬俗和叶氏家族史提供了实物资料。

（10）何大坟园群墓。位于仙阁村5组，共有清墓11座，道光十七年六月立。该墓群为研究当地清代葬俗和何氏家族史提供了实物资料。

（11）仙阁村何氏墓群。位于仙阁村3组祠堂埂，墓群位于山上，周围是丘陵地貌，共有清墓8座，道光元年十月立。该墓群为研究当地清代葬俗和何氏家族史提供了实物资料。

（12）林永青墓。位于仙阁村4组，该墓修建于清代，上面浮雕狮子、麒麟等，碑阴有墓志，据其可知墓主祖先是福建漳州府龙溪县人。该墓为研究当地清代葬俗和林氏家族史提供了实物资料。

（13）戴汝超墓。位于仙阁村4组，该墓修建于清代，坐西向东，咸丰乙卯（五年，1855年）五月下浣立，碑文为戊子科举人任泸州教谕弟（戴）学圣题，浮雕八仙、鸟兽、花卉。该墓为研究当地清代葬俗和戴氏家族史提供了实物资料。

（14）仙阁村南叶氏墓群。位于仙阁村8组大叶坝，西面100米为龚子京墓，共有清墓6座，均为坐南向北，同治九年季春月三日立。该墓群为研究当地清代葬俗和叶氏家族史提供了实物资料。

（15）龚子京墓。位于仙阁村8组，该墓修建于清代，龚子京，名山县人，恩进士，直隶州州判，赏戴蓝翎。龚子京为清代官员，其墓志反映清代社会情况，该墓为研究当地清代葬俗和龚氏家族史提供了实物资料。

3）古遗址

（1）茶马古道。蒲江茶马古道萌芽于唐代，兴盛于宋代，为汉唐蜀时成都出南门到新津，转而西行至蒲江通往雅安贸易古道，是蜀中商贸西去雅安的必经之路，运出的商品以食盐、茶叶、丝绸为主。旧时霖雨场为古道驿站，与西去的飞仙阁相邻的镇子场（古称莫佛镇）曾设有驿站，给往来客商驮队提供食宿、添料，后形成集镇。茶马古道也是历朝平夷征战至军事要道。飞仙阁石刻记载，唐武则天垂拱三年（687年），雅州讨生羌，校尉员君肃带兵由此道进攻雅州平定羌人。延续至清代。衬腰岩茶马古道便是南宋时期蒲江茶马古道的一段，至明清仍修砌沿用，随着茶马贸易的消亡而衰落。目前，蒲江县朝阳湖镇的衬腰岩山上所留存茶马古道一段，因修建长滩水库的原因，目前仅存衬腰岩至沙湾一公里，其中保存完好的古道470米，仙阁村境内有遗迹近400米（图9.2.10、图9.2.11）。2013年，中华人民共和国国务院公布茶马古道为第七批全国重点文物保护单位。

（2）南方丝绸之路。南方丝绸之路，以益州（成都）起点，过永昌，出云南，经缅甸，到达印度，是中国最古老的国际通道之一。这条通道早在西汉就已形成。蒲江是南丝绸之路的重要一站。南丝绸之路的兴起和繁荣，带来经济、文化的交流的同时，也给蒲江的历史文化，特别是对蒲江的石窟艺术产生深远影响。

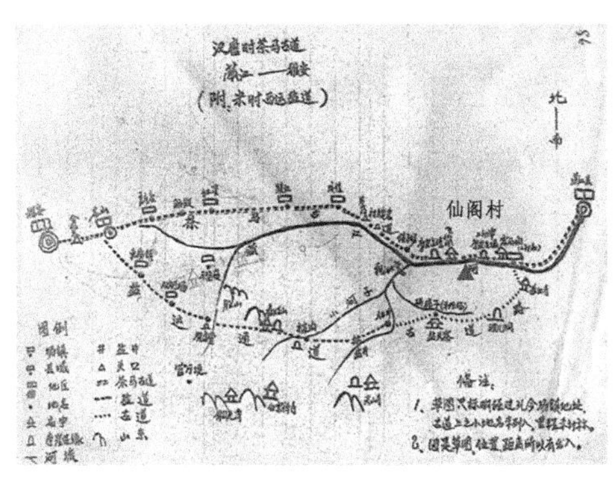

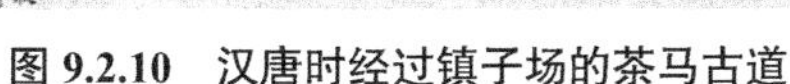
图 9.2.10　汉唐时经过镇子场的茶马古道

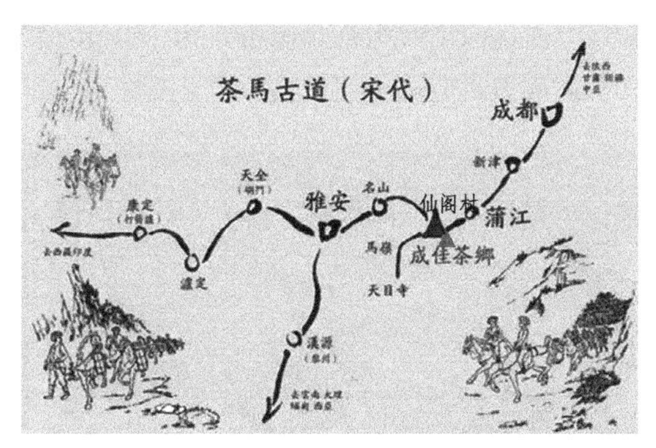

图 9.2.11　宋代途经蒲江的茶马古道

4）古树名木

“古木穹枝云里欢，浓荫蔽日隐童年”“孔明庙前有老柏，柯如青铜根如石”，保护并存活状态良好的古树名木是乡村重视生态环境保护的最好体现，历经岁月沧桑的古树名木是当地生态环境与人文环境良好的体现，既见证了该地域的生态变迁，同时也是社会变迁的缩影，反映了当地村民的生态价值观、对于自然物种保护与自然环境维护的重视，是人与自然和谐共生的生动体现。在仙阁村，存活着大量林业部门虽未挂牌，但受到村集体与村民良好保护的古树名木，具有良好的环境效益与文化意蕴，如下：

（1）百年山合欢树：位于仙阁村 7 组，高 20 米，冠幅 10 米。树冠开展；小枝有棱角，嫩枝、花序和叶轴被绒毛或短柔毛。

（2）百年青杠树：位于仙阁村 1 组，高 12 米，冠幅 10 米。

（3）楠树：位置、树龄、树高、冠幅不详。材质通直圆满、纹理结构细致美观、质韧难朽、奇香不衰。

（4）香樟：位置、树龄、树高、冠幅不详。香樟树形雄伟壮观，四季常绿，树冠开展，枝叶繁茂，浓荫覆地，枝叶秀丽而有香气。

（5）银杏：位置、树龄、树高、冠幅不详。银杏是乔木，高达 40 米，胸径可达 4 米。叶扇形，有长柄，淡绿色，无毛，有多数叉状并列细脉。

（6）古柏：位置、树龄、树高、冠幅不详。树皮淡褐灰色，小枝细长下垂，绿色，较老的小枝圆柱形，暗褐紫色。

5）古桥

（1）长寿桥：长寿桥位于仙阁村 8 组。该桥横跨蒲江河，位于霖雨至小河子（今朝阳水库）的要道，下游 50 米为二郎滩，是古南丝绸之路蒲江出南门八大桥之一。该桥修建于清代，为一五墩六孔石平桥，东北—西南走向。该桥为研究蒲江县清代交通情况以及桥梁的特征提供了实物资料（图 9.2.12）。

（2）金蛙桥：金蛙桥位于仙阁村 1 组，南距湖畔居 40 米。该桥横跨天生桥，建于明代。为东西走向单孔石拱桥，长 10.5 米，宽 2.8 米，高 4.8 米，拱高 3.8 米，跨度 7.2 米。该桥为研究当地明代造桥工艺提供了实物资料（图 9.2.13）。

图 9.2.12 长寿桥

图 9.2.13 金蛙桥

5. 非物质文化遗产

传统村落中的物质生活、社会生活、精神生活等，呈现出重要的文化价值。社会生活是当地群众在特定时空中的公共生活，在庙会、仪礼、社会规约等方面体现得尤为明显。精神生活包括伦理传统、信仰传统与文艺传统，也是普通村落被确认为传统村落的重要指标，其中村落文艺传统包括口头艺术与表演艺术，它往往结合节庆、祭祀等活动展开，是村落生活文化价值中最具魅力的部分。

在非物质文化遗产方面，有刘氏竹编，但相关的仪式、传承人、材料、工艺以及其他实践活动等与村落及其周边环境的依存程度不高；在习俗文化方面，仙阁村保留完整的饮食与节庆等习俗文化，比如蒲江幺妹灯，素有“川剧活化石”和“川西二人转”之称，唱词内容涉及历史、历史人物、民间传说等，涵盖生活的方方面面，反映农村生产和生活，具有一定文化传播、传承的社会价值。此外，飞仙阁众多的民间传说，极大地丰富了飞仙阁的旅游文化内容。飞仙腰鼓、仙阁新春祈福活动、曹氏家族祭祖典礼、婚丧嫁娶等活动，都一定程度上反映地方社会文化，具有一定的社会价值（表 9.2.5）。

非物质文化一览表 **表 9.2.5**

序号	类别	名称	保护等级
1	传统技艺	刘氏竹编	国家级
2	歌舞	蒲江幺妹灯	市级
3		飞仙腰鼓	县级
4	民俗	飞仙阁新春祈福	县级
5		祭祀崇礼	
6		婚丧嫁娶	

1）传统技艺类：刘氏竹编

四川刘氏竹编工艺有限公司成立于1980年，2019年入驻仙阁村李云屹民居，是一家专业生产和销售竹编工艺品及其他工艺品的企业。“刘氏竹编”曾三十余次荣获国际国内各种奖励，先后评为省优、部优产品。四川省人民政府连续三届授予四川名牌产品称号，被国家评定为“全国旅游产品定点生产企业”，2008年文化部授予刘氏竹编“国家级非物质文化遗产”。

2）歌舞类

蒲江幺妹灯。2007年蒲江幺妹灯被列为成都市第一批非物质文化遗产，幺妹灯起源于盛唐，是古代花灯戏的一个古老地方戏剧的分支，距今已有千余年历史。它是我国农业文明和汉文化的组成部分，有着深厚的文化气息，素有“川剧活化石”和“川西二人转”之称，是我国民间文化遗产的一部分（图9.2.14）。

飞仙腰鼓。腰鼓是一种非常独特的民间大型舞蹈艺术，是农耕舞蹈文化的开端，是弘扬民族精神的重要艺术形式。朝阳湖镇党委、政府创建了一支150人的特色文化队伍——“丝路花雨·飞仙腰鼓”队。自2010年成立以来连续三年荣获县龙腾狮舞闹元宵民俗大赛一等奖（图9.2.15）。

图9.2.14　蒲江幺妹灯

图9.2.15　飞仙腰鼓

3）饮食

牛肉火锅、回锅肉、糯米饭等。牛肉是朝阳湖镇特色食品之一，历史上久负盛名。至2018年，朝阳湖镇有牛肉店3家。朝阳湖镇牛肉火锅以麻辣鲜香烫为特色，分做清汤、红汤两类，又将牛肉分割为牛肉、牛肚肝腰杂件、牛筋牛蹄牛头，任顾客挑选。回锅肉又叫熬锅肉，它是民间佳肴。糯米饭，俗称酒米饭，除糯米饭外还有八宝饭，甜烧白等制作。

4）服饰

民国初期，民间服饰犹存清代遗风。五·四运动后，男子留光头，已婚妇女脑后挽发髻，缠白布帕。中华人民共和国成立后，男女服饰注重方便、实用、朴素、大方。20

世纪50年代，以平布衣料（棉类）为主，20世纪60年代以卡其、府绸、灯芯绒为主，20世纪70年代以涤良、涤纶等化纤混纺织物居多。20世纪80年代至90年代初，穿呢绒、毛料者渐多，羽绒服成为男女流行服装。20世纪90年代末期至21世纪初，人们服装样式和花色品种更多，服装倾向年轻化、时代化、新潮流方向发展。

5）民俗

（1）飞仙阁新春祈福。清末至民国时期，每逢春节，有善男信女到飞仙阁佛像前烧香叩拜，祭祀许愿，祈求来年好运、阖家平安幸福。

（2）祭祀崇礼。每年清明节在曹氏宗祠举行，是曹氏后人祭祀祖先，教育后代的重要活动，目的是慎终追远，民德归厚。

（3）婚丧嫁娶。在婚期前一晚，亲朋好友到男方家喝酒吃饭，燃放烟花爆竹庆祝。结婚当天敲锣打鼓；拜谢前辈亲属，向亲朋好友撒红包，新郎新娘到新房铺垫床被；新郎新娘给参加结婚宴席的客人敬酒；宴席过后，结婚仪式就结束。

6）节庆文化

（1）春节。正月初一为春节，又名元日，起源于殷商时期，距今已有4000千余年的历史。

（2）元宵节。正月十五元宵节，又名上元节，是道教三元圣会中上元圣会。正月十五晚上看焰火，看大花筒烧狮子灯；看耍龙灯，耍龙人脱光上身舞着长龙在烟花中翻滚的精彩表演，过年气氛进入高潮。

（3）清明节。清明节前一日为“寒食节”，家家户户不动烟火吃冷食，纪念古人介子推清明节为逝去的亲人扫墓。各氏族在祠堂内举办清明盛会。朝阳湖镇曾氏祠堂联：“读万卷书，不忘智仁礼义数端事；守三省训，看齐忠孝圣贤一品人”。

（4）端午节。农历五月初五为端午节，也称端阳。旧时，节日吃粽子，喝雄黄酒，挂菖蒲、艾叶，戴香包，意在解百虫毒、杀诸蛇虫毒、辟恶鬼邪气。

（5）中元节。农历七月初七至十五日为中元节，也称鬼节，民间各家“烧袱子”。各家自备纸钱包袱子，封头子写上已故祖先及亲属长辈姓名，并分发副封数额。至傍晚始燃烧袱子，设桌摆上祭品，焚香燃烛。后人依次跪拜，合家团聚吃丰盛晚餐。

（6）中秋节。农历八月十五为中秋节，是庆团圆的节日。家人回家团聚，聚在一起吃月饼赏月，尽享天伦之乐。文人墨客常聚在一起，以月为题题诗作文，同饮“桂花酒”。

（7）冬至。冬至为每年二十四节气中的第二十二个节气，意为一年中最冷时间开始，天寒地冻，食物不腐，农家届时宰杀年猪，腌制腊肉、香肠，准备过年。

（8）腊八节。农历腊月初八为腊八节，据传是佛祖释迦牟尼成道日。为纪念佛祖得道日，寺庙和民间煮粥施舍，自食名“腊八粥”。

（9）除夕。腊月三十为除夕，民间家家贴春联、祭祖、吃团年饭、守岁。大人向小孩发压岁钱。

9.3 保护为要：仙阁村乡土文化空间表征

以文化系统观、村落系统观为指引，建立以仙阁村村落地域空间为载体的物质空间环境与文化空间环境为核心的文化环境保护层次与结构，形成“村落传统格局保护”—“历史环境要素保护”—“民居建筑分类保护”—“非物质文化遗产保护”的层次关系（图 9.3.1）。

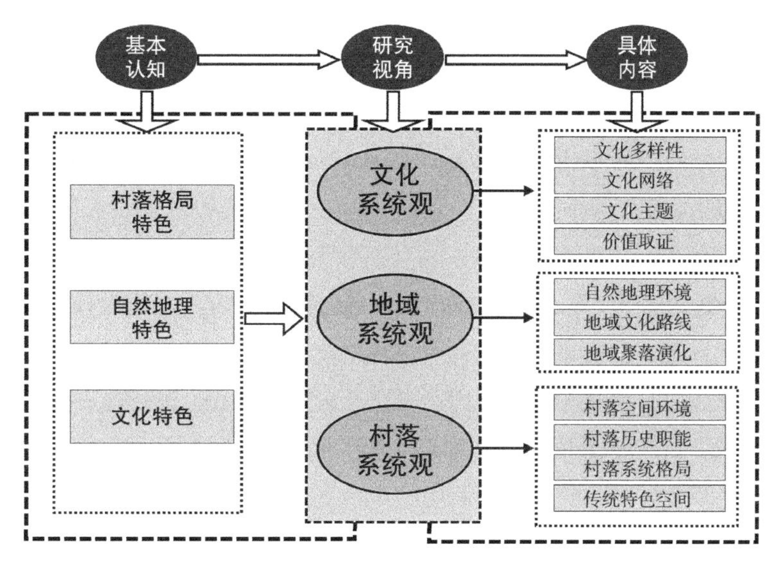

图 9.3.1　系统观指引下的仙阁村研究对象框架

具体而言，选址布局表征村落与自然环境互生共融的和谐关系以及顺应地形自然延展的聚落形态，折射出天人合一的生态伦理，以自然环境协调度和传统格局完整度两个指标来衡量。农业景观是指村民在长期农耕生产中所营造的具有乡土田园特色的景观风貌，是农业文明的结晶和见证，选择农业景观风貌独特性和延续性分别表征其地域特色和传承状态。涵盖传统建筑、历史环境要素和饮食服饰等物质要素的生活空间是村民衣、食、住、行的主要场所，也是地域文化产生的主要场域，其中，传统建筑是村落文化最直观、最核心的物质载体，以久远度和完整度分别衡量其在时间维度和空间维度上的价值；塔桥亭阁、井泉沟渠、古树名木等历史环境要素构成了村落独特的景观意象，是村民生活图景的生动展现，以久远度和丰富度来表征；作为传统文化的物化表现，饮食服饰凝聚着村民的生活智慧，其价值主要通过独特性和延续性来衡量。

9.3.1 总体概况

1. 保护范围

以传统村落保护范围划定的四大价值为研判依据：历史文化价值、自然环境价值、社会经济价值、人口居住价值。历史文化价值方面：传统村落保护范围应该划定在具有重要历史文化价值的区域内，包括古建筑、文物古迹、历史遗址等；自然环境价值方面：传统村落保护范围应该划定在具有重要自然环境价值的区域内，包括山水、森林、草原等；社会经济价值方面：传统村落保护范围应该划定在具有重要社会经济价值的区域内，包括农业、手工业、商业等；人口居住价值方面：传统村落保护范围应该划定在具有重要人口居住价值的区域内，包括传统民居、古村落等。

基于上述因素，仙阁村传统村落保护范围为历史文化资源较为集中的仙阁村村民小组 1 组、2 组、6 组、7 组和 8 组，各组的部分区域主要为飞仙阁摩崖造像和传统民居集中的区域，保护范围面积约为 0.62 平方公里。

2. 保护对象

保护内容划分为：自然环境要素、人工环境要素（历史环境要素）、人文环境要素（非物质文化）（表 9.3.1）：①自然环境要素，指传统村落内部与外围有特征的地形、地貌、山体和自然景观、古树名木等；②人工环境要素，指人们创造的物质环境。传统村落内主要有以下人工环境要素：建（构）筑物、文保单位、历史建筑、传统建筑、巷道空间、地下水网。人工环境要素还包括上述内容之间的相互关系；③人文环境要素，指人们生活风情的环境体现，它反映了居民的生活习俗、生活情趣、文化艺术等多方面的状态。主要包括：传统工艺、宗教礼法、民俗风情、名人轶事、语言文学、民间文学艺术、历史地名等。

保护对象一览表　　表 9.3.1

构成要素	资源类型	具体保护对象
自然环境要素	山体	营盘山、白虎山、垭口山、青岗山等周围可视山体
	水系湖泊	蒲江河、长滩湖、朝阳湖等水系湖泊
	自然景观	古村周围农田，古树与自然山林
人工环境要素	空间格局	街巷建筑风貌、茶马古道及景观要素
	传统风貌建筑	重要传统风貌建筑、传统风貌建筑及与传统风貌相协调的建筑
	历史环境要素	摩崖造像、茶马古道、南方丝绸之路、古墓群、古桥等
人文环境要素	民俗	蒲江幺妹灯、飞仙腰鼓、飞仙阁新春祈福活动、祭祀崇礼、婚丧嫁娶等
	饮食	牛肉火锅、回锅肉、糯米饭等
	传统工艺	刘氏竹编等

3. 保护区划与保护措施

1）跨越村界的传统村落保护区划定

根据《历史文化名城名镇名村保护规划编制要求（试行）》，结合村域自然景观环境、文物古迹、传统建筑、历史环境要素，并依据蒲江县文物保护管理所提供资料，国家文保单位“飞仙阁摩崖造像”的部分建设控制地带位于仙阁村村界外，为更加完好地保护区划内的传统格局、历史风貌及相互依存的自然景观和环境，本次传统村落区划划定，将超出村界的范围也作为保护范围，村界外面积约 1.7566 公顷。仙阁村传统村落保护区划，分为两个层次，包括核心保护范围、建设控制地带。

2）核心保护范围

以飞仙阁及飞仙阁摩崖造像为核心，结合碧云寺，杜习作、杜仕华、杜光泽、叶汉林民居等历史建筑和建议历史建筑，涵盖全部文物保护单位和有保护价值的传统建筑群及相关自然文化空间，包括重要的古树、古桥、茶马古道等。

其范围为：①飞仙阁区域：东至秀甲蜀西牌坊，西至蒲江河以东约 200 米，南至蒲江河南岸，北至蒲名路以北约 300 米、成蒲铁路以南约 300 米；②碧云寺区域：碧云寺建筑本体四周约 20 ～ 30 米范围；③叶汉林等民居群：东至叶汉林民居以东约 30 米，西至杜光泽民居以东约 30 米，南至叶汉林民居以南约 70 米，北至成蒲铁路隧道以南约 60 米。划定核心保护范围总面积约 27.9605 公顷。

在核心保护区范围内实施的保护措施包括：除完全必要的基础设施和公共服务设施外，核心保护范围不得进行新建、扩建活动。①核心保护范围内新建、扩建必要的基础设施和公共服务设施的，包括由蒲江县人民政府自然资源主管部门核发建设工程规划许可证、乡村建设规划许可证的，发证前应当征求文物主管部门的意见。②拆除建议历史建筑以外的建筑物、构筑物或者其他设施的，在原址按原规模及风貌进行建筑更新、翻建的，应当经蒲江县人民政府自然资源主管部门会同同级文物主管部门批准。③核心保护范围内的建筑根据建筑评估与分类，分别落实建（构）筑物的保护、修缮、整治等措施。④核心保护范围内的整体格局、建构筑物、历史街巷、古树名木等的保护应符合后述专项保护措施。不得改变村内空间格局以及文物保护单位、历史建筑、传统风貌建筑的外观特征，不得擅自新建、扩建道路，对现有道路进行改建时，应保持其原有格局与特征。

3）建设控制地带

最大限度的保护仙阁村的历史文化景观风貌，在核心保护范围外围划分建设控制地带，是为与核心保护范围内的历史文化风貌相协调所必须实施规划控制的周边区域。

其范围为：①飞仙阁及碧云寺区域：东至秀甲蜀西牌坊，西至蒲江河西岸，南至蒲江河南岸、长寿桥附近，北至蒲名路以北约 350 米、成蒲铁路以南约 250 米；②叶汉林等民居群：东至叶汉林民居以东约 140 米，西至杜光泽民居以东约 90 米，南至叶汉林民居以南约 140 米、蒲江河北岸边，北至成蒲铁路隧道附近。划定建设控制地带总面积约 61.9480 公顷。

在建设控制地带实施严格的建设管控措施：新建、扩建、改建建筑的高度、体量、色彩、材质等应与核心保护范围内建筑相协调。新建项目不得破坏原有格局与景观风貌；对建设控制地带内现存的传统风貌建筑进行改善，保留与传统风貌协调的建筑，对与传统风貌不协调的建筑进行整治改造；在建设控制地带内新建、扩建建（构）筑物，有关单位和个人应将工程设计方案上报蒲江县人民政府自然资源主管部门会同同级文物主管部门批准；建设控制地带内整治更新应有计划、分阶段进行，避免大拆大建。

9.3.2 地域系统观：传统生态格局保护

传统村落空间形态认知与研究是传统村落保护与发展的基础[①]。《关于加强传统村落保护发展工作的指导意见》等文件，强调了传统村落规划的系统性、空间肌理保护的原真性和完整性。从空间格局的组成要素分析，传统村落的传统格局包括村落布局形态、村落结构形态、村落肌理形态三项。村落布局形态是指村落各要素的空间排列组合形式，是村落的空间布局和发展路径；村落结构形态是指各种空间理念及活动所形成的空间结构的外在体现；村落肌理形态从中、微观形态要素出发，研究村落空间形态的构成规律和演变趋势。

生态空间景观生态修复与生态空间网络构建。乡村聚落空间重构必须以相对稳定的生态安全格局作为保障，所以保护与修复自然生态是乡村空间保护的首要任务。保护仙阁村聚落依山傍水的格局，以划定的保护范围为基础，严格执行规划条款，保护散点式的聚居形态，适当改善传统住宅的居住条件，增加传统住宅的使用效率，对与主体建筑分开的杂物间、厨卫功能用房等加以整合，在不占用农田的基础上，有效增加住宅的使用面积，尽量减少住宅用地对农田的侵占；保护各聚落的空间组成（民居、农田、院落）成分及组成成分间的空间尺度。

1. 山体保护

村域内山地、丘陵、平坝，因地势高低差异，气候有别。旅游开发建设的小品设施及廊亭风貌特色与当地建筑风貌相协调，不得砍伐山体植被。核心保护范围内的小山包禁止任何开发活动。保护以营盘山、白虎山、垭口山、青岗山等自然山脉为主的生态本底，重点保护自然地形地貌、植被等景观资源及其他生态环境，加强封山育林，造林绿化，保证常年山体植被覆盖率在 95% 以上；严禁开山炸石、砍伐树木、取土等

① 王慧芳，周恺. 2003—2013 年中国城市形态研究评述 [J]. 地理科学进展，2014，33（5）：689-701.

破坏活动；做好防火宣传，严禁建设与公共基础设施无关的设施，制定防火、防洪措施与制度；建好山林防火通道。建设完善防灾设施，加强环境卫生管理，避免和减少各种污染。

2. 水系保护

村域水资源丰富、河流纵横，有长滩湖、朝阳湖，蒲江河穿境而过；蒲江河属于岷江水系，水质较好。但驳岸未进行景观设计，断面形式生硬不够美观。规划采取多种手段进行活水、美水治理。村内蒲江河及其支流的河道流向、断面形式要保持传统式样风貌，不得随意改变，沿河修建的各类设施不得破坏传统风貌，不得以任何理由填埋河道。要及时清理岸壁，疏通河道，保持自然生态，营造休闲绿化的亲水空间和宜人的滨水环境。具体措施如下：

（1）严格按照《蒲江县朝阳湖镇仙阁村村庄规划（2016—2020年）》用地规划，沿河两侧留足绿带；

（2）串联村庄各水塘，连通水塘与河流，使水塘水成为活水，形成“民居—田野—水系”的开敞空间，在保护村庄传统风貌的同时提升村庄景观品质。

（3）治理水体。对村庄进行截污工程改造，完善村庄排水系统，禁止生活污水进入水塘，切断水体污染的主要源头。清理水面垃圾，净化水质。

（4）严格控制河流边10米绿带，划定水系两岸绿化空间，绿化美化沿河环境。结合民居，拓展亲水空间，形成开阔的滨水建筑景观带。

（5）河流生态保护治理。禁止河沙开采及在河流圈养鸭、鹅等家畜，对河流两岸垃圾进行清理，禁止周边村庄将垃圾直接倾倒至蒲江河。

3. 农田保护

仙阁村耕地以种植水稻、玉米为主，与村落周边山体相映成趣。保护仙阁村的山水格局，也应该保护围绕村庄的良田。农田是村庄重要的山水要素，也是构成传统乡村风貌的主要景观，并且保证视野开阔。规划保证永久基本农田面积，禁止占用耕地作为除农业功能以外的其他用地，禁止在耕地上建设建筑物，尽量避免种植高秆作物。在村规划进行修编时，应对其建设用地进行调整，恢复其耕地保护用地。

4. 传统院落

传统院落是传统村落重要的组成部分，也是空间肌理的重要体现。民居中的院落实际是相当灵活的，适当调节可以使复杂的群落井然有序。村落往往是以民居院落为单元形成的整体肌理风貌，传统村落的保护，其实就是每个基本单元尺度、肌理的保护。随着时代的不断发展，我们深切感受到，对于传统村落的保护，已经不能局限于“点”（重要历史文化建筑）和“线”（传统街巷），还要保护组成整个“面”的民居院落空间，这样才能保证传统村落风貌的整体形态与秩序。

在分类保护的基础上，制定完成绿地系统景观规划、河流水系保护规划、生态林区保护规划、村域视廊高度保护控制等专项保护规划内容。

绿地景观系统规划。主要对村落的绿地景观系统中的绿地景观展示系统、河流水系保护、生态林地保护作出规划和管理。

绿地景观展示系统：①蒲名路绿地景观廊道：主要沿蒲名路两岸，改造道路景观，形成村落道路主要展示景观廊道。②蒲江河滨水景观廊道：主要沿蒲江河两岸，整治提升河道景观，形成村落道路主要展示景观廊道。③重要景观节点：以飞仙阁、大叶坝和叶汉林等民居群作为景观展示的重要节点。

河流水系保护。主要对水源保护地上游水系进行保护控制，建立防护绿带，允许水源保护地外、蒲江河下游做适当的旅游开发。

生态林区保护。结合风景名胜区划定范围和自然生态景观系统整体性、协调性要求，总体将成蒲铁路以南划定为生态林区保护范围，建立自然生态林区的保护屏障。主要为生态涵养、景观展示等功能，本区域禁止开展柑橘产业等经果林类种植，逐步引导恢复自然生态景观，维护良好的景观风貌。

保护院落的整体空间格局、风貌，维护原有院落的空间尺度，不得新建与原有建筑风貌不协调的建筑，保护具有历史文化价值的传统民居，推进传统民居建档挂牌工作。

5. 高度、视廊保护

为保证仙阁村传统村落的完整布局风貌，防止环境的视觉污染，使传统村落高低错落，层次远近分明，具有良好的视觉空间效果，规划对其范围内的建筑进行高度控制，从行为限度上分为禁止建设行为、控制建设行为。

1）核心保护范围内的建筑高度、风貌控制

核心保护范围为禁止建设区域，除建设必要的公共设施外，不得新建建筑。改建或整治的建筑高度（屋脊）应保持原有高度。

2）建设控制地带内的建筑高度、风貌控制

建设控制地带内的建筑高度控制：建筑新建、改建、改善或整治后高度不大于9米，现状高度超过上述规定的建筑应按规划分期进行降层或拆除处理，以达到规划要求。在近期高度降层或拆除存在难度的，应按照建筑风貌保护整治要求进行风貌协调处理。

3）滨水景观走廊保护

规划为满足生态环境保护以及村落环境格局需求，形成蒲江河滨水视觉走廊，展现“青山环碧水，绿树绕林村”的乡村特色景观。严格控制蒲江河两岸建筑后退距离、建筑高度、建筑面宽等，对堤岸、建筑色彩、天际轮廓线等进行控制引导。

9.3.3 文化系统观：历史环境要素保护

正是传统村落让我们在今天的语境中感受历史，在古今并置的时空界面里体会深层的文化意味。按住房城乡建设部与国家文物局组织编制的《历史文化名城名镇名村保护规划编制要求（试行）》（建规〔2012〕195号）文件中定义的历史环境要素，包括各级文物保护单位、文物古迹等反映历史风貌的古井、围墙、石阶、铺地、驳岸、古树名木等。

1. 文物保护单位保护

文物保护单位的保护范围内不得进行其他建设工程或者爆破、钻探、挖掘等作业。但是，因特殊情况需要在全国重点文物保护单位的保护范围内进行其他建设工程或者爆破、钻探、挖掘等作业的，必须经省人民政府批准，在批准前应当征得国务院文物行政部门同意。在文物保护单位的保护范围和建设控制地带内，不得建设污染文物保护单位及其环境的设施，不得进行可能影响文物保护单位安全及其环境的活动。

2. 文物古迹保护

通过对较广义范围内的"文物古迹"进行深入的挖掘，在大量古代建筑物和构筑物中，不仅充分地说明了仙阁村传统村落的发展轨迹与成长脉络，而且，也表现了传统村落与众不同的风貌。

从现状调查中发掘出的文物古迹主要有两大类：

（1）历史上曾经存在，但今已无存，称之为遗迹，此类遗迹虽已踪迹全无，但其影响力仍然感知得到，现实中依然触手可及，至今虽已杳无踪影，但村中百姓依然对此津津乐道，地方书籍中也多有记载。

（2）至今还存在着的古迹。在现场踏勘中所发掘出具有地方特色，或保留了独有做法的建筑物或构筑物。这类是居民司空见惯的身边古迹，故较容易被忽略，如成片分布的传统民居群、门楼等，所以特别需要明确标识，以求在规划中提出保护与利用的方式与措施。

3. 古树名木保护

（1）应尽快组织园林绿化主管部门对村域内景观大树进行资源评定，对其中符合古树名木保护条件的大树应尽快登记入册。古树名木保护牌应当标明树木编号、树名、学名、科名、树龄（价值、意义）、保护级别、特性、挂牌时间、养护责任人等内容。

（2）在古树名木保护范围周边从事施工建设，可能影响古树名木正常生长的，养护责任人应当及时向县园林绿化行政主管部门报告。县园林绿化行政主管部门可以根据古树名木的保护需要，向建设单位提出相应的避让和其他保护要求，建设单位应当根据保护要求实施保护。县园林绿化行政主管部门应当实施监督、检查。

（3）禁止砍伐、擅自移植古树名木。因特殊需要，确需移植古树名木的，应向县园林绿化行政主管部门提出申请。县园林绿化行政主管部门应当在收到审查意见后，组织专家论证、听证，并在向社会公示后的10个工作日内，提出审查意见，报县人民政府审批后，方可移植。

（4）保护村域内胸径大于20cm的景观大树，禁止擅自砍伐、移植。

4. 古桥保护

严格保护长寿桥、金蛙桥、天生桥等古桥不被破坏、填埋，保护桥体的主要结构不受破坏，保护河道水质不受污染，保护古桥与河道、街巷的空间位置关系，对古桥周边环境进行整治；

对古桥的位置信息进行登记。建议设置标识牌展示相关历史信息，同时结合景观设计将古桥所在区域作为重要节点空间进行处理。

5. 古墓保护

古墓葬根据文物部门划定的各级保护范围进行保护，禁止改造地形，对地下文物集中埋藏区域进行整体保护与环境整治。

一切考古发掘工作，都必须按规定履行报批手续。凡配合基本建设和生产建设进行的地下文物的发掘，由省文化和旅游厅指定专业文物考古单位进行。

凡因基本建设和生产建设需要进行的文物勘探、调查、发掘、拆除、迁移等工作，所需经费、物资和劳动力，由建设部门或生产部门列入投资计划和劳动计划。

9.3.4 村落系统观：分类分级保护

1. 建筑保护分类

通过对村域内各类型建筑物、构筑物进行逐一调查，综合分析村落的建筑年代、建筑结构、建筑质量、建筑高度、建筑风貌等特征，以及与整体风貌的协调状况等因素，将村域范围内的建筑物、构筑物分为五类：文物保护单位、历史建筑、建议历史建筑、传统风貌建筑及其他建筑五类（表9.3.2）。

建筑保护分类一览表 **表9.3.2**

分类	基底面积（平方米）	基底面积占比	建筑面积（平方米）	建筑面积占比
文物保护单位	1084.79	0.41%	1084.79	0.34%
历史建筑	1790.12	0.68%	3618.86	1.13%
建议历史建筑	4059.14	1.52%	6088.71	1.90%
传统风貌建筑	247441.04	93.31%	255984.33	79.78%
其他建筑	10815.04	4.08%	54075.2	16.85%
总计	265190.13	100.00%	320851.89	100.00%

2. 建筑保护措施

规划以建筑风貌现状评估为基础，结合了建筑保护等级和保护价值、建筑质量、建筑年代、建筑高度等现状要素，同时，考虑了建筑保护与整治时序、旅游发展、村庄环境整治等管理要素，对规划范围内所有建筑提出分类保护和整治措施：

对建筑采取分类保护和整治措施主要包括：保护、修缮、改善、保留、整治改造五大措施。

（1）保护——对飞仙阁的建（构）筑物仅对建筑构件加以更新和修缮，修旧如旧。保护范围内所有的建筑与环境都要按文物保护法的要求进行保护，不允许随意改变原有状况、面貌及环境，不得进行其他建设工程或者爆破、钻探、挖掘等作业。

（2）修缮——对历史建筑碧云寺和建议历史建筑即陈家大院、杜习作、杜仕华、杜光泽、叶汉林等民居，在不改变建筑外观前提下进行加固和保护性复原活动。

（3）改善——保持建筑外观特征，重点完善内部设施，改善使用条件。调整内部功能，提高居民生活质量。

（4）保留——对与保护区传统风貌协调的其他建筑，其建筑质量评定为“好”的，可以作为保留类建筑。

（5）整治改造——对新修的与传统风貌不协调或质量很差的建筑进行外观改造。

3. 文保类建筑

文物保护单位是指具有历史、艺术、科学价值的古文化遗址、古墓葬、古建筑、石窟寺和石刻。仙阁村有全国重点文物保护单位一处，名为飞仙阁。飞仙阁位于山环水抱之间，南面是蒲江河，北面是重重山丘。造像主要分布于飞仙洞、飞仙山、公路旁、碧云峰半山腰等处。开凿于唐代，一直到民国时期仍有人在周围崖壁上面题刻。2006 年 5 月 25 日，国务院公布仙阁村飞仙阁为第六批全国重点文物保护单位。贯彻保护为主、抢救第一、合理利用、加强管理的方针。对飞仙阁的保护要严格遵守《成都市文物保护条例》中的规定。文物保护规划经批准后，保护区划、管理规定与主要保护措施等强制性内容，按照《中华人民共和国文物保护法》要求，纳入相关规划中。

4. 历史建筑及建议历史建筑

1）历史建筑及建议历史建筑的保护内容

对于仙阁村的历史建筑的评定依据《中国历史文化名镇（名村）评价指标体系》，结合对仙阁村民居院落建筑的实地调研、分析，最终评定为 1 处历史建筑即碧云寺；7 处建议历史建筑即陈家大院、李云屹、杨建、杜习作、杜仕华、杜光泽、叶汉林民居。

建议将历史建筑分为重点保护和一般保护两类保护级别。对重点保护类建议历史建筑，应优先进行挂牌保护，且不得改变其建筑外观、结构，保护建筑内部空间；针对一般保护类建议历史建筑，不得改变其建筑外观及结构，可适当改变建筑内部空间以适应现代生活。建议历史建筑应尽快由蒲江县政府逐批公布为历史建筑，在公布前应参照历史建筑的相关规定进行保护。如公布为历史建筑，应按照历史建筑的要求进行保护，如公布为文物保护单位，则应按照文物保护单位的相关保护管理要求进行保护。

历史建筑及建议历史建筑的保护整治要求。规划以历史建筑、历史格局为主要划定依据，结合现状产权状况划定了历史建筑及建议历史建筑保护范围；应当对碧云寺设置保护标志，建立历史建筑档案。对碧云寺的修缮、迁移，应遵守《历史文化名城名镇名村保护条例》相关规定，宜参照文物建筑修缮工程管理要求进行管理；碧云寺的所有权人应当按照保护规划的要求，负责历史建筑的维护和修缮。政府设立专项保护资金对历史建筑的维护和修缮给予补助；碧云寺有损毁危险，所有权人不具备维护和修缮能力的，政府应当采取措施进行抢救性保护；任何单位或者个人不得损坏或者擅自迁移、拆除碧云寺；建设工程选址，应尽可能避开碧云寺；因特殊情况不能避开的，应当实施原址保护。建设单位应当事先确定历史建筑原址保护的保护措施，报城市、县人民政府自然资源主管部门会同同级文物主管部门批准；对历史建筑进行外部修缮装饰、添加设施以及改变碧云寺的结构或者使用性质的，应当经蒲江县自然资源管理部门批准，并依照有关法律、法规的规定办理相关手续。

2）传统风貌建筑

传统风貌建筑在建筑样式、结构，施工工艺和工程技术等方面具有建筑艺术特色和科学价值，反映历史文化和民俗传统，具有时代特色和地域特色的建筑。

对于传统风貌建筑，应保持建筑外观传统风貌特征，特别是具有历史文化价值的细部构件或装饰物，重点完善内部设施，改善使用条件。原有建筑结构不动，局部进行改造，调整内部功能，提高居民生活质量。在保护建筑格局和风貌，治理外部环境的同时对建筑内部加以改造。

对与保护区传统风貌协调的其他建筑，其建筑质量评定为“好”的，可以作为保留类建筑。

3）其他建筑

其他建筑是指与历史建筑风貌不协调的建筑。为使建筑与村落整体风貌特征相协调、传承地区文脉、延续空间特色，对建筑层高超过 9 米和平屋顶等与仙阁村村落风貌不协调的建筑进行整治改造，内容包括立面改造、建筑降层、拆除等。

对位于重点地段新建的近期难以拆除的风貌较差、尺度较大的住宅，可采取外立面整治改造的措施，使其与传统建筑风貌相协调。

主要对墙面、屋顶、道路以及院落环境进行整治改造提升。

4）摩崖造像

飞仙阁摩崖造像位于仙阁村 1 组，东面是霖雨至成佳公路，在唐宋年间形成的，处于古南丝绸之路（图 9.3.2）。

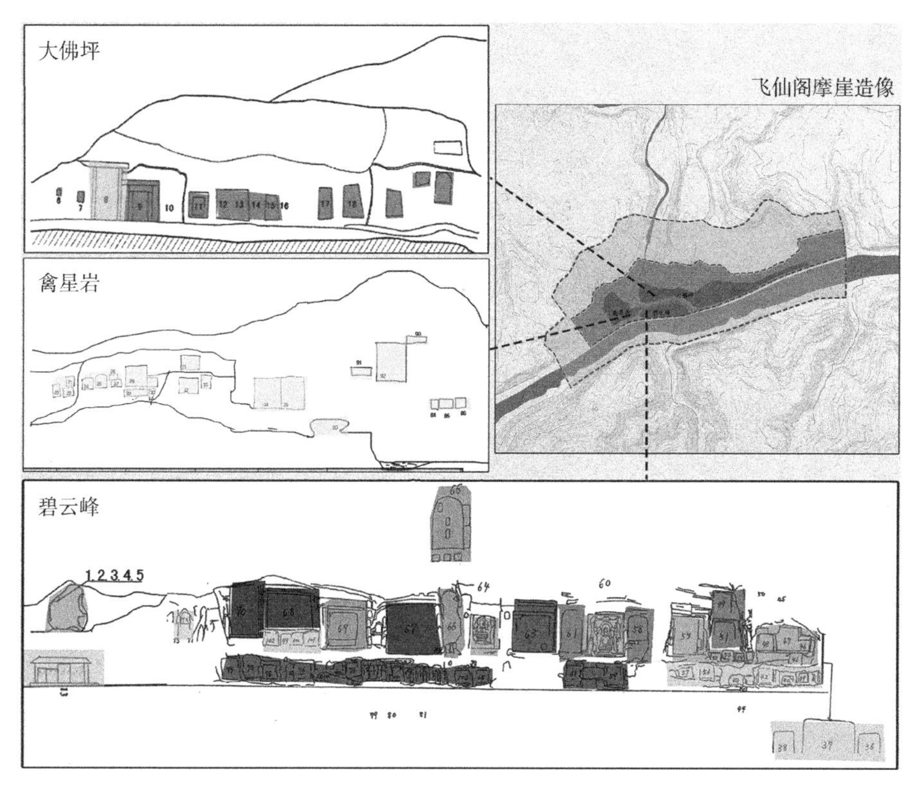

图 9.3.2　飞仙阁摩崖造像保护规划图

现存造像 92 龛 777 尊，其中唐代造像 64 龛 491 尊，五代后蜀造像 17 龛 256 尊，清代造像 11 龛 30 尊。造像以佛教造像为主。在少数造像以及题记中，反映有道教的东西。佛的造像，面皆丰满，早期的肉髻或磨光肉髻到晚期的细罗髻。服饰有印度式和犍陀罗式，二者皆以汉族服饰再结合的形式表现。观音造像，面相多是丰满圆胖型，身躯高大有曲线，袒上身。头戴花冠，项圈悬璎珞，脚踏圆形莲台座。最引人注目的是第 9 龛，门侧对称雕刻二胡人，圆脸，嘴微张，卷发，满颊短卷胡须，身着武士服，衣不过膝，下着长筒靴，有武士姿态，右手持物。主佛像为圆雕，袒右肩，内着“僧祇支”，结跏趺坐于束腰方形莲花座上，头戴宝冠，露出细螺髻。该造像群为研究隋唐佛教艺术提供了珍贵实物资料。

由于造像常年暴露野外，风雨侵蚀。9 号龛主佛以及左菩萨头于 2002 年被文物盗窃分子盗割（已找回）。目前造像存在风化现象，有的造像头部缺失。文管所筹集资金在外部竖立栏杆，装上铁架保护靠近路边的造像（图 9.3.3、图 9.3.4）。

对局部风化较为严重的岩体进行加固，涉及文物保护单位的应在充分论证的基础上，由具有文物保护资质的单位编制维修保护方案，按程序审批后方可实施。对于游客

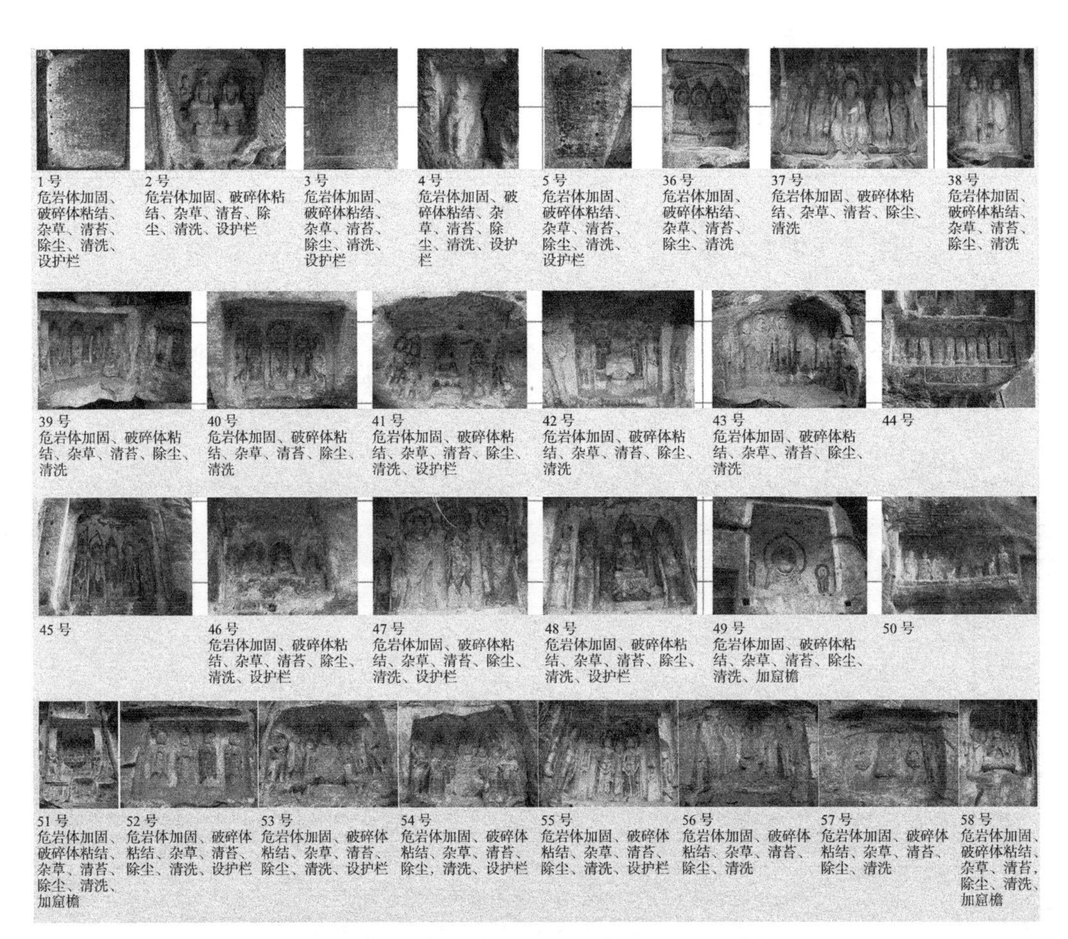

图 9.3.3 摩崖造像保护规划图（碧云峰 1）

易近距离接触的摩崖石刻应增设防护栏。禁止游人攀爬、触摸石刻，拍照时禁止使用闪光灯。设置专门的焚香地点，禁止在石刻的主导风上风方向设置焚香地点。

根据《蒲江石窟文物保护规划》，对飞仙阁摩崖造像的各龛提出了具体保护修缮措施（图 9.3.5、图 9.3.6）。

9.3.5 非物质文化遗产保护

非物质文化是传统村落文化的核心层，蕴含于历史影响、传统民俗、伦理规范等构成的文态环境中，涵盖历史影响、民风民俗、手工技艺、行为规范、价值观念等非物质要素[①]。具体而言，历史影响表征村落发展变迁的时间脉络，村落因其历史地位、重要

① 何艳冰，张彤，熊冬梅. 传统村落文化价值评价及差异化振兴路径——以河南省焦作市为例 [J]. 经济地理，2020，40(10)：230-239.

图 9.3.4　摩崖造像保护规划图（碧云峰 2）

人物事件等无形文化资源而备受瞩目，并赋予村民共同的历史记忆，通过历史职能影响度和历史事件名人丰富度两方面衡量。带有浓厚风土人情的传统民俗是传统村落区别于其他聚落的特色之一，民风民俗和手工技艺是其重要组成部分，其中，民俗活动丰富度和参与度分别表征其多样性及村民接纳水平，手工技艺则重在评价其地域特色和传承情况。行为规范代表村民在长期社会活动和交往中共同制定并加以遵守的行为准则，以家风族训和乡规民约为主要载体，通过宗族体系延续性和乡规民约影响度来表征。价值观念包括村民的道德观念、价值取向、精神信仰等，直接反映并影响着村落的精神面貌、村民的地缘归属和文化认同，选取价值取向一致性和传统文化认同度来表征。

1. 保护原则

（1）原真性原则。作为盛行于特殊历史时期被特殊群体所珍视的文化遗产，因其独特的内涵而受到人们的关注和保护，只有保证其内涵包括与内涵统一的形式的历史真实性即原真性，才是非物质文化遗产得以存在的依据。它有利于增强中华民族的文化认同，有利于促进社会和谐和可持续发展。

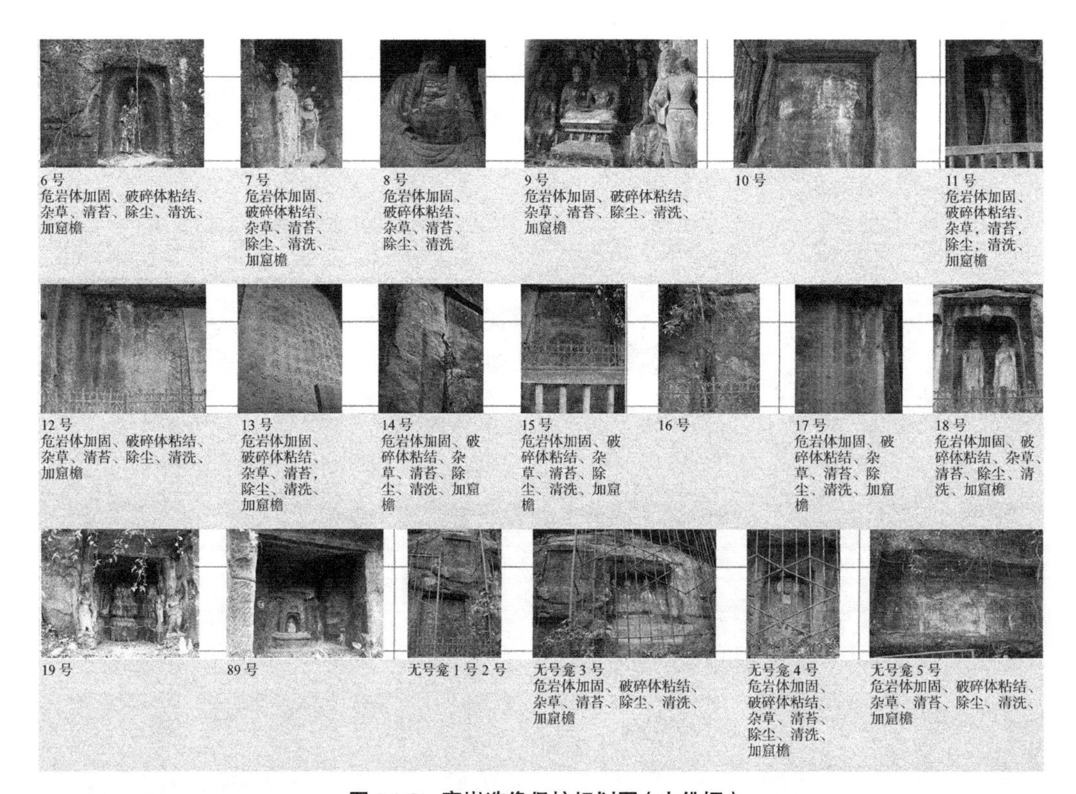

图 9.3.5 摩崖造像保护规划图（大佛坪）

（2）发展性原则。由于非物质文化遗产的特殊社会性，在其保护过程中必须注重遗产随社会环境条件的变迁而进一步得到发展，从而确保非物质文化遗产的生命力。其发展性的时代意义在于重构过去与当下的关系：让历时坐标轴上被视为“过去”的非物质文化遗产，与当代人的价值观、人生观、审美观产生同构，转换为人们能够理解的、与当下生活息息相关的文化样态嵌入共时空间，从而对当代社会具有活的价值①。

（3）尊重性原则。需要保护的非物质文化遗产由于所依托群体的特殊性，在进行保护时，必须尊重享用这种遗产所必须遵从的习俗和仪式。在仙阁村的非物质文化遗产保护中，重视对于民间文化的保护与传承。民间文化实质上是中国文化的根基，它们体现在民众的日常生活中，以民间性、大众性为主要特征，是乡土社会中通过村民长期的生产生活过程而形成的相对稳定且颇具地方色彩的文化类别。

（4）共享性原则。保护是为了促进人们之间的交流与非物质文化遗产的传播，必须加强非物质文化遗产在社会中的宣传、教育和弘扬，是维护人类文化多样性、促进文化平等交流、实现人类文明可持续发展的重要方式，走向“各美其美，美美与共”

① 谢春.非物质文化遗产保护理念的当代变迁 [J]. 艺术传播研究，2024（1）：32-40.

图 9.3.6　摩崖造像保护规划图（禽星岩）

的最终目标。

2. 保护内容

强化各方对非物质文化遗产的保护意识，重点保护蒲江幺妹灯、飞仙腰鼓、刘氏竹编、飞仙阁—新春祈福、祭祀崇礼以及婚丧嫁娶等非物质文化遗产。积极申报、抢救、保护、传承各级非物质文化遗产，加强对内对外宣传，特别注重非物质文化遗产传习以及其传承人体系的建设（表 9.3.3）。

非物质文化遗产保护内容一览表　　**表 9.3.3**

类型	主要内容	保护级别	特色说明
传统技艺	刘氏竹编	国家级	刘氏竹编曾三十余次荣获国际国内各种奖励，先后评为省优、部优产品。四川省人民政府连续三届授予四川名牌产品称号。被国家评定为“全国旅游产品定点生产企业”
歌舞	蒲江幺妹灯	市级	蒲江幺妹灯 2007 年被列为成都市第一批非物质文化遗产，幺妹灯起源于盛唐，是古代花灯戏的一个古老地方戏剧的分支，距今已有千余年历史
	飞仙腰鼓	县级	腰鼓是一种非常独特的民间大型舞蹈艺术，“飞仙腰鼓”自 2010 年成立以来连续三年荣获县龙腾狮舞闹元宵民俗大赛一等奖

续表

类型	主要内容	保护级别	特色说明
民俗	飞仙阁—新春祈福	县级	列入蒲江县非物质文化遗产代表作名录。蒲江县文化局为保护主体
	祭祀崇礼	—	曹氏家族祭祖典礼，每年清明节在曹氏宗祠举行，是曹氏后人祭祀祖先，教育后代的重要活动，目的是慎终追远，民德归厚。主要用五谷、香花、水果等进行祭祀。祭祀活动主要包括垒坟、诵读祭文、叩拜等
	婚丧嫁娶	—	民风淳朴，讲忠信，富正义；敢斗争，勇进取；尊儒学，尚礼仪；论排行，重乡情。男耕女织，生活俭约，展示了仙阁村社会心理、伦理道德、审美意识等

3. 保护措施

（1）对传统文化传承人、具有传统技能的工匠、手工艺者等予以政策、资金上的支持。非物质文化保护是以人为保护主体的，对于传承人及其技艺的保护，是非物质文化遗产保护的核心。各级政府主管部门积极认定一大批代表性传承人，并给传承人发放了政府津贴，鼓励传承人带徒传艺、开展传习活动。建立“三必报、五必访”制度，即对于传承人有重要艺术成果必报、有大病逝世必报、有严重阻碍传承人传习活动必报，还有逢年节必访、传承人举行带徒传艺仪式必访、生病住院必访等；权利与义务是对等的，对传承人既要关心爱护，也要给予引导和提出要求。

（2）改善非物质文化遗产的生存状况。对于具有重要价值、具有典型性代表性的非物质文化及时申报，确定其等级。特别是对于濒危项目的抢救，要体现政策倾斜，加大政策扶持和抢救保护的力度。

（3）维护非物质文化遗产的生态环境。生态保护应当遵循“预防为主、保护优先”“生态保护与生态建设并举”“谁开发谁保护、谁破坏谁恢复”“既要尊重经济规律、又要尊重自然客观规律”的四项基本原则。

（4）激发非物质文化遗产的生机活力。要让非物质文化遗产项目更鲜活、更好看，更有艺术性和观赏性。打造一批非物质文化遗产精品。精品分两类，一种是原生态的，要保持它的乡土性、草根性，基本上保持原汁原味，保持原有风貌，保持传统的文化表现形式；另一种是衍生态的，即在基因不变、精髓不变的前提下，可以适当、适度地改良、改造，在继承传统基础上有新的创造。发展传统节日保护示范基地。传统节庆要尽量保持原生态、原真性，但在节日全面恢复和发展的起始阶段，政府的引导也是必要和重要的。

（5）将非物质文化遗产融入生活。设立传统文化传承馆，让传承人在传统文化传承馆里有展示空间，演绎和表演传统技艺。开展非物质文化遗产的整理、研究、学术交流和传统文化遗产代表性项目的宣传、展示，设立传统文化传承场所或展陈设施。

（6）提出对传统文化的传承场所、有关实物与相关原材料的保护，以及管理与扶持、研究与宣教等的规定与措施。继续抓好传统文化的保护，丰富村史馆、文化室等书籍展品，加强对非物质文化遗产的保护与传承，开展有益的民俗文化活动，全面建立传统民俗文化保护的体制机制。

9.4 发展为引："渐进式"复合生计表征

文化是一个国家和民族发展最根本、最深沉、最持久的力量，文化的振兴是乡村振兴的重要支撑和重要内容，在推进乡村振兴过程中文化建设发挥着不可替代的作用。基层工作者在实施乡村振兴工作时要深入挖掘乡村优秀传统文化，传承好、发扬好乡村优秀文化为乡村全面振兴凝聚精神力量。

坚持挖掘、传承、发扬农村优秀传统文化助力乡村振兴。着重加强农村思想道德建设，深入挖掘农村优秀传统文化蕴含的思想观念、人文精神、道德规范，结合时代要求不断创新，让乡村文化展现出永久魅力和时代风采。加大对农村优秀传统文化的保护力度，深入挖掘保护非物质文化遗产，传承乡土文化基因，发挥好乡土模范作用，让农村文化成为助推乡村振兴的内生动力。

文化自信是中国优秀文化的基石，习近平总书记在给国家博物馆的老专家回信中鼓励同志们坚持正确政治方向，坚定文化自信，深化学术研究，创新展览展示，推动文物活化利用，推进文明交流互鉴，守护好、传承好、展示好中华文明优秀成果。

在乡村振兴战略规划背景下因地制宜，修改健全传统村落保护发展规划的内容，以"保护为主、兼顾发展"为核心，以传统文化的保护与弘扬为内核，采取"渐进式"的发展思路，整合保护与发展之间的矛盾关系，促进传统村落文化、经济、环境协调可持续发展。

9.4.1 走向文化自信的新乡土发展路径

坚持"保护为主、兼顾发展，尊重传统、活态传承，符合实际、农民主体"的基本原则，以仙阁村特色为本，文化为魂，以飞仙阁为传统文化展示核心，以大叶坝为休闲度假产业发展核心，双核驱动，走"美丽 + 现代"的美好之路，树"保护 + 发展"的时代之念，掘"历史 + 文化"的创新之魂，探"资源 + 资本"的共享之机。

村落保护方面，加强对文保单位、历史建筑、传统民居、古树名木等历史要素的保护与整治，加大佛教文化、儒家文化、竹编技艺等传统文化和传统民俗活动保护与传承力度；村落发展方面，完善基础设施，提升村落人居环境，结合朝阳湖风景名胜区的旅游开发，利用蒲江河在大叶坝区域形成蜿蜒回旋的自然景观，打造大叶坝乡村休闲度假旅游产业。

1. 发展定位与发展目标

1）发展定位与目标

以飞仙阁和大叶坝为双核心，以村落传统风貌格局为基底，将仙阁村建设成集历史文化氛围浓厚、人文风情独特、山水自然风光优美于一体的，具有文化展示、教育研学、休闲度假、乡村旅游等功能的传统特色村落。远期目标是将仙阁村打造成为村落格局风貌保护完善、乡村发展实力雄厚的“传统文化传承研学基地”“农旅融合示范基地”“成都市近郊重要旅游节点”“中国传统村落”。

2）形象定位

“养心仙阁、里仁公园”。依托良好的生态自然环境与便利的交通优势，仙阁村积极引进文化创客，丰富旅游元素，推进村落原有的绿色资源向绿色经济转化，打造出“文创至乐、里仁为美、至善养心”的中国传统村落时代表达。仙阁村充分整合现有资源，设置了新时代文明实践大讲堂、理论宣讲室、文化活动室等多功能服务区；充分挖掘历史文化底蕴，建设了里仁公园、仙阁书院、刘氏竹编、仙阁陶舍等一批文化阵地。为村落注入了旅游文化及文创脉络，快速、有效拉动村落经济发展。

2. 文旅融合产业发展规划

传统村落保护与发展工作自开展以来已经构建了比较完整的保护制度，工作的重心正在从“基本的物质本体保护”向“文化基因的发掘和转译呈现”转变[①]。在这一转变过程中，影响因素最大的是“文”“人”“地”三要素，“文”从产业发展角度可以理解为文化产业、文旅融合产业等，“人”从主题要素角度可以分为原居民、新村民等，“地”从空间利用要素角度可以分为聚居用地、产业建设用地、农林生态用地等。对“文、人、地”三要素在产业发展过程中的作用与互相作用关系分解，可以采取对应的发展措施，实现“以文塑魂、开村引人、以旅护村”。

以文塑魂，加强文化遗产保护力度和村民保护意识，通过开展各项民俗文化活动，加大对竹编技艺、佛教文化、儒学文化等非物质文化的传承力度，形成浓郁的文化氛围。

开村引人，利用政策优势吸引优秀人才驻村，投身于旅游、农业、文创等产业中。通过对传统村落的保护，可以让当地老百姓得到实际的获得感、幸福感、安全感，比如人居环境得到进一步改善，参与一些力所能及的村落保护工作并获取相应的酬劳等。村落文化中孕育着中华民族优良的传统、价值体系，与新时代社会主义核心价值观的理念相契合，潜移默化间筑牢了文化自信的基石，为复兴乡村生活艺术，推动优秀传统文化的创造性转化、创新性发展，开辟了有效路径。

---

① 单彦名，高雅，宋文杰．“十四五”期间传统村落保护发展技术转移研究 [J]. 城市发展研究，2021，28（5）：18-23.

共建共享，创新经营模式，吸引社会资本进入，通过民居的功能置换，发展特色民宿、乡野餐饮、民俗展示等活动，实现空间再利用价值的增值。

以旅护村，通过自然景观、村落格局的恢复与营造，形成旅游收入反哺传统村落保护的良性循环。

传统村落是调节精神生活与唤起情感记忆的家园。随着城市化与经济全球化的快速发展，越来越多的人展现出强烈的怀乡情结。传统村落形态之美、个体与土地之间的亲近，都成为城市居民向往的生活状态。由此，传统村落作为乡土旅游目的地，越来越发挥着调节社会情绪的功能，走进传统村落成为离家别亲之人释放与缓解乡愁时自然而然的选择。

1）系统观：村域功能分区布局

根据仙阁村环境要素集聚特征、交通条件和产业基础，规划形成“一带、两核、四区、多节点的功能布局”。

“一带”：规划沿蒲江河两岸，依托滨水景观资源和飞仙阁、碧云寺等历史文化资源，形成“蒲江河文化旅游体验带”，重点发展方向为旅游观光、休闲度假、文化体验等项目。

“两核”：规划以飞仙阁为核心，作为仙阁村的“文化旅游展示核心”，加强对飞仙阁文保单位的保护修缮，重点发展佛教旅游观光、文化体验等项目；以“大叶坝”为核心，作为仙阁村“休闲度假展示核心”，重点发展滨水体验、民宿体验、文化创意、休闲度假等项目。

“四区”：四区具体指以下四区，“传统文化展示体验区”：依托飞仙阁、碧云寺的品牌优势，发展文化体验、休闲度假等产业，构建魅力仙阁文化新形象；“大叶坝乡村公园体验区”：以“中华文化研究、学习、实践”主题，以“新时代文明教育”为具体体现，建设成至善养心、里仁为美、文创致乐的美丽乡村，形成仙阁村的乡村旅游产业发展中心；“观光农业体验区”：依托现有柑橘、茶叶等农业产业，引导茶农在茶园中套种柑橘、桃树、梨树等果树，间种蔬菜、油菜等，重点发展方向为旅游观光、茶叶种植、体验采摘等；“自然风景观光区”：依托朝阳湖风景名胜区、长滩湖景区，结合现有酒店、民宿和农家乐，打造深度自然观光度假模式。

“多节点”：以“长滩湖、朝阳湖、碧云寺、茶马古道”等景点为重要的展示节点，串联仙阁村自然风光、历史文化景点。

2）农文旅融合发展产业规划

因地制宜，依照功能分区，对仙阁村重点发展产业项目进行了划分，主要包括农业产业提升项目、农旅融合示范项目、文旅融合产业项目共三大类，主要内容如下（表 9.4.1）：

产业发展项目一览表 **表 9.4.1**

<table>
<tr><th>类型</th><th colspan="3">项目名称</th><th>建设内容</th><th>备注</th></tr>
<tr><td>农业产业提升</td><td colspan="3">生态农业研究推广中心</td><td>开展农业技术培训、柑橘体验采摘、生态农业种植等项目，解决柑橘生态种植问题</td><td></td></tr>
<tr><td>农旅融合示范项目</td><td colspan="3">共享田园</td><td>在大叶坝对岸、蒲名路以南，打造仙阁村共享田园，让城市市民在乡村认领土地，通过种植或帮种蔬果，让城市居民亲身体验农事活动，感受田园美好生活，增加居民收入</td><td>以租赁方式作为农事体验的主要形式</td></tr>
<tr><td rowspan="15">文旅融合产业项目</td><td colspan="2" rowspan="2">研学基地建设</td><td>中华文化研学中心</td><td>建设干部教育培训中心，开展红色文化、国学文化教育培训等活动</td><td></td></tr>
<tr><td>霖雨学堂</td><td>结合仙阁书院，开展教育研学活动</td><td></td></tr>
<tr><td colspan="2" rowspan="3">文化展览设施</td><td>仙阁村史馆</td><td>规划新增仙阁村村史馆一处，占地规模约 1130 平方米，建筑面积约 750 平方米，位于杨建民居入口前。主要展示仙阁村村情概况、历史沿革、民俗文化、旅游资源等</td><td></td></tr>
<tr><td>仙阁故径</td><td>改造提升仙阁故径景观环境，整合故径沿线旅游资源</td><td></td></tr>
<tr><td>仙阁书院</td><td>文化展示、教育研学等功能提升，定期开展研学体验活动、读书活动等，吸引人气</td><td></td></tr>
<tr><td colspan="2">文化产业项目</td><td>文创中心</td><td>规划新建仙阁村文创中心一处，主要集文创工作室、文创产品展销、文创产品制作体验功能为一体，让游客亲身体验仙阁村传统技艺</td><td></td></tr>
<tr><td rowspan="9">重要自然人文景点打造提升</td><td rowspan="8">人文景观展示</td><td>飞仙阁摩崖造像</td><td>定期修缮保护建筑和摩崖造像，改善入口景观，增设旅游指示牌、咨询服务点、完善停车服务设施，将飞仙阁作为仙阁村历史文化展示核心</td><td></td></tr>
<tr><td>白岩摩崖造像</td><td>定期修缮保护摩崖造像，改善周围景观环境，增设旅游指示牌等基础设施</td><td></td></tr>
<tr><td>大佛坪崖墓及庙子山崖墓</td><td>定期修缮保护，结合飞仙阁摩崖造像共同打造</td><td></td></tr>
<tr><td>碧云寺</td><td>改善提升寺庙周边环境</td><td></td></tr>
<tr><td>潘方氏墓</td><td>改造墓地周边环境，增设旅游指示牌，开展祭祀祈福活动等</td><td></td></tr>
<tr><td>长寿桥、金蛙桥</td><td>改造古桥周边景观，主要对河堤、驳岸植物进行改造，作为游览体验的节点进行展示</td><td></td></tr>
<tr><td>茶马古道</td><td>线路为沿蒲江河走向，不破坏原有街巷格局，结合游览步道布设，让游客亲身感受古驿道景色</td><td></td></tr>
<tr><td>亲水栈道</td><td>新建亲水栈道，起于共享田园处，止于碧云寺亲水桃源处</td><td>不占用永久基本农田，架空建设</td></tr>
<tr><td>传统民居建筑展示</td><td>李云屹民居</td><td>不破坏原有建筑和街巷风貌，改善屋前院后卫生环境和景观风貌，作为游客来往仙阁村观赏住宿、文化活动展示、竹编文化传承的重要体验节点</td><td></td></tr>
</table>

续表

类型	项目名称		建设内容	备注
文旅融合产业项目	重要自然人文景点打造提升	传统民居建筑展示：陈家大院	改造升级为传统展示点，拆除破坏建筑和街巷风貌的违规建筑，改善屋前院后卫生环境和景观风貌，作为游客来往仙阁村旅游观赏住宿的重要体验节点	
		自然景观展示：蒲江河	以维护现有资源景观格局为前提，结合茶马古道，清理河道，提升村域内蒲江河的景观环境	
		自然景观展示：百年青杠树	划定保护范围，结合旅游线路打造改善提升	
		人文景观展示：鸿渐书院（暮鼓）	规划在鸿渐书院处新增小型鼓楼一处，与营盘山观景平台形成“晨钟暮鼓”之景，丰富游客文化体验	
	旅游基础设施建设	旅游服务中心：仙阁村游客中心	规划改建仙阁村游客中心一处，占地规模约1586平方米，建筑面积约800平方米，位于蒲江河大叶坝入口处	
		旅游服务中心：旅游服务中心	在大叶坝建设一级旅游服务中心1处，并分设二级旅游服务中心3处	
		旅游接待设施：蜀秀宾馆	提升住宿接待水平，提供包括住宿、餐饮、会议活动等场所	
		旅游接待设施：民宿（禅修主题）	在大叶坝区域，集中改造现有农房，打造以禅修为核心主题的民宿场所	
		旅游接待设施：旅游客栈	提升现有客栈住宿水平，结合农房改造客栈，满足住宿要求	
		旅游接待设施：露营基地	在已有的设计方案以及自然条件基础上，完善相关餐饮、供水点、公共厕所、充电处等露营配套设施以及配备长期应急救援人员，健全服务体系	
		旅游餐饮：休闲农庄	利用现有休闲农庄或农家乐，打造一户一景、一户一特色的品牌，形成每家具有各自特色饮食或独特体验的产品，形成品牌效应，并完善相关配套设施，提高品质	
		旅游线路打造：红色文化体验线路	依托原有林水碾红军路线，将仙阁村境内作为朝阳湖镇红色文化线路体验的重要部分，也是作为连接“三湖一阁”景区的主要线路，主要串联飞仙阁、营盘山观景平台、方夫人墓等景点	
		旅游线路打造：人文观光慢行线路	依托现有自然人文景点，以休闲徒步为主要形式，主要串联营盘山观景平台、香炉石、白摩崖造像、太极沟、潘方氏墓、传统民居群等景点	
		旅游线路打造：观光度假、文化体验线路	以自然观光、休闲度假、历史文化展示为主要功能，主要串联长滩湖、民宿区、仙阁书院、中华文化研学中心、村史馆、游客中心、长寿桥、蒲江河、飞仙阁等景点	

确立基础设施建设服务于文旅产业发展的思路，其中道路交通体系建设是基础保障，符合“快进慢游”的旅游活动思路，围绕仙阁村的文旅资源，进行主题旅游线路设计，规划提出观光体验旅游线路、人文体验旅游步道、红色文化体验线路三条各具主题

与特色的旅游线路。

（1）观光体验旅游线路：朝阳湖——民宿体验区——研学基地——文创中心——鸿渐书院（暮鼓）——中华文化研学中心——杨建民居（仙阁书院）——蒲江河——村史馆——露营基地——游客中心——长寿桥——李云屹民居——碧云寺——飞仙阁。

主要特色：本游览线路主要串联了朝阳湖景区、蒲江河、飞仙阁等景点，山水环绕、移步易景，自然景观丰富多变。在本游览线路中，既可以在朝阳湖感受山峰错落有致、湖上碧波浩渺、两岸清峰叠翠，波光粼粼、倒影悠悠，形成道道绿色画廊，一幅幅淡雅天然的画卷，感受沿湖草木葱翠、水鸟出没的秀丽景色和远离尘世的淡雅之趣；也可以亲身体验传统民宿、休闲农庄提供的休憩场所以及独特的仙阁美食；也可以沿茶马古道感受古人的贸易交往之景；也可以感受飞仙阁的悠远历史文化和摩崖景观；也可以在大叶坝感受亲水露营之趣，也可以在了解仙阁历史，学习国学文化。

（2）人文体验旅游步道：飞仙阁——碧云寺——曹氏魁墓——杜习作等传统民居——邱家坪杜氏墓葬——大碑山刘氏墓群。

主要特色：衔接红色文化体验线路和观光体验旅游线路，建设人文体验旅游步道，在本游览线路中，可以感受源自不同类型、不同时期、不同背景下的历史文化氛围。可以游览源于唐代飞仙阁，感受古人吟诗作对的情怀；观看飞仙阁摩崖造像，体验古代匠人雕刻的精湛技艺；参观清代民居，亲身体验川西传统民居建筑风格。

（3）红色文化体验线路：飞仙阁——金蛙桥——飞仙阁道士墓群——营盘山观景平台——天生桥——林水碾（百丈关战役期间，红军侦察员张述臣、王太定、李荣侦在此住宿）。

主要特色：本游览线路主要为体验红军长征行军路线，1935 年 11 月 19 日，百丈关战役期间红军张述臣、王太定、李荣侦察员多次经过仙阁村，并在林水碾住宿，20 日去霖雨侦察被捕；1935 年 11 月 24 日红军战士马克良、马克成经仙阁村到霖雨场被捕；联保主任彭青高率队曾在仙阁村阻击红军。众多有关红军长征的事迹成为仙阁村红色文化的主要组成部分。通过体验红色文化，纪念和缅怀在革命和战争时期，红军在仙阁村做出的贡献与事迹。让游客通过参加红色旅游真正感受革命历史文化，领略革命历史精神，接受革命传统教育。

（4）道路交通体系，区域重要交通设施：仙阁村村域内有川藏（成蒲）铁路、京昆（成雅）高速公路过境，成蒲铁路在村域东侧朝阳湖镇设站点，成雅高速村域北侧石象湖设出入口，是仙阁村对外连接的重要交通设施。依法划定高速公路建筑控制区和铁路线路安全保护区。

对外交通：依托蒲名路（穿越村域中部）可快速连接成雅高速（村域北侧紧邻成雅高速石象湖出入口）；依托新成蒲快速路（村域东侧）和蒲丹路（村域东侧）等，可快速达到天府新区和丹棱县等地。

村域内部交通：仙阁村村落范围内形成“村主干道、村支路和入户道路”的三级道路体系。村域内主干道为环线道路，连接村域各主要农业生产基地、重要文保单位和历史建筑、旅游接待中心、主要居民聚居点等村域内重要的生产生活组团部分，路幅宽度约6米；村支路为连接各聚居点之间的道路，路幅宽度约4米；入户道路为支路进入各聚居点的道路，路幅宽度约3～4米。新增村支路主要作为村产业道路，路幅宽度为3～4米。在紧邻较为集中的聚居点入口处，规划公共停车场7处，在飞仙阁附近，设公交站点1处。

完善村内路网建设，包括硬化、平整现有村道，加强各聚居组团之间的道路连接，形成由村庄主要道路、村庄次要道路、支路和步行道组成的道路交通体系。主要分为三个方面：路面改造、拓宽道路、道路景观提升。

（1）路面改造：修复现有村道破损路面，道路白改黑，让车辆对路面的抓地力大、风噪更小，提高行车的安全性与舒适性。提升组道碎石路为水泥混凝土路面，破解原碎石路面因碎石化之后空隙大导致积水的问题，改善行车安全和舒适度。

（2）拓宽道路：根据相关规划、相应的道路等级要求拓宽道路，前瞻性地适当提高道路通行能力，满足仙阁村未来农旅发展、文旅发展方面产业对交通能力的需求。

（3）道路景观提升：道路两侧可以与周边环境结合，增加行道树、人行道和路灯等设施；人行道外围可种植花卉，增加景观效果；在空旷地带可增设座椅等休憩设施；路两侧均为坡地的景观风貌，可采用下边坡喷播草籽，上边坡采用混播草花与现有山体顺接。

3. 以民为本，基础设施和公共服务设施提升

依托飞仙阁、碧云寺及传统民居等优秀旅游资源，在大叶坝及飞仙阁先期启动旅游产业发展，集中建设“大叶坝乡村公园体验区”“历史文化展示体验区”。大幅提高群众收入，村民人均收入稳步增长，生活水平不断提高，民生状况进一步改善，自我发展能力进一步增强。

（1）基础设施方面：硬化车行道、整理游步道、新建生态停车场；实现安全饮用水入户、民居污水集中收集；排污率达到100%，广播电视入户率达100%；落实传统村落路灯照明系统；新建垃圾收集点3处，集中收集生活生产垃圾，美化环境；完成蒲江河河道整治及生态驳岸建设。

（2）公共服务设施方面：新建村史馆、改建游客中心，改造闲置旧民居为图书室、配置卫生室硬件设施，配套旅游标识系统，完成旅游服务人员培训工作。

完善各聚居点、大叶坝区域的水、电、路、通信、环卫等基础设施，改善人居环境。实现基础设施基本完善，其中村内道路实现硬化、饮用水安全率达到100%、广播电视入户率达 100%、传统民居保护占 90% 以上，环境综合治理机制基本建立。配套卫生室、社区图书室等公共服务设施建设，实现 60% 以上的劳动力享受到相应适用技能培训服务，社会保障实现全覆盖，建设标准卫生室。

（3）公共服务设施方面：主要以公共管理服务设施、医疗卫生设施、文化体育设施、商业服务设施、公用设施、金融服务站自助设施为主（表 9.4.2）。

公共服务设施增设表　　表 9.4.2

项目	名称	数量	备注
公共管理服务设施	社会综合服务管理工作站	1	叠建，建筑面积不低于 80 平方米
	社会组织和志愿者服务办公室	1	叠建，建筑面积不低于 20 平方米
	水、电、气等代收代缴网点	1	叠建，建筑面积不低于 20 平方米
	网络设施	1	叠建，建筑面积不低于 20 平方米
医疗卫生设施	卫生服务站	1	叠建，建筑面积不低于 200 平方米
文化体育设施	全民健身广场	1	叠建，建筑面积不低于 200 平方米
	综合文化活动室	1	叠建，建筑面积不低于 400 平方米
商业服务设施	农贸市场	1	叠建，根据市场实际需求建设
	日用品放心店	1	叠建，建筑面积不低于 20 平方米
	农资放心店	1	叠建，建筑面积不低于 60 平方米
公用设施	垃圾收集点	5	叠建，单个建筑面积不低于 15 平方米
	公厕	5	叠建，单个建筑面积不低于 60 平方米
	民俗活动点	1	根据民众需求建设
	公共停车场所	7	按 0.4 辆 / 户标准配置
	公交招呼站	1	根据实际需要建设
	小区物业管理用房	1	叠建，建筑面积不低于 40 平方米
金融服务站自助设施	金融服务站自助设施	1	叠建，建筑面积不低于 100 平方米
	电信业务代办点	1	叠建，建筑面积不低于 20 平方米

（4）旅游设施方面。依托现状资源布局和产业发展方向，建立以大叶坝为旅游服务核心，一个次要旅游服务中心和多个次要服务点的旅游服务体系，主要增加必要的游客服务点、停车设施、旅游厕所、旅游指示牌等。

“大叶坝一级旅游服务核心”主要依托改建的游客中心，建立游客服务点。大叶坝旅游服务核心主要满足咨询、住宿、餐饮、娱乐、购物、医疗、休闲度假等全方位的功能；次要旅游服务点主要满足购物、停车、咨询、休憩等功能。具体旅游设施见表 9.4.3：

旅游服务设施一览表　**表 9.4.3**

设施类型	具体设施	服务等级		
		旅游服务中心	旅游服务次中心	旅游服务点
住宿	酒店	▲	△	△
	民宿	●	●	△
	农家乐	●	●	△
	野营地	●	△	△
餐饮	中高端餐厅	▲	△	△
	普通餐厅	▲	△	△
	餐饮设施	●	▲	▲
	快餐店	●	●	▲
交通设施	停车场	●	●	▲
	机动车交通	●	●	▲
	非机动交通	●	●	▲
	旅游专线	●	▲	▲
游览设施	旅游厕所	●	●	●
	垃圾箱	●	●	●
	游客中心	●	×	×
	导游导向标识	●	●	●
	宣讲咨询	●	●	△
购物	小商亭	●	●	△
	旅游超市	●	●	△
	ATM 提款机	●	△	×
娱乐展览	展览馆	●	▲	×
	游乐场地	▲	▲	▲
	文化广场	●	▲	△
其他设施	救护站	●	●	△
	消防	●	●	△
	治安	●	●	△
	环保	●	▲	△

注：●表示必须配置，▲表示建议配置，△表示可以配置，× 表示无需配置。

9.4.2 乡村空间环境的保护与修复，人居环境提升

1. 村落空间环境综合整治

1）重要节点整治

（1）村庄入口处。结合村庄入口处，设置入口标识或展示栏，整治周边景观环境，配合景观种植乡土气息浓厚的植物。加强周边景观的改造。

（2）活动广场。广场上设置树阵、树池，大乔木、低矮灌木搭配种植，并配备乒乓球场、健身器材、花架和休息凳等设施，让村民们在家门口就能享受“文化大餐”。

（3）院落组团空间。规划利用现状建筑，结合原有庭院设置组团公共空间，广场采用自然石块、青砖铺装。广场上设置树阵、树池，大乔木、低矮灌木搭配种植。在组团公共空间设置组团公园，并配备凉亭、休息凳等设施。

（4）河流沟渠环境整治。疏浚蒲江河及其支流河道，改善水质；整治古桥周边环境，加固古桥；种植水生植物。

2）环境设施整治

生活空间传统肌理延续与场所空间要素更新。生活空间的传承与更新包括街巷、院落、广场等空间的更新。通过梳理生活空间环境要素，其环境设置主要包括铺装、坐凳、树池、垃圾桶、指示牌、护栏等，尽量体现自然风貌。

（1）铺装。主要包括路面铺装和场地铺装。村庄内部路面主要以人行为主，采用具有乡土气息的自然块石、青砖等进行铺设；场地铺装主要采用天然毛石板、条石、青砖、卵石等自然元素的材料，局部可结合木材铺设。

（2）护栏。护栏主要包括栏杆和挡墙。为保证安全及美观，在仙阁村居民点前及高差较大地段架设水泥栏杆。挡墙前应种植湿地植物，消除过高挡墙的生硬感。

（3）坐凳。在农村服务平台中心以及各个自然村的公共空间等各个景观节点设置坐凳。坐凳形式要求自然，建议采用石凳、木凳等乡土材质，就近结合附近的文化场景设计，避免城市化的、均质性的成品采购，部分坐凳可结合树池设置。

（4）树池。在村内的公共活动空间、绿化节点以及部分主要建筑的院落设置树池，种植大乔木，树池采用自然条石铺砌、灌木种植的形式或卵石自然铺砌，材料选用本地石材，局部树池可与坐凳结合建造。

（5）指示牌、垃圾桶。在各居民点主要入口分别设置一处标志牌与绿化景观结合。指示牌材质以木质或石材为主，造型要体现乡土气息，色彩与村庄的建筑、景观相协调。均匀设置垃圾桶，平均 100 ～ 200 米设置一个。垃圾桶造型力求简单、简练，材料选用木材或石材，避免使用塑料或不锈钢等现代材料。

3）村容整治

村域内禁止露天焚烧垃圾和秸秆；平整路面，不应有坑洼、积水等现象；房前屋后整洁，无污水溢流，无散落垃圾；建材、柴火等生产生活用品集中有序存放。宣传栏、广告牌等设置规范，整洁有序。划定畜禽养殖区域，人畜分离；农家庭院畜禽圈养，保持圈舍卫生，不影响周边生活环境。规范殡葬管理，倡导生态安葬。

4）环境绿化

绿化整治内容：按照尊重现状、采用“整治复绿、见缝插绿”策略，根据周边不同的景观风貌确定不同的绿化方式，尽量将文化场景所蕴藏的意境与植物景观意境相结合。

路边绿化整治措施。道路周边建筑比较多的区域：绿化种植应形成围合感和引导感，用绿化将道路空间和建筑庭院空间分开。道路周边无建筑：主要为林地、农田，或者菜地的，绿化布置要尽量敞开视野，以欣赏原野风光为主，绿化布置主要为低矮的花灌木。

宅边、庭院绿化整治措施。庭院绿化宜考虑四季景观有观赏性，可以是经济性果树、观赏花草树木、盆栽植物等。增加庭院的入户感觉，在庭院大门口种植标志物的植物。为丰富空间，增加观赏效果，在有条件的庭院种植藤本植物；或使其沿建筑物墙体攀爬或搭起花架享受庭院绿荫。

水边绿化整治措施。乡村水边绿化应注重自然生态性，在树种选择上水边绿化树种首先要具备一定耐水湿的能力，另外还要符合美化的要求，通常采用水生植物与灌木搭配。

菜地、荒地绿化整治措施。菜地：整理现状菜地，要求行列清晰，无杂草，藤蔓植物需搭建菜篱笆，居民点采用统一菜园篱笆进行围挡，并种植灌木。

荒地：平整荒地、杂草地，改造为菜地或是种植果树。

2. 保护修缮类建筑

加强对乡村中传统民居、牌坊、小桥、古戏台等历史古迹的保护。保持原有的乡土本色，尊重乡村原有肌理和建筑风格。另一方面，要考虑到时代发展的需要，在符合原住村民生产生活需求基础上，传承当地传统建筑元素。根据不同乡土建筑的特征相应地植入文化功能，将闲置民居改造为村级博物馆，用以展示、传承乡村的乡土文化。将民风民俗、节日庆典、饮食文化等风土人情文化以及民歌戏曲、手工艺等民间艺术文化与其他文化空间结合，借助乡村活动体验，还原乡村生活场景，再现乡土记忆。

1）文物保护单位

对飞仙阁摩崖造像的保护修缮应严格按照《中华人民共和国文物保护法》规定执行。严禁改变原有状况、面貌及环境，不得新建建筑物，不得进行其他建设工程或者爆破、钻探、挖掘等作业；允许在文物保护单位建筑内安装摄像头、灭火器等安全保卫设备。

重点做好文物保护单位、历史建筑、传统街巷空间格局的保护工作。对传统民居保护，未坍塌部分，进行建筑修缮，保护并延续传统建筑风貌特色，保护历史文化真实载体。使建筑典型特征得到彰显，传统建筑技艺得到传承和发展。整治核心保护范围内与建筑风貌冲突的新建、违建建筑。

2）历史建筑和建议历史建筑

（1）单体建筑保护总体要求：应保持原有的高度、体量、外观形象及色彩，建筑的平面布局，院落、树木等不得破坏。延续其使用功能。对于现状保护情况较差的，应进行必要的外部修缮，完善内部设施，改善使用条件；对于使用功能不能满足现代要求的，可进行使用功能调整或内部更新，以满足现代使用的需要。修缮应保持建筑的历史真实原貌，建设活动必须避让保护建筑。四周 20 米范围区域的建筑必须在外观、高度、风貌、色彩和室外地面高程上与保护建筑统一（图 9.4.1、图 9.4.2）。

图 9.4.1 保护修缮类建筑改造前

图 9.4.2 保护修缮类建筑改造后

（2）单体建筑保护具体要求：①不允许改变建筑外貌特征，对建筑内部环境可作一定的功能调整，以改善人居环境。建筑配置灭火器，防止火灾的发生。建筑外立面需定期进行检查，对产生裂缝或墙面受损及时进行修缮。进行外立面修缮工作时，必须保持建筑历史原貌，材料选择上应与原建筑所用材料一致。建筑悬挑的木架阳台，亦需定期更换材料，以保证建筑的永续。②部分建筑的改善，必须保证建筑外立面不变的情况下进行。

（3）单体建筑具体措施：①墙体部分：建筑本身破损较为严重，尽量聘请当地工匠，采用本土传统筑房工艺手法，将竹编夹泥墙工艺重新恢复，定期进行修复。②柱体部分：建筑本身的木构架结构由于多年没有维护较为脆弱，修复时，清除木质表面污迹，维持结构本身特点，表面刷桐油，减少环境对木质结构破坏，同时让柱体色彩保持清晰。③屋顶部分：屋顶部分加入防水层能够减少对建筑内部的破坏，同时让古建可以存在更长的时间，尤其在川西地区，梅雨季节较为频繁的情况下，更好保护建筑，减少维护次数（图 9.4.3、图 9.4.4）。

图 9.4.3　风貌整治类建筑改造前后对比一

图 9.4.4　拆除整治类建筑改造前后对比二

3）风貌整治类建筑

在外观、高度、风貌、色彩和室外地面高程上与传统村落保护的建议历史建筑风貌相统一，具体改造措施包括：道路黑化处理；院落前沟渠整治，疏浚沟渠，丰富绿化，增加水生植物及部分乔木；改善提升屋前院后环境，丰富景观植被；拆除影响传统院落景观风貌和影响道路通行的小偏房和彩钢棚；更新院落地面铺装；更新屋顶破损小青瓦；墙面、柱体粉刷，统一更换为白色。

违章搭建和彩钢棚一直是乡村民居风貌整治的难点和痛点，涉及村民的切身利益，但对乡村风景，尤其是传统村落风貌的协调性造成较大的视觉影响。对于与传统村落的建筑风貌、景观环境与传统村落环境不协调的建筑，对其建筑及周边景观环境进行整治必然要采取对应的技术措施，具体改造措施包括：增加建筑采光，拆除院坝前搭建的钢棚和偏房；拆除屋顶违章搭建的彩钢棚，统一采用川西民居风格的小青瓦、双坡屋顶；更新屋顶破损小青瓦；更新院落地面铺装；墙面、柱体粉刷，颜色统一更换为白色。

3. 建筑风貌控制引导

1）整体风貌格局导引

院落环境、建筑风貌改造。对超高的建筑进行拆除；对于不符合核心保护范围内风貌的建筑，包括平屋顶、屋顶为彩色琉璃瓦或彩钢棚的建筑，改为双坡屋顶、小青瓦的形式；拆除影响院落格局风貌、屋内采光和交通的破损小偏房；院落的墙、柱体统一粉刷为白色；更新院落铺装，符合川西民居风格；整治屋前院后环境，种植乡土植物等，营造良好的院落环境（图 9.4.5、图 9.4.6），具体措施包括：

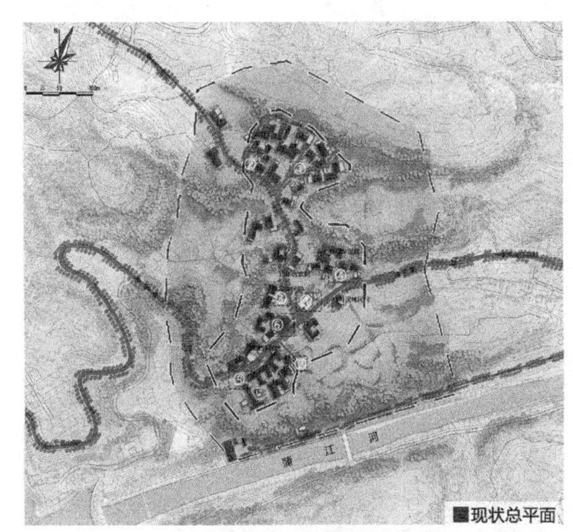

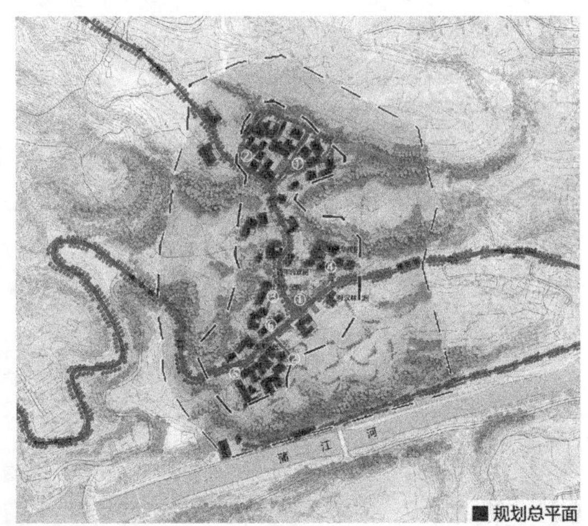

图 9.4.5　传统民居群总平面图

图 9.4.6　传统民居群建筑风貌鸟瞰图

（1）道路整治改造。蒲名路道路环境提升，丰富两侧绿化；完善入户道路，黑化处理。

（2）基础设施。在聚居点前，增设集中停车场；修建小型活动广场；增加旅游指示牌。

（3）河流沟渠环境整治。保护河道水质；种植水生植物，符合乡土氛围。

（4）自然景观保护。梳理农田景观，完善农田水利设施；划定古树保护范围，树立指示牌等。

2）民居建筑单体风格导引

对具有川西民居传统风貌的民居建筑应保持原有的高度、体量、外观形象及色彩，建筑的平面布局、院落、树木等不得破坏。尽量延续其使用功能，有原居民的在房屋质量安全的情况下，尽量保留原居民，留住乡村文化的本真和主体。对于现状保护情况较差的，应进行必要的外部修缮，完善内部设施，改善使用条件；对于使用功能不能满足现代要求的，可进行使用功能调整或内部更新，以满足现代使用的需要。

民居建筑单体形式从立面体现为三段式构造，即红砂岩基座、屋身、屋顶、天井及庭院等。

（1）屋身：主要由土砖、夯土墙等构成；屋顶采用小青瓦屋面；川西木构民居主要门窗均采用平开，沿袭并结合川西民居穿斗结构，善于通过檐廊或柱廊联系各个房间。

（2）屋顶：多为悬山的双坡屋顶，屋面整体呈柔和内凹曲线，其屋面由传统青瓦、脊饰以及檐口构成。屋面坡度为五分水到六分水，屋面坡举折成内凹曲线，屋顶前后呈长短坡，前檐高于后檐（图 9.4.7）。

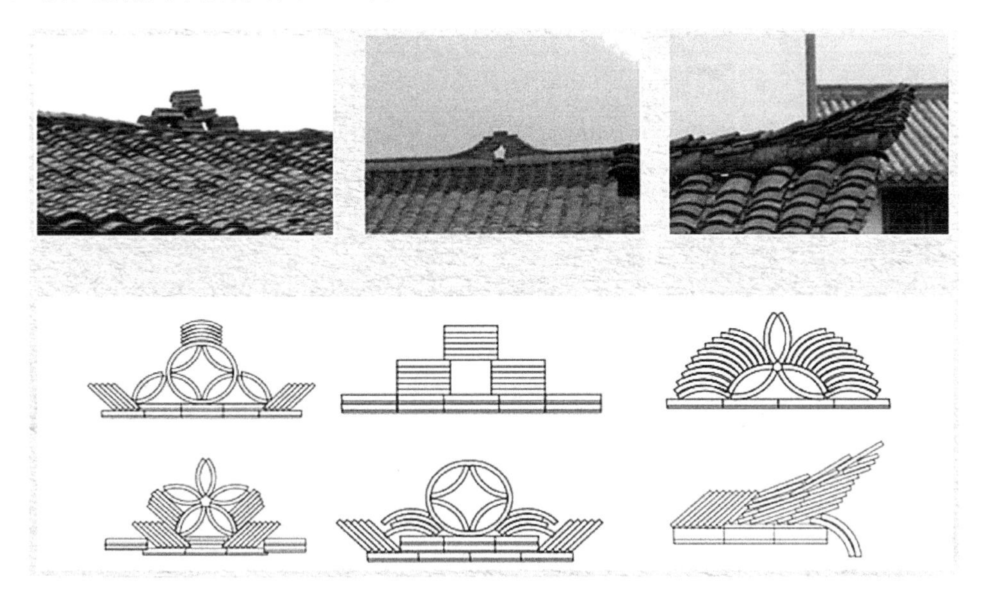

图 9.4.7　屋脊装饰

（3）檐廊：由屋檐一直向外延伸所覆盖的空间，一侧与房屋相连接，另一侧可由柱廊支撑，形成走廊从而围合串联起所有房屋。

（4）天井及庭院：天井及庭院是传统民居建筑院落空间组合的重要手段，天井由四周房屋或是三面房屋与一面围墙围合而成的空间。庭院相较天井而言，其空间范围更大，宜布置一些绿色植物，模糊建筑空间与自然空间的界限。

3）建筑结构与材料

结构：穿斗式木构架，斜坡顶、小青瓦、大出檐、小天井、外墙体高勒脚、室内加木地板架空等特色。对新建和改扩建的民居建筑，建议采用砖木结构、砖石结构等传统结构形式，并采用夯土砌块或土砖堆砌方式。

传统建筑材料是指一个地方修房建屋的历史上或习惯上大量使用并沿用至今的，由手工制造和建造的材料。材料是有生命的，在时间的作用下，材料会被风化腐蚀变得老旧，但是，如"建筑是石头的史诗"这般描述一样，材料也会成为历史的见证者。材料作为建筑的物质载体，必须能够将人、场所、时间、文化等要素联系起来，材料的非物质属性就承担着任务，如木材代表亲和、瓦材象征着传统。此外，传统材料背后所包含的传统建造技术与构造方式也随着材料传承了下来，它们会在现代建筑语言下获得新生，有相同的建构精神——传统的工匠精神，传统建筑材料主要有：土、木、砖、瓦、石、竹等（图 9.4.8）。建筑木料断面较小，墙体多为填充墙，采用竹编与泥土就筑的轻质隔墙；门窗以木质为主，作镂空处理，并有精美的雕刻。

4）民居建筑色彩与装饰

民居建筑主体色调以木原色、褐土色为主，整体色调较暗，朴素淡雅，屋顶为冷色调。突出各种材料的本色，偏向中低纯度的、不同色相的色调，比较朴实。如墙体黄灰色调、褐色调，砖瓦为冷色调。

图 9.4.8 小青瓦、桐木、泥砖、窗户、竹夹泥、柱础

从现有保存完好的历史建筑、建议历史建筑中找到传统民居的色彩与装饰因子，将其制作成导示图，提供给村民和维修队在保护、修缮、新建民居的时候参考使用，保留传统川西民居装饰的简洁和质朴特征。

屋脊装饰：在风貌引导中提供给村民或乡村建设队伍多种基本造型供选择，以小青瓦拼砌成各式简洁的几何图形。屋脊两端以小青瓦叠加堆砌设置起翘，起翘平缓、舒展。民居屋脊装饰与传统民居一致，以小青瓦拼砌成各式简洁的几何图形。

悬鱼：多为花瓣纹或云纹，镶嵌于"人"字形的博风板，正中央悬挂。

门窗：门窗以木质为主，窗户开口较小，窗花作镂空处理，并有精美的雕刻。传统民居的窗户一般都会设置有窗格，装饰依光线强弱变化，多种样式的组合和雕刻"窗花"光线较弱的地方窗格大，装饰不多；光线较弱的地方窗格较密，装饰较多。

柱础：上的石刻以浮雕为主，装饰纹路则有几何纹路、器物纹、人物纹、花草植物纹等。

9.5 仙阁村的发展与展望

在较长的时间段内，传统村落被视为"落后与保守"的代名词，文化自信概念的提出，刷新了人们对于"藏在深山的老古董——传统村落"也具有非凡的文化价值、经济价值、社会价值等方面的认识。以文化自信视域下的传统村落文化空间生产研究，将"文化自信"置于传统村落的"时间——空间"维度中，建立"文化自信"的动态变化与发展路径，并以此与文化空间生产三元辩证要素相对应，将传统村落的保护与发展置于社会学、文化人类学研究视角下，拓宽了对传统村落研究的视角与范围，引导我们动态地、多维度地看待传统村落文化、文化遗产的发展与演变，聚焦传统村落保护与发展中的文化自信研究。

9.5.1 仙阁村的成绩

1. 以文化人塑造文明乡风

加强农村公共文化服务体系建设，既要有硬件支撑，又要有软件保障，二者缺一不可。在硬件上，要着力抓好农村基层综合文化服务中心建设，建设文化广场等，整合现有基层公共文化设施资源，完善功能、提升品质。在软件上，要利用好农家书屋作用通过开展乡村全民阅读活动、开展"文化进乡村""非遗进校园"等活动，丰富农民群众的精神文化生活。

在仙阁村的村委会、仙阁书院、刘氏竹编等新时代文明实践站（基地）都常态化开展着"全民阅读""关爱独居老人"等文明实践志愿服务活动。

继承、创新优秀传统文化为关键着力点。一方面通过设立村史馆，讲述汉将军莫公、清武进士叶殿侯、方夫人等的故事，塑造具有本土特色的文化符号，加强村民情感认同与文化自信；另一方面通过开展“倡家风家教·建书香家庭”寒暑假班、周末国学诵读班、亲子体验、道德讲座等活动，大力弘扬孝老爱亲、家风家训等优良传统文化。仙阁村为了塑造具有本土特色的文化符号，加强村民情感认同与文化自信，专门设立了村史馆，讲述汉将军莫公、清武进士叶殿侯、方夫人等先贤故事（图 9.5.1）。

图 9.5.1　仙阁村乡风文明系列活动

不仅是本土文化，仙阁村还扎实开展党史学习教育，深入挖掘林水碾红军路红色文化，依托微党校“中心校”，开展长征国家文化公园主题红色研学活动。

为了村民在平时能友好和谐生活，仙阁村做实“双诺双评”，引导村民参与，公平公正公开评选，挖掘典型事例，以身边人身边事引导群众向好向上，强化村民道德自觉。2019 年，村党支部书记杨建家庭获全国妇联授予“2019 年度全国最美家庭”；2022 年，仙阁村评选出“好儿媳”4 人、“好公婆”4 人、“最美家庭”1 户，村党委书记杨建荣获市级优秀共产党员称号。

以大叶坝片区为中心的文创聚落核心区，在此入住的不仅仅是以何艳为代表的本地优秀传统文化传播者，还有“国家级非物质文化遗产”竹编传承人刘江父子、国学大师张浩然、“徽工奖”金奖得主孙海瑞等创客的身影。他们来到仙阁村的同时，也将各类优秀的文化传统一起带到了这里，在不同优秀文化的激发启迪下，仙阁村村民牢固树立主人翁意识，主动担当起了乡村振兴谋划者和建设者的职责，努力发展壮大集体经济，孵化出了“党员 + 社会组织 + 村民”的“1+5+N”支社会力量；推动项目发展，打造出了大叶坝停车场、枞树滩露营基地、蒲江香橙资源保护合作基地等项目，培育出了“仙阁甜”品牌。

2. 仙阁村初步成就

2019 年 6 月，朝阳湖镇仙阁村入选中国传统村落；仙阁村先后获评成都市党建引领城乡社区发展治理示范社区；成都市级文明村。

2020 年 5 月，朝阳湖镇仙阁村仙阁书院被四川省妇联、教育厅命名为四川省家庭教育创新实践基地。

2021 年 1 月 26 日，朝阳湖镇仙阁村获得中共四川省委、四川省人民政府命名为“2021 年度四川省乡村振兴示范村”。

2023 年 4 月 11 日，朝阳湖镇仙阁村入选首批四川传统村落名录。

9.5.2 保护并修复乡村文化空间，守护传统文化的公益行动

田园风光、村落景观与乡土文化是传统村落乡村性的三大载体，尤其是乡土文化。历史文化、乡土文化是传统村落的内核，田园风光、村落景观是乡土文化的外在体现，只有三者和谐统一，传统村落的乡村性才表里如一。传统村落的保护从历史文化、乡土文化的保护角度，可以视为一类守护传统文化的国家公益行动，是需要各级各类政府、各领域专家学者、村民和文旅投资商等在参与过程中充满家国情怀方能做好的事情。在有限的空间内发展乡村经济，可以让村民们在发展中切实受益，反哺传统村落保护，逐渐形成农户立体化多维收益、复合型生计结构。

9.5.3“三分规划、七分管理”保障措施

规划的实施是传统村落保护发展的重要环节，确保规划顺利实施应从政府政策、法律法规的保障，资金人才的保障、用地的保障和宣传几个方面抓起。

1. 政策与管理体制的保障

明确责、权、利等行为主体和客体，依法加强管理；村、企业联动，建立村有关职能部门积极参与和支持修复工程的协同机制，同时建立奖罚分明的考核激励机制；建立专家咨询委员会，监督保护规划的实施，鼓励公众参与，鼓励成立针对仙阁村的历史文化研究社会团体。

2. 经济保障

建立政府投入、财政拨款、专项基金支持、社会协同、村民参与的多元经济保障体制，用于村内文保单位、历史建筑以及传统民居的修缮修复，改善村庄的生活设施，提高居民生活质量；积极募集社会捐赠，对保护工作有突出贡献的单位和个人进行奖励；对于村庄开发建设中，符合保护规划规定的开发强度、开发项目及建设风貌要求的开发主体，可以给予贷款利率和开发补偿的优惠政策。

3. 用地保障

明晰村内房屋产权情况，依据市、企业相应办法有序进行居民的搬迁与安置工作；对于搬迁出去的村民：做好安置工作，采用集中安置、货币补贴自主安置相结合的方式。

4. 重视人才

加强人才的培养和引进，召集专家、干部参与，提高仙阁村保护、修复与开发工作的科学性和民主性；成立专门的文化研究队伍、文物保护队伍、规划管理队伍与保护施工队伍，保证研究、规划、实施相互配合，共同达到村落保护与利用合理结合，村落保护到位并永续发展。建立健全村庄日常管理机制，传统村落的历史文化遗产保护的效果依赖于日常管理机制。

5. 广泛宣传，强化保护意识

强化各级政府和群众的传统村落保护意识，广泛宣传传统村落保护的重要性、传统村落的悠久历史、珍贵的文化价值以及保护村落的现实意义，激发广大村民的自豪感和热爱家乡的热情，提高村民的保护意识，调动村民保护的积极性。在全村形成“热爱村落、保护村落”的共识，使得他们能够自觉地保护村落环境、文保单位及民俗文化。

通过宣传教育建立全民保护意识，以及在保护规划的实施中建立公众的自治意识。在日常规划管理过程中，鼓励全体村民积极参加传统村落保护与发展事业。

第 10 章　强农战略与产业复合：中江农业园区乡村发展

10.1 强农为本的战略地位

10.1.1 粮食生产是立国之本，“国之大者”

1. 粮食安全是战略问题

2014 年 5 月，习近平总书记在河南考察时讲话：“悠悠万事吃饭为大，农业是安天下稳民生的战略产业。在我们这样一个人口大国，必须把饭碗牢牢端在自己手上。粮食安全要警钟长鸣，粮食生产要高度重视，‘三农’工作要常抓不懈[①]。”习近平总书记深刻地阐述了我国粮食安全的战略重要性，指出了 14 亿多人口的吃饭问题是我国有史以来最大的民生，也是我国长期的、最大的现实国情。依靠科学技术和全国农民群众的辛勤劳动，我国以占世界 9% 的耕地、6% 的淡水资源，养育了世界近 1/5 的人口，实现了从当年 4 亿人吃不饱到今天 14 亿多人吃得好的历史性转变，是载入世界粮食生产史册的重要成就。在我国建设共同富裕道路的新征程上，在坚持以人民为中心的发展思想指引下，实现人民群众对美好生活向往的需要，顺应居民收入增长、食物结构升级变化的新趋势，保障人民群众对吃得好、吃得营养健康的新需求，在确保粮食供给的同时，保障肉类、蔬菜、水果、水产品等各类食物的丰富供给是实现粮食安全的基础条件。

牢牢地将中国饭碗端稳，端在自己手上，是应对世界格局冲突与动荡变革的必要举措。当前，世界百年未有之大变局加速演进，逆全球化思潮、单边主义、保护主义等思潮必然影响到国际及我国周边地区格局的短暂不稳定，经济冲突乃至军事冲突的发生趋势近年来呈明显上升趋势。就全球范围内来看，我国发展进入战略机遇和风险挑战并存、不确定难预料因素增多的时期。在此国际大环境下，我国只有实现粮食基本自给，才有能力掌控和维护好国内经济社会发展大局，较少受到国际环境因素影响。这对我国政府及人民在保障国家粮食安全方面提出了更高要求。在当前及较长一段时间的国际环

① http：//politics.people.com.cn/n/2014/0512/c1001-25004453.html.

境影响下，只有全方位夯实粮食安全根基，始终把粮食安全的主动权牢牢掌握在自己手中，才能为我国的现代化建设增强安全性稳定性，把稳强国复兴的主动权，为夺取全面建设社会主义现代化国家新胜利提供有力的基础支撑。

2. 藏粮于地、藏粮于技策略

保障粮食安全，永久基本农田和耕地是载体。习近平总书记强调，保障粮食安全，要害是种子和耕地。这就要求我们守住耕地红线，把高标准农田建设好，把农田水利搞上去，把现代种业、农业机械等技术装备水平提上来，把粮食生产功能区划好建设好，真正把藏粮于地、藏粮于技战略落到实处[①]。当前，我国各级自然资源系统坚持以“长牙齿”的状态牢牢守住十八亿亩耕地红线，是有效保障我国农业生产空间的重要举措，是一个基础性、全局性、战略性的问题，逐步把永久基本农田全部建设成为高标准农田。“民非谷不食，谷非地不生。”保障国家粮食安全的根本在于耕地数量与质量的保护，耕地是粮食生产的空间载体，是中华民族永续发展的根基。我们必须把关系十几亿人吃饭大事的耕地保护好，绝不能有闪失。要实行最严格的耕地保护制度，采取更有力的措施，严格保护耕地特别是基本农田，加强用途管制，规范占补平衡，强化土地流转用途监管，推进撂荒地利用，坚决遏制耕地“非农化”、基本农田“非粮化”。建设国家粮食安全产业带，加强高标准农田建设，加强农田水利建设，增加稳产高产旱涝保收农田面积，实施国家黑土地保护工程。

强化农业科技和装备支撑，需要依靠科学技术的现代化，给农业现代化插上科技的翅膀。我国农业现代化发展关键在科技、在人才。当前，我国农业现代化的形势还较为严峻，伴随着农村劳动力逐步转移、农业生态环境问题日趋严峻、全社会对农产品质量安全重视程度不断提高，我们必须比以往任何时候都更加重视和依靠农业科技的进步，化解耕地资源不足、水资源约束、环境压力、气候变化影响、应对农业劳动力老龄化与农业生产从业人员素质提高等突出矛盾[②]。

全方位保障粮食生产，农业生产结构调整与优化农业供给侧是可持续发展的保障。对于一个 14 亿人口的大国来说，尽管当前我国粮食生产实现了稳产保供，是了不起的巨大贡献，但对大多数粮食企业和粮农来说，粮食生产的收益与投入并不具备较强的生产吸引力和积极性，粮食生产的产品结构亟需优化的问题更加凸显。因此，要着力加强农业供给侧结构性改革，提高农业供给体系质量和效率，使内容丰富的农产品更契合消费市场，形成结构合理、保障有力的农产品供给体系。推进农业供给侧结构性改革，一

---

① https：//www.ccps.gov.cn/xxwx/202307/t20230713_158629.shtml.

② 闻言．全方位夯实粮食安全根基，确保中国人的饭碗牢牢端在自己手中 [N]. 人民日报，2023-07-13（6）.

方面需加强国家宏观调控，其一要挖潜扩面积，提升紧缺产品的产量，如大豆及油料产量仍然不足；其二是改善发展方式，不断推动粮食产区、农村地区实现一二三产业融合发展，延伸粮食生产产业链、提升农业生产价值链、打造农副产品销售供应链，持续提升大农业的产业附加值，以此充分调动粮食生产企业和农民的生产积极性。另一方面也需引导农民转变发展观念，调整种植方式与提升农副产品质量，推动粮食生产向绿色高效转变（图 10.1.1）。

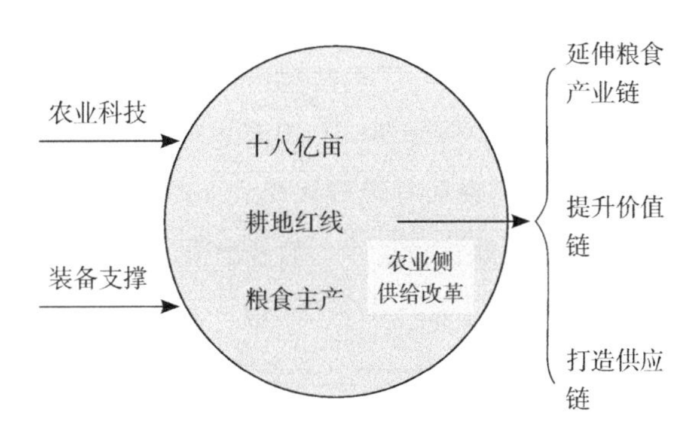

图 10.1.1　藏粮于地、藏粮于技总体思路

10.1.2 天府粮仓的政策指引

四川自古就有“天府之国”的美誉，密布的河网带来大量的沉积物，以成都平原为核心的四川省是我国 13 个粮食主产省区之一。同时，四川也是全国的人口大省、农业大省、粮食主产省，对确保国家粮食安全发挥着重要作用。2022 年 6 月，习近平总书记来四川视察时强调，成都平原自古有“天府之国”的美称，要严守耕地红线，保护好这片产粮宝地，把粮食生产抓紧抓牢，在新时代打造更高水平的“天府粮仓”①。

“天府粮仓”是一个全新的专属名词，既是实现农业强国的建设抓手，也是一个在四川省域范围内以农业生产为主体的、宏大的地理空间范围概念。天府粮仓是在新的形势与国家粮食安全战略需求下产生的具有明确、主体与特殊功能的乡村农业生产功能空间。根据四川省委、省政府《建设新时代更高水平“天府粮仓”行动方案》文件精神，天府粮仓在空间上包括了生产、生活、生态三生空间的现代化农业园区，“农业生产功能为主的园区空间”“四川省农业农村现代化高质量发展示范性区域”，主要体现了天府粮仓的功能属性构成、空间属性构成、社会属性构成；空间组成上包括和深度影响了数

① 习近平在四川考察：深入贯彻新发展理念　主动融入新发展格局　在新的征程上奋力谱写四川发展新篇章 [EB/OL]. 新华社，2022-06-09. https：//www.gov.cn/xinwen/2022-06/09/content_5694909.htm?jump=true&wd=&eqid=83f1b3f20000056800000036497ac56.

量众多的、处于天府粮仓空间范围内的广大乡村社区，生产生活方式乃至乡村风貌、人文等方面；这是以生活功能为主的空间。

认真落实习近平总书记重要讲话精神，发挥四川的优势和潜力，通过在新时代打造更高水平的“天府粮仓”[①]，建成保障国家重要初级产品供给的战略基地，这是四川落实在全国粮食安全战略大局中的地位作用的重要标志和具体体现。四川省委、省政府文件《建设新时代更高水平“天府粮仓”行动方案》指出，建设新时代更高水平“天府粮仓”，要按照“一带、五区、三十集群、千个园区”布局整体推进，建设成渝现代化高效特色农业带，推动成都平原“天府粮仓”核心区、盆地丘陵以粮为主集中发展区、盆周山区粮经饲统筹发展区、攀西特色高效农业优势区、川西北高原农牧循环生态农业发展区差异化发展，到2025年建成30个国家和省级现代化农业产业集群、1000个国家和省市级现代农业园区。围绕促进农业高质高效、乡村宜居宜业、农民富裕富足，深入推进乡村振兴战略，实现共同富裕的宏伟目标。其中“一带、五区、三十集群、千个园区”具体指向为：

（1）一带：以成渝现代高效特色农业带建设为引领，辐射带动全省现代农业加快发展；

（2）五区：成都平原“天府粮仓”核心区、盆地丘陵以粮为主集中发展区、盆周山区粮经饲统筹发展区、攀西特色高效农业优势区、川西北高原农牧循环生态农业发展区；

（3）三十集群：即围绕优势特色产业，按照全产业链开发、全价值链提升的思路，集中打造30个国家和省级现代农业产业集群；

（4）千个园区：即按照以粮为主、粮经饲统筹、一二三产业融合的思路，分级分类建设1000个具有较强示范带动作用的国家和省级、市级现代农业园区（表10.1.1）。

“天府粮仓·千园建设”布局表 **表10.1.1**

市（州）	巩固提升市级以上园区数量（个）	到2025年市级以上园区数量（个）		到2027年市级以上园区数量（个）	
		新建	总数	新建	总数
成都市	82	18	100	43	125
自贡市	18	17	35	27	45
攀枝花市	15	5	20	10	25
泸州市	30	15	45	20	50
德阳市	28	17	45	27	55

① 习近平在四川考察：深入贯彻新发展理念 主动融入新发展格局 在新的征程上奋力谱写四川发展新篇章 [EB/OL]. 新华社，2022-06-09. https：//www.gov.cn/xinwen/2022-06/09/content_5694909.htm?jump=true&wd=&eqid=83f1b3f2000005680000000036497ac56.

续表

市（州）	巩固提升市级以上园区数量（个）	到 2025 年市级以上园区数量（个）		到 2027 年市级以上园区数量（个）	
		新建	总数	新建	总数
绵阳市	39	21	60	36	75
广元市	25	20	45	25	50
遂宁市	20	15	35	25	45
内江市	30	10	40	15	45
乐山市	34	26	60	36	70
南充市	50	15	65	30	80
宜宾市	39	21	60	36	75
广安市	32	13	45	18	50
达州市	40	15	55	20	60
巴中市	31	9	40	14	45
雅安市	20	10	30	20	40
眉山市	26	14	40	19	45
资阳市	11	4	15	9	20
阿坝州	25	10	35	15	40
甘孜州	30	10	40	25	55
凉山州	75	15	90	30	105
合　计	700	300	1000	500	1200

资料来源：中共四川省委农村工作领导小组办公室、四川省农业农村厅《“天府粮仓·千园建设”行动方案》

10.2 中江县农业园区的良好基础——以粮食生猪现代农业园为例

10.2.1 区位优势：成都都市圈、成德眉发展轴北端

2021 年 11 月，国家发展改革委批复同意《成都都市圈发展规划》(以下简称《规划》)[①]，这是继南京都市圈、福州都市圈后，国家层面批复同意的第三个都市圈规划，也是中西部首个获批的都市圈规划。11 月 29 日，四川省政府正式印发实施《规划》。成都都市圈的空间范围是以成都大都市为中心，与联系紧密的德阳、眉山、资阳三市共同组成。其空间范围主要包括：成都市，德阳市旌阳区、什邡市、广汉市、中江县，眉山市东坡区、彭山区、仁寿县、青神县，资阳市雁江区、乐至县，面积 2.64 万平方公

① 《成都都市圈发展规划》出炉系全国第三个、中西部唯一都市圈规划[Z]. 川观新闻，[2021-11-30].

里，2020 年末常住人口约 2761 万人；规划范围拓展到成都、德阳、眉山、资阳全域，总面积 3.31 万平方公里，2020 年末常住人口约 2966 万人。

中江县位于成都都市圈成德眉发展轴的北端，是成德临港经济产业带的重要组成部分。中江县是四川丘陵农业大县，先后被评为全国粮食生产先进县、全国食品工业强县、四川省“三农”工作先进县、四川省县域经济发展先进县，入选 2022 年中国西部百强县[①]。同时，中江县也是四川省人力资源大县，截至2022年底，中江县域总人口为 134.9 万。

10.2.2 产业优势：丘区农业强县，优质高效粮食生产区

中江县历来重视农业农村优先发展与城乡融合发展，扛牢“天府粮仓”中江责任，奋力推动农业大县向农业强县跨越。目前，中江县在全县范围内规划了“粮食 + 生猪”“粮食 + 中药材”“粮食 + 蚕桑”“粮食 + 蔬菜”“粮食 + 中江柚”等 5 大现代农业园区建设行动计划。

中江县紧密围绕打造“天府粮仓”的战略，高质量推进农业农村现代化发展，为建设新时代的“天府粮仓”精品区作出四川盆周地区、丘区农业现代化发展探索。为调动以村集体为核心主体的农民生产积极性，中江县出台《中江县扶持壮大村级集体经济发展项目管理暂行办法》：围绕现代粮油产业，打造凯北粮油生猪循环现代农业园区，探索土地流转型、农机社会化服务型、抱团合作型“三大”村级集体经济发展模式。

其中，以永太镇、黄鹿镇为核心的中江县粮食生猪现代农业园区（北部核心区）就是一个生动的实践：以“粮食 + 生猪”为基础，积极探索生猪养殖液态有机肥料管网式还田、动态式管理、零成本服务，构建了养殖户、种植户和集体经济组织紧密衔接的绿色种养循环发展模式。已建成西南地区最大的生猪单体繁育场，智能循环控制中心，西南地区最大的烘干中心等现代化农业生产设施。

中江县粮食生猪现代农业园区位于中江县中北部平坝地形为主的乡镇，涵盖永太、黄鹿、玉兴、龙台等乡镇，辖区面积 400 平方公里，种植连片核心示范区面积达 6 万余亩，辐射带动总面积 20 万亩，生猪出栏 30 万头，园区以“晶两优华占”水稻和优质油菜为主导产业，常年粮食产量保持在 10 万吨以上。园区与四川农业大学、四川省农科院等院校合作，开展粮油作物科技成果转化，建设集科技支撑、企业服务、平台交易于一体的粮油产业技术中心，建有西南地区最大的烘干中心（图 10.2.1），日处理能力达 600 吨，耕种收综合机械化率达到 85%，全程机械化农事服务中心等（图 10.2.2）。园

① 中江简介 [EB/OL]. 中江县人民政府，[2023-05-28]. https://baike.baidu.com/item/%E4%B8%AD%E6%B1%9F%E5%8E%BF/5200117?fr=ge_ala.

图 10.2.1　我国西南地区最大的烘干中心

图 10.2.2　全程机械化农事服务中心

区拥有西南最大生猪单体繁育场，全部投产后年产仔猪能力 100 万头，配套建设有年出栏 500 头生猪规模化养殖场 80 个，通过养殖场户和种植主体配套循环发展模式，实现沼液资源化利用。依托中化农业等 6 家龙头企业、19 家专业合作社（国家级 3 家），64 户家庭农场，推广“龙头企业 + 新型经营主体 + 农户”发展模式，带动农户共同参与，园区石狮村等一批村集体经济年经营收入超过 300 万元，园区内带动农户人均可支配收入高于全县平均水平 21%。

习近平总书记说：“中国人要把饭碗端在自己手里，而且要装自己的粮食”①。中江县委、县政府以保障粮食安全为己任，建立“一个农业园区、一个牵头领导、一套工作人员”的运营管理机制，以基地、品牌、加工、主体、服务、融合六项内容为重点，以组织管理、利益联结、要素保障、人才振兴四项机制为保障，以应用良种、推广良法、建设良田、配套良机，推行良制“五良融合”为要求，发挥园区政策集成、要素集聚、

① 方圆，刘梦丹. 中国人要把饭碗端在自己手里，而且要装自己的粮食[N]. 人民日报，2022-06-01.

企业集中、功能集合的优势，高标准高质量打造中江县粮食生猪现代农业园区。

10.2.3 产业生态圈理念引领

发挥中江县粮食生猪现代农业园区的产业优势，按照产业生态圈理念，打造特色鲜明、要素聚集、链条完善、机制创新的现代农业示范基地，具体实施措施上以农业科技支撑为关键、走产业融合路径、深化园区改革、实现园区绿色可持续发展为目标，擦亮中江县在德阳市“粮油”金字招牌，助推区域乡村振兴（图 10.2.3）。

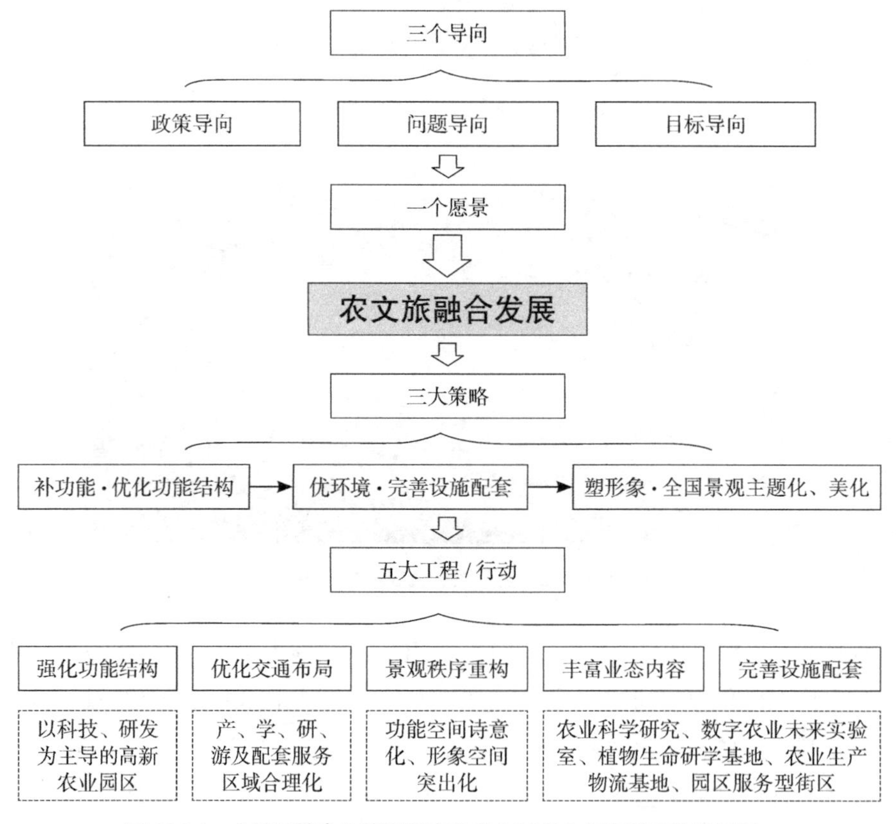

图 10.2.3 中江县粮食生猪现代农业产业园产业复合研究思路框架

1. 园区建设科技支撑是关键

强化智力支持，充分依托四川农业大学、四川省农业科学研究院、四川畜牧科学研究院、德阳市农业科学院等大专院校、科研院所的合作关系，以“农业技术创新”为抓手，提高自主创新能力。积极推广“晶两优华占”“川优 6203”等优质水稻品种及“圣光 128”“宝油 87”“庆油 3 号”等“双低”油菜、高油酸油菜良种，园区水稻、油菜 / 小麦良种示范达 10000 亩以上，良种覆盖率达到 100%。2021 年水稻示范区平均亩产 849.7 公斤，最高亩产 910.6 公斤，一举打破四川盆地单产纪录。构建良机应用机制，建成

“全程机械化＋综合农事”服务中心，推进机械化、社会化全程服务，实现园区水稻、油菜生产综合机械化率分别达90.5%、76.7%。推广粮食烘干设备，提升粮食初加工能力，粮食烘干设备保有量达40台套以上，日烘干能力达1000吨以上，初加工能力达80%以上。建设中江县农业数字中心，搭建园区综合管控云平台，集成园区管理、生产环境监测、质量追溯、智能控制、农业大数据等模块，实现农业生产经营可视化、自动化、智慧化，提升园区智慧水平和管理效能。

2. 园区建设产业融合是新路

强化龙头带动，推动园区新型经营主体与年丰、雄健等龙头企业深化合作，加强上中下游各环节有机衔接，延伸产业链条，促进一二三产业融合发展。按照“产—加—销”全链条一体化发展要求，积极推进优质粮油标准化生产建设，实现加工产值45亿元。培育区域品牌＋企业品牌＋产品品牌，带动农业产业化发展，植入电商物流、文商旅体、休闲康养、教育实践等业态。“石狮田园居”“五彩福沟”“黄鹿湖农业主题公园”以产业大道和G5互通为核心区域，从2017年起，已成功举办六届“黄鹿龙虾节”，“黄鹿虾”“黄鹿稻虾米”小有名气，已逐步形成集渔趣、农趣、闲趣、食趣的农旅融合新业态。

创建以“粮油”为主导产业的产业特色鲜明、加工水平高、产业链条完善、设施装备先进、生产方式绿色、品牌影响力大、农村一二三产业融合、要素高度聚集、辐射带动有力、生态效益、经济效益和社会效益相统一的现代农业园区。

1）补功能·优化功能结构——构筑“农业＋”复合型产业体系

依托基地优势区位，围绕成都——德阳都市圈旅游、双养人群，产业跨界联动，发展科技农业、田园旅游、农事研学等相关产业，推动中江“秀美乡村”建设，打造国家级科技农业示范基地，实现产业链式增值。

2）优环境·完善设施配套——根植特色农耕，发展文旅休闲

以绿色农业为基础，文、旅、研、博功能集成，发展高品质农业休闲旅游，完善附属设施配套。

3）塑形象·全园景观主题化、美化——主题视觉＋品牌塑造

提取“自然生态＋未来科技”的元素，打造园区专属的IP形象，突出园区品牌形象，从而不断塑造品牌认知、提升品牌价值。

3. 园区建设绿色发展是目标

绿色是永续发展的必要条件和人民对美好生活向往的重要体现，园区智能循环控制中心肩负起了农业生态保护、化肥、农药减量化利用、循环农业发展的重要使命。实施农产品质量安全网格化管理，规范建立农产品生产记录档案，落实食用农产品承诺达标合格证制度和产品质量安全追溯制度，农产品质量安全追溯管理比例达100%。

4. 园区建设深化改革是动力

依托“三变”改革“五社”实践，盘活农村土地，集体建设用地，闲置宅基地等资源资产，激活园区发展要素。引导农户以土地、资金、劳动技术等要素，与入园新型经营主体开展多种形式的合作与联合，建立土地流转得租金、务工就业挣薪金、集体反哺得股金、订单生产赚现金、委托经营赚酬金的“五金”利益联结机制，让农民走上现代农业发展的快车道。

建设现代农业园区，是巩固拓展脱贫攻坚成果同乡村振兴战略持续深入推进、有效衔接的一项富民工程，是推动中江农业农村高标准、高质量发展的重要途径，将实现全面小康、振兴乡村的梦想，植根于这片希望的田野之上，同时举全县之力，努力让农业成为有奔头的产业，让农民成为有吸引力的职业，让农村成为安居乐业的美丽家园！

10.2.4 园区总体规划与重点项目布局

中江县粮食生猪现代农业园区以丘区地形地貌特征、园区农业生产项目布局和乡村聚落生活空间分布为基础，打破镇村行政区划界限，整合园区生产布局所包括的东北镇、永太镇、黄鹿镇镇域范围，两镇所辖的 11 个行政村范围，将园区空间结构规划为“一环、四区、十大点位”。

1. 一环

一环：即是约 36 公里长的园区产业大道环线，覆盖东北镇觉慧村、永太镇明星村、多宝村、清福村、东沟村、牌坊村、金桥村、长河村、迎丰村、石狮村、黄鹿镇福沟村、青藕村、宝塘村等 13 个村落。产业大道外接城绵高速罗江东、永太互通连接线，内联罗桂路、绵中快通（规划）。内联外接，既实现了园区与以成都、绵阳等都市为中心的一小时经济圈无缝对接，也实现了园区内部的人流、物流的畅通联系。

2. 四区

“四区”：分别是城乡融合示范区、现代农业示范区、种养循环示范区和农文旅融合示范区。

城乡融合示范区：范围包括东北镇觉慧村等村落，发挥县城近郊优势，绿色引领，统筹城乡，以人为本，有序发展乡村旅游、民宿露营、特色餐饮等新业态，打造以中江挂面非遗文化为主题的乡村振兴城乡融合样板区。

现代农业示范区：范围包括永太镇明星村、多宝村、清福村、东沟村、新店村和迎丰村等村落，以四川丘区现代粮油产业技术中心为依托，以农业技术创新研发、展示、产业服务等为主导，强化科技支撑，实现粮油作物科技成果转化引领示范。

种养循环示范区：范围包括永太镇石狮村，牌坊村、金桥村、长河村、黄鹿镇福沟村、思源村等村落，以生猪循环种养产业为主导，构建智慧循环农业全产业链，做好生态农业循环引领示范。

农文旅融合示范区：范围包括黄鹿镇福沟村、青藕村、宝塘村、景观村等村落，以高标农田示范区为主导，以黄鹿湖水库观光为特色资源，规划布局数字乡村成果展馆、园区综合服务中心等引擎项目，延伸农业现代化产业链，打造集稻虾循环种养、乡村度假运动为一体的宜居宜业宜游“丘区鱼米之乡”。

3. 十大项目点位

“十大项目点位”：即是沿产业大道环线共布局了具有区域性引领带动作用的农业生产与加工、科技与研发性质的重点项目，以节点建设实现示范带动，引领农村社区走向现代生产生活与未来社区的十大重要项目点位，包括：

产业融合发展示范区（东北镇觉慧村）以“挂面（非遗）+ 美食 + 民宿”为主导，推进“三产融合”的产品战略，形成“挂面 +”农商文旅体养产品体系，助推中江现代农业、挂面文化、乡村旅游协调融合发展。

四川丘区现代粮油产业技术中心（明星村），依托四川农业大学、四川省农科院等院校科研机构，建设集科技支撑、企业服务、平台交易于一体的粮油产业技术中心、农业数字中心、油菜产业交易中心，人才培训、研学科普、农业观光、农耕文化体验中心。

全程机械化综合农事服务中心（多宝村），推进农业产业机械化、社会化全程服务，实行耕、种、防、收一条龙全程机械化作业，助力粮食增产增收。

丘区大豆玉米带状复合种植示范基地（长河村、东沟村），面积约 4000 亩，改造丘区缓坡地、撂荒地、低效土地，开展丘区旱地大豆玉米套作种植示范。

智能循环控制中心（石狮村），开展“猪沼—粮油”种养循环示范基地建设，已敷设生态农业循环利用沼液田间管网总长超 100 公里、辐射种养面积约 8000 亩，是西南地区最大的、功能最为齐全的智能循环种养数字农业中心。

集体经济产村融合示范（石狮村），以党建为引领，积极探索发展壮大村集体经济，不断提升基层党组织引领发展能力，开辟集体增收新渠道，突出产业发展与新村建设同步推进。

田园亲子产村融合示范（福沟村），集旅游观光、休闲娱乐、亲子田园、农事体验为一体的新兴网红打卡地。

农产品品牌展销中心（宝塘村），以特色农产品的宣传、展示、推介、销售为主要功能，拓宽区域农副产品销售渠道。

黄鹿湖农业主题公园（宝塘村、青藕村），以黄鹿湖水库、稻虾养殖为农文旅融合的特色资源，库区观光及宝塘村稻虾生产与农事科研等为农文旅融合特色项目的农业主题公园，大力发展乡村文旅、休闲康养、电子商务等新业态，打通了美丽环境向美丽经济的转化通道，实现片区资源品相、接待能力与品质的全面提升。

10 万吨级大米加工仓储中心（景观村），推进标准化初加工，以建设专业化、现代化的粮食加工、收购、储备、运输基地为目标，推进园区现代粮食物流建设，提升中江粮油品质。

10.3 强农战略主体行动措施

10.3.1 高标准农田提升工程

中江县域内 77% 的土地面积为丘陵，17% 的土地面积为山地，平地仅占 6%，连片土地较少，农业产业化呈现小散弱现象，粮食生猪产业园的地形条件具有得天独厚的高标准农田建设基础。“田成方、林成网、路相通、渠相连、涝能排、旱能灌”是高标准农田建设的基础特征，经过统一规划、平整，高标准农田将有效地改善农田机械耕作条件，提高土地利用率和农业生产效益，进一步增强农业综合生产能力，为农业产业结构调整和农业产业化规模经营、群众增收致富创造有利条件。

1. 高标准农田建设改善了农田基础设施

提高灌溉效率，减轻对水资源的竞争压力，有助于保护土地资源，减少土壤侵蚀和退化。并通过土壤改良、耕地质量提升等措施，提高肥料利用率，提升作物产量与质量，从而提高农民收入。促进了农业现代化进程，推动了农业的可持续发展。

高标准农田建设主要工作任务聚焦在永久基本农田开展高标准农田新建和改造提升，综合采取田块整治、土壤改良、灌溉与排水、田间道路、农田防护和生态环境保护、农田输配电、科技服务、管护利用等措施，增强农田防灾抗灾减灾能力。优先支持整区域推进高标准农田建设试点，为逐步把永久基本农田全部建成高标准农田发挥示范带动作用。

2. 农田水利设施补短板

按照旱、涝、渍综合治理的要求，支持农田灌溉排水设施建设，加强田间灌排工程与灌区骨干工程的衔接配套，因地制宜建设高效节水灌溉设施，健全农田灌排体系。重点建设和配套改造农田斗渠、农渠等输配水渠（管）道和排水沟（管）道、泵站、集蓄水设施、涵闸等渠系建筑物，补齐农田水利设施短板。

3. 耕地地力保护提升

坚持耕地“用养结合”，支持黑土地保护、轮作休耕、盐碱地综合治理改造利用、退化耕地治理等，加强农村低质低效土地盘活利用、“四荒地”开发利用，因地制宜推广绿色高质高效技术，改良土壤、培肥地力，实现耕地保护与利用并重，提高耕地资源可持续利用能力[①]。

中江县粮食生猪现代农业园区沿产业大道基本完成集中连片开展田块整治、土壤改良面积15000余亩，将“粮田”变“吨田”“小田”变“大田”，加强农田防护和生态环境保持能力，实现粮食生产的高产稳产、抗灾能力强（图10.3.1、图10.3.2）。

图10.3.1　高标准农田建设过程照片

图10.3.2　高标准农田提升：小田变大田

图片来源：中江县农业农村局

10.3.2 浅丘农田宜机化改造

山地农田改造面临着诸多挑战和难点。首先，山地农田的地形地貌复杂，如丘陵、山脉、沟壑等，导致土地利用受限。其次，山地农田的土壤质量参差不齐，有的地方土壤肥沃，有的地方土壤贫瘠，需要经过改良和调整。此外，农田水利设施不完善也是一

① 农业农村部.农业农村部关于印发《全国高标准农田建设规划（2021—2030年）》的通知[Z]. 2021.09.

个问题，山地农田常常面临水源缺乏、排水困难等困境。最后，抗灾能力也是农田改造需要考虑的因素，山地地区常常面临洪涝、滑坡等自然灾害的威胁。

土地宜机化改造关系着耕地安全和粮食安全问题。通过消除零碎地、边角地、荒地，进行归并联通、打破地界、优化布局，从而增加耕地面积，使土地得到有效利用。长河村、东沟村改造面积为4000余亩，采取小改大、坡改缓、增排灌水系、增农机作业道“两改两增”措施，将“巴掌地”改为集中连片、设施配套、宜机作业的“示范田”（图10.3.3、图10.3.4）。

图10.3.3 丘区大豆玉米带状复合种植示范基地（长河村、东沟村）

图10.3.4 山地农业宜机化农田改造示意

宜机化改造是山地农田改造的一种重要方式，其目的是通过引入现代机械设备，提高农田的生产效率和农民的劳动力，推进农田农业的现代化发展。宜机化改造的具体意义和优势有：

（1）宜机化改造可以提高农田的可利用面积。通过对山地农田的整理和改造，使原本零散的小块农田形成集中连片的大田，从而提高整体利用效率。

（2）宜机化改造能够降低农业生产的劳动强度。机械设备能够代替人力进行一些重复性的劳动，减轻农民的劳动负担。尤其是在劳动力不足的情况下，机械化作业可以提高农民的生产效率。

（3）宜机化改造有利于推进农业现代化。现代农业依赖于科技、机械和科学管理，宜机化改造可以为山地农田引入现代化的农业生产方式，提升农业产值和产品质量。

通过流转土地，解放了村级劳动力，带动周边群众前来务工，达到了促农增收的效果。

10.3.3 智慧农业试点

智慧农业是将现代科学技术和农业生产、管理相结合的现代化农业生产发展方向，当前我国主要的智慧农业发展方向是实现农业精细化、高效化、绿色化发展。

1. 实现精细化，保障资源节约、产品安全

一方面，借助科技手段对不同的农业生产对象实施精确化操作，在满足作物生长需要的同时，保障资源节约又避免环境污染。另一方面，实施农业生产环境、生产过程及生产产品的标准化，保障产品安全。生产环境标准化是指通过智能化设备对土壤、大气环境、水环境状况实时动态监控，使之符合农业生产环境标准；生产过程标准化是指生产的各个环节按照一定技术经济标准和规范要求通过智能化设备进行生产，保障农产品品质统一；生产产品标准化是指通过智能化设备实时精准地检测农产品品质，保障最终农产品符合相应的质量标准。

2. 实现高效化，提高农业效率，提升农业竞争力

云计算、农业大数据让农业经营者便捷灵活地掌握天气变化数据、市场供需数据、农作物生长数据等，准确判断农作物是否该施肥、浇水或打药，避免了因自然因素造成的产量下降，提高了农业生产对自然环境风险的应对能力；通过智能设施合理安排用工用时用地，减少劳动和土地使用成本，促进农业生产组织化，提高劳动生产效率。互联网与农业的深度融合，使得诸如农产品电商、土地流转平台、农业大数据、农业物联网等农业市场创新商业模式持续涌现，大大降低信息搜索、经营管理的成本。引导和支持专业大户、家庭农场、农民专业合作社、优秀企业等新型农业经营主体发展壮大和联合，促进农产品生产、流通、加工、储运、销售、服务等农业相关产业紧密连接，农业土地、劳动、资本、技术等要素资源得到有效组织和配置，使产业、要素集聚从量的集合到质的激变，从而再造整个农业产业链，实现农业与二三产业交叉渗透、融合发展，提升农业竞争力。

3. 实现绿色化，推动资源永续利用和农业可持续发展

2016年中央一号文件指出，必须确立发展绿色农业就是保护生态的观念。智慧农业作为集保护生态、发展生产为一体的农业生产模式，通过对农业精细化生产，实施测土配方施肥、农药精准科学施用、农业节水灌溉，推动农业废弃物资源化利用，达到合理利用农业资源、减少污染、改善生态环境，既保护好青山绿水，又实现产品绿色安全优质。借助互联网及二维码等技术，建立全程可追溯、互联共享的农产品质量和食品安全信息平台，健全从农田到餐桌的农产品质量安全过程监管体系，保障人民群众“舌尖上的绿色与安全”。利用卫星搭载高精度感知设备，构建农业生态环境监测网络，精细获取土壤、墒情、水文等农业资源信息，匹配农业资源调度专家系统，实现农业环境综合治理、全国水土保持规划、农业生态保护和修复的科学决策，加快形成资源利用高效、生态系统稳定、产地环境良好、产品质量安全的农业发展新格局。

10.3.4 “农业生产+”特色空间营造

农田水利设施提升工程——渠系景观提升，统筹农田水利设施配套；因地制宜，协调风貌，统一形象，对沿线灌溉站、小栈桥、沟渠等设施的景观提升植入“24节气”“农耕文化”“乡风民俗”等文化主题，整治塘堰、土埂护坡及沿河景观栈道、护栏。修复园区生态湿地系统（图10.3.5、图10.3.6）。

园区综合化改造利用提升工程——对产业大道沿线已建烘干厂房、养殖用房、加工用房等六处生产设施用房及电力设施进行艺术化改造。如果说城市的建筑代表一个城市的形象，生产性建筑（如厂房等）则代表该区域产业的形象。人们传统概念里的厂房都是蓝色彩钢板的顶、水泥墙，由于一些企业在建造厂区的时候主要考虑了节约建设成

图10.3.5 农田灌渠景观提升方案一

图 10.3.6　农田灌渠景观提升方案二

本的因素，厂房怎么省钱怎么来，只要能用就行，时间一长，彩钢板就会生锈，上面锈迹斑斑，墙面上的涂料也会脱落，变得斑驳。

1. 农业生产与美学的完美结合

厂房外观装饰美化设计不仅仅是为了满足通风、采光等功能性需求，更是提升美感、提高工作效率和员工满意度的重要手段。美感体验在厂房环境中同样重要，因为一个舒适、优雅的工作环境不仅能提高员工的工作效率，还能提升企业的形象和品牌价值。通过引入现代概念的厂房，工业建筑外立面已经打破传统厂房的形象，展现了更现代化、更新型的产业面貌，让产业转型与城市形象得到有机结合。外立面最外面是铝镁锰板，这种材料的特点是环保、材质轻，金属质感比普通铝板更好看。中间有防火层，里层是金属板，完全可以达到生产要求的温度和湿度，而且不容易腐蚀、生锈，梅雨季还能防渗漏。“如果不使用大量异形板，铝镁锰板外立面的建设成本其实跟砖混结构差不多。”为了节约空间，厂房的空调主机等都放置在屋顶，可以说整个建筑外形更趋于公建化建筑。

在对老旧厂房进行改造时，加入现代的新技术，让老建筑与当代的建筑融合，例如，将破损严重的墙体拆除后进行改造，在改造时应用现代的玻璃幕墙技术，玻璃幕墙，是一种支撑结构体系可相对主体结构有一定位移能力、不分担主体结构受力作用的建筑外围护结构或装饰结构，玻璃幕墙可分为单层玻璃和双层玻璃两种，是当代的一种新颖的建筑材料。将玻璃幕墙结构运用到老旧工业厂房的改造之中，能更好地使建筑拥有现代的建筑气息。

外立面采用了米白色为主调、黄色为点缀的色彩组合搭配，黄色系体现了我国历来对农业生产特色的重视，具有浓厚的文化底蕴，又具有较强的色彩明度，园区为了契合当地建筑色彩以及文化内涵，在设计色彩上采用与当地建筑颜色相协调的灰色。

通过厂区生产建筑的改造设计，把厂房当艺术品设计，打破了人们对传统工业建筑“土、旧”的看法：原来乡村里的厂房可以变得这么美！

2. 园区生产设施分时共享利用计划

在我国江浙一带县域经济发达地区，“共享厂房”“飞地建厂”的模式与经验在乡村受到推崇[①]。厂房等农业生产设施的共建共享、土地和设施集约建设利用模式值得推广和借鉴。

烘干中心：以立体彩绘改变厂房形象；分时利用，增加运动功能提高使用效能（图10.3.7～图10.3.9）。需要将旧建筑与新建筑相融合，将这些功能空间改造后重新组合，形成新的功能区间，最大限度地发挥老旧工业厂房的价值，从而达到重组后社会各种需求的要求。

图 10.3.7　烘干中心厂房现状

图 10.3.8　烘干中心厂房分时利用计划

图 10.3.9　烘干中心厂房外观美化设计

① 黄启源 . 江苏泗洪：“共享厂房”赋能乡村振兴 [EB/OL]. 人民网，2023-04-18. http：//js.people.com.cn/n2/2023/ 0418/c360301-40380413.html.

养殖中心厂房：结合“绿色生态”分区主题，对原有厂房立面进行彩绘优化，展现生态产业园区新形象。

10.4 以农为主的产业复合场景营造

10.4.1 国内外以农为主的产业复合发展动态

农业是全球经济体系中最基础、最古老的产业，而旅游业则是扩散最迅速、最具创新活力的产业，由旅游业带来三分之一左右的食物直接消费，以及农业资源可以游憩多样化利用，使得农业与旅游业成为最有可能产生紧密关联、互动融合的两大产业，推进区域农业与旅游业融合发展（简称农旅融合发展）。

农旅融合发展是指结合资源禀赋，围绕一定主题或乡村地域民俗文化形成的具有标志性农旅品牌。如农业地理标志产品、一村一品等特色农业，特色旅游小镇、重点旅游乡村等特色旅游。

旅游业与农业的融合发展，是将第三产业和第一产业有机结合的新型产业发展方式，有效地促进了产业结构调整。旅游业与农业的结合发展在中国起步较晚，但欧美等发达国家早就已经开始，真正兴起浪潮是在20世纪中期以后。

国外农旅互动研究进展主要集中在如下方面：①农旅协同增效的关系大多被肯定，但仍没有进行彻底深入研究；②农业与旅游业的互为影响和作用研究；③农业多样化经营与农业旅游；④游客食物消费对地方农业的影响。

国外大多从农旅互动影响、农业多样化经营等角度来展开研究，而国内农旅融合是指通过资源、市场、产品等的互相融合而产业了一种新的业态。不管怎样，旅游产业融合、农旅融合作为新兴的研究领域，虽然起步较晚，但学术界基本上已形成了如下共识：①旅游产业融合成为一种普遍现象，与旅游业的需求导向、边界模糊和关联度高的产业特性有关，农旅融合也不例外；②与国外早期产业融合研究始于技术驱动不同，农旅融合是典型的市场需求驱动型融合；③旅游产业融合本质上是一种产业创新，不但可以优化产业结构，还推动了旅游业转型升级为现代服务业；④旅游产业融合带来了价值链重构，促进了新业态的形成等，农旅融合即催生了农业旅游新业态，农场经营旅游，可以发挥农业多功能性，降低农业的风险和脆弱性，提高农业生存能力，是农场多样化经营的选择之一。

王琪延等研究了国内外旅游业与农业之间融合发展情况，将旅游业与农业产业融合的时间分为3个阶段：初级融合期、紧密融合期和新兴融合期（表10.4.1）：

（1）初期融合期：19世纪中期到20世纪中期是旅游业与农业融合的初级融合期。许多国家意识到旅游业与农业融合发展的益处，开始在农业领域发展旅游业吸引游客，

旅游业与农业产业融合发展阶段分期表　　表 10.4.1

	时间	关键事件	内容
初级融合期	1850 年	德国建设“市民农园”	德国是最早进行城市农业实践的国家，人们开始利用原生态的乡村居所吸引游客，最初的功能是水果蔬菜种植，并随之发展为新型生产性景观
	1865 年	意大利成立“农业与旅游协会”	此协会专门介绍城市居民到农村去体味乡村野趣，参与农业相关活动，与农民同吃、同住、同劳作
	1935 年	日本学者青鹿四郎出版《农业经济地理》	该书首次提出“农业观光”这一概念
紧密融合期	1954 年	法国联邦国营旅舍联合会主办“法国农家旅社网”	此后，各类农业旅游社团组织和中介机构陆续成立，有效促进了农业旅游发展，行业协会在农业旅游的发展中显现主导作用
	20 世纪 70 年代	法国首次提出“市郊农业”概念	兴起城市居民兴建“第二住宅”，开辟人工菜园的活动；各地农民纷纷推出农庄旅游组建全国性的联合经营组织
	1984 年	韩国农林部为了增加农村收入，开始扶植以个体为经济主体的乡村旅游	韩国的旅游农庄、民泊农庄、休闲园区都得到相应的资金扶持；观光农园由国家资助问世
	20 世纪 90 年代	韩国提出“都市农业”计划	形成以绿色观光为中心的基础产业的局面；注重发挥农业协会的重要作用，为当地的农民提供法律咨询服务等；强化政府在农业信息化中的作用，形成“工业化”与“信息化”相结合的新模式
	1992 年	美国设立“农村旅游发展委员会”	对农村旅游发展政策进行研究，是正式指导乡村旅游与小商业发展的政策
		美国成立“农村旅游发展基金”	在资金上帮助农村地区旅游业的发展，为项目规划、发展和执行提供资助与宣传
	1994 年	日本实施“农山渔村余暇法”	日本政府积极采取措施推进农林渔业民宿体验的登记制度，随着农村接待制度日趋完善，“绿色旅游”开始在日本扎根
		中国台湾“农委会”出台“发展都市农业先驱计划”	此计划积极辅导各地创办示范性的体验型市民农园
	1998 年	法国农会常设委员会设立“农业及旅游接待服务处”	与其他社会团体建立“欢迎莅临农场”的组织网络，宣传农业旅游的 9 大系列，大力促销法国农业旅游
新兴融合期	2000 年 6 月	法国建立“国家市郊农业发展网络”	覆盖全国 22 个行政大区，其主要表现形式有农业保护区、园艺农业、城市嵌入式花园、家庭花园、城市生态农业园和教育农场等
	2001 年	中国国家旅游局把“推进工业旅游和农业旅游”作为工作重点	“农业旅游”的概念在中国被正式提出
	2002 年	意大利各地开展“绿色农业旅游区”	2002 年有 1.15 万家从事“绿色旅游”的企业，接待 120 万本国游客和 20 万外国游客

续表

	时间	关键事件	内容
新兴融合期	2002 年	韩国农林部选定了 18 个“绿色农业体验村”作为绿色旅游实验区	每个实验区由政府投资 2 亿韩元，来进行绿色旅游事业的开发；韩国农林部统计调查数据明确指出，韩国国民对于乡村旅游的需求正以每年 16% 的速度增长
	2009 年	中国国务院 1 号文件《关于 2009 年促进农业稳定发展农民持续增收的若干意见》出台	该文件是国务院第 1 次在 1 号文件中提出农业与旅游业融合发展的问题
	2010 年	中国国务院 1 月出台文件《国务院关于加大统筹城乡发展力度进一步夯实农业农村发展基础的若干意见》	文件指出，要“推进乡镇企业结构调整和产业升级，扶持发展农产品加工业，积极发展休闲农业、乡村旅游、森林旅游和农村服务业，拓展农村非农就业空间”

开始进行旅游业与农业融合发展的尝试，有的国家还成立了协会。例如，德国在 1850 年建设“市民农园”用于蔬菜水果种植，随后发展为新型生产性景观，并在 1919 年颁布《市民农园法》，成为世界上最早制定市民农园法律的国家。1865 年，意大利成立“农业与旅游协会”，城市居民可以通过协会初步了解乡村生活，到农村体味田园野趣。日本是“农家乐”旅游的发源地，但最初并没有得到真正的推广。

（2）紧密融合期：20 世纪中期到 20 世纪末是旅游业与农业融合发展的紧密融合期。世界旅游发达国家采取政策支持和引导旅游业与农业的融合发展，土地和财政方面的计划和条款相应出台，加大了各国旅游业与农业融合发展的执行力度，在相关法律法规的指引下，指明了旅游业与农业融合发展的方向；许多经营者看到了旅游业与农业融合发展的内在前景与效益，对旅游业与农业的产业融合发展进行投资；各国体验农业旅游的游客人数增加，旅游质量提升，产业规模扩大，旅游业与农业在真正意义上开始紧密融合。1954 年，法国联邦国营旅舍联合会主办“法国农家旅舍网”。此后，如法国农业与渔业协会、全国农民联合会工会、农业商会、全国农民联合会、法国国际旅游推广协会等组织和中介机构相继成立，有力促进了农业旅游的经验交流、信息传播和人才培训等。

（3）新兴融合期：21 世纪是旅游业与农业融合发展的新兴融合期。这个时期更加注重旅游业与农业的产业融合效率；旅游业与农业的产业融合向多元化方向发展；将科技融入旅游业与农业的产业融合发展中，关注环境问题，提倡生态农业。新形式的旅游业与农业的产业融合方式，更好地满足了各类人群的需求，形式的新颖和交通的便捷吸引了大量游客，在高科技技术的支持协助下，信息的快速传播也为游客选择旅游地点提供了方便。2000 年，法国建立“国家市郊农业发展网络”，标志市郊农业正式纳入国家及地区发展规划。意大利 2002 年夏季有 120 万本国旅游者和 20 万外国游客，到各地的“绿色农业旅游区”休闲度假。意大利的乡村旅游主要类型有农场度假、农场观光、乡村户外运动和乡村美食旅游等。手工制作、古文化体验、乡村节日之旅、乡村美食和骑马等都是很受欢迎的项目。2001 年，韩国农林部策划制定“绿色旅游中长期推进计划”，2002 年，选定 18 个“绿色农业体验村”作为绿色旅游实验区，农林水产食品部在 2010 年组建“都市农业全国协商会”，专为都市农业发展制定中长期规划和相关法律。韩国对都市农业的研究大多集中在都市农业实态分析方面，包括城区内农民的经营状态、农田及周末农场利用状态、都市农业国内外案例及政策体系建设，以及都市农业的价值评价研究等。

10.4.2 高品质塑造农业产业场景：生产主题、生活特色

20世纪90年代，多伦多大学丹尼尔·西尔教授提出场景理论[①]，指出场景是一个由硬件设施和软件系统构建的一个系统，主要有社区、建筑、人群、文化活动和公共空间五大构成要素，其中，硬件包括建筑与空间，软件主要是指的这些设施与活动背后的所体现的审美趣味、价值观、生活方式和体验等文化性要素，将文化与价值观视为城市增长新的动力来源。也就是说通过场景营造，才不断激发城市发展的内生动力，进一步筑牢城市未来发展根基。

场景理论的核心观点认为，场景可能代表某种共同兴趣、某个特定地点，或是某个场所具有的美学意义。它是一种摆脱孤立，整体性、关联式的思维方式。场景意味着叠加，强调的是人，是城市的各项功能在空间和个体生命互相交叠中的重新定位。2018 年前后，成都市在市区街道环境提升改造中尝试运用“场景营城”理念，在特色街区打造中取得了突出的成效。场景理论产生于指导城市街区环境营造，同样适用于指导乡村场景营造，在乡村中，场景衍生为乡土景观的某个片段或一系列片段组构的景象，对乡土生活片段的提取和场景的营造是乡土景观营造的设计途径。

抬头看路、低头干活。优化与提升园区生产生活场景成了当前园区建设的重头戏。田园变公园，村庄变景区，优化乡村产业发展空间，围绕以人的活动为中心，以不同的空间类型为标准，将园区空间场景分为产业大道环线沿路空间场景、农业生产与加工空间场景、乡村聚落生活空间场景三大层级，细化产生落地实施性的地理标识工程、道路美化工程、高标准农田提升工程、水利设施提升工程、园区综合化改造利用提升工程、乡村人居环境提升工程等（图 10.4.1）。

---

① 丹尼尔·亚伦·西尔，特里·尼科尔斯·克拉克 . 场景：空间品质如何塑造社会生活 [M]. 祁述裕，吴军，等，译 . 北京：社会科学文献出版社 . 2019.

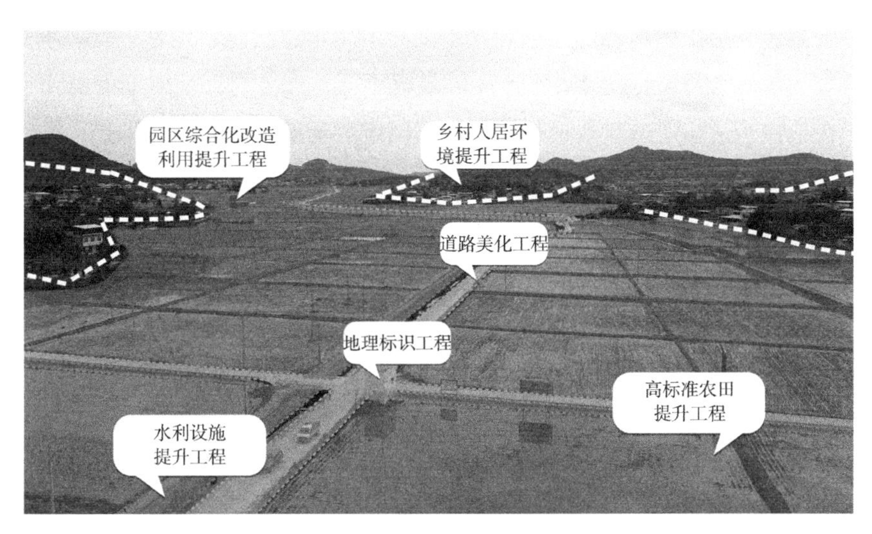

图 10.4.1　园区生产生活场景提升类别

1. 艺韵激活·产业大道沿路空间主题场景营造

李人庆指出“在乡村在地化发展过程中，要综合考虑多个维度，包括发展的在地性、自然景观的在地性、产业的在地性、文化的在地性、人和技术的在地性等”。“在地性”的内涵。“在地”的设计理念主张设计应从当下的土地环境出发，挖掘与利用场地环境中存在的微小设计要素，创造符合当地特征的建筑。“在地”并不是乡土场域特性的普遍表达，也不是乡土特征的简单表征，而是针对当下具体的场地、人、文化及社会等多要素的，附加了设计内涵的回应，是乡村所在的空间与当地的特色产业、自然环境、风土人情、民俗文化等共存的状态。

乡村场所的在地表达是在找寻“空间中的空间”，是基于对具体的乡村场域的认识和分析。而且，时下的乡村建设正在逐渐走向多主体参与的协作模式，通过与政府、NGO 机构、新乡绅和村民等利益主体的合作，使各方参与，规范乡村发展和村落规划，提高乡村居住及文化环境、增强原居民的认同感。

在该园区的场景营造中，以产业大道及其左右两侧十米范围内作为产业廊道空间视觉展示的第一层级，是园区主体形象的展现。场景营造是一门艺术，本质是与目标客群的一种“沟通”方式。场景营造已经不再仅仅是聚焦视觉效果，能够满足新生代消费者更深层次精神、情感，才能让他们打卡晒圈、流连忘返。

地理标识工程——以地标性标识为核心，以特色标识为基础，以艺术创新为纽带，在联系园区的产业大道线路上，以产业分布为特征，提炼农业产业的特色，树立沿线六处节点标识。

2. 乡村人文要素的在地表达

人文要素指的是与人的社会生活、精神文化相关的因素，在地语境下的设计注重村民生活场景体验、田园精神的打造和民俗文化的传承，这是在地性设计注重“以人为本”的理念下与其他形式的设计方案产生的最大不同，在乡村环境中显得更为独特。乡村场所的在地性表达应通过对场地精神的原生回应、场所空间的深度体验、场所建筑的历史记忆，实现人同环境、同历史、同记忆的对话交流，激发人们对乡村的认同感。采用“原生式 / 再现式”乡土景观营造手法，原生式乡土景观营造手法即乡土生活形态下的乡土景观营造，特指当地居民为了满足生产生活需要进行的、与景观相关的营造活动。“再现式”乡土景观营造是指结合当地综合民间传统文化与全球性先进技术，再现乡土生活形态下的乡土景观场景，通过对地域文化的提炼，对乡土场景的再现。首先，是空间的在地性和特色的差异化；其次，是文化的再生，即打造文化 IP，利用文创的方式延伸价值；再次，是产品的在地性打造；最后，则是通过培育发展“乡土文化、乡里物产、乡间收益、乡居生活”的乡村文化创意产业，来实现“发现、重估并输出乡村价值”。

（1）稻束：依托园区永太镇片区明星村在现代农业、科技农业上的建设成效，在园区的入口处设置入口标志，以稻穗、麦浪为创作原点，以简洁的波浪形线条在省道旁边的绿化带上延展开来，高低错落的形态既体现了中江县作为丘陵地区农业大县的自然地形地貌特征，跃动的线形也展现农作物风吹麦浪的姿态，艺术表达农业丰收的形象（图 10.4.2、图 10.4.3），白底金黄色的字体，端庄大气地呈现在省道旁侧，鲜明地显示了“手里有粮，心里不慌”的自信与底气。

（2）“新农人”艺术装置：设置在清福村聚落入口节点，以钢结构为骨架，面塑大地稻草人的装置艺术手法，展现新农人现代农业田间生产场景。全身稻草形象，头戴稻草毛帽的稻草农人形象，与手持的电脑手写本形成鲜明的形象对比，将新农人的“新”，及其对土地的热爱、眺望的姿态、对美好乡村生活的热忱都编织进艺术装置之中，展现

图 10.4.2　中化园区入口现状

图 10.4.3　园区入口标识改造设计方案

得淋漓尽致，是歌颂新时代农人的自然之美和人文之力（图 10.4.4）。

（3）“艺趣石狮”艺术装置：依托石狮村的生猪养殖基地、猪沼还田等现代养殖业和种植业结合的建设成就为创作蓝本，选题突出石狮村的产业特征，以“家”“院”的元素抽象构成为场景的背景营造，表达我国传统乡村农业、农村、农家对生猪养殖业的传统与重视，唤起人们对以往乡村生活场景的记忆。以艺术化拼贴的手法塑造鲜活的生猪造型，体量大小不同的生猪造型组合出艺术品的节奏感，其可触摸感让村民、客商、游客等留下较为深刻的记忆，趣味性和生活性浓厚，突出展示该村的生态循环种养殖产业主题，表达产业兴旺的幸福和美乡村建设愿景（图 10.4.5）。

（4）“福沟彩门”艺术装置：依托园区黄鹿镇福沟村片区初具成效的“五彩福沟”乡村聚落民居墙绘的艺术基础，油菜花节等节庆活动基础，在福沟村空间边界上，形成由多个几何形状组合，展现现代艺术构成的体块和色彩组合美感和现代的门户装置设计理念。“转角即遇见”，新的转角造型成为产业大道上具有吸力的“视觉地标”，有效地将单一的线性交通功能空间改变为充满活力的“网红”画布，丰富空间层次（图 10.4.6）。

图 10.4.4　新农人场景装置

图 10.4.5　艺趣石狮艺术装置

（5）“和谐家园”地标装置：在青藕村由村集体组织、村民自发自愿集资新建的聚居点，以良好的规划布局和建筑工程质量赢得了村民的一致好评，改善了村民的人居环境条件，展现了村集体强有力的组织能力和良好的群众工作基础，以“和”字为创意源点的新村聚居点标志，寓意家庭、邻里、村庄和美的青藕新居，展现了青藕新居对文化生活的美好追求（图 10.4.7）。

图 10.4.6　福沟彩门生活场景艺术提升

图 10.4.7　“和”主题聚居点标志

（6）“稻虾宝塘”地理标志：依托黄鹿镇宝塘村稻虾种养结合的生产成就，龙虾节等节庆活动为题材，以龙虾为创作原型，艺术化变化龙虾形态，夸张的龙虾形态体现了“稻虾养殖”的活力，结合龙虾造型的乡村风景观景台，搭建了俯瞰生产园区大田景观的“第五视角”，既凸显园区宝塘村片区“稻虾养殖”的主题产业，又给村民和游客提供了独特的风景视角（图 10.4.8）。

图 10.4.8　“稻虾宝塘”地理标志

3. 乡村价值的在地输出与溢价效应

乡村的多元价值要求乡村场所的在地化不仅仅是景观建筑的在地化，还要通过场地环境的在地应答、建筑空间的在地融入及人文要素的在地表达，来发现、重估、输出乡村价值，通过培育发展“乡土文化、乡里物产、乡间收益、乡居生活”的乡村文化创意产业，通过不同类型的各个生产主体实现合作共赢，以发挥农村农业的多种功能与多重价值（图 10.4.9、图 10.4.10）。品牌策划：以龙虾、稻米、香猪的艺术形象，形成园区宣传推广的主题 IP。

图 10.4.9　龙虾主题 IP 形象设计

相关实证研究证实了拥有“地理标志”“一村一品”等标识的村镇在农产品销售时会产生“溢价效应”。获得“传统村落”“少数民族特色村寨”“非物质文化”“历史文化名镇名村”“重要农业文化遗产”“乡村治理示范村镇”等代表乡土文化的要素对农文旅发展具有促进作用。同样在乡村“旅游热”现象中也推动了农产品销售与乡土文化传播。

10.5 美育提升·乡村聚落空间及民居风貌营造

人居环境是新时代、现代化生活特征的重要载体，未来乡村就是让农民过上现代化的生活。乡村人居环境提升工程——人居小环境的改变，演化成绿色发展大变革。考虑建筑地域性和功能性，农房建筑风貌引导主要为简约现代和传统民居风貌两种类型。

让村里人像城里人一样全面地享受公共服务和生活便利，关注新时代乡村地区养老、卫生、托幼等基本问题，深化完善行政村、自然村两级公共服务体系，以构建“15分钟”乡村社区生活圈为基础，促进农文旅融合发展，赋予乡村聚落农耕文旅新业态，按聚落特征植入田园火锅、田园茶室、田间咖啡、滨水钓台、山林露营、青食廊坊、烟火集市等业态功能，打造乡村聚落特色消费场景。

10.5.1 乡村聚落格局

以场景“叠加”为指导思想，在坚持园区农业生产的主体功能基础上实现多元化发展，推进农业农村现代化，实现产业融合发展，打造“集产业发展、文化展示、研学教育、休闲旅游等复合功能的天府粮仓·稻梦农创小镇”，“良田美池桑竹之属，麦香稻梦和美之居”“凯江水润，沃野田畴”，以“筑绿·联网·串景”为手段实现乡村聚落良好的人居环境营造（图 10.5.1）。

外层——大田景观

中层——宅间田园

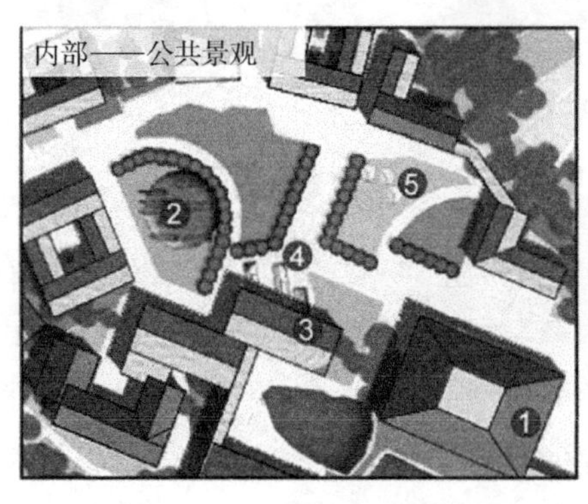

❶ 村社文化馆
❷ 广场水景观
❸ 农耕体验乐园
❹ 院坝广场
❺ 院坝绿地

图 10.5.1 乡村聚落格局与农业生产格局空间关联

筑绿。生态筑底，赋能乡村发展，构建“山水相依、景田相望”的田园绿色生态大格局。

联网。构建慢行网络，激活乡村活力一环多支，构建人性友好的生态慢行交通网络。

串景。移步换景，共绘美丽乡村画卷，一组团一主题，一院一处景，分区分片主题院落打造。

10.5.2 民居风貌特色化营造思路框架

自 20 世纪 80 年代，我国城乡经济社会得到了快速发展，全国大部分乡村开始较大规模的民居用房建设，人民群众居住条件不断得到提高，生活环境质量不断得到改善。与此同时，由于缺乏乡村住房的设计管理指导、村民家庭经济实力有限等因素影响，直接导致了这一时期形成的大量民居建筑风貌与其所处的自然、历史、文化背景相脱离，乡村风貌的趋同化现象严重，民居风貌地域特色等逐渐消失，呈现出风貌各异、造型单调等特征。2022年，国家层面发文《乡村建设行动实施方案》中强调指出，突出地域特色和乡村特点，打造具有本土特色和乡土气息的乡村风貌；四川省《四川省加快农房和村庄建设现代化的实施方案》中更为具体地明确了现代宜居型农房风貌与村容村貌建设准则。纵览国内外学界、业界对民居建筑风貌的研究与实践成果，国内外民居风貌主要是从建筑、生态、习俗、文化价值等多维度多视角展开，聚焦在民居历史建筑风貌的保护与传承、乡村风貌的更新与延续、乡村人居环境提升等方面[①②③④]，对民居风貌特色化营造的研究成果与设计实践见诸发表的数量较少。

应对国家深入推进乡村振兴战略，切实实施宜居宜业和美乡村目标，立足探索具有乡土特征、地域特点和兼具现代性风格的民居建筑风貌，成为乡村振兴战略背景下应对民居建筑风貌的迫切课题。聚焦乡村振兴背景下民居建筑风貌要素分类与特色化塑造，并以地处川中地区的中江县农业产业园区内黄鹿镇青藕村民居风貌塑造为典型案例，探讨乡村振兴背景下川中民居风貌特色化塑造策略。

川中[⑤]，是地理学上的概念，在地理方位上通常指四川盆地中部腹心地带，属丘陵集中分布区，以遂宁市为中心。四川各地乡村传统民居屋脊因同属四川盆地地域文化环境之下两者表现出相似性，又因自身地域特点两者表现出差异性。对此，李先逵从建筑风格角度描述过：川东更多俊俏轻灵，川南更多通透开敞，川西更多平和素雅，川北更多敦实粗犷，川中更多精巧秀丽[⑥]。川中民居的精巧秀丽体现在选址和建筑构造上，在选址方面，川中民居较多地位于低丘平坝边缘，靠山近水，最大限度地取得秀丽的自然山水风景；在建筑构造方面，具有严格的"屋基—墙身—屋顶"三段式构成，在构造和材质细微处处理精巧。

1. 川中民居风貌特色化营造思路及策略

从"时间—空间"维度来看，结合"事件—过程"角度分析，影响川中民居风貌演

---

① 王红军.美国建筑遗产保护历程研究——对四个主题事件及其相关性的剖析[D].上海：同济大学，2006.

② 刘永涛.日本"造乡运动"对我国民间文化保护的启示[J].电影文学，2008(459)：116-117.

③ 朱珊珊，刘弘涛，邹文江.藏族民居建筑遗产的风貌演变及保护传承研究——以世界遗产地九寨沟传统村寨为例[J].建筑学报，2022(1)：213-218.

④ 欧阳文，程鹏.川中丘陵地区聚落空间格局与民居建筑研究——以遂宁市凤凰咀村为例[J].北京建筑大学学报，2020，36(1)：1-8.

⑤ https：//baike.baidu.com/item/%E5%B7%9D%E4%B8%AD/5111804?fr=aladdin.

⑥ 李先逵.四川民居[M].北京：中国建筑工业出版社，2009：39.

变及特色化营造方向的因素主要有空间属性、时间属性，事件与过程因素。空间属性主要源于地域性方面的因素，主要包括：区位属性、自然环境、气候条件、地形地貌、风水思想、民俗文化等，这些因素具有一定的地缘稳定性特征，很少随着时间的变化而有大的改变；时间属性是指随着社会变迁和经济水平的提升，人们的生活方式也会逐步改善，对于建筑的审美喜好也会发生变化，过去认为美的建筑按照现代的审美不一定同样认定是美的，比如，近三十年人们经历了"传统民居—小洋楼—现代传统风格"的审美选择过程，民居风貌特色化营造是一个动态渐进的过程，其中既有对传统风貌元素的继承，保留部分传统建筑风貌元素；又会有产生更新的地方，使建筑风貌随周边环境一同发展进步，焕发新的活力（图 10.5.2）。

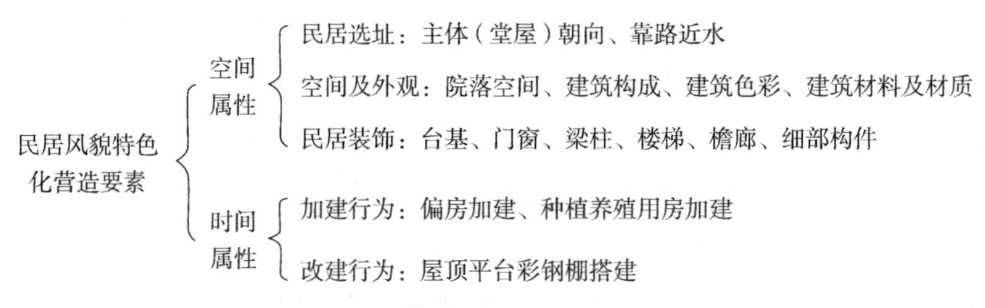

图 10.5.2 民居风貌特色化营造研究要素

因此，在川中民居风貌特色化营造设计中应运用发展的思维，结合理性与创新性的思维来延续川中民居建筑本身的魅力，既要发扬乡村原有文化和留住乡村特色，在传承的基础上发挥创造性思维，使民居风貌满足当前和未来的发展需要，又能展现出乡村风貌在当前社会审美视角下的光彩。其研究策略应坚持以下原则：适应性原则——适应乡村未来的发展变化和地域文化的创新更替；尊重性原则——尊重、发扬传统建筑的风貌与新乡村生活场景与功能的结合。简而言之，民居风貌特色化营造是在继承传统民居风貌的前提下，在建筑形式上有现代元素的运用，如现代建筑材料与建造技术等。

2. 民居风貌特色化营造研究要素

民居风貌特色化主要是由民居建筑呈现出来的能被人感知到的物质状态。包括群体民居风貌和单体民居风貌，单体民居建筑的和谐与统一构成群体民居的风貌与格局。民居风貌特色化营造研究要素从构成上分为民居空间及外观、民居装饰两大部分。其中民居空间及外观由院落空间、建筑构成、建筑色彩、建筑材质等组成，这些是民居风貌特色化营造的基础，也是民居风貌的主要体现方面；民居装饰部分包括台基、门窗、梁柱、楼梯、檐廊、带有文化元素象征意义的装饰构件部分，这些是民居风貌细部特征。

1）院落空间

院落是川中民居建筑空间较具特色的空间组织手法之一，也是民居风貌特色化营造中的重要组成要素。因浅丘地形地貌，水系发达，水塘众多，川中民居院落空间逐步形成了贴近乡村道路与水体布局的趋势，院落封闭程度极小，是民居建筑与自然环境过渡并融合的极好的空间形式。

2）色彩和造型

色彩的情感作用来自于对它的联想与象征[①]。建筑外观上的色彩和造型是建筑艺术的两大视觉要素，两者呈现相互依存的关系。建筑外观构形的各种关系要素，如色彩组合、线条划分、光影处理、虚实安排、质地效果等，这些都可以表达出不同的建筑外观效果。建筑色彩在民居风貌特色化营造上起着装饰、标识、情感的作用。通过色彩的装饰建筑可以很好地融入周围环境也可以从周围环境中“跳”出来，充分显示个性。

3）建筑材质

川中民居用材用料基本保留材料天然本色，材料是建筑最基本的物质构成元素，材料的不同构建了建筑肌理和结构构造的差异，这种差异直接影响着建筑形态的风格特征。在乡村振兴的背景下营造民居风貌特色，建筑材料的更新换代与技术的进步影响着建设过程的各个层面。

4）细部装饰

细部装饰既是院落空间与周围空间的连接点和转换点，也是形成风貌景观效果和风格的直接元素，更是民居文化的表达与承载。

3. 典型案例：民居风貌特色化营造

1）现状概况

青藕村位于中江县农业产业园北部黄鹿镇，属于川中低丘地貌地区。从地形地貌上看属于山脚平坝地形，自然风景优美，具备典型的丘陵地区地貌和自然环境特征。青藕村民居建筑大多形成于20世纪80年代至2000年，以村民自发建设为主形成沿山脚线形、散点状的乡村聚落组团。与国内、四川省内众多乡村民居一样，中江县黄鹿镇青藕村民居建筑在空间属性和时间属性、过程与事件三方面呈现出如下典型性与代表性特征：

空间属性方面主要体现在建筑风貌、建筑结构、等方面。①院落空间格局方面，仅有极其少量的民居建筑以实体高围墙（围墙高度≥ 1.5 米）的形式形成了封闭性较强的前院空间格局；②建筑结构上，以砖混结构为主，建筑质量及安全性较差，受限于单家独户的建房资金投入，18 墙（单砖墙）的墙体结构比重较大，楼板多以早已废弃的预制板为主，存在着较大的建筑质量安全隐患；③建筑形态与风貌上，占比 90% 以上的村民在自建的过程中，自觉地保留了适应川中地区气候与环境特征的出檐双坡屋面的造型、偏房、街檐灰空间等川中民居建筑格局及局部要素；④建筑装饰上，整个

① 焦燕. 城市建筑色彩的表现与规划 [J]. 城市规划，2001（3）：61-64.

聚落仅有两栋民居在二楼栏杆处有简陋的雕花装饰，其他几乎不存在建筑外观装饰行为（表 10.5.1）。

民居风貌特征 表 10.5.1

分类	特点	现状照片
屋顶	形式：双坡屋顶、平顶并存 材料：小青瓦、彩钢瓦、树脂瓦	
院墙	形式：清水砖砌、竹条编织、石头垒砌 材料：石头、青砖、红砖、竹子	
立面	形式：小披檐、小青瓦、雕花、木板门 材料：瓷砖、水泥、木、铝合金 颜色：黄、红、灰、白	

时间属性方面体现在加建和改建行为中的民居建筑载体映射。①加建行为："添砖加瓦"是吃苦耐劳的四川普通百姓对家园营造的最质朴思想，他们视住屋为脸面，一旦增加一点收入，都会添加到房屋的维护修建上面。因此，民居建筑的加建行为是一个伴随着时间的动态过程，如加建一个偏房，用于增加功能用途；②改建行为：经济适用是普通百姓对建房方式的最佳选择途径，搭建彩钢棚就是典型的加建行为，调研中发现，80% 的平屋顶上搭建了彩钢棚，尽管地方政府三令五申予以拆除，但从实用性角度看，彩钢棚价格低廉，同时起到了平屋顶防水、增大柴草堆放空间的功能。

"事件—过程"因素方面：通过对青藕村现状调研，政府希望通过乡村人居环境塑造资金与项目的投入，逐步改变村落入口已经形成的初级农家乐乡村旅游入口形象，成为以村集体旅游合作社为主体，重新撬动景区活力的"会客厅"。在此背景下，我们认为：在 20 世纪末 21 世纪初形成了大量的乡村新建民居建筑，他们试图具有现代建筑的基本形态，但不具备现代建筑的结构与构成；局部保留有传统民居的要素，在传统与现代、功能与形式之间呈现挣扎的状态，是经济社会发展变革中的产物。

2）青藕村民居风貌特色化营造策略

（1）新造型主义策略："事件"导向下的现代性、风格派与建筑特色化。

油画家彼埃·蒙德里安以几何图形为绘画的基本元素，与杜斯堡等创立了"风格派"，提倡艺术"新造型主义"，主张以色彩和线条的抽象构成与律动组合创造普遍的现象秩序与均衡之美。笔者认为，资本出逃乡村景区是本次川中聚居点民居建筑改造的触发点与"事件"，唯有形成打破传统川中民居风貌，形成独特的民居建筑聚落特征风貌，方能为景区的重新盘活塑造空间活力。因此，以一栋民居建筑为原型，选取新造型主义中常用的几何图像将其运用到民居形式营造上，几何图案可以非常灵活、有效，可以为民居建筑外观带来活力和生命力，使设计具有更加柔和的风格和雅致。在我国乡村振兴背景下乡村的风貌改造正可以运用到这一点启发，用较低的造价完成民居风貌风格化塑造（图 10.5.3、图 10.5.4）。

图 10.5.3　蒙德里安《红黄蓝的构成》　　**图 10.5.4　民居的风格化改造方式**

多层次的立体构成与视觉色彩体系。好的色彩搭配是建筑设计成功的重中之重，一个优秀的色彩搭配对建筑产生重要的影响，一个建筑物的外观色彩搭配不应超过三至四个，主色调、辅助色调、点缀色调层次清晰明确，建筑色彩的运用应该遵循"总体协调、局部对比"的原则，建筑外观的整体色彩和谐统一的，局部运用一些强烈的色彩对比[①]。选择现有民居进行分析，发现其具有"火柴盒式"的外观构成特征，从立体构成的角度，将房屋的外立面分割成以横向构图（横向的主屋、外走廊栏杆）为主、点式构图（楼梯间、偏房等）为辅的空间立体构成，不同的体块赋予红、黄、蓝三种颜色，三种颜色按 6:3:1 的比例组合。建筑外观颜色的搭配中要注意各种信息要素的合理分布和表达，使各类要素的位置、间隙、大小保持一定的节奏感和美感。

① 陶婧 . 建筑材料质感及颜色搭配与视觉传达探析 [J]. 中国建材科技，2017（6）：35.

丰富的外部空间环境构成。针对川中民居逐步丧失院落空间的问题，我们选取了以风格化的矮墙进行院落空间围合塑造。将墙体设置成为高度 1～1.2 米，以废弃的砖石为原材料进行砌筑，再将墙体进行粉饰成红色、黄色、蓝色三色色块凸出墙面，与风格化建筑形成一体，辅以整体色调的坐凳砌筑，方便行人停留与休憩，搭建行人与屋主的交流空间，所形成的半开敞庭院空间是为乡村旅游接待服务所预留的经营性场所（图 10.5.5）。

图 10.5.5　院落矮墙的空间构成与风格化改造

（2）传统风貌特色化策略：走向现代性、折中主义的传统风貌。

功能意义上的折中。现聚落民居屋顶均搭建有彩钢棚，尽管是地方政府文件中三令五申予以拆除或整改。在调查中发现，彩钢棚对于该时间段内的民居而言，具有功能上的重大意义。首先，历经数年之后的民居平屋顶露台，均出现了不同程度的雨水渗漏现象，彩钢棚起到了很好的防渗漏效果；其次，彩钢棚搭建下巨大的半开敞空间，村民将其用于柴草堆放、丰收晾晒，省去了很多农村的杂活，从民生角度，彩钢棚搭建行为是对老百姓生产、生活有利的自主行为，反映了一定程度的需求。因此，我们在处理过程中，将屋顶彩钢棚认为是满足老百姓需求的重大事项予以功能保留，通过彩钢棚的色彩、高度、坡度、造型等方面的规范进行折中式设计，从形式意义上进行设计处理（图 10.5.6）。

形式意义上的折中。将聚落内部各色各型的金属彩钢棚通过钢结构设计与计算，屋顶材料统一置换为钢结构双坡造型，上覆青灰色树脂瓦顶，保留了传统坡屋顶的统一造型，屋顶与墙体衔接部分以轻钢玻璃结构予以衔接，实现了屋顶部分的采光与通风，造型意义上显得既传统又现代时尚。

在院落空间环境营造方面，以青砖砌成高度 1～1.2 米的围墙，再以青瓦叠置成麦穗形、莲花形、鱼鳞形、二十四节气等镶嵌于墙体中，具有浓郁的地域特色与乡土气息。路是庭院不可缺少的构成元素，它起着划分空间和引导观赏的作用，在庭院地面铺装方面，铺地的材料可选择石板、青砖、瓷片、鹅卵石等。院落中的漏窗、洞门与墙体自由组合，既虚实对比，又起到点缀和活跃庭院空间气氛的作用，辅以陈设乡村农具等方式展示乡村风貌特色（图 10.5.7）。

图 10.5.6　折中主义民居风貌塑造

图 10.5.7　院落空间塑造

3）方案比较的行动实质

（1）“事件”引发的行为实质：两种方案行为的实质，当前以政府主导的农房风貌改造行动中的设计思考，均是体现以风貌统一与和谐目的为主，较少地考虑到民居建筑的建筑及空间实质，是当前政策行为关注点的最大缺陷，对于建筑设计师来讲，是有限空间内的设计行为。其实，民居建筑的质量安全性问题应该成为政府专业职能部门从安全角度应重点考虑的问题，如引导民居的加固措施与设计。

（2）经济社会发展对民居建筑的实质影响。

由于民居建房的个体行为，每家每户的经济实力在民居建筑上的体现显得淋漓尽致，然而，村民将毕生积蓄投入到住房修建的同时，是否有功能使用上、乡村业态经营管理方面的呼应与计划，这是引导乡村人口回流的重要举措，是乡村设计师应重点关注和引导的，也是政府行业主管部门在加强农房建设审批和监管、引导与指导的重点。

4. 人居环境整治中民居风貌改造的启示

川中民居承载了川中丘陵集中区的环境气候特征和民俗文化价值，理应引起以民居建筑学界为主的相关学科的高度关注，其在乡村振兴背景下民居建筑风貌走向更是值得探讨的课题。本文通过特定条件下的川中民居风貌改造引发的民居风格化走向思考，既希望表达对特定地域条件下的乡村民居建筑风貌的传承与创新，也希望民居营造，不仅仅是风貌营造，与乡村业态规划与发展进行紧密结合，注重现代性与创新创意的体现。本文通过民居风貌改造的两种路径对同一对象进行风貌特色化营造实践，希望引发各地因地制宜运用多种方法进行探索，探寻出最适宜当地风貌特色化营造的方法。

10.6 发展特征与未来展望

一碗面，传承中国非遗，彰显地域特色与文化自信；

连片田，激发创新活力，学术设计助推农文旅融合；

数个村，营建现代人居，吸引村民回流促进乡村振兴；

一条连接产村之路，串起丰硕收成，多点联动异彩纷呈，迈向乡村现代化新征程。

这是一条振兴共富之路，一条乡村未来之路。带动乡村环境日益向好、乡村产业日益兴旺、乡村生活日益便捷、乡村价值日益凸显、农民群众日益自信，乡村面貌发生历史性的巨变。秉持“文化（艺术）创新、示范先行、有序推进、多方参与、共同缔造”理念，重塑乡村生态凸显和放大乡村传统文化内涵，推动优秀乡村文化“创造性转化、创新性发展”，塑造“凯江画廊·和美中江”农商文旅体融合示范新形象。

10.6.1 乡村变园区：农业园区化的雏形

中央农村工作会议指出：建设一批优势特色明显、产业链条健全、资源要素集聚、联农带农紧密、机制创新灵活的产业园，带动各地提升产业园建设水平，推动农业园区化、园区产业化、产业集群化，打造农业高质高效引领区、乡村宜居宜业样板区、农民富裕富足展示区，为加快建设农业强国、全面推进乡村振兴提供坚实支撑。在中江县粮食生猪产业园区，通过率先发展农业现代化产业建设起引擎作用。在组织动员及资源协调等工作方面，通过政府行业部门的引领带动，当前主要是以县农业农村局、所属乡镇为主体，推动村集体经济壮大发展，发展至今，据了解各方意向，成立专门的园区管委会的意愿较为强烈。因此，无论是从产业基础，还是组织架构，中江县粮食生猪产业园区均已经具有了现代化农业园区的雏形。

1. 乡村土地利用格局改变“有序腾退，适度聚居，业态更新，点状供地”

在农业现代化进程的推动下，在群众自愿的情况下，农业产区园区域内将推动局部适度聚居，计划新建部分乡村未来社区，满足区域内因产业发展需要安置住户。按四川省人民政府《关于规范农村宅基地范围及面积标准的通告》（川府规〔2023〕4 号）文件精神，推动村民 / 居民就地城镇化，严格实行一户一宅，“用好用活”集体建设用地。有条件梳理项目机会清单，利用村庄闲置民居，集体闲置资产，发展多元产业。保障公共服务设施和基础设施用地，村集体建设用地指标就片区内进行调剂。由此，乡村土地利用格局将有所改变，原来的小规模聚居、散居形态的乡村将变为适度聚居的乡村社区。

2. 村民身份、职业与乡村治理方式改变

采用意向企业主导，村集体及村民参与入股的合作发展模式，村集体与村民在其中的身份、职业及治理方式将发生改变。该园区现阶段入驻企业及项目相对单一，以农业生产为主，存在闲置空窗期，未充分利用园区内资源；目前，政府及政府下属的农业平台公司已经开始考察农业教育等科普研学项目建设，伴随着不同企业入驻该区域，将进一步丰富区域业态，带动周边村民主动参与进来；后期阶段：可联合场镇居民打造“村集体+企业+居民”合作模式，以企业为主导，村集体及村民资产入股的合作开发模式，联合推动产村综合发展。

由此，村民和村集体将逐步作为园区生产建设的“股东”身份参与，同时，也是园区企业的不同工种的工作人员，企业、村集体、村民共同围绕积极推动农业现代化产业园区建设的三支力量。

10.6.2 打破行政边界，园区协同发展

园区管委会的建立利于形成并规划联合行业、部门、镇村协同参与现代化农业园区的管理机制，统筹行政资源的分配，走向农文旅融合发展的四川省星级现代农业科技园区。探索行政区与经济区适度分离的经济开放运营模式，创建以“粮油”为主导产业的产业特色鲜明、加工水平高、产业链条完善、设施装备先进、生产方式绿色、品牌影响力大、农村一二三产业融合、要素高度聚集、辐射带动有力、生态效益、经济效益和社会效益相统一的现代农业园区，将实现农业生产连片、产业农业成带，搭建承载大农业、新产业的乡村大平台，创新探索“村村联合、产业连片、股份连心、责任连体、利益连户”的集体经济“抱团”合作模式，实现产业规模化、管理现代化、作业机械化、运营市场化，有效地集约成本，增加企业、农民和村集体收益。

第 11 章　生态价值的产业转化：郫都区花牌村养老基地

城市近郊乡村兼具邻近城市的地理环境特征、乡村的人文生态环境特征，能够为城市老年人提供都市田园般悠闲的养老生活。相比较而言，在居家养老形态为主的城市老年人在有限的活动空间、拥挤的都市住区环境以及较高的生活成本情况下，城市近郊乡村养老既实现了乡村生态价值的产业转化、又符合老年人的心理行为特征，成为众多都市老年人养老的养老休闲选择。

11.1 城市近郊绿色休闲乡村养老产业发展需求与优势

11.1.1 老年人生理、心理特征与养老需求

老年人生理特征主要为身体的衰老，生理功能、身体内部和外观等各方面都呈现出衰退、老化等问题，如头发变白、皮肤松弛、牙齿松动脱落、脏器萎缩、消化功能衰退等，还具有视觉、听觉、嗅觉、触觉、味觉等各种感官能力衰退等特征，对于城市充满噪声、各类污染的环境抵抗力较差，容易产生各类疾病问题。在心理特征方面，老年人通常处于退休状态，相对以往的生活节奏和状态均有所变化，部分老年人甚至难以接受经济与社会地位的改变，而子女无法伴随左右、闲暇时间大幅度增加等情况导致老年人更容易产生抑郁、孤独、失落等情绪，而众多不良情绪也成为诱发老年疾病的重要因素。

在养老需求方面，老年人养老期间需要确保生活环境、水源、饮食等基本的物质生活条件得到满足，近郊乡村养老地则需要确保生活环境的安全舒适性，能够提供绿色健康的有机食品，具备环境无污染、无噪声，交通不拥挤，景观环境生态环保等特点，能够满足老年人慢节奏的生活需求；针对老年人的心理特征，养老地需要从社交、独立、价值、安全、尊重等各方面满足老年人的心理需求。

11.1.2 城市近郊绿色休闲养老模式的特征与发展需求

近郊乡村处于乡村与城市生态系统的缓冲区域，也是城市物流与人流的疏散区域，

相对普通乡村而言，近郊乡村与城市的联系更加紧密，在地理位置上位于城市边缘的乡村能够受到城市文化、经济的辐射，更容易在城市的推动下得到发展。近郊乡村能够更便捷地实现与城市能量、资源、物质的快速交换，具有优势互补的效果。在功能性方面，近郊乡村具有景观、资源、生态、生产、经济等多样化的功能，如为城市的经济增长提供助力，为城市的生态平衡和乡村气候调节提供助力，能够作为城市的绿化隔离带实现对空气污染的有效净化，还可以借助自身的田园风光、农业观赏产品作为城市具备休闲度假场所，能够有效满足城市老年人的绿色休闲养老需求。

在经济增长方面，将养老产业带进城市近郊乡村，乡村的建设发展能够借助所流入的养老资金来实现，而养老服务相关工作也为乡村居民带来更多岗位，有效解决乡村居民就业问题。相关统计结果表明，农村宅基地存在大量闲置的情况，大量形成劳动力外出就业导致内部人口大量流向快速发展的城镇，这也使得乡村存在宅基地资源浪费问题，而基于绿色健康休闲养老模式的近郊形成建设，则能够实现对闲置宅基地资源的有效利用。在文化保护方面，随着国内经济的快速增长，自然村正以每天 90 个左右的速度减少，众多独特的风俗文化也随之消失，而近郊乡村养老模式的发展则起到保护形成非物质文化遗产的作用。

1. 近郊距离的区位优势，降低老年人孤独感

受生理健康状况影响，老年人的出行能力降低，身体各方面机能衰退，如果选择的养老地点与子女的距离较远，如候鸟式、异地式、旅居式的养老等形式将难以满足老年人的养老诉求，众多城市老年人更期望得到兼顾距离城市生活的子女更近且环境更好的养老地。据衰减理论表明，出行者所认为的离家出行是超出某个出行阈值范围的，而城市近郊乡村的距离更加适宜，是大都市地铁轻轨、公共交通线路等交通形式均可以直接通达的距离（图 11.1.1）。

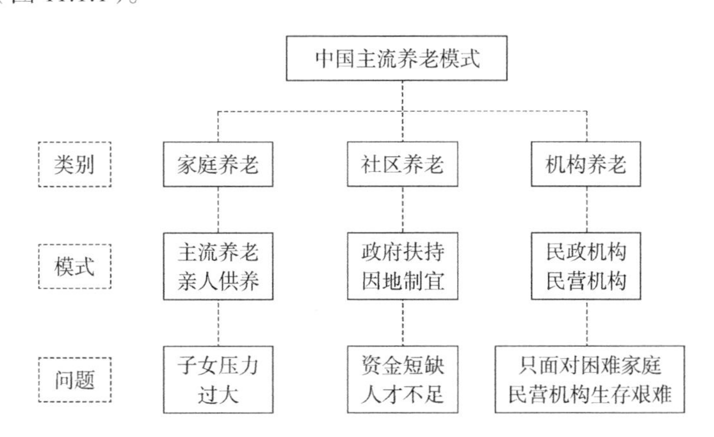

图 11.1.1　中国主流的三种养老模式

资料来源：郭婧舒．乡村共享养老社区营造策略研究 [D]. 清华大学，2017.

很多季节性移居者都表示住久了很想自己的儿孙，希望隔一段时间能见他们一次[①]。便利的交通不仅能够让养老的老年人感到离家不远，也为子女等亲属的不定期探望提供了便利，畅通与外界联系的同时，还为身体机能不佳的老年人提供了良好的就医环境。近郊区域的乡村与城市生活习俗相差不大，识别、感知和适应能力较差的老年人在该区域内养老不会产生较大的距离感，能够更轻易地融入近郊乡村养老生活之中。

2. 乡村人文生态环境，唤起熟悉情感共鸣

乡村养老环境具有精神上的互助养老支持。互助现象是上千年来乡村社会的村民生活的一部分，随着社会发展和价值观的转变，互助现象及互助环境逐渐衰退或萎缩。而当前或未来二三十年内的老年人群体绝大部分是有着乡村生活经历的人群对象，乡村养老环境在其精神世界中是一种回归，一种对乡土时代邻里互帮互助精神的期盼，它可以提供互助养老的精神场景支持。

近郊乡村具备比城市更优异的气候环境和自然风景，能够从生理和心理方面为老年人带来更多帮助，临床学、预防学、康复医学等医学领域的研究结果表明，良好的自然环境对于老年人的健康疗养具有促进作用，自然景观能够提升老年人的监控水平，部分医疗建筑要求设置能够引入自然光的窗户并在窗外设置绿植的自然景观，在自然景观、自然声音作用下，老年人的神经、血压能够得到舒缓，心情也能够得到放松，起到改善睡眠、平衡身体的保健理疗效果。

3. 专业机构运营，提供物质精神医疗保障

近郊乡村能够为老年人养老提供优越的自然环境、社会环境以及适宜的精神物质空间，能够有效满足老年人多样化的物质、精神等生活需求，乡村中的水资源、空气、阳光、农作物等相对城市更加优质、清新、充足和无公害，是确保老年人健康生活的重要保障。此外，在生态环保的自然环境之中，老年人无须承受城市热岛效应形成的恶劣气候环境，所处近郊乡村的温湿度、气压、日照时间、降水量等更能满足老年人的生活需求。此外，近郊乡村优异的自然风光能够为老年人带来更多精神层面的享受，具备良好的精神保障优势。

11.1.3 美国太阳城案例

太阳城是美国最早，也最著名的活力养老社区，位于美国亚利桑那州，占地 37.8 平方公里，其中陆地 37.6 平方公里，水域 0.2 平方公里。距离凤凰城西北 12 英里，那里全年 312 天能够接收到日照，因住在其中的老年人活跃的生活方式而闻名，这里气候炎热干燥，阳光充足，故称“太阳城”。20 世纪 50 年代，太阳城所在的区域还是一片

① 周刚 . 养老旅游及其开发的可行性研究 [J]. 商讯商业经济文荟，2006(3)：63-66.

半沙漠化的棉田，地产开发商德尔·韦伯敏锐地发现这一区域适合美国北部寒冷地区的人前来度假，因此着手修建了一个适合老年人的社区。

美国太阳城（SUN CITY）是美国、也是世界上著名的专供退休老人居住和疗养的社区（图 11.1.2）。由 Del Webb 公司于 1961 年开始建设，经过 40 多年的发展与完善，已成为美国开发老年社区的著名品牌，是世界著名的 CCRC 模式典型代表（CCRC 即 Continuing Care Retirement Community，意为“持续照料退休社区”），综合了机构养老、社区养老等多种养老模式，是一种新型先进的养老社区模式，为老年人提供自理、介护、介助一体化的居住设施和服务。由 Del Webb 公司于 1960 年开始建设，经过 20 年的发展基本建成（图 11.1.3）。

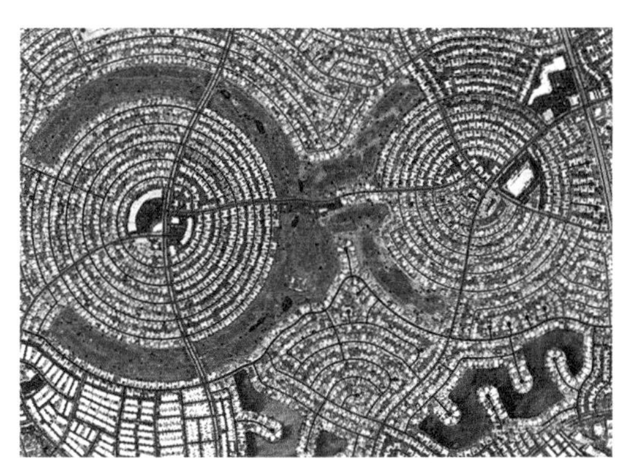

图 11.1.2　太阳城影像图

图 11.1.3　太阳城实景

太阳城社区周边有公立与私立学校、15 家银行网点、城市消防、治安办公室、3 个小型民用机场、一个大型医院及 3 个地区医院、4 个汽车宾馆、3 个房车停车场等。太阳城中有许多种住宅类型，包括：独栋住宅，双拼住宅，多层公寓，独立居住中心，生活救助中心，生活照料社区，复合公寓住宅等；太阳城拥有大量的配套生活服务设施，包括 7 个娱乐中心，它们提供游泳、网球和工艺，另外还有 2 个图书馆，2 个保龄球馆，8 个高尔夫场，3 个乡村俱乐部，一间美术馆和一个交响乐演奏厅。用于演出的“Sun Bow”室外剧场和“Sundome”中心等。

除了得天独厚的自然条件外，太阳城在养老产品方面的营造经验启示可概括为三个方面的要点，即是“平层房屋、医疗功能完善、休闲设施丰富”：

（1）养老类型住宅全为平层房屋及多种住宅类型，适合不同经济承受能力的老年人群。城区包括独栋、双拼、多层公寓、独立居住中心、生活救助中心、生活照料社区、复合公寓住宅等。

（2）医疗功能完善。城区拥有几所大的专为老人服务的综合性医院以及心脏中心、眼科中心和数百个医疗诊所遍布大街小巷。

（3）休闲设施丰富。太阳城拥有超过100个各种类型的俱乐部，不论喜欢何种运动或者任何爱好，这里都能找到合适的地方和志同道合的朋友圈子。

11.2 成都市都市养老社会需求

当前，无论是全国诸多大城市，还是成都市的养老基础设施规模及品质尚远远不足以满足养老市场的刚性需求，产业化的养老模式需要极大地完善和提升。打造环境优美，医疗设施齐全，功能丰富，又能满足老人精神世界的养老产业类项目的建设是当下迫切的诉求。

11.2.1 成都市未富先老的老龄化

国家统计局数据显示，截至2022年，我国65岁及以上人口为20978万人，占总人口14.86%[①]。这标志着我国已经正式步入深度老龄化社会。与全国老龄化情况进行比较，截至2021年底，成都市户籍人口1556.18万人，其中，老年人口（60岁及以上）320.80万人，占户籍总人口20.61%，比2020年增加5.53万人，增长1.75%；2021年，全市城乡居民人均期望寿命81.76岁，比上年增加0.24岁。70岁及以上年龄段户籍老年人口占老年总人口比例持续上升，达到51.81%，比上年增加3.06%（表11.2.1）。

2017—2021年成都户籍老年人口数据　　表11.2.1

时间	2017年	2018年	2019年	2020年	2021年
老年人口数	303.98万人	315.06万人	316.04万人	315.27万人	320.80万人
增长数	/	11.08万人	0.98万人	−0.77万人	5.53万人
增长率	/	3.64%	0.31%	−0.24%	1.75%
占比数	21.18%	21.34%	21.07%	20.75%	20.61%
全国老年人口平均占比	17.30%	17.90%	18.10%	18.70%	18.90%
全省老年人口平均占比	21.09%	20.40%	21.22%	21.71%	21.51%

2010—2020年，中心城区、城市新区、郊区新城60岁及以上老年人口规模均有不同程度增长，中心城区年均增速快于郊区新城年均增速2.9个百分点。相较2010年，2020年中心城区60岁及以上人口增加95.63万人，占全市60岁及以上人口比重由2010年的52.1%提高至2020年的56.6%。其中，五城区60岁及以上人口占全市60岁及以上人口比重变化不大，由26.85%微降至26.38%，但五城区60岁及以上老年人口

① 中华人民共和国国家统计局．年度数据．

密度全市最高，达到2373人/平方公里。五城区之外的其他中心城区60岁及以上人口占全市60岁及以上人口比重由2010年的25.2%提高至2020年的30.2%[①]。

以成都市的老龄化特征为依据，对成都市近郊乡村养老基地的服务对象人群特征可以描述如下：①三有老人：对养老服务需求有压力（轻刚需、刚需、硬刚需）、有能力（有支付能力）、有动力（能够减轻家庭负担，提高家属生活质量、能够提供比请保姆和送医院更好的连续性服务）的三有长者；②三管老人：长期借助鼻饲管、气切管、造瘘管生活的长者；③三高老人：退休前职务为高级干部、高级知识分子、企业高级管理者的长者；④三失老人：身体状况为半失能、失能、失智的长者。

11.2.2 老龄健康服务水平持续提升

医养结合服务水平提升。截至2021年底，成都市有医养结合机构114家，其中93家已列为市级医保定点机构。医养结合机构中开展养老服务的医疗卫生机构有49家，设立医疗卫生机构的养老机构有65家。医养结合机构床位总数30912张，其中，医疗床位13751张，养老床位17161张，有医养服务专业人员14061人。有423对医疗卫生机构与养老机构建立合作关系，有1689对医疗卫生机构与日间照料中心建立合作关系为老年人提供医养结合服务。成立了成都市老年照护质量控制中心，建立了市级、区县级老年照护培训基地，有8家医疗机构获评四川省医养结合示范机构；成都市医养结合服务地图功能持续升级。

养老服务供给不断增加。2021年，成都市民政局出台《成都市"十四五"养老服务业发展规划》，发布《成都市居家养老入户服务规范》地方标准，15个市级部门联合制定《成都市关爱居家和社区老年人工作实施方案》。成功申报中央专项彩票公益金支持居家和社区基本养老服务能力提升项目。安排政府预算内资金0.99亿元，支持特困人员供养服务设施（敬老院）等养老服务设施建设改造。截至2021年底，成都市有养老机构558个，社区养老服务综合体22个，社区日间照料中心2748个，社区养老院234个，老年助餐服务点508个，新建家庭照护床位460张。然而，现实情况是现在很多的养老机构都打着医养结合的牌子，在真正落实和对老年人医疗服务内容方面还存在着巨大的差异[②]。

老年期是人生中的一个特殊时期，是走向人生的完成阶段，也是实现作为人的生活

① 成都市经济发展研究院．顺应人口发展变化特征优化资源配置 助推"三个做优做强"[EB/OL]. 2022-02-17. http：//www.cdeic.net/go-a859.htm.

② 纪伟东，张菲菲，韩晓琳，等．医养结合模式下养老机构建筑设计分析[J]. 建筑与文化，2018（3）：116-117.

价值的最后时期，这一时期随着生活适应能力的下降，身体状况的减退，具有特殊的心理特征。从环境心理学的角度来看，养老基地应遵从的第一原则是尊重老年人的心理行为特征，从环境心理学角度营造适合老年人的养老基地。

（1）提出乡村共享养老社区的基本营造思路，使之适应乡村特定的区位、产业与城乡老人的不同需求。

（2）从居住与公共生产生活两方面提出适应城乡两类老人需求的空间共享模式，为今后乡村共享养老社区的设计工作形成参考与借鉴。

（3）提出乡村共享养老社区在建筑设计和技术设计层面遇到的难点，并提出适应当地条件的解决策略。

如何探索与营造出一个实现城市与乡村老年人互助的社会体系与乡村社区便成为一个值得研究的问题，这种社会伦理、空间关系组织层面的共享逐渐引起人们的关注并寻找解决的方法。

11.2.3 上风上水：郫都区生态环境价值

以 2021 年郫都区生态环境公布数据为例[①]：①大气环境状况。2021 年我区环境空气质量优良天数为 296 天（优良率 81.1%），较去年同比增加 2 天，优良率增加 0.6 个百分点；重污染天数 3 天，较去年减少 1 天；$PM_{2.5}$（细颗粒物）年均浓度为 41 微克 / 立方米；优良天数率、重污染天数、$PM_{2.5}$ 浓度均完成当年目标。主要污染物二氧化氮浓度同比持平；PM_{10}（可吸入颗粒物）和臭氧浓度较去年同期分别下降 4.7% 和 10.9%。区域空气质量综合指数 4.19，实现同比改善，在全市 22 个区（市）县中排第 13 位，在 16 个未达标区域中排第 7 位。②水环境状况。2021 年，郫都区主要河流水质持续改善。国控清水河永宁断面、省控府河罗家村、毗河新毗大桥、徐堰河水六厂和市控府河石堤堰断面水质均达到地表水Ⅱ类。其中，毗河新毗大桥断面化学需氧量年均浓度下降 2.4%，氨氮年均浓度均下降 43.8%；府河罗家村断面化学需氧量年均浓度下降 29.2%，氨氮年均浓度均下降 22.8%；清水河永宁断面化学需氧量年均浓度下降 40.1%，氨氮年均浓度下降 84%。成都市自来水六厂、七厂饮用水水源水质 109 项监测指标均合格。③声环境状况。全区区域环境噪声昼间平均等效声级为 56.8 分贝，较 2020 年上升了 0.1 分贝，符合 2 类声环境功能区（居住、商业区）标准。主要城市道路昼间噪声路段加权平均值为 63.6 分贝，较 2020 年下降了 3.4 分贝，符合 4 类声环境功能区（交通干线两侧）标准。

① http：//www.pidu.gov.cn/pidu/c137482/2022-04/02/content_592729db35274e6392a58c5224ba4a90.shtml.

11.2.4 政策试点：土地流转促进城乡项目融合

根据相关法律规定，我国的土地所有权包括国家所有和农村集体所有两种形式。集体建设用地，又叫乡（镇）村建设用地或农村集体土地建设用地，是指乡（镇）村集体经济组织和农村个人投资或集资，进行各项非农业建设所使用的土地。集体建设用地分为三大类：宅基地、公益性公共设施用地和经营性用地。

根据《土地管理法》第44条、第59条等条款的规定，乡镇企业、乡（镇）村公共设施、公益事业、农村村民住宅等乡（镇）村建设，可以按规定申请农村集体建设用地使用权。农村集体建设用地使用权可分别按照如下方式取得：

（1）乡镇企业用地。农村集体经济组织使用乡（镇）土地利用总体规划确定的建设用地兴办企业或者与其他单位、个人以土地使用权入股、联营等形式共同举办企业的，持有关批准文件；乡（镇）村公共设施和公益事业建设需要使用土地的，经乡（镇）人民政府审核，向县级以上地方人民政府土地行政主管部门提出申请，按照省、自治区、直辖市规定的批准权限，由县级以上地方人民政府批准。

（2）申请农民宅基地的，需经乡（镇）人民政府审核，由县级人民政府批准。

从上可以明白，农村集体所有的建设用地是不可以作为其他用途的。

2015年，中共中央和国务院联合印发《关于农村土地征收、集体经营性建设用地入市、宅基地制度改革试点工作的意见》(中办发〔2014〕71号)，明确试点主要任务“建立农村集体经营性建设用地入市制度。针对农村集体经营性建设用地权能不完整，不能同等入市、同权同价和交易规则亟待健全等问题，要完善农村集体经营性建设用地产权制度，赋予农村集体经营性建设用地出让、租赁、入股权能；明确农村集体经营性建设用地入市范围和途径；建立健全市场交易规则和服务监管制度。”

2015年2月，全国人大常委会通过的《关于授权北京市大兴区等33个试点县（市、区）行政区域暂时调整实施有关法律的决定》中试点县的决定，四川省郫县（后更名为郫都区）和泸县有幸被列入了此次试点的范围①，其中郫县作为农村集体经营性建设用地改革试点县在随后的试点推动中出台了一系列规范性文件。

2015年9月7日，唐昌镇战旗村乡村旅游综合体项目用地挂牌出让成功，敲响了四川省农村集体经营性建设用地入市的第一槌，是四川省第一宗、全国第二宗农村集体经营性建设用地竞价成交，创下全国首轮入市地价的最高纪录。以项目实施带动集体经营性建设用地入市，不仅为符合产业政策的工商业项目搭建了土地平台，解决了发展空

① 中共中央办公厅，国务院办公厅．关于农村土地征收、集体经营性建设用地入市、宅基地制度改革试点工作的意见 [Z]. 2014-12-02.

间，还增加了农民就业机会，促进了农村经济发展和集体经济实力增强，让更多的农民有获得感[①]。

2019年，经第十三届全国人大常委会第十二次会议审议通过《中华人民共和国土地管理法》修正案，之后正式开始实施。相较于修订前，新《土地管理法》在集体土地流转方面作出了重大突破，明确规定集体经营性建设用地可以通过出让、出租等方式进行流转，相关规定参照同类用途的国有建设用地执行。

2021年2月，《中共中央 国务院关于全面推进乡村振兴加快农业农村现代化的意见》正式发布，明确将探索实施农村集体经营性建设用地制度，农地入市细则即将迎来突破性进展。随后，国务院在同年4月第132次常务会议修订通过了《中华人民共和国土地管理法实施条例》，修订后新增的第三十八条至第四十三条对入市土地类型、流转程序等作了进一步细化规定。

《土地管理法》及其实施条例的修订标志着集体经营性建设用地入市的全面铺开，各地可参考试点地区经验作进一步细化规定，建立明确的入市流转路径。

四川省政府办公厅于2020年6月发布了《关于完善建设用地使用权转让、出租、抵押二级市场的实施意见》，文末明确载明："本意见所称建设用地为国有建设用地。已依法入市的农村集体经营性建设用地可参照本意见执行。"为入市后集体经营性建设用地流转提供了政策支持。

成都农村产权交易所于2021年1月发布了《集体经营性建设用地流转业务办理指南》（图11.2.1）。集体经营性建设用地入市，推动实现农村资产资本化、农村资源市场化、农民增收多元化。

11.3 郫都区三道堰镇花牌村某养老示范基地建设规划

11.3.1 项目概况

1. 区位与选址概况

项目选址位于郫都区三道堰镇花牌村。郫都区位于成都市西北，古称"郫邑"，郫都区辖区面积438平方公里，2016年撤县设区，辖10个街道（镇），常住人口139万。2018年2月12日，习近平总书记曾亲临郫都区战旗村视察，殷切嘱托"乡村振兴要走

① 宇龙．集体经营性建设用地入市试点的制度探索及法制革新——以四川郫县为例[J]. 社会科学研究，2016（4）：6.

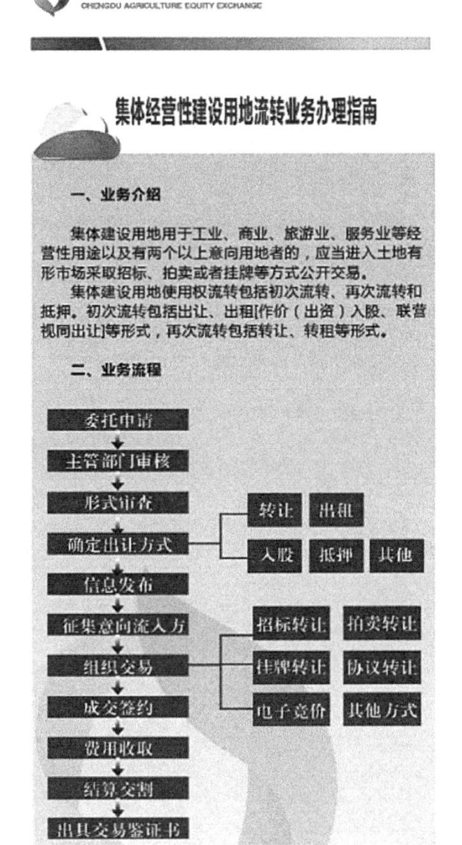

图 11.2.1　集体经营性建设用地流转业务办理指南

在前列、起好示范”[①]。郫都区花牌村距离成都市中心约22公里，车程约40分钟。地块紧邻沙西线，距离成都市第二绕城高速古城收费站约1公里，且距离彭郫路直线距离约1.5公里，各级道路紧密相连，布局完整，交通便利，通达性良好，且靠近公共交通设施，方便出行以及家属的探望。

花牌村位于成都郫都区三道堰镇花牌村，属亚热带季风性湿润气候，具有春早、夏热、秋雨、冬暖，温和多雨，温差较大，雾多，日照少，无霜期长，四季分明的特点。境内年平均气温16℃，相对舒适。紧邻三道堰景区约为1公里距离，处于成都上风上水的绝佳地理位置。养老基地项目拟定选址范围紧靠苗圃基地，生活性配套设施齐全，临近居住小区包括花牌佳苑等居住小区，地块周边水、电、气等相关接入设施均配套齐全，满足地块需求，风景优美，设施完善。

① 霍小光．习近平在四川战旗村强调：城市与乡村要同步发展[EB/OL]. 新华网，2018-02-12. https：//www.gov.cn/xinwen/2018-02/12/content_5266421.htm.

2. 文化底蕴深厚，生态小环境优良

郫都区是古蜀文明和农耕文化的发祥地，历史文化悠久，文化遗迹众多，境内出土文物众多。三道堰镇得名因古望帝和丛帝在柏条河治水期间，用竹篓截水做成三道相距很近的堰头导水灌田而来。三道堰水源丰富，水质清澈，亲水性好，生态环境优美，素有古蜀水乡之称，是历史上有名的水陆码头和商贸之地。镇内的柏条河和徐堰河两大河流是全国水质最优的河流，也是我国西南地区最大的自来水厂——成都市自来水六厂的水源提供地，承担着成都市 90% 以上的供水（图 11.3.1）。

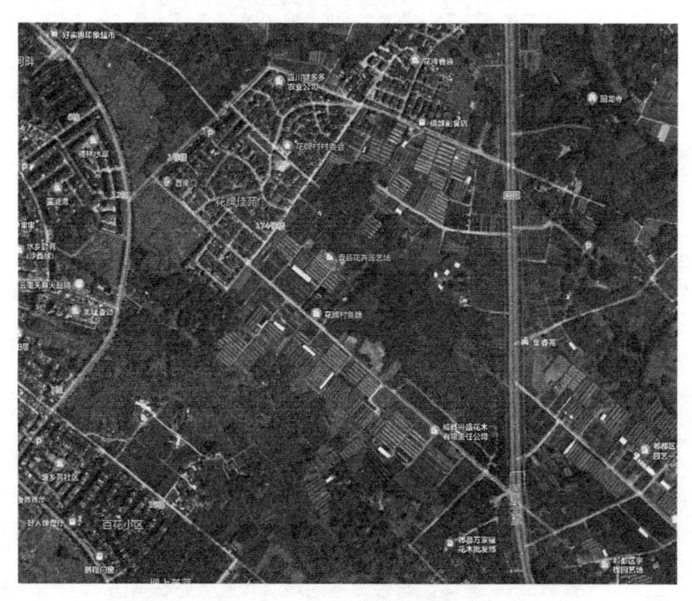

图 11.3.1　拟建养老基地地块

历史文化底蕴深厚。郫都是秦国最早设立的郡县之一，距今已有 2300 多年的历史。从望帝到开明九世之间郫县一直是古蜀国的重要都邑所在地。望丛二帝教民务农，根治水患，杜宇化鹃、布谷催春的传说，望帝被尊为农神、丛帝被尊为水神，从而奠定了千载“天府之国”的基础，郫都是古蜀之故都，是古蜀文化的发源地，长江上游农耕文明源头。拥有“古蜀之都、天府之源”的美誉。著名的历史文化景点望丛祠，距离花牌村约为 10 公里。

孝道文化传承悠久，载体丰富。2012 年，花牌村成功创建成为四川省省级卫生村、成都市市级“新家园、新生活、新风尚”示范点，被列为成都市粮食丰产示范基地。2020 年，花牌村孝道文化产业园项目立项[①]，主要依托花牌村“吴三娘割股救母”的孝

① 助力乡村振兴 三道堰镇发布 135.4 亿元机会清单 [EB/OL]. 天府郫都，2020-10-13. http：//www.pdrmtzx.com/2020/1013/6866.html.

道文化，为弘扬孝道文化。重建孝女祠、孝女牌坊，打造孝道文化教育基地、游学基地、研学基地和露营基地。孝道与养老形成了文化上的紧密关联，赋予了乡村养老基地文化传承上的精神依托。

3. 用地政策及建设条件良好

用地条件。根据拟建养老基地建设项目区域的土地利用总体规划与村级建设用地整理实际情况，拟建养老基地项目规划设计红线范围面积为 203.30 亩，依据用地性质分为集体建设用地和农用地。其中农用地面积约为 150 亩，集体建设用地分为两个斑块状用地形态，其性质为经营性集体建设用地，用地面积共计为 53.5 亩；该集体建设用地地块已经明确完成土地市场准入条件，村级组织完成制定集体土地收益分配办法，满足集体建设用地使用权流转的政策规范。其中，建设用地规划控制条件为：容积率不大于 1.20，建筑限高小于等于 15 米；集体建设用地的租赁标准为：统一流转给项目管理公司，按双 700（即：一亩农地 700 斤小麦 700 斤谷），折合人民币约为租金 1800 元 /（亩·年）。

建设条件。拟建养老基地地块紧邻沙西线，具备良好的通达条件和形象展示界面；因原场地是作为苗圃基地，各类植物生长茂盛，花卉苗圃长势良好，营造了良好的绿化环境基地，但品种单一，可以后期移栽所需场地；拟建基地位于成都平原西部，地势平坦；地块内部已经完成原有建筑拆除，基本达到项目建设条件（图 11.3.2）。

4. 资本与技术优势

投资方具有 20 余年、丰富的养老产业经营经验，是我国开办较早的一家民营养老机构转型，至今已有 30 余年的养老服务经验。在以养老产业为主的集团旗下现有 6 家康养中心，1 家医院，打造 3+2+2 的养老运营模式，全面实现养老机构、医疗机构、培训机构 + 智慧化养老平台、物资供应平台 + 居家上门服务、适老化改造服务，具有前瞻性的视野和现代化的技术，在乡村养老产业布局方面具有得天独厚的产业链优势。

11.3.2 项目特色与定位

结合当前都市老年人的养老环境需求、老年人的心理行为特征需求，将养老产业当前和未来趋势与成都市城乡发展战略紧密结合，并紧扣成都公园城市城乡场景营造主题，投资方、属地政府主管部门、设计师团队一起多轮商讨，将本项目定位界定为：“未来美好养老生活新场景——郫都区花牌村全生命周期养老示范基地建设项目。”在项目内容体系建设上，突出培育全生命周期养老场景、生态休闲乡村养老场景等内容特色。

1.“长寿时代”的全生命周期养老场景

健康与康养成为这个时代讨论较多的话题，我国较多的房地产转型、医疗行业，甚至保险行业等也越来越多地涉足养老产业，“积极老龄观、健康老龄化”的理念已经对

图 11.3.2　项目用地现场综合实景

我国养老行业的开发模式提出了新的要求，催生了如全生命周期养老、全龄化社区养老模式等。

以医疗服务行业主导的全生命周期养老是指针对老年人的身体健康状况，将全生命周期养老分为“康养、护养、医养”三个阶段，是人随着年龄增加和身体机能减弱的时间推进式的三种养老模式，突出了医疗服务保障身心健康的特长。老年人会依次经历以维持和管理健康为主要生活内容的“康养”阶段；以治疗疾病为主要生活内容的“医养”阶段；以照料扶助为主的“护养”阶段。其中，“康养”阶段最重要，“康养”时间拉长，能延缓进入“医养”和“护养”阶段，并能缩短“医养”和“护养”的时间，从而显著提升老年人的幸福感和生活质量[①]（图 11.3.3）。

① 张晓林 . 文化康养的智慧 [J]. 前线，2019（4）：94-96.

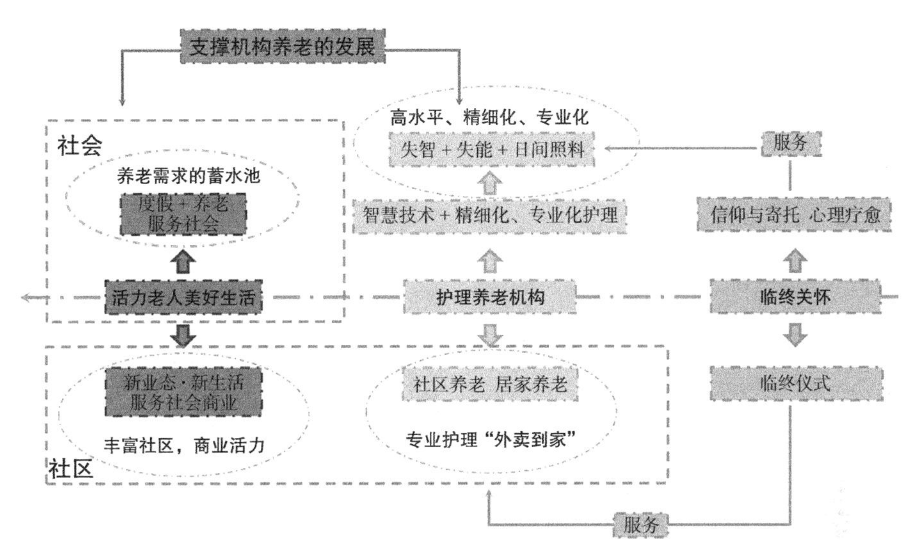

图 11.3.3 全生命周期养老服务框架

社区养老是从美国起源的一种养老模式CCRC（Continuing Care Retirement Community），是居家养老的升级版本，在一个完整配备养老设施的养老社区里，给入住老年人保留独立的居住空间和生活空间，这既保障了老年人的特殊生活需求，又可以保护他们足够的隐私。然而，养老社区里是把老年人孤立地、单独地设置一个区域，让满楼、满院都是白发苍苍的老人，和养老院、敬老院几乎差别不大。因此，为增强社区活力，按一定的配比，在新建社区中使老年人住宅占据一定的比例，融合生态、休闲、度假、适老、养生、宜居等其他住宅功能。在此背景下，整合养老需求的全龄化社区概念被提出。全龄化社区是指适合全龄客户、按照全寿命周期生活的大型成长与活力社区。0～120岁的各年龄段的人群有机会生活在一起，青少年、中年和老年人都有相应的服务和生活设施与环境，建立一个覆盖全家族、全场景、全生命周期的家庭全景式幸福生活康养社区。

2. 城市时代的生态休闲乡村养老场景

（1）因地制宜，充分发挥基地所在地及所在区域的特色资源优势。所谓的乡村休闲养老模式，通常选址上优先选择都市周边景观环境良好、有发展旅游业的区位优势、地方特点鲜明的乡村，借助乡村本身存在的自然风光——比如山水格局、田园农业风光以及参与体验式的有机食品养生园区，集中旅游、健身、观光、娱乐于一身，并且建立起一种新型的乡村度假养老基地的合作模式。季节性移居异地养老不仅需要好的自然环境，还需要适宜的人文环境，需要必要的情感交流。情感交流涉及与家人、亲属的团聚，也涉及与当地居民的交流问题[①]。都市圈地缘相邻、习俗相近、人缘相亲，促进都

① 李松柏.都市圈乡村休闲旅游与老年季节性移居融合发展研究[J].农村经济，2011（9）：101-104.

市圈乡村休闲旅游与老年季节性移居的融合发展，对于解决区域内乡村休闲设施的季节性闲置问题，缓解城市养老压力，推动实现区域内优势互补、合作共赢都具有积极意义（图 11.3.4）。

因地制宜，充分发挥基地特色资源

依托基地规整的田园、茂盛的植被、规模化的花卉苗圃资源营造田园特色康养基地。

复合功能布局

较高地复合周边社区服务，顺畅的流线串联式布局，围合式建筑空间，为老人康养及居民提供养老、休闲、殡葬等综合服务提供支持条件。

完善适老设施体系

以老人需求为导向，合理规划功能分区，连通性高的疗愈步道网络保证数个微空间的独立性及连续性，明确核心功能，完善核心设施。

疗愈景观系统

以康体养生轴作为主要骨架，将康养居住组团内外疗法步道、健康微空间以及基地中的田园、林地作为线状分支，结合视野开放的室外休憩廊道，提供舒适、亲切的交流尺度，强化景观感官效果。

图 11.3.4　生态休闲乡村养老场景

（2）复合功能布局，完善适老设施体系。余冰雪[①] 通过对郫都区唐昌镇的养老市场调研分析后提出，当前很多旅游村、农庄都将养老度假作为其中一种业态，但缺乏有关老年人的设施设备，建设一种适合老年人长期养老的农庄，是未来休闲农业发展和养老产业紧密结合的趋势。因此，本案例虽选址在乡村环境中，既要保障具有合格标准的医养结合功能与设施设备，又要充分结合乡村田园场景。因此，除了传统田园农庄的“田

① 余冰雪 .“归园田居”——都市近郊养老田园农庄研究 [J]. 绿色科技，2019（5）：25-27.

园观光、果蔬采摘、农事体验”也可以设置娱乐活动俱乐部、麻将茶园、竹林太极、中草药种植、健康食疗小厨房、健身房等功能，让老年人有个丰富多彩的乡村休闲养老生活。既能体验身处田园的农家生活，也能享受都市娱乐文化的快乐[①]。

（3）疗愈景观系统。疗愈景观系统包括乡村自然环境景观疗愈环境、人文交流疗愈环境，互动参与疗愈环境等。乡村地区自然环境具有天然的心理舒展优势，建设在乡村地区的养老项目，既是建构一种新型的环境养老模式，也是规划一种老年人的新型养老结合休闲的方式。随着城市的发展，越来越多的城市老人，在退休之后，趁着身体健康之时，渴望可以实现归园田居、返璞归真的乡村生活，乡村休闲养老逐渐兴起。当地乡村文化的融入方面，以文化结合景观的视觉、心理疗愈系统营造是乡村养老基地的环境特色，根据当地特有的文化，融入乡村田园养老基地的建筑、设施、活动、装饰等方面，呈现出稳重、浪漫、怀旧的环境特质，让老年人能身临其境地体验当地乡村文化，更加能融入乡村的生活。

以三大场景设计为目标，力争形成稳重、浪漫、怀旧的人文化乡村社区养老环境：

恬静温暖的养老社区——稳重；
温馨与活力兼而有之的养老社区——浪漫；
人性尺度、空间亲密的养老社区——怀旧。

11.3.3 适老性的人本主义总体规划与设计

1. 整体风格对比与价值取向

在养老基地的整体风格选择上，结合郫都区三道堰镇旅游景区的特征，项目整体风格上提出了传统中式与川西民居整体风格、现代简约整体风格两种不同的风貌展现。从区域整体风貌管控角度出发，郫都区三道堰镇是一座具有一千多年历史的川西古老小镇，传统中式与川西民居建筑风格能够适应区域风貌整体管控与协调的要求，也具有典雅沉稳的气质特征，然而，从老年人的选择性心理特征角度，有明显的“怕暗”“趋亮”特点，似乎对显得陈旧的环境有畏惧心理，由此，现代简约风格因鲜亮的整体色彩、明快的环境更容易得到选择（图 11.3.5、图 11.3.6）。

2. 空间结构与功能组合

在拟建项目场地内，两个紧密联系又空间分割的建设地块给养老基地的空间规划和项目布局提供了天然的空间分割与联系，其间的农用地更是为乡村田园休闲养老提供了

---

① 余冰雪．“归园田居”——都市近郊养老田园农庄研究 [J]. 绿色科技，2019（5）：25-27.

图 11.3.5 中式传统风格的整体规划设计鸟瞰

图 11.3.6 现代简约风格的整体规划设计鸟瞰

独特的环境设施用地条件。从养老类型特征和项目功能布局角度，将地块的规划结构分为“两心·两轴·四区”(图 11.3.7、图 11.3.8)。

“两心”分别为居家养老服务中心，机构养老服务中心。居家养老服务中心版块主要为分时乡村田园休闲度假养老型老年人提供产品，他们可以短暂地享受成都平原良好的春秋季节乡村田园风光及基地提供的良好健康服务保障；机构养老服务中心版块主要为失能失智的老年人提供较为全面的看护、医疗服务。两轴分别为康体运动健养轴和智慧社区颐养轴。四区分别为机构颐养疗愈区、智慧舒养住宅区、疏林闲养景观区和耕读乐养田园区。

结合项目实际需求，以智慧康养板块为核心，在平面上构成顺畅的流线布局，以康体运动健养轴、智慧社区疗愈轴串联式架构，突出环形健康步道，汇集疗愈花园、健身场地、文化广场等重要活动节点和康体医疗中心、长者学院、老年商业街等体验服务设施场所，强调不同功能区之间的有机联系，构建可持续发展的未来养老社区。

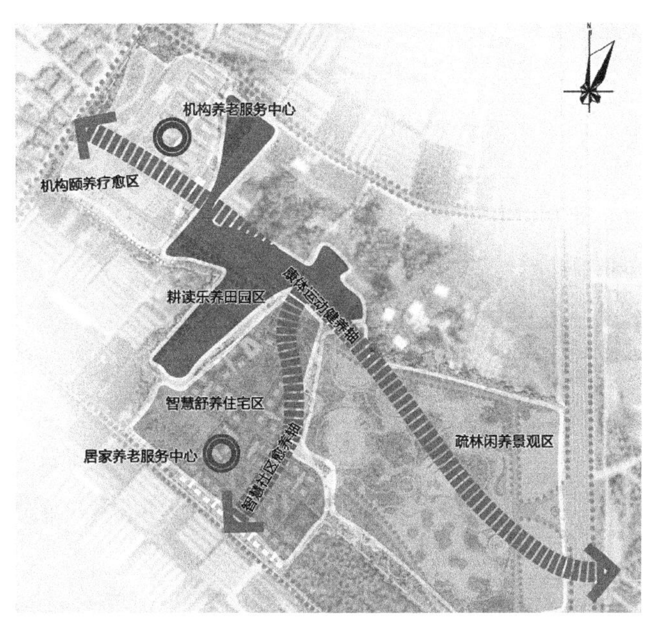

图 11.3.7　功能分区图

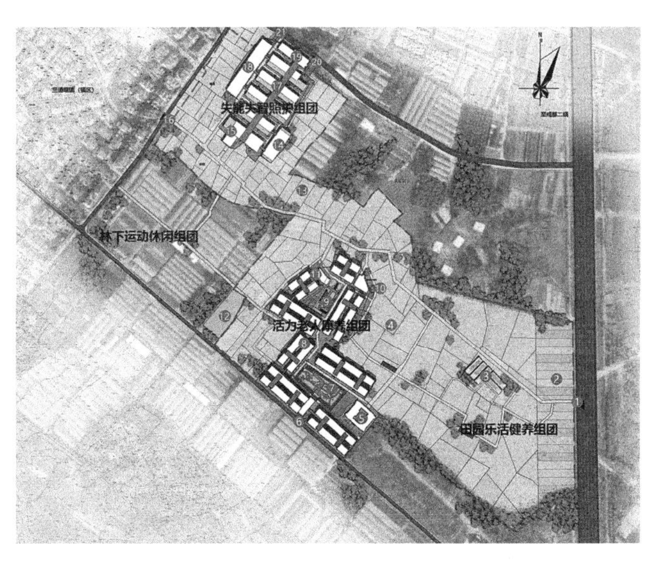

图 11.3.8　养老基地总平面布局图

“四区”主要功能及设施布局为：

1）机构颐养疗愈区：重在便捷与高效

机构养老（社会养老专有名词）一般指专业为老年人提供养护、康复等综合性服务的机构。依据民政部《老年人社会福利机构基本规范》MZ 008—2001，养老机构应设有生活起居、餐饮膳食、文化娱乐、清洁卫生、康复训练、医疗保健等多项服务设施。该规范为社会团体机构参与机构养老的规范性管理、维护老年人权益、促进老年人社会福利事业健康发展提供了行业规范保障。机构养老具有其医疗照护的专业性，拥有齐全且先进的设施设备，具有为失能失智老年人服务的技术和设备条件。

基地是以机构养老为主要任务、以机构养老为片区核心，建设综合养老功能的康体医疗中心，同时对建筑外环境进行整体规划，满足养老需求，提供生活照料、医疗服务、中医保健、康复训练、心理咨询、健康指导、文化娱乐、健康查体、一对一看护、理财规划、临终关怀等同时达到医养结合的目的。

机构颐养疗愈区包括七大功能中心：失能（失智）照护区、养老居住区、员工生活区、行政办公区、林下静养区、生态停车场、临终关怀区。从环境形象、人员形象和社会形象三大主要维度入手打造养老机构品牌形象，营造出绿色、健康、温馨、温暖、敬老、孝老的文化氛围。在每一层的公共空间设计，如护理台空间设计中，尽量以简洁的造型、统一的色彩增强护理台的易亲近感，拉近医护人员和老人及家属之间的心理距离（图 11.3.9）；在养老居住区的走廊公共空间设计中，考虑到老年人视力下降、记忆力障碍等身体机能下降给生活带来的不便，对每一个房间进行独特的坐凳设计、入户口铺装采用不同的色彩等方式提升房间的易识别性（图 11.3.10）。

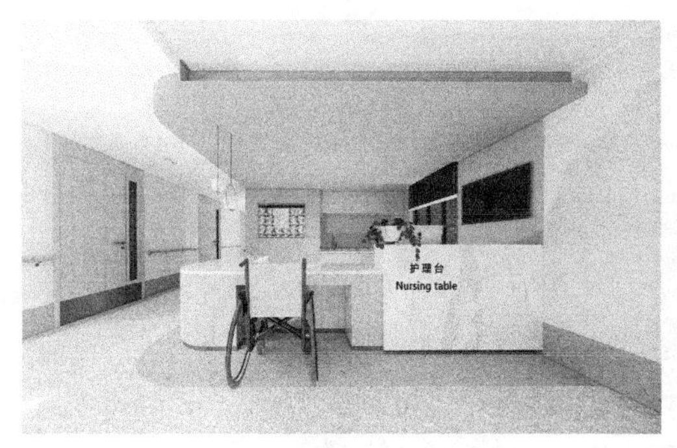

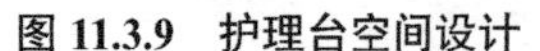

图 11.3.9 护理台空间设计

图 11.3.10 养老居住区走廊公共空间设计

2）智慧舒养住宅区：突出私密性、公共性和开放性

以智慧居家养老服务为核心，通过多元化的产品组合拓展市场客群，并积极拓展个性化多元化创新服务，融合各项配套设施，加以专业化运营管理和舒适的居住环境，保证每个入住的老人安全、健康、舒适、快乐。服务内容应涵盖为老人提供生活照料、康复护理、医疗保健、紧急援助、精神慰藉、社交情感、商业文娱等七大类服务，主要的项目构成有智慧养老公寓、疗养合院、独院养老、综合服务中心、疗养花园、半地下室活动中心等。

在设计上进行创新，从理念上彻底突破传统形式，不仅要能让老人喜欢，还应能服务老人的同时还要服务他们的子女，打造成真正意义上智慧化的复合型养老基地和具有田园特色的“乡村康养公共客厅”。

空间环境私密性反映了老年人心理上的一种自由需求，私密性的重点在于控制，老年人在日常生活中需要控制与外界交换信息的时间、方式和程度，良好的空间环境私密性在保护老年人个体生活隐私与尊严的同时，能够帮助老年人在视觉、语言、精神以及身体上自由主动地与外界进行信息交流；空间环境私密性具有动态的特点，老年人在不同的时间和空间，伴随行为活动的差异而需要不同程度的私密性；个体私密空间为老年人的私密行为活动提供了物理空间载体，满足老年人的空间环境私密性需求①。

（1）空间组合和单体空间设计：工字回游式。居室空间个性化设计，针对不同老年人生理、心理需求，提供个性化的室内空间，老年人可根据自己的生活特点进行居室空间的选择和布置，通过对不同职业、年龄段的老年人性格、习惯分析，总结出适合他们理想的居住单元。整体空间组合上四大特征：①"工字回游式"单体联通组合式设计布局；②"组团式"养老房型配套；③"管家式"智慧养老服务；④"全天候"无缝畅行服务。其中，以"工字"形、宽度为3.6米的走廊空间为公共连廊，连接电梯间、楼梯间、多功能服务中心、楼栋护理单元、管家服务中心等功能，形成公共活动空间；户型的拼接组合为抱团式养老居住提供了可能性，超宽的走廊提供了全天候的老年人半室外交流活动场所，超大景观阳台提供了老年人对室外风景眺望的空间。

（2）活力老人康养区的亲情房设计。适合生活能够自理的老年人周期性养老居住，基地提供日常生活照料、身体状态保护监测服务、家人与基地服务人员及乡村社区社工等志愿者提供日常情感照料。据日本养老学者研究表明，老年人同年轻人不定期居住在一起更有益于延年益寿②。在具备生活能力对象的养老住宿产品设计上，以"一居室"为主体产品类型，户型面积约54平方米，包括卧室、起居室、开放式厨房、卫生间、景观阳台、书房等功能空间，结合起居室与卧室的空间灵活性，将起居室功能作为卧室功能的空间可变性，为周末或节假日子女及亲属的探望保留生活空间。同时以移动式隔板作为分割房间的背景板，必要的时候，挪动移动式隔板，形成起居室与卧室可以对望的大空间，满足老年人与子女等亲属卧床相望的精神需求，满足亲情陪护照看用房需求（图11.3.11）。

（3）居室空间的可变性。根据单元户型拼接组合，在养老公寓的平面布置上，结合露台、连廊等有限空间设置服务型功能用房，面积分别为48平方米和54平方米两种套型为主。以庭院空间为核心组织养老建筑的生活与养护等功能，形成具有东方人文意境的高端养老社区品质（图11.3.12）。主要分为两个方面的内容：一是随着养老设施入住

① 胡正凡，林玉莲．环境心理学[M]．北京：中国建筑工业出版社，2012.

② Hamano J. Palliative Care Approach and Advance Care Planning with Family Physician in Japan[J]. Innovation in Aging，2018（1）.

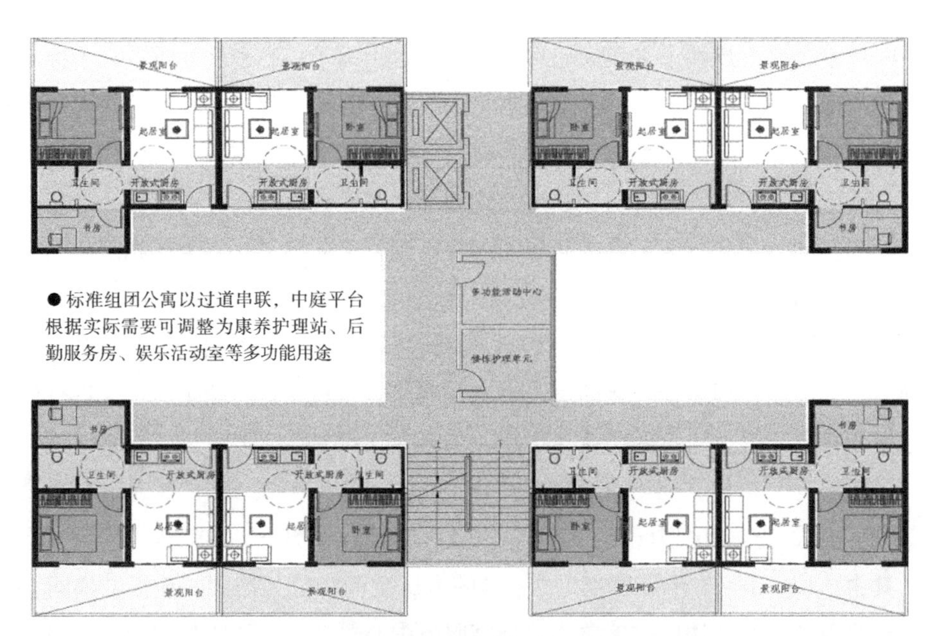

图 11.3.11 “工字”形活力老人康养区建筑平面组合图

图 11.3.12 亲情房设计室内布局

率的提高，短时间加建的可能性不大，因此可以利用已有的功能空间进行置换，例如，可以将多人间休息室设置为双人间的全托居室，提高空间利用率；二是充分考虑老年人从入住开始的身体机能的变化，室内空间灵活布置，实现双人间、单人间到全托单人间的空间功能置换。

（4）合理组织流线，配置合理的辅助空间。对于养老机构建筑空间设计，建筑设计师需要充分考虑隐含在建筑平面中的人力成本问题。设计者应该充分了解机构老人生活习惯，以及工作人员工作内容，在保证老人生活品质的基础上，通过合理布局建筑空间提高机构运行效率，减少人力及资源的浪费。

在满足老年人基本交往活动的情况下，老年人希望可以在自己的领域空间里做自己的事情，居室空间为老年人提供了个体行为活动的建筑环境，一个理想的居室空间环境使得老人拥有隐私及个人空间，且不会给老年人心理带来拥挤感。

（5）公共过渡性空间：强调记忆性与标识性。众多针对老年人行为活动习惯的调查研究表明，老年人由于身体受限，对环境中温度、光照和气流的骤变不容易立即适应，其中一些老年人行动不便，还可能要及时如厕，通常不愿远离建筑，原则上单元楼层设有服务型功能用房，满足各楼层管家式服务的需求①；学习交流、休闲娱乐等实现单元小循环，通过风雨连廊实现组团大循环。老年人聚集性，符合老年人活动爱扎堆凑热闹的活动特点，有助于增强老人之间的交流，在社交参与活动中找到知音知己，找到情感的共鸣。

公共活动空间是老年人日常活动最多、使用最频繁的空间，是老年建筑中不可或缺的建筑空间，需要具有良好的自然通风和采光，满足老年人的日常活动。一般设置在比较好的朝向，并且根据需要设置一定的天窗采光，内部空间尽量采用大空间的布局形式。公共活动空间通常可以与餐厅、休息室、活动室、会议室等结合布置，达到空间的多功能利用。平面布局方整，一般选用轻便、灵活的桌椅等家具，便于空间的灵活运用；当需要小功能空间时，可以考虑外加隔断的形式，划分空间，实现空间的多功能性。

护理站一般应临近公共活动厅，设置于转角处，面向或临近餐厅、楼梯间、居室设置，方便护理人员就近为老年人提供服务。同时针对老年人身体机能和智力的衰退，老年人护理单元路径尽可能短或设置成环形流线，避免老年人迷路造成的情绪激动和沮丧。

3）疏林闲养景观区：体现视觉景观特征

（1）入口节点主题：

主题一："舞动人生"。设计将人们旋转跳舞的舞姿通过设计语言结合材质、形态、灯光、场景等表达出来，使主题雕塑呈现"气若幽兰，华容婀娜"的飘逸形态。舞动的人生喻指这里的老年人多姿多彩的丰富生活；余热生辉的锻炼方式（图 11.3.13）。

主题二："田园疏朗"。突出季节性的田园植物色彩，以成都平原的油菜花为典型季节性田园风光景观特色，简易稳重大气的汉白玉花岗石提名康养基地的位置标志，形成具有公共开放性特征的入口形象，弱化养老基地的铭牌（图 11.3.14）。

主题三："温馨家园"。突出照顾老年人的安全感缺失的心理特征，以"M"的造型

① 毛华松，宋尧佳，陈曦.社会转型下的单位社区适老性景观更新策略研究：以重棉厂社区为例[J].风景园林，2019，26（4）：95-99.

图 11.3.13　形象入口方案设计一

图 11.3.14　形象入口方案设计二

演化，既是传统屋顶的形象特征演化，也是养老基地的空间限定。赋予造型以橘黄色调，明了的整体造型与竖线条外部装饰，虚实结合，柔和且具有趣味性（图 11.3.15）。

（2）绿化环境的色彩。居住在老年机构中的老人，通常更愿意选择白天的大部分时间在室外度过，并认为其有利于改善机体健康。现实中由于考虑到护理人员的时间成本和效率等，则往往多数老年机构难以达到老人对于室外环境功能性的期望[①]。因此，充分利用疗愈花园、灰空间花园、阳台为老年人提供安全享受自然的空间，既能满足老年人在不同场合或身体条件下欣赏景色的需求，又减轻医护人员的照护强度。园艺疗法作为一种以植物为主的干预方法，能够结合老年人的生理和心理健康需求，营造出对老年

① 理查德·S. 罗森，何一芾，胡肖肖. 老年社区的景观设计 [J]. 中国园林，2015，31（1）：35-40.

图 11.3.15　形象入口方案设计三

人具有康复疗养作用的自然空间，在老年人身体机能方面和心理健康方面进行良性的改善与调节[①]。从视觉层面来说，冷色系植物更能带来安静、稳定的视觉感受，使人体感到更加放松，经科学研究表明，冷色系植物可帮助老年人恢复心率和脑电波，暖色系植物更具有刺激性，产生一定明亮、活泼的感觉，可以刺激老年人的心率和脑电波变化，有使人兴奋的功能[②]。因此，在宅旁绿化中，以冷色系植物搭配为主；在各类活动小花园中，以暖色系植物搭配为主（图 11.3.16、图 11.3.17）。

图 11.3.16　宅旁庭院冷色系绿化环境

（3）绿化环境的疏密与层次。

基于国内外学者的相关研究成果，结合实地走访调研，认为吸引老年人使用的室

① 张雨婷，张莉，金洋 . 基于园艺疗法的养老机构景观设计 [J]. 现代园艺，2023，46（14）：72-74.

② 陈燕 . 园林植物色彩对不同人群的生理影响研究 [D]. 咸阳：西北农林科技大学，2014.

图 11.3.17 疗愈花园暖色系绿化环境

外开放空间具有如下一些特点：室内外联系方便、安全无障碍、通达性好；有能举办室外活动和进行身体锻炼的场地；交往活动区域和内向私密区域共存；有便于观望且舒适的休憩设施；造园要素自然亲切；能获得多重审美感受①。尽管较高的绿化覆盖率，甚至包括大树移植等绿化措施形成的绿化环境是大多数人认为自然环境较好的一种生态环境优良的标志，然而，据养老机构的观察认为，老年人是比较抗拒较为茂密的树林环境的，在众多老年人的心目中，他们不喜欢郁闭度高的环境，会带来心理上的不安感。因此，在养老户外环境植物景观设计中，尽可能考虑以疏林的形式，形成绿化的较大开敞度。

以疏林闲养为功能核心，建立具有交通属性且具备景观疗愈功能的健康步道网络，采用主动式健康干预吸引老年人群积极融入健康场地，潜移默化提升自身的健康水平。策划有极具观赏性的林下康养休闲步道、疏林花田、园艺苗圃、福林花溪，还有体验性较高的药食同源生态温室，同时配备药膳食疗特色的餐饮，打造园林生态化的林下花田式与康养体验式景观。

在室外景观的休闲设施和小品设计中，应结合当地环境融入更多的“怀旧”元素，例如，老人孩童时期或某个特定时期的生活化场景，小到一个磨盘、一把锄具，大到一棵树下、一个休憩角落，都能够帮助老年人唤醒一段特殊记忆，在园艺疗法中的记忆治疗法，则是通过营造老年人熟悉的空间场所，提高老年人在养老机构的归属感和适应能力②。

① 刘博新，徐越. 不同园林景观类型对老年人身心健康影响研究 [J]. 风景园林，2016（7）：113-120.

② 康丹姚. 基于园艺疗法的养老院景观设计研究 [D]. 保定：河北农业大学，2018.

（4）耕读乐养田园区：老年人普遍对种植活动有着浓厚的兴趣，在庭园中开辟一处专门的园艺操作区，提供适合老年人使用的园艺操作设施，能让老人们方便在其中参与各项和植物相关的活动，不仅能起到增强身体机能、改善情绪的功效，也是提高老年人晚年生活品质的有效途径[①]。乡村休闲农旅业态与老年康养产业相融合，以“耕读乐养”为功能核心，形成新的乡村生活方式与消费方式。让康养群体打造一种回归自然、享受生命、修身养性、度假休闲、健康身体、治疗疾病、颐养天年的生活方式。策划“小菜园、小果园、小花园”的配套空间，跳出将老人当作“照顾对象”的思维，从传统的“养老”变为“享老”，策划出亲子娱乐空间，让老年人享受天伦之乐的同时还能传授小孩子耕读文化与孝文化，打造高质量的田园式康养基地与花园式乡景基地（图 11.3.18）。

图 11.3.18 周末家庭种植活动

11.4 发展展望

11.4.1 经济效益：弱关联下的强带动

表面上看，这是资本选择了一个具有前瞻性、可持续性与社会服务型的项目进入乡村的一个养老类产业项目，换而言之，乡村招引了一个实实在在的好项目。通过乡村

① 刘博新．面向中国老年人的康复景观循证设计研究 [D]. 北京：清华大学，2015.

的文化生态环境资源转化，该养老基地也将对乡村社会经济形成较大的影响。经粗略测算，预计项目建设后5年内将累计实现营收10亿，平均每年营收为2亿，5年累计实现税前净利润4.5亿，平均每年税前净利润8000万，5年累计纳税额为8300万，平均每年缴纳税金1660万，5年累计解决3500人的就业问题。

对项目地所属乡村而言，将起到引流提升经济原动力的作用。该养老基地内的服务设施项目包括老年食堂、老年影院、手工作坊、书画室、课堂等专业性较强的活动项目，可以吸纳很多的投资主体在不同环节来参与，同时由于完善配套的打造，也赋能当地人流经济链，改善了一个区域的投资品质和运管环境。农副产品等消费品的互补利用。养老基地所需的生活供应配套可以结合花牌村的原产地优势就地销售供应，解决花牌村的粮食、禽类、肉类、果蔬类产品的销售端问题，为老百姓和村集体收益增加较为固定、有效的产业销售链（图11.4.1）。

11.4.2 社会效益：以乡村建设用地为核心的乡村资源优化利用

乡村自然资源具有多种功能、多种用途，既可用于农业生产，又可以为工业生产所利用，既可用于发展乡村旅游业，又可以改善乡村生活环境。乡村建设用地属于在保障国家粮食安全战略的背景下，属于限定性自然资源，因此，对于乡村建设用地的拟建项目需要从经济效益、社会效益、生态效益等多方面综合考虑，实现以乡村建设用地为核心的乡村资源优化利用。

解决当地就业驱动。智慧康养居家示范基地会不断完善整个康养产业链的发展和成型，不仅解决当地就业问题，同时为当地政府GDF赋能增产；当地村民经过专业培训，可以进入养老基地工作，从基础环卫保洁、老年活动技能陪伴到医养陪护等工作类型，据初步估计，养老基地的各类工种需求量在200人左右，能解决村民就地工作的难题，实现村民回流（图11.4.2、图11.4.3、图11.4.4）。

源源不断的商业造血收益。这是国家政策的支持和地方政府发展目标统一的结果，

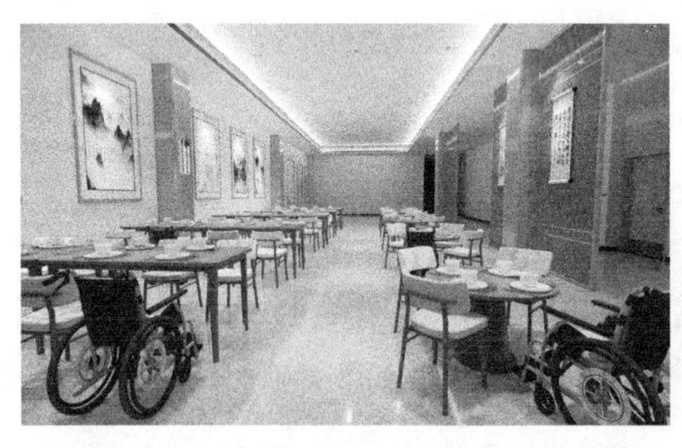

图11.4.1 老年食堂餐饮供应

图11.4.2 老年手工作坊社工辅助

图 11.4.3　老年书画室

图 11.4.4　老年课堂

是推动政府打造具有特色新农村商业中心的底层逻辑，也是城市功能的塑造和不断完善的结果，具有可持续性发展的商业造血收益。

11.4.3 养老与乡村旅游融合：养老型乡村旅游地培育

"养老型乡村旅游"作为老年人旅游养老的一种新型模式，其意义在于很好地解决了社会中普遍存在的养老问题，同时对于农村的经济发展起到了带动作用[①]。当前，我国都市郊区乡村发展养老旅游的需求也随之增长，越来越多的老年人愿意选择异地旅游这种养老方式。在目的地的选择方面，乡村具有历史沉淀厚、生态环境好、人们性格淳朴、生活节奏慢等特征，能为老年人提供较为理想的养老生活，逐渐成为比较理想的养老旅游目的地。

对乡村当前的发展影响而言，养老型乡村旅游产业项目建设成为提升乡村经济增长的重要途径，是缩小城乡差距的重要手段。中远期规划发展目标方面，本案例地可以与著名的三道堰乡村景区协同发展，实现养老社区乡村景区化。政府、各相关部门、项目经营者三方在各司其职、各尽所能、相互协调的情况下，可以培育出具有地方区域特色的乡村养老旅游示范点。

① 周凯．养老旅游与城郊乡村旅游融合发展路径研究 [D]. 南昌：南昌大学，2018.

第 12 章　研究结论与相关建议

12.1 “一个核心”：艺术化思维介入乡村发展

“艺术”一词出处见于《后汉书·伏湛传》：“永和元年，诏无忌与议郎黄景校定中书五经、诸子百家、蓺术。”在古代专指六艺以及术数方技等各种技能。语义发展至今，广义的艺术除了包括文学、绘画、雕塑、建筑造型、音乐、舞蹈、戏剧、电影等艺术形式和艺术作品之外，更包括了富有创造性的语言、方式、方法及事物；可谓形象独特优美，内容丰富多彩。李二和《流浪的梦》：“艺术是人类生存状态的特殊显现和高度浓缩与提炼，是最终表达与揭示生命真谛的灵魂奇遇。”

在我国大力推进城乡融合高质量发展背景下，艺术化的介入不仅仅是指单纯的艺术设计介入、艺术作品介入乡村，更不是简单地在乡村植入艺术品，而是指广义的富有创造性的艺术思维、方式、方法介入，比如艺术化地处理乡村独特的人际关系，将其作为乡村治理方案的参考；艺术地看待乡村物质文化遗产和非物质文化遗产，将其发掘并利用；采用艺术化的思维，用高于技术层面的视角，促进乡村全方位的艺术提升。

12.1.1 大胆采用艺术化的创新与创造思维

创新是艺术创作的重要思维方式，是艺术作品的灵魂。在乡村发展过程中，从“0 ～ 1”这一步是非常关键的起步，如何发掘乡村的优秀资源，需要独特的眼光；如何将优秀资源转化为生产力，就需要打破常规、推陈出新、大胆创新，走出数千年来乡村未有之路径，善于创新、敢于创新、充分发挥具有丰富空间的艺术想象力是将艺术思维运用于广阔的乡村空间发展的必然路径。

12.1.2 完美践行艺术化的极致理想与追求

艺术家对自己作品的追求是希望存续在极致与理想状态的，“没有最好只有更好”便是最好的诠释与表达。以建筑设计师为例，提出营造人居环境的理想是“诗意地栖居在大地上”，诗意即是表达了我们的人居理想，在诗与远方的理想状态中，在乡村发展的理想描述中，需要有对艺术化作品的极致追求，方能成就理想中的乡村社会。

12.1.3 巧妙结合艺术化的独特与唯一思维

艺术作品都是具有唯一性的，尤其是油画作品创作，珍贵的传世原作只有一份。而我们的乡村，在全球化的影响下，必然也需要具有独特性与唯一性，“一村一景”“一村一品”正是体现了差异性特征，多元并存、异彩纷呈，才是我们对乡村面貌的期盼。这就要求我们的乡村规划设计师、乡村建筑设计师、乡村公共艺术家在乡村物质实体风貌营造中，深度挖掘乡村文化、找寻乡村特质，营造每个乡村独特的人文气质；同时也要求我们的乡村农副产品等运营商充分结合乡村自然资源特质、文化特质，生产包装出独特的乡村产品。

12.2 “两源驱动”：内生价值培育与政策驱动外源动力

无论是新型城镇化高质量发展推进，还是乡村振兴战略持续深入实施，在公园城市建设背景下，城乡融合发展举措将成都公园城市的乡村建设放在了一个新的历史机遇和发展平台上，我们将之视为乡村发展的历史性机遇，从动力机制角度来看，即是乡村发展的内源式动力培育与外源式“动力”或“引力”引入。

12.2.1 内源培育：乡村价值认知与优势培育

1. 乡村的价值属性、空间差异化的理想与表达

乡村本体的空间差异性认知。城乡融合空间是基于现存乡村转型演化发展中的乡村主体空间，应体现差异性的空间形态。“社会主义的空间将会是一个差异的空间（A space of differences）”[①]。在对表征的空间（生活的空间）理解上，列斐伏尔提倡是一种各个部分不能互换且不能交换的非商业化空间，是空间非均质性的重要体现。对于乡村空间来讲，乡村要保持其可持续发展，必须坚守乡村性。因此，差异性空间是我们对城乡融合、乡村建设空间场景营造中空间革命的重要手段之一。

差异化乡村性空间包括乡村的物质形象空间和文化空间，是乡村有别于其他乡村的典型特征，是每个乡村互相之间不可替代的空间类型，是乡村身份的标识，也是乡愁思想的核心承载，是每个乡村必须建构与守护的神圣文化空间。在资本进入乡村的过程中，从文化角度，空间生产理论批判性地认识了“布景式”空间景观风貌的市场逻

① Henri Lefebvre. The Production of Space[M]. UK：Black-well Ltd，1991.

辑及危害[①]，尤其是对于这种大都市近郊的乡村空间，它的引入避免了均质化空间的产生，通过提出了异化和日常生活批判的概念，让文化生长的土壤能够保持长久活力。注重对文化空间、差异化空间的分析和认知，是当前"一村一品""一村一景"的原真性、完整性乡村文化景观建设的理论指导。在成都公园城市和乡村振兴两大背景叠加之下，成都周边的乡村真正实现了"王家院子里学陶艺，李家院子里玩竹编"的快意生活，将"诗"和"远方"与实际生活相结合。只有地方的，才是世界的；只有传统的，才是现代的。在公园城市乡村建设中，以保护和弘扬乡村地域性、文化的多样性为目的，坚持以乡村性的保护与传承为核心思想不动摇，将乡村空间作为乡村传统文化、地域文化的空间存在与发展演变载体，因此，注重对乡村的内生文化动力培育是乡土性延续与发展的实施途径。

2. 人的内源培育：乡村主体新村民的培育与流动

在城乡融合发展背景下，城市与乡村融合一体并将产生大量的交集，城市与乡村正在构建新的、全方位供需互流关系。乡村与城市看似弹簧的两端，两者越是拉伸，越是更需要彼此。

原村民的留驻与能力素质综合提升。乡村转型发展的核心组成部分之一是村民的转型，包括村民的身份、职业、收入构成等方面，伴随着乡村转型发展的大趋势和良性发展的螺旋式上升发展逻辑，原有的让村民"洗脚上岸"的聚居点建设单一取向行为需要转变为多元化的村民转型行为。在这一过程中，一方面，需要实施村民留驻计划，在空间上包括原址驻留、原村民小组内驻留，尽可能避免跨越村域的较大规模住址流动，在时间上包括通过扩展增收渠道、引导村内镇内就业创业、提高农业生产效率与积极性等措施吸引村民真正成为一年以内在村内居住生活时间超过半年的常住民，避免原居民的长期空心化；另一方面，对村民需要进行相应的文化素质培育提升与职业技能培训，大多数村民实际上具有高超的手工艺技能，是隐藏在民间的高手，通过发掘村民的技能与技艺，将其与职业、行业、专业建立广泛的联系，既能提高村民的文化自信，也能为村集体、村民家庭与个人创造广泛的价值收益。

新村民的引入、流动与价值贡献平台创造。无论是城镇化的滚滚车轮，还是当下都市人群的新需求，在这个历史交汇点下，城市和乡村关系站在被重新定义与解构的十字路口上。乡村不断拓展都市场景，所构建的场景吸引力越大，城乡之间人才要素的交换便越快。因此，在成都"公园城市"的乡村表达里，既有属于科学家的科创空间、院士工坊，大学师生各专业的实践基地，又有文艺界的猪圈咖啡厅，大地艺术节，也有商业

① 魏皓严，许靖涛．旅游小城镇传统空间景观风貌的"布景式"认知——从"空间生产"的视角出发[J]. 室内设计，2010，25(2)：8-14+7.

精英打造的乡村民宿酒店……一方面，赋予了这些风景优美的乡村空间新的产业载体，另一方面，乡村因为新村民的进入与流动产生了新的活力。在这里，将实现“阳春白雪”与“下里巴人”的直接交流与碰撞、将实现写字楼、象牙塔思维与乡土行为的亲密接触，原来生活工作在城里的各类人群与村民真正形成了城乡一种新的融合形态，构建一种新的城乡居民生命共同体。这样“出则自然，入则高端”的生活场景，不仅建立了城市人群对创新创业环境、亲水乐山的渴望，更承载了他们价值贡献平台的搭建，实现了城乡人文高端要素的有效流动与互动。

3. 内源培育：资源价值转化、引领绿色发展

1）资源价值化：活化空间、主打绿色生态

都市郊区乡村的突出价值特点在于地理区位价值、环境生态价值、土地空间价值，左手农村，右手城市，是靠近城市最近的乡村。在政策许可的范围内，充分利用农村集体经营性建设用地政策，将区位价值、生态价值、土地空间价值赋予商业属性，完成都市郊区乡村资源的价值转化，快速助力乡村的产业场景和消费场景的引入与建设。通过乡村的资源价值转化，产生乡村资源市场化供给的侧效应，以此为契机，推动乡村转型发展。

2）产业的升维：从传统农业到现代科技农业

从乡村的传统生产功能上看，仍然是以农业生产种植为主，这既是天府粮仓的首要定位，也是成都平原国家粮食主产区的战略定位。因此，在守住基本农田粮食生产的同时，积极引入现代科技介入农业种植、管理、收成全过程，带动农业产业化、农旅融合发展，以产业升维的思路推进农业产业向第二产业、第三产业转型的路径，以此解放农村剩余劳动力、拓宽农民增收致富的渠道。

12.2.2 外源驱动：以土地和资金为核心的政策赋权

1. 确立利于乡村发展的土地利用制度

国家政策既是不当行为的约束，也是正确行为的保障。党的二十大报告提出，深化农村土地制度改革，赋予农民更加充分的财产权益。2022 年 9 月 6 日，中央全面深化改革委员会审议通过《关于深化农村集体经营性建设用地入市试点工作的指导意见》，指明了深化农村集体经营性建设用地入市试点的工作方向和工作要求，这对于盘活乡村的核心资源——土地和空间等资源的充分激活并有效利用是至关重要的一步，四川省 19 个县（市、区）市作为试点地，先行先试，总结经验。2024 年初，适逢四川省自然资源厅发布《四川省农村集体经营性建设用地入市交易指南（征求意见稿）》，从立法的角度保证了乡村建设用地的合法性，为城市资源进入乡村扫清了障碍，为乡村产业可持续发展提供了保障。

2. 推进乡村项目资金扶持制度，培育并壮大村级集体经济组织

大部分农村，特别是中西部地区农村的村集体缺乏自有资金，在此情况下，国家财政和省级财政用于乡村振兴的专项项目资金就起到了引擎的重要作用，各级政府可根据专项资金用途，设立乡村振兴产业扶持资金、基础设施项目资金、文化振兴扶持资金等。通过专项资金注入，改善并提升乡村的人居环境、生产生活实施条件、扶持具有典型带动性的乡村企业，同时将村级集体经济的培育和壮大成为乡村经济基础的支柱部分，充分发挥村级集体经济组织在乡村社会稳定、自我保障、服务乡村村民，进一步推动发展能力方面的基础保障作用。

辅助制定村集体经济组织组建具有法人意义的市场主体资格。因为村级集体经济组织不具备市场主体的法人身份，在市场行为方面具有诸多障碍。因此，对村级集体经济成立公司行为需要针对性的指导，从公司发起人、股东架构、经营管理权限、利益分配机制等方面均需要从法律层面、公司经营管理层面对村民进行指导。

12.3 “三化治理”：精准化、多元化、先锋化的治理机制

12.3.1 市场主导下的双向精准化选择

双向精准选择性是指在城乡融合发展过程中，对于乡村综合属性的判别是界定城市要素引入的关键因素，应综合、客观地分析乡村空间的区位条件、自然资源与人文生态条件、经济社会发展条件等，基于乡村空间的综合价值属性针对性地引入城市人口职业类型、产业类型、资金来源渠道等，审慎确定面向乡村现代化产业化空间、农旅融合空间或乡村文创空间等空间发展方向。在城与乡之间搭建一个空间衔接、功能互补、环境共生、地域一体、文化一脉，相互影响、相互作用、规模庞大、功能综合多样的城乡地域系统，以乡村重构的方法优化乡村资源要素，从而实现系统结合和城乡调整与协调。

这是一个城市与乡村之间发生的政府引导、市场主导的、双向精准选择的过程，既要体现双方发展需求的互补性，又要着眼于双方长远发展的可持续性，从经济效益、社会效益、生态效益等多角度进行科学评估，避免城市项目务虚进入乡村、乡村空间盲目引进项目。

12.3.2 政府主导、村民主体的空间多元、多维共治

政府主导下城乡融合空间的多维共治应强调政府的宏观决策与基层治理并重。宏观决策具有前瞻性，能把握城乡融合空间长远发展方向，抓住机遇，寻求跨越式发展；基层治理能力强化，能有效保障村民利益和村落空间权益。如通过以村集体为单位组织有效的乡村经济共同体、文化共同体、环境共同体等共同体利益捆绑的方式将村民集中形

成有效的利益团体，共同参与、形成空间开放性制度建设中一支重要的力量，共同监督和维护空间生产生活环境，实现城乡融合空间经济社会的可持续发展。

空间是社会性的空间。在空间的建构中，权力、资本、知识等社会力量形成空间权力的抗争。从乡村空间的正义角度出发，为寻求乡村空间的持续发展，提高村民在乡村空间构建中的积极性，在乡村空间表征中，应结合乡村实际情况，采纳村民的合理意见及想法，通过逐步提高村民的文化水平，形成与完善以政府等公众利益主导，以村民为主体、融合社会资本的多元参与的乡村空间发展构想决策制度。

12.3.3 先锋典型带动下的乡村统筹与空间塑造

充分重视发展较快乡村的引导带动作用，以乡村先锋典型的带动引领为区域发展推动力，进一步强化乡村先锋品牌，打破乡村行政边界限制，统筹文化一脉、地形地貌等地理空间一体、基础设施相连的乡村区域一体化发展，建立乡村区域空间统筹与重构机制。一方面既促进乡村优势资源和要素在乡村地理空间上的聚集与空间重构，既符合城乡地理空间单元发展的“点—轴—网”系统演进趋势，同时也将为城乡要素双向流动奠定坚实的物质基础、空间基础、社会基础。

城乡融合引领下的乡村发展转型具有多种路径，也伴随着多种可能性，“乡村+”空间也必将因多元多维而异彩纷呈。

12.4“四大路径”：可持续发展保障

在城乡融合进程中，应以乡村转型发展阶段规律为指导，识别乡村所处的发展阶段，并结合其区位特征和发展基础等，制定乡村可持续发展路径，布局和引导乡村产业发展、基础设施和基本公共服务设施建设，推进城乡融合和乡村转型与振兴。其中，基于乡村转型发展阶段规律的乡村可持续发展路径主要包括土地整治集聚路径、特色产业发展路径、产业平台集散路径和社区功能集约路径等四类。

12.4.1 土地整治集聚路径

以因地制宜为基本原则，通过土地工程手段，改变四川大部分盆周地区、丘区、山区乡村耕地细碎、灌溉设施差、机耕道路少等现状，促进土地集约、机械耕作、劳动高效，进而激活人口、土地、产业等乡村发展关键要素，为融合乡村多元业态、推进乡村振兴打好基础①。土地整治路径主要通过以下三种方式推进乡村发展：

① 龙花楼，张英男，屠爽爽.论土地整治与乡村振兴[J].地理学报，2018，73(10)：1837-1849.

（1）农地土地整治施工、农业基础设施配套建设带动乡村劳动力就地务工，也能起到凝聚人心、提高发展信心的作用；

（2）通过土地整治，改变传统农业面朝黄土背朝天、靠天吃饭的局面，将极大地改善农业生产与发展条件，配合土地管理创新[①]，推进农业现代化与机械化，既提高劳动生产率，又改变历史以来农业生产辛勤耕种的劳作方式，减轻劳动强度，提升生产幸福指数；

（3）为走向现代化、科技化的农业结构调整提供发展基础。该路径的关键是集中实现农地连片目标，并通过农业社会化服务体系发展，促进农业适度规模化。对于农村空心化问题突出、土地整治潜力很大的村镇，可以干预农村空心化演化的过程[②]，通过政府管制和深化农业生产制度改革等有效手段，推进相邻村庄组织、产业和空间的“三整合”，实现村民居住集中化、产业发展集聚化、土地利用集约化。

12.4.2 特色产业发展路径

特色是生命力，在乡村产业发展路径上，规避同质性，形成特色是关键因素。围绕乡村自身具备的传统资源特征及引入资源优势，可以建议如下乡村特色产业发展路径：

（1）形成以农业生产为主的乡村通过挖掘并推广乡村特色农产品种植，打造有机、生态、乡土等产品品牌，形成乡土名优农产品品牌与产业体系，提高农地产出效益，带动农民增收，促进乡村可持续发展；

（2）文化及风景资源丰富的乡村可通过文化资源挖掘与包装，风景资源的保育与营销，打造各类文旅特色名村，走乡村文旅特色产业发展路径；

（3）交通及区位条件较好的乡村可以发挥其人流、物流、信息流相对集聚的优势，围绕特色农产品构建完善的乡村片区社会化服务体系，如农资物流、农产品电商销售等产业等。

12.4.3 产业平台集聚路径

集聚才能产生规模效益，经济学的通用原则对乡村产业的培育、壮大、发展而言仍然适用，当然，需要明确的是并非所有的乡村均有条件建设产业平台。部分有条件的乡村还可建设农产品初级加工型生态工业园区、专业市场等产业平台，集聚产业、技术、

---

① Liu Yansui，Li Jintao，Yang Yuanyuan. Strategic adjustment of land use policy under the economic transformation[J]. Land Use Policy，2018，74：5-14.

② 刘彦随，刘玉，翟荣新.中国农村空心化的地理学研究与整治实践[J].地理学报，2009，64（10）：1193-1202.

劳动力等要素形成增长极，直接将产业园区建在原材料供应地，既能减少劳动力成本、又能减少运输物流环节成本，是促进乡村产业可持续发展的路径。各类文旅特色名村在培育发展过程中，可以引入民间资本、国有资本、专业化运营团队或公司，走向景区化发展路径或乡村文化创意产业园方向。各类乡村产业平台的集聚和搭建可以通过以下三个途径带动乡村发展：

（1）产业平台的施工建设提供乡村就业岗位，原乡村的各工种工匠可以在家门口实现就业和收益，在建设过程中具有组织能力者可以形成乡村建设公司，对外提供建设工程服务；

（2）各类企业在优惠政策的吸引下在乡村产业平台入驻，带动农村剩余劳动力转移就业，完成农民的多元化身份转型，人口和企业的集聚能带动乡村超市、餐饮、酒店、金融等第三产业发展，进一步创造更多的就业岗位；

（3）以农产品为原材料的企业的入驻可以带动乡村相关种植基地的建设，零散的乡村手工业走向规模化和集中化，带动以农业为主的乡村多元业态形成产业，并完成转型升级过程。产业选择方式包括承接城市地区产业转移、集聚村镇原分散布局的产业、鼓励返乡人员创业、延伸农产品产业链等。

12.4.4 社区功能集约路径

通过完善和强化集聚发展型中心村镇的社区功能，集聚型中心村镇承载起并搭建城市与乡村之间物质和信息交换的平台①，以城乡交通、人居环境、基础教育、医疗保障、养老幼托等为建设基准，促进基本公共服务均等化，这是新时代城乡融合发展进程中乡村发展到一定阶段的刚性需求，也具有更强的普适性。

主要通过以下三种方式带动乡村发展：

（1）改善村镇居民的生活条件和公共服务质量，使村镇居民具有获得感和幸福感，缩小城乡差距，共享社会主义现代化建设的成果；

（2）吸引城市退休人员、乡贤返乡居住，推动乡村人口的回流与集聚，带动乡村生活型服务业发展；

（3）村镇硬件条件的提升有助于改善投资环境，吸引新的投资与创业，特别是吸引外出务工人员返乡创业。

① 李裕瑞，刘彦随，龙花楼．黄淮海型地区村域转型发展的特征与机理[J]. 地理学报，2012，67（6）：771-782.

致　谢

成都是一座来了就不想离开的城市，这座城市历史悠久、人文底蕴深厚，进入现当代发展以来，包容、创新等城市精神体现得淋漓尽致。当前，成都公园城市建设如火如荼，自城乡统筹发展、城乡一体化发展、公园城市建设、城乡融合发展等宏大的政策指引着这座伟大城市的前行，成渝双层经济圈战略更是让成都引起了世界的瞩目，作为城乡规划设计工作者与研究人员，我们希望在成都这座城市发展的历史时刻贡献出粗浅的知识和理论，为成都大都市公园城市建设背景下的乡村社区转型发展提供理论研讨和技术支撑。

在此之际，课题组喜获四川省社会科学研究“‘十四五’规划”2021年度课题项目《成都公园城市生态绿隔区乡村社区转型发展研究》项目立项，以此为契机，展开了对于成都大都市背景下的乡村社区发展系统性研究。迄今未及，三年有余，瑕疵较多，但万事必有尾声，掩卷思量，饮水思源，需要感谢的人很多，未来的路还很长。

在2021年度四川省社科规划课题的选题方面，四川省社会科学界联合会许强教授，四川大学何一民教授、周波教授，四川师范大学任平教授，西南交通大学胡剑中教授，西南科技大学张贯之教授等给予了大力精神支持并持续鼓励，没有他们的肯定与鼓励，就无法引入对四川乡村的全力关注与深入研究。

在书稿的初稿阶段，四川音乐学院成都美术学院环境艺术系同事刘长青、高家双、赵亮、李晶晶老师做了大量的基础稿件工作，并多次参与书稿内容的策划与讨论，提出了诸多中肯的意见与建议；四川音乐学院城市与环境艺术研究院院长贺丹晨教授、田勇教授、胡旻、杨潇、孟春羊、黄刚老师做了大量的后勤与辅助工作，特此致谢！两位研究生陈建非、何模范同学辅助完成了一些图表的绘制工作，特此致谢！

在书稿的地方文献资料、设计文本资料方面，崇州文化旅游投资集团有限公司、四川城脉工程设计有限责任公司提供了大量的原始资料与数据，特此致谢！时任中江县委副书记谢正伦同志，黄鹿镇党委书记蒋啸同志，永太镇党委书记林曦同志，中江县农业农村局许世顺局长、朱东阳副局长、张峰股长等地方政府领导提供了中江县现代生猪产业园区发展规划的实践机会，并前瞻性地敏感地关注到天府粮仓、未来乡村等发展趋势，勾勒了该园区的发展蓝图；四川省国土空间规划设计研究院院长夏太运同志、副院长岳波同志、总规划师周学红博士，成都市规划设计研究院教授级高级规划师李果，德阳市国家级经济技术开发区总工程师苟建汶同志，成都市新都区军屯镇党委副书记李林芮博士等业界知名专家教授、地方政府行业领导对书稿的前期框架、思路方向提出了宝贵的建议，以及对乡村未来发展趋势的探讨都启发了作者的灵感，并充实了写作资料，特此致谢！

在书稿的中稿、终稿修订与审核过程中，中国建筑工业出版社毕凤鸣老师从书稿的定名、内容到格式的调整，给予了数次专业性较强的建议与指导，特此致谢！

在书稿的出版阶段，四川音乐学院领导及学院科研处给予了出版审核及最实惠的出版资金资助，提供了强有力的出版经费保障，特此致谢！

在书稿的写作过程中，牺牲了很多陪伴爱妻张钰筠、爱女范新一的家庭时光，是你们的理解给予我极大的动力。

在书稿的图片编辑中，引用了网络中的部分视觉效果较好的图片，特此致谢众多不知名的摄影爱好者和旅行博主。

……

在学术研究与项目实践并行的道路上，要感谢的朋友太多太多，恐挂一漏万，期待在未来的乡村主题研究道路上并行互依！